ヴェネツィアとラグーナ
Venezia e Laguna

ラグーナの西側からヴェネツィア本島を望む

1 L・カドリンの計画をもとに作成したパース（L. Querena 画）
Giandomenico Romanelli, *Venezia Ottocento: l'architettura, l'urbanistica*, Venezia: Albrizzi, 1988.
（第2章、図152）

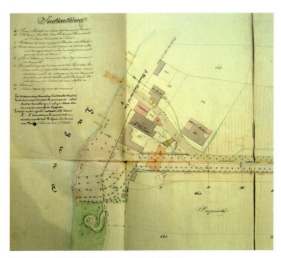

2 1870年　道路整備の計画図　ラグーナ側詳細
ヴェネツィア市文書館(Archivio Strico Comunale di Venezia、以下 A.S.C.V. と略す)、1870-74, IX/1/39, 1872, prot. 43851.
（第3章、図135）

3 海水浴施設のテラス席、海上でくつろぐ人々
Nelli-Elena Vanzan Marchini, *Venezia: I piaceri dell'acqua*, Venezia: Arsenale edigrice, 1997.
（第 3 章、図 145）

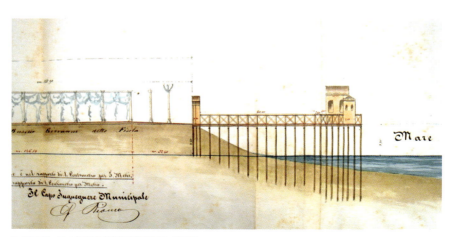

4 1870 年　フィゾラの海水浴施設の計画図　断面図
A.S.C.V., 1870-74, IX/1/39, 1870, prot. 51821.
（第 3 章、図 121）

5 1695年　A・ミノレッリによる図（1556年にC・サッバディーノが作成した図の複製）
国立ヴェネツィア文書館（以下A.S.Ve.と略す）、*Savi ed esecutori alle acque*（以下*S.E.A.*と略す）, Disegni, *Laguna*, dis. 13.
（第3章、図23、212）

6 1762年　ラグーナの地図
A.S.Ve., *S.E.A.*, Disegni, *Laguna*, dis. 167.
（第3章、図48、216の一部に対応）

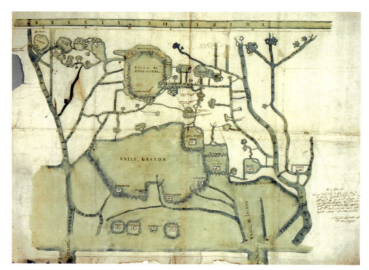

7 1655年　南ラグーナの地図
A.S.Ve, *S.E.A.*, *Laguna*, dis. 45.
（第3章、図215）

8 1891年　G・ブッロによるヴァッレ・ダ・ペスカのモデル
B.M.C.Ve, Op. P.D. in foglio 318. Archivio Fotografico, neg. M 45916.
（第3章、図219）

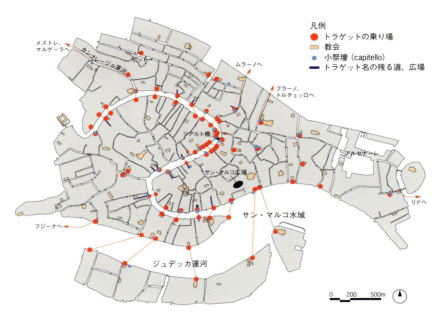

9 1697年　トラゲット乗り場
Guglielmo Zanelli, *Traghetti veneziani: La gondola al servizio della città*, Venezia: Il cardo, 1997、
デ・バルバリの鳥瞰図、1697年の地図、現地調査などをもとに作成
（第2章、図59）

10　サンタ・マルタ地区からサン・セバスティアーノ地区の土地利用および建物用途
1838～1842年の不動産台帳およびその地図（*Catasto austriaco, Sommarione, Città di Venezia, Sestiere di Dorsoduro, Mappa del Catasto austriaco, Città di Venezia, Sestiere di Dorsoduro*）、2008年の地図をもとに作成
（第2章、図220）

11 1559年の地図（A.S.Ve., *S.E.A., Lidi, rotolo 83*, dis. 5)、1808年の不動産台帳およびその地図（*Sommarione del Catasto napoleonico, Comune Censuario di Malamocco, Mappa del Catasto napoleonico, Comune Censuario di Malamocco*, 1808）をもとに作成
（第3章、図117）

12　ヴォガロンガ
(手漕ぎ舟であれば誰もが参加できる舟のイベント)
サン・マルコ水域から出発し、ラグーナをめぐって
カンナレージョ運河に入ってきた舟群

はじめに──水の都ヴェネツィアをめぐる

　都市ヴェネツィアを論ずるには、その成立や発展を支えた独特の自然環境の在り方から始める必要がある。

　河川による土砂の堆積と海からの波の力により、ラグーナ（潟）という地形が形成された。広大な水面が広がるなかで、潮の干満の差により、陸地になったり水面下になったりするデリケートな微地形である。そのなかに、満潮になっても沈まない群島としてのヴェネツィア本島がつくり上げられた。空からヴェネツィアを見ると、魚の形をした都市がくっきりと浮かび上がっている。その周辺には、ムラーノやブラーノといった島が点在し、小さな集落が確認できる。さらに周辺には、ただ草が生えているだけに見えるバレーナ（barena）という自然地形が広がっている。そのなかには、明らかに人工的につくられた幾何学模様の土地も見られる。テッラフェルマ（本土）側のラグーナ沿いには工場や倉庫などの工業地域や、農地、住宅地が広がり、ヴェネツィア本島を都市とするならば、その郊外のような土地利用が見られる。ヴェネツィアは、そうした大きな水面のなかでどのように形成され、発展したのだろうか？

　さて、現在、ラグーナの外からヴェネツィア本島へ向かうにはいくつかの方法がある。昔ながらの船でアクセスするものとしては、アドリア海からラグーナに入る国際線の大型船、シーレ川やブレンタ川からの観光船、ラグーナ内を循環している中型の定期船、そして水上タクシーなどがある。あるいは鉄道、自動車、トラム、もちろん自転車や徒歩といった陸路でもヴェネツィア本島にたどり着ける。本土から陸路を使ってアクセスする場合、ラグーナに架けられた橋を越えるのだが、これがまた幻想的な世界へと導いてくれる。陸地から水上へ突然切り替わったかと思うと、周囲360度見渡す限り水面が広がり、非現実的な景色に包まれる。この橋を越える儀式は、まるでアトラクションを楽しむかのような感覚を与える。

　ここでは、鉄道を利用するとしよう。鉄道でヴェネツィアに入り、列車を

13 鉄道駅前のカナル・グランデの風景

　降りた瞬間、風によって運ばれた潮の香りで、ヴェネツィアに来たことを実感する。鉄道駅を出ると、目の前には大運河（カナル・グランデ）が流れ、運河沿いには4、5階建てに抑えられた建物が並ぶ。キラキラとした水面の上を手漕ぎ舟のゴンドラや荷物を運ぶ船が行き交う。まるでおとぎ話の世界に連れてこられたかのようだ。鉄道駅前から政治の中心であったサン・マルコ広場を経由してラグーナの端であるリドをめざす。行き方には徒歩と船に乗る方法があるが、ここはヴェネツィアらしく船に乗るとしよう。現在、大変便利な乗り物がある。蒸気船を意味する「ヴァポレット」の名で親しまれている水上バスである。これに乗って、左右の停留所に寄りながらカナル・グランデをゆったり下る。時速は5㎞。荷物がないなら、正直歩いた方がはやい。しかし、ここは急がず、ヴェネツィアの街並みを楽しんでいきたい。
　鉄道駅前から、1番の路線で15分ほど進むと、左側に1階にポルティコ、

14 トラゲットのカナル・グランデ横断を待つヴァポレットや輸送船

2階にロッジアを配した開放的なファサードが見えてくる。この開放的なつくりは、市壁を必要としないヴェネツィアならではの面構えである。この建物は金箔で装飾されていたことから、「黄金の館」を意味する「カ・ドーロ (Ca' d'Oro)」と呼ばれてきた。運河から直接建ち上がる姿に人々は魅了される。このカナル・グランデ沿いには宗教施設や商館、貴族の邸宅であるパラッツォなどの建物がそれぞれビザンティン、ゴシック、ルネサンス、バロック様式と様々な時代を刻んでいる。統一感にはやや欠ける建物が並ぶのだが、運河がそれらを緩やかにつなぐことで、一体とした都市空間をつくり出している。この摩訶不思議な光景を一目見ようと国内外から大勢の人たちが押し寄せるのである。

　カ・ドーロの脇にある停留所に寄った後、ヴァポレットはすぐには出発せず、渡し舟のトラゲットがカナル・グランデを横断するのを少し待つ。ここでは、ヴァポレットよりもトラゲット優先なのである。このトラゲットは、1348年

15 リアルト橋付近の岸辺に並ぶレストランのテラス席

には存在していたことが史料で確認されている。古くから現在に至るまで、サンタ・ソフィア広場（Campo di Santa Sofia）と魚市場（Pescheria a Rialto）を結んでいる。トラゲットが横断し終えたら、さあ出発だ。

　またゆるりとカナル・グランデを下っていく。左手には旧ドイツ人商館が立地している。長らく郵便局として使われ、2016年から華やかな商業施設に変わった。その後、1591年建造のリアルト橋をくぐる。この橋はかつて木造のはね橋だったが、リアルトの火事をきっかけに石造につくり替えられた。水都ヴェネツィアのモニュメントのひとつである。

　リアルト橋を過ぎると、運河沿いの岸辺にはレストランの屋外席が並ぶ。カナル・グランデを眺めながら食事をする観光客の笑顔があふれている。さらに進むと、カナル・グランデの河口に近づく。ここでも、ホテルに転用されたパラッツォの前面には、水上テラスの席で気持ちよさそうにくつろぐ人々

16 サン・マルコ水域に面した国立マルチャーナ図書館からリーヴァ・デリ・スキアヴォーニにかけての風景

の姿が見られる。自動車による排気ガスや騒音の心配もなく、水という自然との対話を楽しめる特権的な空間である。

　いよいよサン・マルコ広場に到着だ。サン・マルコ水域に向けて、鐘楼の垂直軸とボリュームのあるドゥカーレ宮殿が威厳を放っている。その間にとられた小広場（ピアツェッタ）は、水の都市ヴェネツィアにとってのまさに玄関の間にあたる。その水際に門構えのように立つ2本の柱の間から眺めると、近景の右にドゥカーレ宮殿、左に国立マルチャーナ図書館、中景の右にサン・マルコ寺院、そして正面に時計塔が置かれ、遠景の構図にのっとる見事な都市空間をつくり出している。ここを正面にしたアングルで、1500年の鳥瞰図から、いつの時代にもずっと描かれ続けてきた。まさにヴェネツィアの顔である。ここではしばし盛期ゴシック様式で華麗に飾られたドゥカーレ宮殿の連続アーチに見とれる。

17 リドのホテル・エクセルシオール前面に広がる海辺空間(第3章、図155)

　さて、撮影に気をとられていると、カフェ・テラスの広がるリーヴァ・デリ・スキアヴォーニが見えてくる。この岸辺は、サン・マルコ広場の正面から都市の東端に位置するジャルディーニまでつながっており、水辺のプロムナードといえるだろう。散歩やジョギングといった日常風景も見られる。車社会から切り離されたことで、都市全体が歩行者天国となり、こうした安全で楽しい空間がつくられてきたのである。

　ヴァポレットは終着点のリドへと向かう。リドは海水浴場として知られ、20世紀初頭のトーマス・マン (Thomas Mann) の名作 *Der tod in Veneding*(『ヴェニスに死す』)により、一躍有名になった。1971年にはルキノ・ヴィスコンティ (Luchino Visconti) によって映画化もされ、現在でも人気の高い場所である。

　リドのほかにも、ガラス工芸で有名なムラーノ、カラフルな家が密集する漁村のブラーノ、ヴェネツィアの起源を感じられるトルチェッロなどをヴァ

18 本土側の工場群をラグーナ越しに望む夕景
いまなお豊かな自然環境を保つラグーナの端に開発された
マルゲーラ工業地帯と魚を捕る仕掛け、その上で休息する鳥たち

ポレットで訪れるのも、もはや定番である。ヴァポレットにゆられ外の景色を見ることだけでも、ヴェネツィアの滞在をより一層楽しめる。近年では、かつて検疫を行っていたラッザレットが博物館として一部公開され、また後に精神病院や隔離病棟として使われ、負のイメージを追っていた旧修道院が五つ星ホテルや大学に転用されるなど、新たな動きが広がっている。

　こうした光景に浸りながら、ヴェネツィア共和国時代の栄光を感じることができるだろう。しかし、今見てきたなかに、実は19世紀以降につくられた空間も少なくないことをご存知だろうか？　そもそも、ここまでめぐってきたカナル・グランデの上流と下流を結ぶヴァポレットの路線も19世紀半ばに誕生したものである。このようにヴェネツィアも、ほかの都市同様に近代化の波を受け、変化しながら水の都市を維持し続けている。そこにはどのような変化があったのかを繙いていきたい。

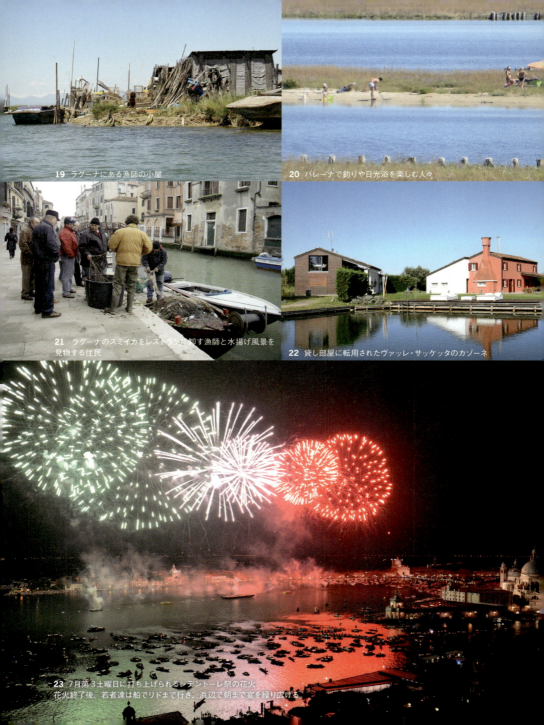

19 ラグーナにある漁師の小屋

20 バレーナで釣りや日光浴を楽しむ人々

21 ラグーナのスミイカをレストランに卸す漁師と水揚げ風景を見物する住民

22 貸し部屋に転用されたヴァッレ・サッケッタのカゾーネ

23 7月第3土曜日に打ち上げられるレデントーレ祭の花火。花火終了後、若者達は船でリドまで行き、浜辺で朝まで宴を繰り広げる。

24 ヴァッレ・ダ・ペスカ周辺でのカヤック

25 ラグーナ周辺をサイクリングできるように、アグリトゥリズモによる自転車を運ぶ渡し船のサービス

26 狩人を見守るバレーナのカピテッロ

27 海との結婚の祝祭で行われる舟のパレード

28 西側から見たヴェネツィア本島とラグーナの眺望

ヴェネツィアとラグーナ
水の都とテリトーリオの近代化

樋渡 彩

鹿島出版会

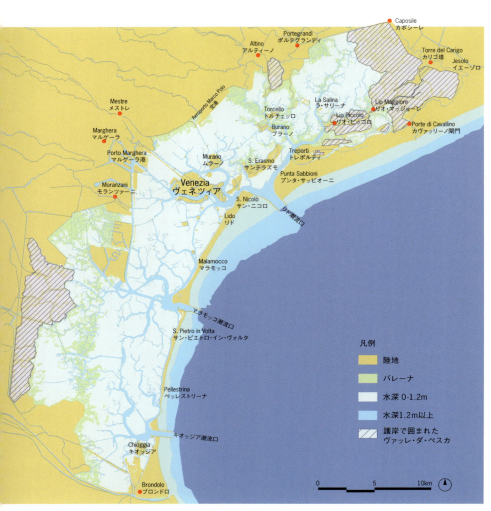

29 ラグーナおよびその周辺のおもな地名

ヴェネツィアとラグーナ　目次

口絵 ——————————————————————— 2
はじめに——水の都ヴェネツィアをめぐる ——————————— 9

序章　研究の目的と方法

1　ヴェネツィア研究の系譜と課題 ————————————— 26

2　本書の構成と研究の方法 ———————————————— 32

1章　水都ヴェネツィア研究史

1　ヴェネツィアの建築史・都市史 ————————————— 38
　　1980年代以前の基礎研究
　　1980年代から多数出版される都市図
　　カナル・グランデに関する図面や写真集

2　ヴェネツィア研究の発展　水都への関心 ————————— 46
　　海洋都市ヴェネツィアに関する研究
　　都市の機能に関する研究
　　水の都市ヴェネツィアに関する研究

3　ヴェネツィアの都市とラグーナの環境維持と保全 ———— 53
　　運河網の維持に関する研究
　　都市の維持に関する研究
　　ラグーナの維持に関する研究

4　ラグーナに関する研究　ラグーナに浮かぶ島々 ————— 62

5　ヴェネトに関する研究 ————————————————— 65

6　舟運に関する研究 ——————————————————— 69
　　伝統的な舟への注目
　　1990年代から現在まで

2章　水都ヴェネツィアの近代化

1　ヤコポ・デ・バルバリの鳥瞰図から読む 水都ヴェネツィアの空間構造 ―――― 76
　　デ・バルバリの鳥瞰図全体の描かれ方
　　建造物の描かれ方
　　そのほかの空間の描かれ方

2　19世紀の歩行空間の整備 ―――― 102
　　運河のリオ・テラ化
　　橋の近代化

3　近代化による都市の発展と 舟運が果たした役割 ―――― 112
　　島で構成される都市と舟運
　　鉄道橋の開通と舟運
　　新港湾の開設と舟運
　　運河の再評価と舟運の強化

4　19世紀のフローティング水浴施設 ―――― 154
　　リーマ医師によるフローティング水浴施設
　　舟を改造した水浴例

5　水辺に立地したホテルと水上テラスの建設 ―――― 160
　　ヴェネツィア共和国時代の水辺空間
　　19世紀の水辺空間
　　20世紀初頭〜1930年代のカナル・グランデ沿いの変化
　　20世紀半ばに広まった水上テラス

6　近代港湾の誕生から再生 ―――― 196
　　ヴェネツィア港建設以前の土地利用と建物の用途
　　サンタ・マルタ地区とサン・セバスティアーノ地区の開発
　　ヴェネツィア港の再生

3章　ラグーナの空間変遷史

1. ラグーナの水環境 ———————————————————————— 210

2. アックア・アルタの歴史と対策 ————————————————— 220
   ヴェネツィアの立地とアックア・アルタの原因
   アックア・アルタの対策
   現在の対策

3. ラグーナに浮かぶ島々の役割 —————————————————— 240
   修道院の立地する島々
   検疫を担った島々
   19世紀、軍事施設として利用される島々
   病院が配置された島々
   ヴァポレットと接続する島々
   大学・ホテル・レストランの登場する島々

4. リドの開発史 ————————————————————————— 298
   リドの原風景
   19世紀初頭のリドの土地利用
   1850～1870年代の海水浴場の開設と道路整備
   19世紀末～20世紀初頭のホテル建設
   1910～1920年代の緑に囲まれた住宅開発
   1930年代に確立されたエンターテイメント空間

5. ラグーナ周辺の開発 —————————————————————— 352
   マルゲーラ港の開発
   自動車道路の整備とその影響

6. ヴァッレ・ダ・ペスカ ————————————————————— 362
   ヴァッレ・ダ・ペスカの位置の変遷
   19世紀に登場したヴァッレ・ダ・ペスカの構造
   カゾーネ

   注 ———————— 386
   参考資料 ———————— 421
   収録図版に関して ———————— 428
   おわりに ———————— 430

本書は「2016年度法政大学大学院博士論文出版助成」を受けて出版するものである。

序章

研究の目的と方法

アカデミア橋から見たカナル・グランデ

1 ヴェネツィア研究の系譜と課題

　本書では、特徴ある環境のなかに生まれ発展してきた水都ヴェネツィアを対象に、水と密接に結びついて形成された建築と都市、地域（テリトーリオ）の在り方を従来とは異なる新たなふたつの視点から解き明かしていく。

　ひとつ目の視点は、ヴェネツィア共和国時代につくられた都市が何も変わらず、今日まで持続していると思いがちなこの水都が、じつはほかの都市と同様に近代化の波を受け入れ、その空間構造をさまざまな次元でつくり変えてきたという事実を描き出すことである。ここでは都市構造の最も変化する19世紀から20世紀前半に注目し、陸の発想による近代化の影響を受け入れながらも、水の都市としての価値を失わない計画をいかに成し遂げ、その魅力を継承発展させることができたのかを見ていきたい。

　ふたつ目の視点は、水都ヴェネツィアの後背地にあたるラグーナ（潟）およびテッラフェルマ（本土）という周辺の地域が、ヴェネツィアの成立・発展にとってきわめて重要な役割を果たしてきたことを描き出し、地域形成論の構築を試みることである。テッラフェルマに関してはすでに『ヴェネツィアのテリトーリオ——水の都を支える流域の文化』[*1]にくわしく述べているので、本書では、もっぱらラグーナを論ずることとする。

　これらふたつの柱をもとに、水都ヴェネツィアとその周辺に広がる地域の空間形成を歴史的に読み解いていく。

　共和国時代につくられた水都をまず変化させたのは、19世紀半ばの鉄道橋の架橋である。それまで島で成り立っていたヴェネツィア本島が本土と結ばれることになり、都市の玄関口を海側の東から本土側の西へと転換するきっかけとなった。また、19世紀後半の港湾整備により、それまでの都市と港が一体となった都市構造が大きく変化した。港湾整備に伴い、19世紀末には巨

大な工場や倉庫の建ち並ぶ工業地域も出現し、水都ヴェネツィアの都市構造の変化は決定的なものとなる。そして、1930年代には自動車道が本土から接続されるなど、ヴェネツィアも近代化の波に影響されたのである。だが、こうした大きな変化を遂げてきたにもかかわらず、現在もなお世界に誇る水の都として存在し続けている。その事実に注目し、いかにそれが可能だったのかを解明することがヴェネツィア研究にとっての大きな課題である。このような認識に立ち、水都ヴェネツィアがさらに魅力を加えながら存続することができた理由と背景について、歴史的に考察する。

　長い歴史を誇る華麗な水の都だけに、これまで膨大な研究が蓄積されてきた。ここではまず、本書のテーマと関係する領域を中心におもな既往の研究を概観しながら、ヴェネツィアの都市研究における本書の位置づけを行い、その学術的な意味を示しておきたい。

　ヴェネツィアの近代化の過程を把握するにも、まず中世から続いた共和国時代の都市構造を理解し、1797年の共和国崩壊以降どのように変化したのかを描く必要がある。

　近代化以前の海洋都市国家ヴェネツィアの港の構造については、ヴェネツィア建築大学の都市史を専門とするドナテッラ・カラビ (Donatella Calabi) [*2]およびエンニオ・コンチナ (Ennio Concina) [*3]、そして日本では陣内秀信 [*4]によって研究がなされており、その全体をおおむね把握できる。そもそも共和国時代のヴェネツィアを港湾都市として捉え本格的に研究する動きも実は比較的新しく、1980年代になってのことである。これらの成果を踏まえつつ、共和国倒壊後のヴェネツィアがいかに港湾都市として変化したか、その過程で魅力的な水都がいかに継承発展してきたかを論ずるのが本書の主要目的のひとつである。

　そして、共和国崩壊以後の19世紀から20世紀初頭の歴史については、マリオ・イズネンギ (Mario Isnenghi) とストゥアート・J・ウルフ (Stuart J. Woolf) 監修の *Storia di Venezia* (『ヴェネツィア史』2002年) [*5]などからそのおもな流れを把握できる。これらの既往の歴史研究から得られる情報を空間的に図示しながら、近代化の時期における都市の形成変化の実態とその意味を解読する必要

がある。また、当時の各種計画図を基本史料として用い、都市計画の在り方をそれぞれの場所で論じたジャンドメニコ・ロマネッリ（Giandomenico Romanelli）による *Venezia Ottocento*（『19世紀のヴェネツィア』1977年）[*6] やグイド・ズッコーニ（Guido Zucconi）による *La grande Venezia*（『ラ・グランデ・ヴェネツィア』2002年）[*7] などの研究が非常に参考になる。そこで取り上げられた計画の内容をヴェネツィア本島全体で位置づけること、さらには改造や整備の後に表れる都市機能の変化を追い、時間軸のなかで位置づけることが求められている。とりわけ1930年代においては、当時ヴェネツィア市土木公共事業局技術長のエウジェニオ・ミオッツィ（Eugenio Miozzi）が *Venezia nei secoli*（『歴史のなかのヴェネツィア』）の第4巻 [*8] のなかでE・ミオッツィ自身の計画を述べており、当時の考え方をうかがい知ることができる。このような先行研究を用いて19世紀から20世紀前半を中心に都市変遷の実像を大きな視野に立って描くことが可能である。

　問題は、近代化を推進した時代のヴェネツィアを扱う建築史や都市史の分野では、従来、一般の都市と同じように建築様式や建築の空間構成、街路形態や広場形成などがもっぱら研究対象となってきた点にある。つまり陸の視点から都市空間の形成について詳細に論じられてきたのである。しかし、水都ヴェネツィアを理解するには、水の側から見た都市史研究を進める必要がある。そこで本書では次のふたつの視点からヴェネツィアの空間構造を考察する。

　水の視点として、まず舟運に注目し、近代化によるそのドラスティックな変化を考察する。共和国時代の都市内交通である渡し舟の実態がグリエルモ・ザネッリ（Guglielmo Zanelli）によって明らかにされている [*9]。またヴェネツィアの伝統的な手漕ぎ舟であるゴンドラについては、*La carrozza di Venezia: storia della gondola* の邦訳が『ゴンドラの文化史——運河をとおして見るヴェネツィア』として刊行されており、日本にも紹介されるほど研究蓄積がある [*10]。一方、19世紀後半から登場し、この水都の舟運の在り方を大きく変えることになるヴァポレットについては、その実態を把握することが求められている。そこで、本書では地図史料のほか、おもに歴代の造船の記録 [*11]

と経営から見た水上交通史の研究 [*12] を用いて、まず航路の復元を試みる。そして都市構造の変化とそれにともなう航路の変化を分析し、水都ヴェネツィアの近代化の特徴を考察する。

　もうひとつの重要な視点は、建物や街路と運河の境界である「水辺」に注目することである。共和国時代のカナル・グランデ沿いの商館機能をもった貴族の邸宅の変遷については、陣内秀信によって詳しく述べられている [*13]。また、E・ミオッツィによって、運河の形状やフォンダメンタ（運河沿いの道）の有無などを指標にしながら初期のヴェネツィアの都市形態が仮説的に論じられている [*14]。近代化の時代には、舟運と結びついた物流機能が都市西端の埋立地へ移動したことで、運河沿いの水に面した空間の意味や機能は大きく変化したはずである。ところが研究者の間では、ヴェネツィアは漠然と水上都市として認識されるだけで、水辺だけを特別に切り取って考察するウォーターフロントの概念は乏しく [*15]、「水辺」の空間利用の歴史的変遷はあまり着目されてこなかった。それに対し本書では、19世紀以降の水辺の新たな価値を生み出す利用の変化を具体的に描き出し、ヴェネツィアが水都として、そのアイデンティティを高めながら存続できた背景を考察する。

　以上のようなヴェネツィアが経験した近代化の歩みの特徴をさまざまな視点から明らかにし、それを今日的な問題意識に立って再評価することが必要である。こうして、共和国の崩壊後、ヴェネツィアが近代化というものを独自の方法で受入れて、水都の特徴をむしろさらに増大させ、今日の豊かなイメージをつくり上げてきたプロセスを描くことが、本書のまずは大きな目的といえる。

　しかし、この水都を取り巻く環境をあまりに激変させた近代化は、やがて反省の時期を迎える。20世紀に始まる工業化は、戦後、その勢いを強め、本土側におけるマルゲーラ工業地帯の開発のために広大な埋め立てが行われ、ラグーナ全体の水環境のバランスが完全に失われることになった [*16]。大気も水も汚れ、工業用水のための地下水の汲み上げで、地盤沈下も進んでいた。そのしっぺ返しが、1966年のヴェネツィアで猛威を振るったアックア・アルタ（冠水）となって現れた。

この悲劇をきっかけに、これまで広大に埋め立て開発していた工業化、産業化の在り方を反省し、ラグーナの自然環境を再評価する方向へと舵を切り替えていったのである [*17]。今日のヴェネツィアの歩みがこうして始まったともいえる。その文脈で再評価の対象として浮上したラグーナの特徴とその価値を歴史的に検証する必要がある。

　歴史的な研究としては、1980年代に共和国時代の水の管理に再度注目が集まり、当時のラグーナに関する記録が再版された [*18]。また、本土からラグーナに注ぐ河川の河口を付け替える治水に関する当時の記録書やラグーナの水環境の制御に関するものが史料として活用され、土木技術史や環境史の分野で研究が進められている [*19]。アックア・アルタの歴史と対策については、これらの研究を用いることで把握することが可能である。

　そしてラグーナ内には、漁業・農業・狩猟などにより食料を供給する島々および周辺の水域、水車を用いた製粉業などの産業施設、宗教施設のある島が存在し、その個々の歴史が研究されつつある [*20]。

　島のなかには、検疫所や隔離病院などの機能を担うものも複数あった。共和国崩壊後のナポレオン支配下では、19世紀初頭に時代の要請を背景として、ラグーナ全体を防衛するシステムが導入され、続くオーストリア支配下ではさらに島々が要塞化された。後にこうした島々が負のイメージで捉えられる傾向が強まったのである。しかしそれらが今、逆に再評価の最前線にあるという歴史の巡り合わせも見られる。

　さらに戦後における考古学調査を積み重ねた研究成果によって、古代から中世初期のラグーナ内での人々の居住の状況も明らかになりつつある [*21]。

　だが、こうした個々の研究はそれぞれの分野でばらばらに行われているため、これらを地域形成史の大きな枠組みとして総合的に位置づける必要がある。今日、歴史の栄光をもつ本島の都市空間がすでに社会的にも文化・観光的にも飽和状態にあるとの認識が高まり、ヴェネツィアでは新たな可能性をラグーナに求める動きが見え始めている。町なかに掲げられた「ヴェネツィアはラグーナである (Venezie è laguna)」というキャッチフレーズがそれを象徴しており、ラグーナ研究の深化が求められている。本書では、そうした新た

な認識のもと、ラグーナがいかに水都ヴェネツィアの成立・発展にとって重要な役割を果たしてきたかをさまざまな視点から論じる。

このように、近代化の過程で長らく忘れられ、見捨てられてきたラグーナの自然環境、および歴史的空間を再評価し、ラグーナとの密接な結びつきがあってこそヴェネツィア本島に水都独特の豊かな文化が発達し得たことを描きだすのが、本書のもうひとつの大きな目的なのである。

ラグーナの重要性を強調してきたが、実はそれと並び、あるいはそれ以上に重要な後背地として水都を支えてきたのがテッラフェルマであることも付け加えておきたい。従来あまり光の当たらなかったテッラフェルマに着目し、この特徴ある水都が誕生、成立、繁栄できた理由や背景を明らかにする必要がある。これは、近年イタリア各地で、都市と田園（農業地域）の結び付きを現代的な視点で再評価する動きが強まるなかで、とくに求められている視点である。

以上のように、これまで海洋都市国家ヴェネツィアという視点から描かれてきた都市形成を、ラグーナの視点から捉え直し、ヴェネツィアの都市形成だけでなく、その周辺に広がる地域（テリトーリオ）形成の歴史研究を構築することが求められている。

本書は、以上のような認識に立ち、従来、研究が手薄であり、しかも今後ますます重要となるに違いないこれらの領域を研究対象に据え、19世紀から20世紀前半を中心に水都ヴェネツィアの成り立ちを時間と空間の両面から解き明かすものである。

2 本書の構成と研究の方法

　まず、第1章では、水都ヴェネツィアに関する研究動向の変遷について取り上げる。それは、本書の位置づけ、意味づけを考えるうえで重要な部分であり、先述した本書の背景に関する記述の補足説明の役割を担うものといえる。

　これまでヴェネツィアをテーマにした研究は、イタリア語ばかりか、フランス語や英語、ドイツ語など多岐の言語にわたってさまざまな分野で論じられ、その数は膨大である。第二次世界大戦後に歴史的遺産を価値づけるために行われたヴェネツィアの建築史、都市史の基礎的な研究に関しては、すでに陣内秀信が日本に紹介している。第1章ではそれらの研究を踏まえながら、1980年代以降に出版された、おもにイタリア語と日本語の研究のなかから、建築史、都市史を軸としながら水都としてヴェネツィアを捉えた研究を重点的に紹介する [*22]。

　また、土木史や技術史などの分野にも注目し、水都ヴェネツィアにとって重要と思われるラグーナに関する研究も取り上げる。そもそもこの奇跡ともいうべき水都が形成されたのは、立地そのものの特徴に起因する。ヴェネツィア本島はラグーナと呼ばれる浅い内海に浮かぶ群島からなる。ラグーナとアドリア海のあいだには、自然堤防のように細長い島々が横たわっており、これらの島々は、テッラフェルマからラグーナに注ぎ込む多くの川からの土砂の堆積と、アドリア海の波の力との拮抗のなかで生まれた。こうしたヴェネツィアを取り巻く環境は、歴史のなかで自然の力によって徐々に変化してきたが、同時に、人々は河川の流路やラグーナの地形にさまざまな改造を加え、水環境を制御しながら、衛生状態もよく交通の便も保証された水の都を築いてきたのである。このように、水をコントロールし都市を維持してきた長い歴史から、治水に関する報告や研究の蓄積が厚い。また近年では、ラグーナの豊かな自然環境に注目が集まっている。それら自然環境の再生事業を紹介

しながら、現在の取り組みや研究動向にも触れたい。

　そして、1980年代のイタリアでは、都市の外側に広がる田園部にも関心が寄せられるようになる。すなわちこの時期、ヴェネツィアでは、本島からラグーナへと研究対象の地域を広げ、さらには、テッラフェルマへも関心が向けられたのである。ここでは、川や舟運の研究を取り上げながら、対象地域の広がりを見ていきたい。

　第2章では、ヴェネツィアの19世紀から20世紀前半を対象とし、近代化の流れのなかでその都市構造を変化させながらも、この都市独自の水都としてイメージをつくり上げてきたことを論じる。国立ヴェネツィア文書館に加え、貴重な史料の宝庫でありながら従来あまり注目されなかったヴェネツィア市文書館（Archivio Strico Comunale di Venezia）などで収集した一次史料を活用し、不動産台帳（catasto）の地図を含む古地図と実際の建築や都市空間の比較分析を行い、この時代の水都ヴェネツィアの形成・変化に関し考察する。

　近代化について論じる前にまずは、ヴェネツィア本来の空間構造を読み解く。その方法として、15世紀末のヴェネツィアが詳細に描かれたヤコポ・デ・バルバリ（Jacopo de' Barbari）作成の鳥瞰図を用いる [*23]。この鳥瞰図には、運河、街路、建築物、船舶だけでなく、工場のような産業空間、樹木や浜辺の自然空間、そのほか墓地、人、貯水槽といった細部まで描き込まれており、15世紀のヴェネツィアの空間構造を把握することができる。また、この鳥瞰図のなかで詳細にもしくは強調して描かれた空間やモノを読み解くことで、海洋都市国家ヴェネツィアという都市像を打ち出そうとする意図が見て取れるだろう。

　水上に存在するヴェネツィアにあっても、共和国崩壊後、フランスとオーストリアの支配に置かれると [*24]、運河の陸化（リオ・テラ化）や架橋といった、陸の視点で開発が進められてきた。さらに1866年イタリア王国統一後には港湾が整備され、都市構造が大きく変わった。こうした新たなインフラを受け入れながらも、舟運が続けられてきた背景を考察する。その研究手法としては、文書館の史料や古地図などから乗客輸送船の航路を復元し、都市の形成過程と航路の変化を読み解く [*25]。

そして、共和国時代の港機能が縮小した後、観光化の波を受け入れる役割を担った新たな水辺空間の形成過程を解き明かす。ここではサン・マルコ水域に登場した水浴施設と[＊26]、屋外テラス席の出現に注目する[＊27]。屋外テラス席の出現に関しては、とりわけ、サン・マルコ地区のカナル・グランデ沿いとカステッロ地区のリーヴァ・デリ・スキアヴォーニ沿いを対象とし、現在のヴェネツィアの代表的な空間である水辺のテラスおよび水上テラスがいつ、どのように登場するのかをヴェネツィア市文書館所蔵の建築確認申請や当時の写真から可能な限り把握する。今まで研究者にウォーターフロントの歴史的変遷という視点が欠落していただけに、ヴェネツィアの「水辺」について本書がはじめて注目することになる。水の都市を理解するには、歴史の視点から、海や川の側に立って、建築を、そして都市を大きな視野から見直すことが非常に重要なのである。

　また、19世紀後半に行われた港湾整備によるサンタ・マルタ地区周辺の劇的な変化を考察したい。港湾機能が集約され、工場や倉庫が次々と立地し、産業化していく様子を具体的に描き、19世紀以降にヴェネツィアの空間構造が大きく変わったことを見ていく。そして工場や倉庫が現代のニーズに転用されていることにも触れたい[＊28]。

　第3章では、本書のもうひとつのテーマである水都ヴェネツィアの形成と発展を支えてきた後背地、テリトーリオの構造について見ていきたい。後背地としては、ラグーナとテッラフェルマのふたつがある。ヴェネツィアはラグーナの水上に誕生し、水に囲まれながらも飲料水不足に悩まされ、石や木をはじめあらゆる物資を外に依存せざるを得なかった。それゆえ東方貿易によるオリエントとのつながりばかりか、舟運を通じたテッラ フェルマとの密接な結びつきは重要だった。実際、舟運を得意としたヴェネツィアは、ラグーナはもちろん、ラグーナに注ぐ河川沿いの地域と密接に結びつきながら発展してきた。『ヴェネツィアのテリトーリオ――水の都を支える流域の文化』では、テッラフェルマを流れるシーレ川、ピアーヴェ川、ブレンタ川の流域に着目し、それぞれの地域とヴェネツィアとの関係を浮かび上がらせることができた。

それに対して本書では、ヴェネツィア本島をとりまくラグーナの役割について論じていく。ラグーナの研究については、第1章で大きく取り上げるが、研究が積極的に進められるようになったのは、ヴェネツィアに大被害をもたらした1966年のアックア・アルタからである。水都ヴェネツィアが繁栄し続ける背景には、水との長い戦いがあった。その決して華やかではない、地道な努力と英知について掘り下げたい。

　そして、ラグーナ周辺の島々の歴史と役割について検証する。島の役割は、ヴェネツィア共和国時代、19世紀から20世紀前半、そして現在に至るまでの長い時代の流れのなかで、さまざまに変化していった。プラス・イメージの島とマイナス・イメージの島、それぞれの変化の過程を描く。そのなかでもヴェネツィアの近代化を最も華やかに担い、19世紀後半に大きく変化して、世界有数のリゾート地になったリドを取り上げ、その地域構造の変遷を丁寧に読み解きたい。そして、同時代にラグーナの周辺部で行われた開発の影響についても言及する。

　さらに、古くから行われてきた漁業、農業、狩猟、製塩業といったラグーナで生活するうえで重要な役割について触れ、とりわけ19世紀末に開発され、新たな手法によって独特の風景を生み出した養魚場（ヴァッレ・ダ・ペスカ）に着目する。こうしたラグーナの自然環境を管理してきた歴史を描き、ヴェネツィアの発展を支えた背景を考察する。

　新たな地域（テリトーリオ）論を構築するひとつの手法としてラグーナを取り上げ、ヴェネツィアとそれぞれの島々や地域との間に成り立ってきた密接な相互関係を描くことを試みたい。

　それでは、水の都ヴェネツィアと周辺に広がるテリトーリオとしてのラグーナを対象とし、その空間形成の過程について、とくに近代化の側面に光を当てながら見ていこう。

1
水都ヴェネツィア研究史

カルロ・スカルパによってレスタウロされたクエリーニ・スタンパーリア財団図書館
(Biblioteca della Fondazione Querini Stampalia)

1　ヴェネツィアの建築史・都市史

1980年代以前の基礎研究

　本章では水都ヴェネツィアに関する研究の動向に触れたい[*1]。

　海や河川、運河といった水の側から都市を見る研究が登場するのは、水の都として知られるヴェネツィアにおいても意外に遅く、本格的に始まるのは1980年代からである。それ以前の建築史・都市史研究では、もっぱら都市や建築の構成について関心がもたれていた。

　まず、ヴェネツィアの建築史研究に関しては、ヴェネツィア建築大学の教授を長く勤め、イタリア初の女性建築家でもあるエグレ・レナータ・トリンカナート (Egle Renata Trincanato) があげられる。1948年に出版されたE・R・トリンカナートによる *Venezia Minore*（『ヴェネツィアの小建築』）[*2] では、はじめて庶民住宅に光があてられた。当時はまだ貴族住宅（パラッツォ）に関する研究もほとんど進んでいなかったことからも、先見性が注目される[*3]。この研究では、都市環境を形づくる庶民住宅を対象に、配置図、平面図、立面図、必要に応じて断面図を示しながら、広場、路地、運河などと密接に結びついて成立する空間構成の分析を行っており、その後のイタリアの都市や建築の見方に大きな影響を与えた。掲載されている配置図には建築単体だけでなく、建物に隣接する運河も同時に描かれている。そのことからも、水の都市の要素がすでに意識されていることがわかる。

　都市形成に関する代表的な研究としては、早い時期に土木技師のエウジェニオ・ミオッツィ (Eugenio Miozzi) によって行われたものがあげられる[*4]。E・ミオッツィは、地区の新旧を判定するために、運河の形態や方言でフォンダメンタ (fondamenta) と呼ばれる運河沿いの道の有無、教会の設立年代を指標として考えた。そして運河の形態とフォンダメンタの分布にもとづきながら、

初期のヴェネツィアの形態を仮説的に描き出した。

　このころイタリアでは、歴史的、芸術的遺産に対する考え方を単体のモニュメントに限定せずに、周囲の環境まで広げ、都市を保護していく考え方が生まれた。1960年に開催された、ANCSA (Associazione Nazionale dei Centri Storico Artistici、全国歴史的芸術的街区協会) による会議では、歴史地区全体が保護対象となった。そして、ちょうどこの時期、ヴェネツィアでは都市形成のメカニズムを研究する方法が模索されていた [*5]。建築計画を専門とするサヴェリオ・ムラトーリ (Saverio Muratori) とその助手を務めたパオロ・マレット (Paolo Maretto) は、建築のティポロジア (類型学)[*6] による新たな都市分析の方法を築き、後に多くのイタリア都市で歴史地区の実践的な方法として応用されるようになった [*7]。

　S・ムラトーリの代表的な著書 *Studi per una operante storia urbana di Venezia* (『ヴェネツィアの実践的都市史のための研究』、1960年)[*8] では、ヴェネツィアの島々を、異なる原理で構成されるいくつかのグループに分け、連続平面図の作成、相互の比較にもとづく分析を行い、都市形成の過程を示した。連続平面図の表現により、これまで単体で扱われていた建築が建築群として扱われている。さらに、歴史の連続的な流れのなかで都市組織 (tessuto urbano) がどのように形成され、現在どのように存在しているのかを分析している [*9]。この分析ではE・ミオッツィの研究も参照しているだろう。続いてP・マレットにより *L'edilizia gotica veneziana* (『ヴェネツィアのゴシック建築』、1960年)[*10] が出版される。この著作はS・ムラトーリの『ヴェネツィアの実践的都市史のための研究』の第2部を担うものである。今なおぎっしりと建ち並んでいる中世以降の住宅建築群を、都市との絡み合いのなかで詳細に分析した。そのことにより、この町での人々の住まい方や住民構成を明らかにし、さらにはコミュニティの結合関係をも暗示することになった。S・ムラトーリのめざした、歴史的な蓄積のうえに成立する都市の現実を今日的な視点から解明しようとする仕事を完成の域にいっそう近づけた [*11]。これらの研究では、建築や都市構造の変化に比重が置かれているが、同時に、運河との関係も意識しながら分析が進められている。運河に囲まれた独特な地形に形成された水の

都市ヴェネツィアだからこそ、このような手法が生まれたのだろう。

　E・R・トリンカナートも都市史研究を進めた。最初に雑誌 urbanistica（『都市計画』）のヴェネツィア特集号（1968年1月）に、ヴェネツィアの都市形成史とその結果できあがった都市構造に関する2本の論文を掲載した［*12］。続いて、ヴェネツィア形成史の集大成である Venise au fil du temps（『時の流れのなかのヴェネツィア』、1971年）を著し、ヴェネツィア本島の発展段階を教会や貴族住宅などの建設年代と合わせて図示した［*13］。おそらくE・ミオッツィの都市形成史研究も参照したであろう。また、同年にヴェネツィアの地図集［*14］が出版されており、序文を寄せたE・R・トリンカナートはこれらの都市地図を参照しながら形成史を描いたに違いない。

　これらの研究を日本に紹介した第一人者である陣内秀信は、1973年にヴェネツィアへ留学し、E・R・トリンカナートやP・マレットから都市研究の方法を学び、帰国後、『都市のルネサンス――イタリア建築の現在』（中公新書、1978年）を書き上げる。さらに『ヴェネツィア――都市のコンテクストを読む』（鹿島出版会、1986年）において、S・ムラトーリとP・マレットの研究を発展させた。とくに、運河を中心とした都市構造から抜け出し、カンポ（campo、広場）を中心とした高密なコミュニティを支える都市構造を築き上げていく過程について論じた［*15］。

　その後、建築のティポロジアの研究は16世紀以降に建設された建物も扱われるようになり、研究対象範囲の拡大や、都市周辺部を対象とした研究も行われた。たとえば、P・マレットの著書である La casa veneziana nella storia della città（『都市史におけるヴェネツィアの住宅』、1986年）［*16］では、ヴェネツィアの起源から19世紀までを対象にしている。また、翌年に出版されたG・クリスティネッリ著の Cannaregio（『カンナレージョ』）［*17］では、カンナレージョ地区全体の住宅の連続平面図が掲載され、研究対象が建築群から地域に広がったことを示している。この手法はレンツォ・ラヴァニャン（Renzo Ravagnan）によって周辺の町でも応用され、ラグーナの南端に位置するキオッジアでは、歴史地区全体の住宅平面図を作成しながら、その構成について分析、考察が行われた［*18］。

1980年代には、新たな手法も登場した。ジョルジョ・ジャニギアン（Giorgio Gianighian）とパオラ・パヴァニーニ（Paola Pavanini）による *Dietro i palazzi*（『貴族住宅の裏側』、1984年）[＊19] では、16世紀を中心に貴族住宅（パラッツォ）の裏手に建設された集合住宅を取り上げ、古文書の史料を活用しながら建物の成立背景を探る研究を深めている。都市を形づくる建築群の空間構造の分析成果に頼るこれまでの手法とは一線を画するものだった。

　独特の都市形態、都市空間、建築タイプの形成・展開を分析した一連の著作は、直接的に水の都市としてヴェネツィアを捉えた研究ではなかったが、その多くが運河やラグーナという水の存在をつねに意識しており、水都研究の出発点となったのである。

　さて、早い段階で水の視点からヴェネツィアを捉えたものとして、ジャンニーナ・ピアモンテ（Giannina Piamonte）による *Venezia vista dall'acqua*（『水から見たヴェネツィア』、1968年）[＊20] があり、運河ごとに宗教施設や貴族住宅を紹介している。ここでもうひとつあげておきたいのは、グイド・ペロッコ（Guido Perocco）とアントニオ・サルヴァドーリ（Antonio Salvadori）の *Civiltà di Venezia*（『ヴェネツィアの文明』、1973年）[＊21] である。ヴェネツィアの都市形成史に関する著作だが、とくにその第1巻では、中世のラグーナに形成されたヴェネツィア独特の都市形態や空間構造を解き明かしている。ヴェネツィアの都市を構成する橋、街路、広場、運河沿いの階段などあらゆる要素を取り上げ、それぞれを比較分類する手法を採り、この水の都市を形態学的に理解することで先駆的な役割を果たした。また、カヴァーナという舟を係留する場所を取り上げている。ここではカヴァーナを、運河の水を建物内に引き込んだ、いわゆるガレージ的な役割のある空間として紹介している。現在、こういった空間は埋められていることも多いためか、ヴェネツィアの建築を扱う専門書においてもカヴァーナに注目したものはない。この『ヴェネツィアの文明』第1巻にしても、まだ水の視点から都市の歴史形成を直接据える研究までには発展しておらず、水の都市としてヴェネツィアを捉え直した研究は次の段階での登場となる。

1980年代から多数出版される都市図

　建築史、都市史の分野において、地図は研究を深めるうえで重要な史料となる。幸いヴェネツィアは歴史的に何度も都市空間が描かれてきた。1500年に出版されたヤコポ・デ・バルバリ（Jacopo de' Barbari）の鳥瞰図では、はじめてヴェネツィアの都市空間が詳細に描かれた。たとえば、教会や貴族住宅のような社会的、政治的権力のある建物は窓枠の数や装飾のような細部まで描かれたのである。その後、都市空間を俯瞰して描く地図が次々と出版された。地図に関しては、15〜19世紀の地図を収録した地図集が1971年に出版されている[*22]。

　新しい動きでは、1981年に出版されたヴェネツィアの不動産台帳（カタスト）地図を収録した図集がある[*23]。19世紀のフランス支配下ではじめて今日日常的に使うような平面の地図が作成され、後のオーストリア支配下でも描かれた。前者をカタスト・ナポレオニコ（Catasto napoleonico、1808〜1811年）、後者をカタスト・アウストリアコ（Catasto austriaco、1838〜1842年）という。この図集には、ふたつの時代に描かれたカタスト地図に加えて、イタリア統一後に修正されたカタスト・アウストロ・イタリアーノ（Catasto austro-italiano、1867〜1913年）のカタスト地図も収録された。こうした地図には土地や建物に番号が振ってあり、用途や所有者が記載されている台帳と合わせてみることで、当時の土地建物の利用状況を知ることができる。都市史の研究を深めるのに重要な地図史料であり、都市空間を知る手がかりとしては価値が高い。そして、1988年にカタスト・ナポレオニコ地図が大判で、それもカラーで出版された[*24]〈図1〉。さらに、1846年の詳細地図集も出版された[*25]〈図2〉。1846年はヴェネツィア本島に鉄道が開通した年である。この詳細地図集から近代化の過程で水都ヴェネツィアが大きく変わる直前の状況を読み取ることができる。この地図には、おもな教会や貴族住宅の平面図も描き込まれており、ヴェネツィアの発展そのものをたどることができるだけでなく、都市を捉える認識の変化が表れている。

　翌1989年にはヴェネツィアの航空写真集が出版された[*26]。図集には

1 1808〜1811年　不動産台帳(カタスト・ナポレオニコ)の地図
Catasto napoleonico: mappa della città di Venezia, Venezia: Marsilio Editori, 1988.

2 1846年 G・コンバッティ作成の詳細地図集
Giandomenico Romanelli, *Planimetria della città di Venezia: edita nel 1846 da Bernardo e Gaetano Combatti*, Treviso: Vianello libri, 1987.

500分の1に引き延ばされた航空写真が掲載されている。*Atlante di Venezia 1911-1982*（『ヴェネツィア図集 1911-1982』、1991年）[*27]では、ヴェネツィアで最も古い1911年の航空写真が掲載された。この図集には、ヴェネツィア建築大学の地図研究センター（CIRCE）の協力により、1911年と1982年の航空写真をデジタルデータで閲覧することができ、CDも一緒に収められた。このように1980年代から、古地図集や詳細地図集が多数出版され、都市形成史の研究を深める基盤ができていった。

カナル・グランデに関する図面や写真集

　次に、当時の様子を知るうえで重要な絵画や写真を取り上げたい。ヴェネツィアの風景は、多くの人々を魅了し絵画や写真に残されてきた。そのなかでも、都市の中心を流れるカナル・グランデに関しては、出版物も多い。ここでは、カナル・グランデに関する図集や取り組みを紹介する。まず、カナル・グランデを描いた画家の代表として、18世紀のジョヴァンニ・アントニオ・カナル（Giovanni Antonio Canal）、通称カナレットがいる。カナレットの作品集は1980年代に多く出版された[*28]。カナレットの絵にはどれもヴェネツィアらしい水景が描かれている。ただ、必ずしも写実的ではなく、都市を構成する要素を複数盛り込んだ、恣意的なヴェネツィア像を描いているという指摘もされている[*29]。

　建築史研究に有効なものとしては、1828年に描かれたカナル・グランデの立面図集がある[*30]〈図3〉。建物が詳細に描かれ、細部の変化を比較するうえで価値のある図集である。

　19世紀後半には写真が登場し、カナル・グランデはたびたび撮影された。19世紀末を代表する写真家のカルロ・ナヤ（Carlo Naya）による写真集[*31]や、19世紀末から20世紀初頭にかけて撮影されたトマゾ・フィリッピ（Tomaso Filippi）の写真集[*32]が1980〜1990年代に出版された。また、1998年には、

20世紀初頭を代表する写真家ピエトロ・ジャコメッリ (Pietro Giacomelli) の写真展が開催され、カタログ集が刊行された [*33]。これらの絵画や写真から当時のカナル・グランデ沿いの景観の変遷を追うことができる。たとえば、現在、ホテルの前面に張り出した桟橋のテラス席は、1930年代に登場し、水の都をより楽しむ空間として活用されるようになった [*34]。

1990年には、ティト・タラミーニ (Tito Talamini) によって、カナル・グランデ沿いの詳細な立面図集 *Il Canal Grande* (『カナル・グランデ』) [*35] がまとめられた〈図4〉。一つひとつの建物が高い精度で実測された価値ある図面集である。また、1993年にカナル・グランデの連続立面写真集 *The Grand Canal, Venezia* (『ヴェネツィア大運河』) [*36] が出版され、翌年には邦訳された [*37]。

最近の興味深い試みでは、カナル・グランデ沿いの建物の破損状況をレーザーにより把握した調査成果が紹介されている [*38]。カナル・グランデ沿いの建物はサーモグラフィーで表現されている。このように幾度となくカナル・グランデに光があたり、各時代の最先端の技法で表現されてきた。

3 1828年 立面図 カ・ドーロ周辺 A・クアドリ作成
Il Canal Grande di Venezia descritto da Antonio Quadri e rappresentato in 60 tavole rilevate ed incise da Dioniso Moretti, Pordenone: Grafiche Editoriali Artistiche Pordenonesi Spa, 1981.

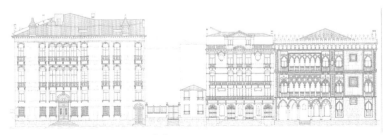

4 立面図 カ・ドーロ周辺 T・タラミーニ作成
Tito Talamini, *Il Canal Grande: il rilievo*, Sala Bolognese: Arnaldo Forni, 1990.

2 ヴェネツィア研究の発展　水都への関心

海洋都市ヴェネツィアに関する研究

　ヴェネツィアの海洋都市を「地中海世界」という大きな視野からはじめて描き出したのは、ウィリアム・ハーディ・マクニール(William Hardy McNeill)の著作 Venice: The Hinge of Europe, 1081-1797 で、邦訳は『ヴェネツィア──東西ヨーロッパのかなめ1081〜1797』(清水廣一郎訳、岩波書店、1979年)である。W・H・マクニールの研究は、ヴェネツィアを中心に東地中海沿岸地方での多様な活動から衰退までを詳細に記述し、西ヨーロッパ人による東地中海沿岸地方への進出で遠隔地交易が展開された姿を描き出した [*39]。もうひとつ代表的な著作として、フェルナン・ブローデル(Fernand Braudel)による『地中海』(原題は La Méditerranée et le monde méditerranéen à l'époque de Philippe II『フェリペ二世時代の地中海と地中海世界』。邦訳は、浜名優美訳、藤原書店、全5巻、1991〜1995年)がある。この著作は、16世紀のスペイン帝国とオスマン帝国が地中海の覇権を争っている時代における、地中海とそれを取り巻く世界を海からみた歴史を描いている。従来の領土国家発展の歴史とは違う見方を提供し、当時、大きな影響を与えた [*40]。

　1980年代に入ると、新たな研究テーマとして〈都市〉に関心が向けられるようになった。都市の日常生活や社会関係、人間関係といった社会史を研究するフランスのアナール派の考え方が強く影響し、都市の形態や空間構造、システムだけでなく、機能や活動、人間といったソフト面の分析へと関心が広がっていくのである [*41]。その結果、都市史の分野において、港町の研究に光があたる。東方との深い結びつきをもつ海洋都市や交易都市の空間を捉え直し、社会・文化の特徴を探る研究が発展するのである [*42]。

　とくに、ヴェネツィアの15、16世紀を専門とするエンニオ・コンチナ(Ennio

Concina) とドナテッラ・カラビ (Donatella Calabi) がその旗手である。D・カラビは、ヴェネツィア建築大学で初の都市史の専門家で、市場や運河、岸、倉庫、商館、税関 [*43] などの都市機能に注目した都市史を論じた [*44]。なかでも、D・カラビとパオロ・モラキエッロ (Paolo Morachiello) によるリアルト市場に関する研究 *Rialto*（『リアルト』、1987年）[*45] は、英語やフランス語にも訳されており、重要な研究であることがわかる。

　一方、美術史出身で建築史の専門であり、都市史や社会史にも関心のあるE・コンチナは、1990年に建築大学のなかに「ビザンツ・アラブ・トルコ都市研究センター」を創設し [*46]、教育や研究の分野でもイスラームやアラブ都市への関心を高めた。このような動きのなかで、外国人居留地のゲットー地区に注目した *La città degli ebrei: il ghetto di Venezia: architettura e urbanistica*（『ユダヤ都市――ヴェネツィアのゲットー――建築と都市計画』、1991年）[*47] がE・コンチナやD・カラビによって出版され、さまざまな民族や宗教も重要な研究対象になっていく [*48]。ヴェネツィアとイスラーム世界とのつながりに関する研究として、2000年に出版されたデボラ・ハワード (Deborah Howard) の著書『ヴェニスと東方』がある。ここでは、ヴェネツィアとイスラーム世界の建築、都市空間に多くの類似点があることに注目し、その両者の視覚的特徴などを注意深く比較しながら、東方の進んだ建築と都市の文化がヴェネツィアに大きな影響を与えたことを論じた [*49]。

　日本では、同じころ、陣内もアナール派の影響を受ける。社会史研究の分野でパイオニアの役割を果たした『社会史研究』（日本エディタースクール出版部）に論文「ヴェネツィア庶民の生活空間――16世紀を中心として」を発表した [*50]。これをきっかけに社会史、民俗学、文化人類学などの分野の専門家と交流が生まれ、ヴェネツィアをこれまでとは違った角度から捉え直し始めた。また陣内は、東京の研究も都市にアプローチするうえで貴重な体験だったと語り、東京がかつて「水の都」であった事実に目を向け比較研究に取り組むようになった。そして、ヴェネツィアの都市空間をハード面とソフト面から捉えた論文 [*51] をもとに、1991年のヴェネツィア滞在後、『ヴェネツィア――水上の迷宮都市』（講談社、1992年）をまとめた。同書では、交易、市場、広

場など10個のキーワードをもとにヴェネツィアの都市機能や場所の意味を描き出し、おもに社会史・文学史の立場からヴェネツィアの特徴を捉えている。外国人居留地を対象とした研究では、齋藤寛海による「ヴェネツィアの外来者」(歴史学研究会、深沢克己編『港町のトポグラフィ』青木書店、2006年)もある。中世後期から近世初期のヴェネツィアを対象に、外国人居留地の場所を示しながら、国際的な港町の特徴を論じている。そして近年、陣内は『イタリア海洋都市の精神』(興亡の世界史、第8巻、講談社、2008年)において、海から都市空間を捉え直し、地中海世界との結びつきのなかで海洋都市ヴェネツィアの論理を解明した。

都市の機能に関する研究

海洋都市ヴェネツィアの港湾施設

　ヴェネツィア共和国の最も重要な港湾施設であるアルセナーレ(造船所)に関しては、フレデリック・C・レーン(Frederic Chapin Lane)による *Venice*(『ヴェニス』、1973年)[*52]がある[*53]。1930年代からヴェネツィア共和国を研究し続けてきたF・C・レーンの集大成である。

　1980年代になると港町や港湾施設に関心が向き、修復建築家であり歴史家のジョルジョ・ベッラヴィティス(Giorgio Bellavitis)の *L'Arsenale di Venezia*(『ヴェネツィアのアルセナーレ』、1983年)[*54]や、E・コンチナによる *L'Arsenale della Repubblica di Venezia*(『ヴェネツィア共和国のアルセナーレ』、1984年)[*55]が出版された。E・コンチナの書では12～19世紀までを対象に、アルセナーレの空間と造船技術の歴史的変遷を論じている。これら両者の研究では、いずれも図面が豊富に掲載され、空間が図示された。

　近年では、アルセナーレの一部が一般に開放され、ビエンナーレなどのイベント会場として活用されている。アルセナーレのプロジェクト関係ではアンブラ・ディナ(Ambra Dina)監修の *La rinascita dell'Arsenale*(『アルセナーレの再

生』、2004年）[*56]で、建物の修復状況や所有権が詳細に報告されている。また、この書では、E・コンチナらによってアルセナーレの形成過程の研究も掲載され、文化を発信する工場としての歴史を継承しながら新たな息吹が与えられ、ダイナミックに生き返っている様子を伝えている。

そのほかの施設

都市史研究の新たな視点として、職業に着目した研究がある。靴職人、染め物屋、絹織物業、羊毛・木綿・リンネルの織物業、レース編み屋といった代表的な業種ごとに、13〜18世紀に至る職人文化の広がりや同業組合の規約書などの史料を展示した「ヴェネツィアのファッション産業」という展覧会が開催された[*57]。職業に着目した研究のなかで、水と結びついた産業に関する研究ではE・コンチナによる *Venezia nell'età moderna: struttura e funzioni*（『近世のヴェネツィア——構造と機能』、1989年）[*58]がある。1740年の史料を用いて、染色工場のような産業空間やスクエーロ（造船所）を地図上で示しており、都市の周辺部分に多く分布していることが読み取れる。

また、水都研究の面白いひとつとして、ヴェネツィアの水の供給に関する *L'acqua di Venezia*（『ヴェネツィアの水』、1984年）[*59]がある。著者であるマッシモ・コスタンティーニ（Massimo Costantini）によると、16世紀の初頭には、住民ひとり当たりの1日の飲料水の供給量は5〜6ℓであったという。貴族や上層階級は自分の家の中庭に専用の貯水槽をもち、充分に水を集められた。さらに14世紀には、屋根に落ちた雨水を集めて貯水槽へ流すための樋のシステムも法律で義務づけられた。貯水槽の出現によってヴェネツィアでは降った雨を一滴残さず集めて飲料水に活用するという考え方が実現していったのである[*60]。

貯水槽は現在も広場などの公共空間で目にすることができる。美術史の立場から書かれたアルベルト・リッツィ（Alberto Rizzi）の *Vere da pozzo di Venezia*（『ヴェネツィアの貯水槽』、1981年）[*61]は、貯水槽に施された装飾を歴史的に解説している。建築史家で修復建築家のG・ジャニギアンによって、中庭や住宅内など私的空間も含め、ヴェネツィアすべての貯水槽を調べ上げた研究が

されている [*62]。貯水槽の数は6500ヵ所以上に及び、ヴェネツィアに降る雨をすべて飲料水に活用しようとしたことがよくわかる。現在、衛生面から貯水槽には蓋がされ、利用されていないが、このシステムを見直そうという考えも生まれている。

水の都市ヴェネツィアに関する研究

ウォーターフロントへの関心

　長らく、ヴェネツィア本島ではウォーターフロントという概念がなく、都市のなかに運河網が入り込んだ水上都市として認識されてきた。そのため、ウォーターフロントという視点からヴェネツィアを取り上げた研究はほとんどなかった。1980年代になり、世界のウォーターフロントブームに触発され、ようやくヴェネツィアでも都市と水との関係を考える動きが高まってきた。1989年に設立された「水都国際センター」の活動もそのひとつである。この機関は、世界の水の都市の再生をめざして、情報の交換や研究を目的としてヴェネツィア市、ヴェネツィア大学、ヴェネツィア建築大学、新ヴェネツィア事業連合の合同で設立された [*63]。創設以来、このセンター長を務めるリニオ・ブルットメッソ (Rinio Bruttomesso) が2008年のサラゴサ「水の万博」でプロデュースしたパビリオンの展示には、法政大学エコ地域デザイン研究所も「水の都市」東京の過去・現在・未来を紹介する映像作品を出展し、世界に発信した。

ラグーナにおけるウォーターフロント

　1980年代、ヴェネツィアではラグーナに面した場所に関心が寄せられた。このころ、19世紀後半に開発された港湾地域やジュデッカの水辺に建設された工場や倉庫が再開発の時期を迎え、水辺に映し出される景観を意識した再生が求められた。ジュデッカの再開発では、1階部分にカヴァーナを設けた

集合住宅も建設され、運河と一体となった建築タイプが採用された。実際に、再開発の多くが既存の工場や倉庫を活用し、ニーズに合わせて内部の改修が進められ、オフィスや大学に生まれ変わっている。こうした近代遺産の再評価は1980年代に行われ始めた。

1980年に、工場や倉庫などを収録したカタログ集 Venezia città industriale（『産業都市ヴェネツィア』）[*64] が刊行された。この研究を行った都市計画の専門家フランコ・マンクーゾ（Franco Mancuso）は、その後、研究対象の範囲をヴェネトまで広げ、Archeologia industriale del Veneto（『ヴェネトの産業遺産』、1990年）[*65] をまとめている。近年では、テリトーリオ（地域）の概念から河川沿いの近代遺産も風景計画の重要な要素のひとつとして考える動きがある。

1990年代後半、港湾地域の再開発プロジェクトが動き出し、港湾局が管轄する敷地の一部を市民に開放し、公共の場として活用するよう決められた。このプロジェクトに関してはヴェネツィア建築大学の計画案に、港湾地域全体計画が紹介されている[*66]。港湾計画史に関しては、19世紀から20世紀初頭に焦点をあてた La grande Venezia（『ラ・グランデ・ヴェネツィア』、2002年）[*67] がある[*68]。同書を監修したヴェネツィア建築大学の近代建築史・都市史の専門家ガイド・ズッコーニ（Guido Zucconi）は、本土とヴェネツィア本島の間を「港湾活動や産業の性格を持つ水面」、ヴェネツィア本島とリドとの間を「観光の性格を持つ水面」として特徴づけ、その両者をヴェネツィア本島内で共存させ、本質的に関連づける必要性を指摘している。この指摘からラグーナの視点で都市を捉える姿勢が読み取れる。

近年、ウォーターフロントとして関心が高いのは、本土側のマルゲーラ工業地域やフジーナ、飛行場、海岸沿いのリドなどラグーナに面した場所である。ここでは、ヴェネツィア本島との交通の改善も問われており、水上輸送だけでなく、地下鉄や路面電車なども検討されている。ウォーターフロントを「景観」として捉えるだけでなく、ラグーナというテリトーリオのなかでのヴェネツィア本島との位置づけが重要である。

近年は、さらに現代を含めた形成史が描かれるようになっている。F・マンクーゾによる Venezia e una città（『ヴェネツィアと都市』、2009年）[*69] では、ヴェ

ネツィアの都市空間を解読した E・R・トリンカナート、S・ムラトーリ、P・マレットの研究を引用しながら、この水都の形成過程を描き、A・サルヴァドーリによる運河と道からなるインフラの二重構造を用いたヴェネツィアの空間構造についても解説している [*70]。同時に、D・カラビや、E・コンチナの研究を参照しながら、港湾機能のある都市施設、リアルトやアルセナーレの変遷も取り上げ、そのほか、貯水槽の類型化、17世紀末の渡し舟（トラゲット）の位置を掲載し、これまでの都市史研究をレビューしている。19世紀以降の研究に関しては、都市の産業化や港湾施設の計画、E・ミオッツィの土木計画にも触れ、さらには、現在再生され蘇りつつあるラグーナの島々や、近代遺産の活用事例も紹介している。これまで、特定の時代に焦点をあてた研究が多かったなかで、共和国時代から現在までの時間軸を通してヴェネツィアを総合的に論じる数少ない著作である。

また、建築史の専門の立場から G・ジャニギアンと P・パヴァニーニによって、ヴェネツィアのコンパクトな都市形成の通史 *Venezia come*（『ヴェネツィアのなりたち』、2010年）[*71] が出版された。水上での都市と建築の建設過程を、その誕生から近現代に至るまで、学術的な研究を踏まえながら、イタリアでは珍しくイラストをふんだんに用いてわかりやすく解説している。一般向けの啓蒙書だが、専門的な研究成果が随所に散りばめられている。これらのことから、建築史、都市史の分野においても近現代史へ関心が向けられつつあり、水と都市や建築の関係に目を向ける動きが見られる。

3 ヴェネツィアの都市とラグーナの環境維持と保全

運河網の維持に関する研究

土木の視点から

　1930年代に活躍したE・ミオッツィは、ヴェネツィアの特有な地形を保護し維持してきた土木事業の長い歴史のなかで代表的な土木技師のひとりである。道路公社の技術長として、トレント自治県などのアルプス地域で絶大な信頼を得ていた。彼は1931年、ヴェネツィアの道路橋計画を進められていたなかで、ヴェネツィア市土木公共事業局の技術長に任命された。そこで彼はすでに実施されていたローマ広場計画や、新運河掘削計画を軌道修正し、ヴェネツィアを今日見られるような姿に変更した。また、円滑な水上交通を促し、水循環を改善するために、リオ・テラ（陸化された道）を再度運河に戻す計画案や、下水整備に関する研究など、水環境にも関心を持っていたことがわかる〈図5〉。

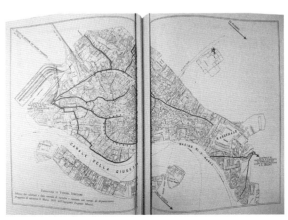

5 1939年　E・ミオッツィによる下水道計画
Eugenio Miozzi, *Venezia nei secoli: Il salvamento*, vol. 4, Venezia: Casa editrice Libeccio, 1969.

これら一連の構想案は *Venezia nei secoli*（『歴史のなかのヴェネツィア』第4巻、1969年）[*72] にまとめられている。しかしながら、水環境が本格的に注目されるのは、1966年の記録的な水位を観測したアックア・アルタ（冠水）以降になる。

　アックア・アルタとは、町が冠水する現象である。ヴェネツィアの地理的な特徴により、アフリカ大陸からの季節風（シロッコ）が吹くと、ヴェネツィアに波が押し寄せ、さらに潮の干満や気象条件が重なると冠水引き起こしやすくなる。これらの要因に加え、近年その悪化の主因となったのは、地盤沈下と世界的な海水面の上昇である。実際には大潮で多発し、雨が降ると異常な潮位を記録する。1966年のアックア・アルタは、水位194cmを観測し悲惨な傷跡を残した。その後、ヴェネツィアを水没から救済するためのさまざまな活動が展開され、具体的な方策が検討されてきた [*73]。

環境の視点から

　1966年のアックア・アルタをきっかけに、水循環に関する研究が進んだ。しかし、1980年代になっても浚渫作業が行われない状況が続いていた。そのような状況のなか、ジャンピエロ・ズッケッタ（Gianpiero Zucchetta）によって、運河の浚渫がいかに重要であるのかを述べた *I rii di Venezia*（『ヴェネツィアの小運河』、1985年）[*74] が出版された。この著作では膨大な史料をもとに、おもに18〜20世紀のヴェネツィア都市内で行われた運河の浚渫事業が論じられた。19、20世紀のマジストラート・アッレ・アックエ（水を管理する行政機関）の図面史料を多数掲載しており、それだけでも価値が高い。1980年代、アックア・アルタとは逆に、アックア・バッサという干潮になると運河が干上がってしまう現象が頻繁に起きていた。アックア・バッサになると、物流機能が停止してしまうだけでなく、運河の底にたまった泥の悪臭が街を襲った。この著作では干上がる運河を指摘し、浚渫の重要性を訴えている。また、20世紀はじめのマルゲーラ工業地域の開発がラグーナ内の水の循環を破壊し、その結果1966年のアックア・アルタを引き起こしたことや、1980年代、モーターボートのスクリューによる波動という新たな問題も浮上していることを指摘

した。著者のG・ズッケッタはヴェネツィア出身で環境省の職員である。土木史的、技術史的側面から都市とラグーナ保護の課題につねに取り組み、ヴェネツィアへの強い思いが伝わってくる。

　また80年代には、衛生史の立場から共和国時代の浚渫事業を取り上げた *Venezia da laguna a città*（『ヴェネツィア、ラグーナから都市』、1985年）[*75]が刊行される。この著作では、いかに浚渫が必要であったかがよくわかる。

　続いてG・ズッケッタは、ヴェネツィアの下水の歴史に関する *Una fognatura per Venezia*（『ヴェネツィアのための下水設備』、1986年）[*76]や運河を暗渠もしくは埋め立てて陸化していく過程を追った *Un'altra Venezia*（『もうひとつのヴェネツィア』、1995年）[*77]、技術史の立場からヴェネツィアの運河を扱った *Venezia e i suoi canali*（『ヴェネツィアと運河』、1998年）[*78]を刊行した。これらは、運河に関して土木史的、技術史的側面から研究を進めた代表的な書である。そのほか、共和国時代に行われてきた治水事業が、今後の対策にも示唆を与えうると指摘した *Storia dell'acqua alta a Venezia*（『アックア・アルタの歴史』、2000年）[*79]や、ヴェネツィアの運河網に架かるすべての橋を研究した、大判の2冊組からなる橋の集大成 *Venezia ponte per ponte*（『橋から橋』、1992年）[*80]がある。このように、G・ズッケッタは1980年代からヴェネツィア都市内の運河を中心に、歴史的な視点から研究を深めてきたひとりである。

都市の維持に関する研究

　1966年のアックア・アルタをきっかけに、歴史都市ヴェネツィアを保護する動きに向かい、1980年代まではその報告書が多く出版され、維持や保護の方法についてさまざまな議論が行われた。一方、建築史の分野では、1980年代後半から修復関係の書籍が多く出版された。そのような動きのなかで、ヴェネツィアの伝統的な杭も注目された。ジョヴァンニ・バッティスタ・ステフィンロンゴ（Giovanni Battista Stefinlongo）の *Pali e palificazioni della laguna di Venezia*

(『ヴェネツィアのラグーナの杭と打ち込み』、1994年)[*81]では、航路標識の杭、船の係留用の杭を紹介し、さらにラグーナの環境についても触れている。この書をまとめた建築家のG・B・ステフィンロンゴはE・R・トリンカナートの助手を務め、建築や都市の再生、維持を専門とし、ラグーナの風景に関する調査研究を行った[*82]パイオニア的存在である。

　1990年代にヴェネツィアの水環境に関する研究が深められるなかで、1997年ヴェネツィアを救済するべく新たな動きが登場した。ヴェネツィア市がアックア・アルタ対策に本格的に動き出したのである。運河の浚渫作業や町全体の舗装面をかさ上げするというもので、市はこの公共事業をインスラ社(Insula)に委託した[*83]。1997年から10年の契約が結ばれ、浚渫作業と同時に護岸整備、下水管の整備、橋の修復、さらには町全体の舗装のかさ上げ工事が行われた。この公共事業が進むなかで、次のような書籍が出版された。

　浚渫作業や護岸整備の紹介と運河一つひとつの歴史を掲載した、ジョヴァンニ・カニャート(Giovanni Caniato)監修の *Venezia la città dei rii* (『小運河都市ヴェネツィア』、1999年)[*84]である。ここには、公共事業の紹介のほかに、交通計画の立場から、E・ミオッツィの運河網再編計画を再評価したファビオ・カッレーラ(Fabio Carrera)の研究も収録された。この研究では複雑な運河網の交通計画を分析しながら、円滑な航行を確保するにはリオ・テラを再度運河に戻す必要があることを示唆した。続いて公共事業に関する研究では、技術史からまとめられた *L'ingegneria civile a Venezia* (『ヴェネツィアの土木』、2001年)[*85]があり、マルゲーラ工業地域の開発やE・ミオッツィの新運河掘削計画に代表される19、20世紀の都市計画に光があてられた。公共事業の報告においては、1992年から10年間の修復・再生事例が *Cantiere Venezia* (『ヴェネツィアの工事現場』、2002年)[*86]に、1997年から10年間のインスラ社の活動が *Venezia manutenzione urbana* (『ヴェネツィア都市の維持』、2007年)[*87]に掲載された。それらはみな水都ヴェネツィアを維持し続けるためには、つねに修繕が必要であることを伝えている。

　1997年からインスラ社によって積極的に修復、再生が進むなかで、都市史の分野からも都市の保護、維持に関する研究が進められるようになる。近世

の建築史、都市史の専門家によって Fare la città: Salvaguardia e manutenzione urbana a Venezia in età moderna（『都市をつくる――近世ヴェネツィアにおける都市の保護と維持』、2006年）[＊88] が出版された。共和国時代のヴェネツィアの保護と維持に関する研究が掲載されており、都市を維持するための治水に関する行政史料の分析や、浚渫の歴史を論じるところに近年の新しい動きが見られる。

ラグーナの維持に関する研究

ラグーナの水の管理に関する研究

　次に、ラグーナ環境の維持、管理に関する一連の研究の流れを見ていこう。
　ヴェネツィア共和国時代、その領土における河川や運河、ラグーナといった水に関する管理は、専門の行政機関が担当していた。水源のある山からラグーナまで、地域ごとの固有性にもとづいて水の管理を担う体制が存在したのである。しかし、共和国が崩壊し、イタリアという一元的な体制のもとに置かれると、ヴェネツィア本来の固有性は軽視され、他と同様の近代的な発展を遂げる。経済発展を重視した大規模開発が行われ、ラグーナには工場や倉庫を建設するための広大な埋め立てが行われた。さらには、アドリア海と工業地帯とを結ぶ船舶用の大規模な運河の掘削も行われ、水質汚染や潮流の変化によってラグーナ環境は大きく変わった。その結果として1966年に大きな被害をもたらしたアックア・アルタを迎えるに至ったのである。1週間近くも浸水が続き、多くの美術品や建物に影響を及ぼし、悲惨な爪跡を残した。この災害をきっかけに、環境を軽視し、近代化に重点を置いてきたそれまでのあり方を反省し、水都ヴェネツィアの維持、再生に向けたさまざまな活動が開始された。近年では、ヴェネツィアをラグーナの一要素と捉え、ラグーナ全体の再生をめざす考え方へとつながっている。
　ラグーナの水に関する詳細な史料は、14世紀まで遡ることができる。そこから、治水事業に関するさまざまな委員会が設置されていたことが知られて

いる [*89]。1501年には「水利行政局」が設置されたが、これが現在水を管理している行政機関マジストラート・アッレ・アックエ（Magistrato alle Acque）の始まりである。水利行政局は都市をとりまくラグーナとの関係において、都市の保全、利益、安全、便宜に関するあらゆる事柄を監視することを任務とした [*90]。現在のマジストラート・アッレ・アックエは公共事業省（現在の国土交通省、Ministero delle Infrastrutture e dei Trasporti）のもと、1907年に再構成された。

　ラグーナの水の管理に関する研究では、まず、ヴェネツィア共和国の水利学者のひとりであるマルコ・コルナーロ（Marco Cornaro、1421〜1464年）の著作を活字にした *Scritture sulla Laguna*（『ラグーナに関する記録』、1919年）[*91] があげられる。ここから15世紀のラグーナとその周辺の諸問題をうかがい知ることができる。20世紀はじめは、広大なマルゲーラ工業地域の開発によりラグーナの埋め立てが行われた時期である。近代化を押し進める国の事業に対して、ラグーナ環境の見直しを働きかけたのである。『ラグーナに関する記録』のシリーズとして、1557年の水路が描き込まれた計画図で有名な16世紀の水利学者、クリストフォロ・サッバディーノ（Cristoforo Sabbadino、1489〜没年不詳）に関する研究も出版された [*92]。

　そしてラグーナの水循環に関心が高まる1980年代、水力学 [*93] や自然科学技術史 [*94] の専門家の監修のもと、M・コルナーロやC・サッバディーノによる『ラグーナに関する記録』が再版され、ヴェネツィア共和国の水の管理行政に再度目が向けられた。この一連の動きのなかで、建築史家のマンフレード・タフーリ（Manfredo Tafuri）は早い段階にヴェネツィア共和国の治水事業を再評価し、M・コルナーロが積極的な開墾と農業経済の拡張を主張したのに対し、C・サッバディーノは本土側における水利バランスを監視するラグーナの保守という立場をとった、という両者都市計画の対立を論じた [*95]。この興味深い見解は1981年に日本での講演ではじめて紹介され [*96]、1985年に著書 *Venezia e il Rinascimento*（『ヴェネツィアとルネサンス』）[*97] のなかで詳細に論じられた。総じて、ラグーナの自然環境を再生しバランスを取り戻す必要性を論じる研究が進むなかで、共和国時代の水利学に関する研究に関心が向けられたことが興味深い [*98]。

自然環境の変遷については、Laguna tra fiumi e mare（『川と海の間のラグーナ』、1982年）[＊99] があげられる。ラグーナの形態の変化を描き、20世紀初頭に行われたラグーナの埋め立てや運河の掘削による大規模開発への反省と自然環境の回復の必要性を示唆している。Morfologia storica della laguna di Venezia（『ヴェネツィアのラグーナの形態史』、1988年）[＊100] では、14〜20世紀に行われた、本土からラグーナへ注ぎ込む河川の付け替え工事と、ラグーナの埋め立ての変遷が図示された。それにより共和国時代には、ラグーナ環境を守るために本土、ラグーナ、アドリア海を含めた広範囲な視野で治水事業を行っていたことがわかる。

　また、ピエロ・ベヴィラックア（Piero Bevilacqua）は Venezia e le acque: una metafora planetaria（『ヴェネツィアと水——環境と人間の歴史』、1995年）[＊101] において、ヴェネツィア共和国がラグーナの環境を保全するためにいかに対策をとってきたかを述べ、共和国崩壊後、その維持を怠ってきたことを指摘した。さらに20世紀に入り、経済発展を中心に置いた都市開発がラグーナ環境の破壊につながったことに言及している。この著作は3度再版されたが、第2版が出版されたころはちょうど、ヴェネツィアを救済する措置として、モーゼ（MO.S.E.）計画を推進するかどうかについてイタリア全体で議論が沸騰していた時期であった。著者はモーゼ計画に対して決定的な評価は下していないが、共和国時代の取り組みが今後のラグーナ環境を考えるうえで示唆を与えると指摘している。このように同書は、ヴェネツィアのラグーナ研究にとっての必読書である。

　そして、次の段階で20世紀の水の管理に関する研究が登場する。ちょうど水利行政局が誕生した500年後に Magistrato alle acque: Lineamenti di storia del governo delle acque venete（『マジストラート・アッレ・アックエ——ヴェネトの水の行政史概説』、2001年）[＊102] がまとめられた。まとめたのは前述の1980年代後半にM・コルナーロとC・サッバディーノに関する研究を再版した監修者である。共和国時代の事業に加えて、1907年の再構成後から2001年までの事業や法律も取り上げられた。これまで共和国時代を中心とした研究が多かったなかで、20世紀の事業に注目した新しい動きであった。同年、設立500周

年を記念して、水の行政に関する会議が開かれ[*103]、発表された研究は *Il governo delle acque*（『水の行政』、2008年）[*104]に収録された。ここでは、近代建築史の立場からオーストリア時代の水を管理する行政の研究[*105]や、土木史の視点から20世紀の事業を振り返る研究[*106]も発表されており、近現代史にも目が向き始めたことがわかる。

マジストラート・アッレ・アックエの事業
モーゼ計画と自然環境保護・再生

ラグーナの公共事業は、マジストラート・アッレ・アックエのもとに置かれている新ヴェネツィア事業連合（Consorzio Venezia Nuova）に委託されている。その代表的な事業にモーゼ計画という最も大がかりな計画がある。これは、ラグーナと海をつなぐリド、マラモッコ、キオッジアの潮流口に可動式水門を設置し、アックア・アルタからラグーナ全体を守るというもので、1970年代はじめから検討されてきた。この計画をめぐっては環境面から反対する声が大きく、自然環境系から数多くの研究書が出版された。ヴェネツィア市も長い間モーゼ計画を反対する立場をとっていた。しかし、近年のたび重なるアックア・アルタの対策として、現在は計画を進めざるをえない状況となり、工事もだいぶ進んでいる。

新ヴェネツィア事業連合の取り組みでは、人工的にラグーナの自然環境を回復させるという、注目すべき事業もある。近代の開発によって失われた、バレーナという葦が生えた不安定な土地を増やす計画が行われているのである[*107]。

自然環境への関心が高まるなかで、これまでに行われたラグーナ環境に関する研究は *Atlante della laguna: Venezia tra terra e mare*（『ラグーナ図集——陸と海の間のヴェネツィア』、2006年）[*108]に集大成され、地理領域、生物領域、人間領域、保護領域、総合分析で構成されている〈図6〉。それぞれの研究がわかりやすくカラーの図表で説明され、ラグーナの生態系の全体像を示す図集として高く評価できる。ラグーナ周辺の本土やアドリア海についての研究も掲載され、また、総合分析の項目では、自然環境的な視点からラグーナの風景

を論じるなど、ラグーナ環境を広範囲な視点で捉えていることも注目される。さらに、ヴェネツィア本島内の貯水槽を取り上げ、環境の面からそのシステムを再評価していることがわかる。

　このように、ラグーナの保護や維持に関する研究は、1966年のアックア・アルタをきっかけに自然環境への問題意識が高まり、ラグーナ周辺やアドリア海も含めた広域の研究へと進められている。さらに植物学の分野では対象エリアを広げ、北アドリア海沿岸の植物風景の維持に関心が向けられている［＊109］。

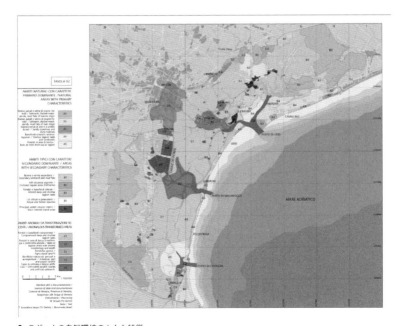

6 ラグーナの自然環境のおもな特徴
この書籍はラグーナおよびその周辺を対象とし、それぞれの研究が全カラーで図示されている。
Stefano Guerzoni, Davide Tagliapietra (a cura di), *Atlante della laguna: Venezia tra terra e mare*, Venezia: Marsilio Editori, 2006.

61

4　ラグーナに関する研究　ラグーナに浮かぶ島々

　ラグーナに関しては、自然環境の維持や再生方法の研究が進むなか、歴史的な環境への関心も高まっていく。水路網の入り組むラグーナは、歴史的に敵船の侵入を防ぐ天然要塞として機能し、アドリア海が外、ラグーナが内という意識があった。同時に、農村や漁村が存在することから、ラグーナは都市の内であり、外であるという両義性を持っていた。また、ラグーナの島々には都市にとって不都合な施設を受け入れる側面もあり [*110]、ヴェネツィアの後背地としての役割を担ってきた。ここでは、ラグーナの島々に焦点をあてながら研究の流れを見ていこう。

　ラグーナの風景はたびたび描写されてきた。19世紀末に書かれた *Life on The Lagoons* (『ラグーナの生活』、1900年) [*111] では、ラグーナの地形、自然、歴史の説明から始まり、ゴンドラやトラゲット、アックア・アルタなどが紹介され、手漕ぎ舟競争 (レガッタ) や海水浴の話題も盛り込まれ、水と共生する人々の生活風景が描き出された。ラグーナらしい風景として、帆船や杭の重要性についても触れている。

　ラグーナ内で特有の文化を育ててきたムラーノ、ブラーノ、トルチェッロといった島々にはつねに関心が向けられてきた。しかし1966年のアックア・アルタ以後、人の住まないような小さな島々も注目されるようになり、ラグーナそのものへの関心が高まった。1970年にラグーナに関する絵画や古地図、古写真の展示会が開催された [*112]。1975年にはG・ピアモンテによって、ラグーナの島々の歴史を描いた *Litorali ed isole: guida alla laguna veneta* (『海岸と島々——ラグーナ案内』) [*113] が出版され、サンテラズモとトレポルティの間に位置するクレヴァンのような小さな島も取り上げられた。彼は1968年に、運河ごとに宗教施設や貴族住宅を紹介する著書を出版しているが、これらの著作には、歴史的価値を再評価する動きが見て取れる。

しかし、実際には1970年代は廃墟のまま放置された島が多かった。その荒れ果てた寂しげな島々の廃屋と森のように生い茂る木々の現状写真が *Isole abbandonate della Laguna: com'erano e come sono*（『ラグーナの見捨てられた島々――かつて、そして現在』、1978年）[*114] に掲載された。この図集では、一つひとつの島の歴史が記述され、かつての機能を紹介している。歴史的価値を見出そうとする動きのひとつで、ラグーナの島々に光をあてるきっかけとなった。そして30年後の2008年の再版では、再生しつつある島の写真が加えられ、島々とその役割に再度関心が向けられている。

　ラグーナへの関心が高まり、各分野で研究が進められるなか、1995年にラグーナを自然環境、地理、歴史の視点から捉えた *La Laguna di Venezia*（『ヴェネツィアのラグーナ』）[*115] がまとめられた〈図7〉。エコシステム、資源と職業、テリトーリオ（地域）の3つの項目で構成されており、「エコシステム」では、

7『ヴェネツィアのラグーナ』の表紙
Giovanni Caniato, Eugenio Turri, Michele Zanetti (a cura di), *La Laguna di Venezia*, Sommacampagna: Cierre edizioni, 1995.

ラグーナにおける生物多様性が紹介されただけでなく、16世紀の史料によってラグーナ環境が歴史的に捉え直された。さらに、「繊細な有機体」と題して、ラグーナを生き物のように扱いながら、同時に、ラグーナの形成史を論じている。「資源と職業」の項目では、ラグーナ環境のうえに育まれた伝統的な職業が紹介され、独特の営みが特有の風景をつくり出していることを明らかにしている。そして最後に「テリトーリオ(地域)」では、ラグーナの島々を歴史的に再評価するだけでなく、近代化の過程で鉄道橋や道路橋とつながったメストレとの関係、工業地域のマルゲーラ港、アドリア海側のリドの海岸など19世紀以降に開発されたラグーナ周辺もラグーナのテリトーリオとして論じている。

現在、島々の再生が進んでいる。サン・クレメンテは日常から切り離された島という立地が最大限に活かされ、2003年にはリゾート用の五つ星の超高級ホテルが登場した。また、サン・セルヴォロはヴェネツィア県に管理され、国際会議場や宿泊施設、ヴェニス国際大学として利用されるなど、島の積極的な活用が見られる。

ラグーナに関するそのほかの研究では、1980年代、伝統的な職業の価値が見直されるなかで、漁業に関する報告も次々と出されている。漁業の視点から水質汚染による漁場の減少を指摘した *Racconti di un pescatore: la laguna di Venezia prima dell'inquinamento*(『漁師物語——汚染前のラグーナ』、1993年)[*116]では、かつてラグーナ内で行われていた伝統的な漁業を紹介し、漁場の豊かさを伝えている。最近では、一般向けの雑誌にもラグーナの特集が組まれている[*117]。ラグーナ特有の風景である養魚場(ヴァッレ・ダ・ペスカ)や仕掛け網の当時の写真も掲載され、ラグーナ環境のなかで生まれた現役の漁師が紹介されている。また、それらを支えてきた伝統的な舟と船をつくる職人が紹介され、総合的にラグーナの魅力を発信している。

5　ヴェネトに関する研究

　ヴェネツィアの背後に広がるヴェネトは、ヴェネツィア共和国が支配した領地で、パドヴァやトレヴィーゾ、ヴェローナなど文化的にも経済的にも豊かな都市が多い。また、それぞれの都市において歴史的な研究が蓄積されている。1970年代、イタリアではチェントロ・ストリコ（歴史地区）の保存・再生が進み、1980年代にはさらにその周辺に目が向けられるようになる。ヴェネトでも、1980年代、都市の周辺に広がる田園風景に関心が向けられ、テリトーリオ（地域）やパエザッジョ（風景）の視点が生まれてくる[*118]。

　都市史の立場からヴェネトの都市に注目した *I centri storici del Veneto*（『ヴェネトの歴史地区』、1979年）[*119]がまとめられた。同書ではヴェネトの地域をさらに分け、それぞれに分布するいくつもの歴史地区の形成史が紹介された。歴史地区に焦点があてられてはいるが、地域の特徴を描き出すというテリトーリオ的な考え方がすでにここに見てとれる。

　同じころ、河川の流域をひとつのテリトーリオとして考える研究も登場する。ブレンタ川やシーレ川に関して、早い段階から古地図、絵画、古写真の史料を活用した河川や運河の形成史がまとめられた。ここでは、ヴィッラ（別荘）のようなモニュメント的なものから水車のような小さいものまで注目しながら水辺の特徴が描き出された。

　ヴェネトのヴィッラは、ヴェネツィア貴族によって16〜18世紀に建設された。15世紀末、ポルトガルの新航路が発見され、これまで東方貿易で財をなしていたヴェネツィアは大きな打撃を受けた。ヴェネツィアの貴族たちはそれに変わる経済効果を求め、本土での安定した土地経営の投資へ転換したという歴史的背景がある。河川や運河を整備する一方、農地の開墾と湿地の開拓・改良を進めて、農業生産力を高めた[*120]。ヴェネトにはこうしてできあがった農地とヴィッラの点在する風景が現在も広がっている。

ヴィッラの研究については、アンドレア・パラーディオ（Andrea Palladio）に関する建築史の研究の蓄積があり、日本でも紹介されている[＊121]。ヴィッラが風景のひとつとして取り上げられるようになったのは、イタリア全体で歴史地区から田園に関心が向き始める時期と重なる。18世紀に描かれた風景画を収録した *Ville, giardini e paesaggi del Veneto*（『ヴェネトのヴィッラ、庭、風景』、1979年）[＊122] には、河川から見たヴィッラの風景画が多数ある。今でもこの風景画と同じような景色をブレンタ川の遊覧船で体験することができ、ヴィッラの正面が運河に向けられていることがよくわかる。

　また、パエザッジョへの関心も高まり、河川風景や田園風景の写真集が多く出版された。シーレ川の風景集[＊123] や、ヴェネトの農村風景や伝統と暮らしを紹介した *Mondo contadino: società e riti agrari del lunario veneto*（『農民の世界——ヴェネトの社会と農業の慣習』、1982年）[＊124] などが代表的なものである。後者は2009年に再版され、今、ふたたび農村風景が注目を浴びている。また、*Paesaggio veneto*（『ヴェネトの風景』、1984年）[＊125] では、自然河川、田園を走る運河、漁場などを取り上げた「水の風景（il paesaggio delle acque）」という項目があり、ヴェネトの風景として「水」がひとつのキーワードになっていることがよくわかる。とりわけシーレ川の風景については、1987年にトレヴィーゾで創設された、ベネトン研究財団（Fondazione Benetton Studi Ricerche）によって自然環境の視点から研究が行われている。同研究財団では河川や運河に関する研究報告会がたびたび開催され、出版物も多い。歴史的研究では、シーレ川に沿った小さな町を研究対象にしたもの[＊126] も登場し、歴史学の視点からも水の都市がキーワードとしてあがっている。また早い時期に、歴史と環境の視点から河川の歴史を描いたカミロ・パヴァン（Camillo Pavan）による *Sile: alla scoperta del fiume, immagini, storia, itinerari*（『シーレ川——川、姿、歴史、旅の発見』、1989年）[＊127] がある〈図8〉。著者はもともと船頭だったことから、早くからシーレ川の魅力に気づいていたに違いない。

　このように、1980年代、田園風景に関心が向けられ、テリトーリオ（地域）やパエザッジョ（風景）の視点が生まれてくると、そこに歴史的価値を見出そうとする動きが加わり、「文化的景観」という概念が登場した。そして1992年、

ユネスコの世界遺産委員会で「世界遺産条約履行のための作業指針」のなかに、文化的景観の概念が盛り込まれたのである。

　このような流れを受け、ヴェネトではますます河川や運河への関心が高まり、研究も蓄積されていった。1990年代後半には、これまでの研究を集大成する書籍が次々と出版された。代表的なものでは、ラグーナのテリトーリオを分析した La Laguna di Venezia (『ヴェネツィアのラグーナ』) [*128] の監修者によって出版された Il Sile (『シーレ川』、1998年) [*129] がある。ラグーナ研究の次の段階として、その背後に広がる本土を対象にしている。同書では、シーレ川を自然環境、地理学、歴史学の視点から捉え、総合的な研究が行われた。後に同じ視点からガルダ湖やブレンタ川など、湖や河川ごとに出版された〈図9〉。ヴェネト地域にとって河川のような水辺が環境的、歴史的、文化的に重要な要素であることを総合的に示す唯一の書である。

　シーレ川においては、面白い試みも行われている。1999年に出版された Il gioco del Sile: alla scoperta del fiume (『シーレ川の遊び——川の発見』) [*130] は、

8『シーレ川』の表紙
Camillo Pavan, *Sile: alla scoperta del fiume, immagini, storia, itinerari*, Treviso: Camillo Pavan, 1989.

小学生向けに穴埋め問題や色塗りを楽しみながらシーレ川に関する歴史や文化に触れることができる。最近では、ガイドブックでも河川の魅力を伝えている。観光ガイドブックの Andar per acque da Padova ai Colli Euganei lungo i navigli（『パドヴァからエウガネイ丘陵の水辺へ行こう』、2002年）[*131] では、閘門の図面や運河の古写真を掲載しながら、パドヴァからエウガネイ丘陵までの河川や運河沿いを自転車で巡るコースが紹介されている。また、シーレ川沿いもサイクリング・コースになっており、貸自転車のサービスが充実している。このように、現在では河川の再評価も進み、実際に触れる機会も多くなった。もうひとつ紹介したい動きがある。ヴェネトにはワインをはじめ美味しい食材も多く、地域ごとに特徴的な料理がある。Il gastronauta nel Veneto（『ヴェネトのガストロナウタ』、2010年）[*132] では、小さな田舎町や農場の歴史や特徴を示しながら料理を紹介している。美しい風景は美味しい食事を育んでいるという、料理の面からも風景を意識する新たな傾向が登場している[*133]。

9『ブレンタ川』の表紙
Giovanni Caniato, Aldino Bodesan, Danilo Gasparini, Francesco Vallerani, Michele Zanetti (a cura di), Il Brenta, Sommacampagna: Cierre edizioni, 2003.

6　舟運に関する研究

　近年、テリトーリオの視点から、ヴェネツィアとほかの都市との関係性を歴史的に捉えようとする動きがある。そのひとつに舟運ネットワークに関する研究が登場し始めた。そもそも、ヴェネツィアは周辺地域から物資の供給を受けながら発展してきた歴史があり、舟運によってさまざまな地域と結ばれていたのである。

　内陸河川の再評価は19世紀にも見られた。ヴェネツィアでは19世紀初期、蒸気船の登場により積載量が増え、工業の発展とともに経済が向上した。19世紀末は舟運が最も活発な時期であった。その一方で、19世紀後半に、ミラノ―ヴェネツィア間に鉄道が整備された。20世紀に入ると、本土側のマルゲーラで新港湾計画の議論が繰り広げられ、マルゲーラ港と内陸の都市とを鉄道で結び、鉄道輸送にシフトする計画が進んだ。そのような状況で、ミラノ―ヴェネツィア間の内陸運河の経済的な価値を再評価する報告書がまとめられた。*Importanza economica della navigazione interna fra Milano e Venezia*（『ミラノ―ヴェネツィア間の内陸舟運の経済価値』、1903年）[*134]は経済学の視点から都市内交通の見直したものである。1901年までの資料をもとに、ヴェネツィアからミラノを結ぶ運河の距離と積載量が記録され、イタリア共和国統一前の1843〜1863年における推移も考察された。また *La navigazione interna nell'altra Italia*（『もうひとつのイタリアにおける内陸舟運』、1907年）[*135]は物資輸送として、これまで河川を使っていたことを再評価している。付録の主要な舟運の航路図から、当時の舟運の様子を把握することができる。その後、ふたたび内陸の舟運に関心が寄せられるのは1980年代後半になる。

伝統的な舟への注目

　船舶に関する研究は、伝統的な舟が注目された1980年代から本格的に行われた。1960年代はじめ、個人用の舟にもモーターエンジンが爆発的に普及すると、便利になる一方で、運河に直接建つ建造物や護岸へのスクリューによる波の影響が懸念されるようになった。これによって1970年代には手漕ぎ舟を見直す動きが強まり、1975年、手漕ぎ舟であれば海外からも参加できる、ヴォガロンガという市民マラソンのようなイベントが始まった。

　このような動きのなかで、伝統的な舟に関する研究が行われた。*Gondola e gondolieri: de qua e de la de l'acqua*（『ゴンドラとゴンドリエーレ——水のこちら側とあちら側』）、1970年)[*136]では、ヴェネツィアの誕生とゴンドラの誕生の歴史、船頭の歴史や歌が紹介され、ヴェネツィアの伝統的なゴンドラの文化が描かれた[*137]。続いて、ラグーナ内で使用されてきた漁船や輸送船など、船舶の種類や構造に関心が向けられた*Barche della laguna veneta*（『ヴェネトのラグーナの舟』、1980年)[*138]が出版された。海洋型船舶に関しては、歴史家のF・C・レーンによる*Le navi di Venezi*（『ヴェネツィアの船』、1983年)[*139]で、ヴェネツィア共和国時代の、おもに13〜16世紀が研究された。日本では、共和国時代に活躍した商船に着目した研究として、ガレー船やゴク船などの船舶を通して貿易の歴史を論じた、齋藤寛海「ヴェネツィアの貿易構造」『イタリア学会誌』（第30号、1981年、pp.122-148)や、法制史の立場からガレー船に着目した、鈴木徳郎「ガレー商船制度の放棄と1514年法」『イタリア学会誌』（第43号、1993年、pp.104-127)があげられる。

　また、舟の構造に関する研究が、ジルベルト・ペンツォ（Gilberto Penzo）によって深められた。伝統的な舟のつくり方を正確に再現した模型をつくる職人で、海洋博物館に納められている舟の模型も彼の仕事のひとつである。G・ペンツォの著作はいずれも舟の構造をテーマにしており[*140]、近年では水上バスも取り上げ、*Vaporetti*（『ヴァポレット（蒸気船）』、2004年)[*141]を刊行し、これまでにつくられたヴァポレットの構造が紹介されている。近代に登場した要素も水の都市の研究対象のひとつになった表れである。

ヴァポレットの研究では、交通史の立場で、水上バスが登場する以前から現代までの歴史を描いた唯一の研究書 Navi in città (『都市内の船』、1988年) [*142] がある〈図10〉。このフランチェスコ・オリアリ (Francesco Ogliari) による研究は、これまでの船構造の研究とは違い、水上バス運営の歴史を中心に置きながら、水上バスに影響を与えたトラゲット (渡し舟)、鉄道、トラムについても触れている。また、規則、時刻表、切符、広告などの史料や写真を用い、当時の様子を丁寧に伝えている。しかし、図版の典拠が記載されていないのが残念である。さらに、航路を示した地図がほとんど掲載されていないため、実際にどのような経由で運航されていたのか不明な部分が多い。

　また、都市史分野で共和国時代の港湾施設や外国人居留地に関する研究が行われ、都市の機能が浮かび上がってくると、それらの場所を結んでいた交通網に関する研究も登場する。グリエルモ・ザネッリ (Guglielmo Zanelli) による Traghetti veneziani: La gondola al servizio della città (『ヴェネツィアのトラゲット——都

10 『都市内の船』の表紙
Francesco Ogliari, Achille Rastelli, *Navi in città: storia del trasporto urbano nella Laguna veneta e nel circostante territorio*, Milano: Cavallotti, 1988.

市サービスとしてのゴンドラ』、1997年）[＊143]〈**図11**〉では、1697年のヴィンチェンツォ・コロネッリ（Vincenzo Coronelli）の地図に記載されているトラゲットの位置が復元された。それまでの船の構造に焦点を置いた研究とは異なり、文書館の史料を用いて、空間的にトラゲットの場所を示している点が新しく、またトラゲットに焦点をあてた唯一の研究である。

1990年代から現在まで

　次の段階では、本土からヴェネツィアへ輸送される物資の航路に注目した研究が登場する。まず、実際に物資輸送を行っていた経験を記録しているミケーレ・A・コルテラッツォ（Michele A. Cortelazzo）の *Canali e Burci*（『運河と運搬船』、1981年）[＊144] と前述したC・パヴァンの *Sile*（『シーレ川』、1989年）[＊145] がある。船で運送業をしていた著者自身が運河や河川を活用していた時代の様子を記録し、その価値を伝えている。また著者は河川航行博物館（Museo della Navigazione fluviale）を開いており、自身が使用していた道具や写真、実際のルートなどが示された地図などの史料を展示している。

　この動きと同様に、ピアーヴェ川でも1982年、伝統的な木材の輸送を紹介する展示会が実現した。伝統的な道具や史料、古写真が展示され、2004年にピアーヴェ川筏師民族博物館（Museo etnografico delgi zattieri del Piave）を設立する動きとなった。歴史的研究ではG・カニャート監修の *La via del fiume dalle Dolomiti a Venezia*（『ドロミテからヴェネツィアの川の道』、1993年）[＊146] が注目される。ドロミテの山からヴェネツィアまで木材輸送に関わる町や施設を取り上げ、ピアーヴェ川地域の特徴を描き出し、河川を活発に使っていた共和国時代から20世紀初頭までの歴史を描いている。そのほか、鉄の輸送を扱った研究 [＊147] も行われている。

　このように、伝統的な船舶だけが扱われてきた1980年代の研究に始まり、1990年代には物資の輸送ルートに関する研究へと広がっている。河川や運河

が歴史的、地域的な研究対象として捉えられるなかで、舟運に関する研究では点から線へと拡大していることがわかる。今後は、一つひとつの輸送ルートや特徴を把握しながら、ヴェネツィアとその周辺の都市がどのような関係でつながっていたのか総合的に見ていく必要がある [＊148]。研究領域を広げ、面的な舟運ネットワークを描き出すことで、新たなテリトーリオの特徴や価値を見出すことができるだろう。

　以上ここでは、おもにイタリアと日本で出版された書籍や発表された論文を取り上げ、水都ヴェネツィアに関する建築史、都市史の研究動向の紹介を行った。水都としてよく知られているヴェネツィアだが、水の視点から都市を捉える研究は、1980年代から大きく展開した。
　都市史研究において水都を再認識するきっかけは、日常生活や社会関係、人間関係など社会史を研究するアナール派の影響を受け、港町の研究に関心

11『ヴェネツィアのトラゲット』の表紙
Guglielmo Zanelli, *Traghetti veneziani: La gondola al servizio della città*, Venezia: Il cardo, 1997.

がもたれるようになったことにある。そして、海洋都市や交易都市として空間を捉え直すようになり、社会・文化の特徴を探る研究が発展したのである。

　また、水都として再認識されるもうひとつの重要なきっかけは、記録的な潮位を観測した1966年のアックア・アルタであった。このときを境にヴェネツィアは大きく変化した。経済活動を重視したそれまでの大規模開発のあり方を反省し、ラグーナの自然環境を見直し始めた。これは、歴史地区からその周辺の自然環境に目が向けられるイタリア全体の動きより少し早い動き。土木史や自然環境の立場から、ラグーナの維持や保護に関する研究が行われるのと並行し、建築史・都市史の分野からもヴェネツィア共和国時代の治水事業が再評価されるようになった。ラグーナの再生をめざすこうした動きのなかで、ラグーナのテリトーリオ（地域）やパエザッジョ（風景）が重要視されるようになり、歴史的な価値を見出す動きに発展していった。そこには、文化的景観という概念も盛り込まれ、さまざまな研究分野が総合的にラグーナを捉え始めたのである。この動きは近年、ラグーナからさらにヴェネトやアドリア海沿岸まで広がっている。

　そして1990年代、水辺に19世紀以降に建設された水辺に19世紀以降に建設された工場や倉庫などが再開発の時期を迎えると、産業遺産としての建造物にも建築家や都市計画家の立場から関心が寄せられるようになった。近年では、パエザッジョの視点と結びつき、河川沿いの工場や倉庫も価値ある風景のひとつと捉える動きが見られ、19世紀以降の建築や都市計画を水の側から考察することが、より意味を持つようになっている。さらに歴史学の分野から、ヴェネツィアと後背地の本土との舟運ネットワークに関する研究が登場し、テリトーリオの視点がますます注目されている。

　さまざまな要素を含む都市と地域の構造をより深く描くためには、ここでは言及しきれていない地理学や環境史、法制史などの分野の研究成果も包括しながら、総合的に水都ヴェネツィア研究を進める必要があることも付け加えておきたい。

2
水都ヴェネツィアの近代化

カナル・グランデに面した開放的なホテル・モナコのテラス席

1　ヤコポ・デ・バルバリの鳥瞰図から読む水都ヴェネツィアの空間構造

　15世紀末、ヴェネツィアの華やかな都市空間が鳥瞰図として描かれた〈図1〉。この鳥瞰図は、1497～1500年に画家兼版画家のヤコポ・デ・バルバリ（Jacopo de' Barbari、1450年ごろ～1516年）によって描かれ [＊1]、木版6枚で構成される縦135cm×横282cmの迫力ある版画である [＊2]。15世紀末に描かれたヴェネツィアのどの都市図よりも詳細で、運河や街路の位置だけでなく、教会や貴族の邸宅（パラッツォ）の形状、さらには開口部の数や形、そして煙突まで読み取ることができる。

　この鳥瞰図以前には、ヴェネツィアにおける最も古い地図として、14世紀半ばに描かれたものが存在する。だが、その地図は本島が平面図で描かれ、個々の島の形状も全体の都市の形も歪められており、運河の大体の位置や教区教会とそれに対応する島の様子が模式的に描かれているにすぎず、当時の正確な形状を把握することは難しい [＊3]。鳥瞰図の早い例としては、1471～1482年に描かれたと考えられている、フィレンツェのカテーナの鳥瞰図が知られる。この時期すでに、大きさ、長さ、プロポーションなどがかなり正確に表現されている。もうひとつ注目すべきヴェネツィアの絵図として、1486年に出版された景観画がある。エルハルド・レウィック（Erhard Reuwich）が、オランダのユトレヒトから聖地エルサレムへ巡礼に行く途中、ヴェネツィアを訪れた際に描かれた木版画（26.5cm × 164.5cm）である [＊4]。デ・バルバリの鳥瞰図よりも低い視点で、サン・マルコ水域を中心とした都市のパノラマが描かれている。そのため、島の形状や都市全体の形をとらえるというよりも、風景画に近い。

　ここでは、当時の様子を知るうえで非常に有効な都市図であるデ・バルバリの鳥瞰図から、水と密接な関係で成り立っていた共和国時代の水都ヴェネ

ツィアの空間構造を読み解いてみたい。

デ・バルバリの鳥瞰図全体の描かれ方

　デ・バルバリの鳥瞰図には、古代ギリシア・ローマの神話や世界観が象徴的に描かれている。上部には、商業や貿易の神であるメルクリウス、下部には、海や港の神であるネプトゥノスが描かれ、ヴェネツィアの都市を守護している［*5］。船舶も多く描かれ、海洋都市としてのイメージを強く打ち出していることがわかる。また、都市を囲むように８つの方向には風の擬人像が配置され、それらの視線を結ぶ交点に、鳥瞰図の中心としてサン・マルコ広場の鐘楼の頂上が描かれている［*6］。このサン・マルコ広場には宗教の中心であるサン・マルコ寺院、政治の中心であるドゥカーレ宮殿［*7］、さらには官僚機関である行政館が集まっている。つまり、宗教的、政治的中心の場所が鳥瞰図の核となっているのである〈図２〉。

1 1500年　ヴェネツィアの鳥瞰図（ヤコポ・デ・バルバリ作成）
B.M.C.Ve, CL. XLIV, n. 58.

都市にいくつかのポイントをとり、図の歪みを見てみると、アルセナーレのある都市の東側はほぼ正確に描かれている〈図3〉。それに対し、都市の西側で大きな歪みを生じていることがわかる [*8]。このことから、西側よりも共和国の表玄関として重要な施設が分布する東側の方が重要視されていたことが読み取れる〈図3〉。

　ここでは、運河や道といった、都市を構成するインフラについて検証してみたい。まず、運河に注目してみよう。島は大きく歪められているが、島の数は正確であるため、島と島の間を流れる運河を読み取ることができる。都市の中心には、カナル・グランデが蛇行しながら流れている。鳥瞰図に合わせて加工した航空写真を見ると、カナル・グランデの上流側は、大きく内側に歪められていることがわかる。実際より角度をつけることで、蛇行するイメージを強く打ち出している。一方、中央に位置するリアルト橋から河口までは画像処理した航空写真と鳥瞰図の蛇行はほぼ同じ角度で描かれ、鳥瞰図の正確さが見て取れる。カナル・グランデの河口付近では大型の商船が描かれている。実際よりも広く描かれた運河幅は、ゆったりと構えた都市の入口という印象を与える。

　このカナル・グランデを中心軸として、数本の運河がはっきりと描かれている〈図4〉。北側からカナル・グランデに入るミゼリコルディア運河とそれに続くノアーレ運河、北西側からカナル・グランデに入るカンナレージョ運河、南西側からカナル・グランデに入るサン・トロヴァーゾ運河とサン・ヴィオ運河である。これらの運河は現在も交通量が多いが、15世紀末も主要幹線路として重要な運河だったと考えられる。また、ヴェネツィア本島の南北を縦断するピエタ運河は、実際よりも幅が広くなっている。さらに、サン・ザン・デゴラ運河のように、本来の角度より直線的に描かれた運河も存在する。この運河とサンタゴスティン運河、それに続くサン・ポーロ運河を結ぶと、カナル・グランデの北と南を最短距離で航行できる。手漕ぎ舟にとって、ショートカットに最適な航路である [*9]。このように、重要な運河を強調する意図がうかがえる。

　次に、サン・マルコ広場の北側に位置するリアルト橋を見てみよう。現在

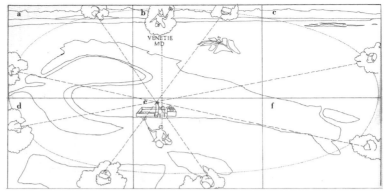

2 アンドレア・マシャトニオ (Andrea Masciatonio) によるデ・バルバリの鳥瞰図の構成図
Giandomenico Romanelli, Susanna Biadene, Camillo Tonini (a cura di), *A volo d'uccello: Jacopo de' Barbari e le rappresentazioni di città nell'Europa del Rinascimento*, Venezia: Arsenale, 1999, p.78.

3 デ・バルバリの鳥瞰図に合わせた航空写真 (マッテオ・ダリオ・パオルッチ (Matteo Dario Paolucci) 作成)
2011年の航空写真をデ・バルバリ作成の鳥瞰図に合わせて加工

4 強調された運河
デ・バルバリの鳥瞰図に追記

のリアルト橋は1591年に架け替えられたものだが [*10]、ここでは、描かれた角度に注目すると、鳥瞰図では画像処理を施した航空写真よりも水平に近い角度となっている〈図5〉。リアルト橋をより水平に配置することで橋のファサード（正面）を描くことができる。ここでは、意図的に向きを変えてファサードを見せていると考えられる。このことから、都市のイメージとして、リアルト橋の重要性を示していることが読み取れる。

　リオと呼ばれる小運河に架かる橋も描かれ、15世紀末の橋の様子をも知ることができる。ヴェネツィア本島、ジュデッカを合わせ鳥瞰図全体で253本もの橋が描かれている〈図6〉。橋は教会のある広場や運河沿いの道に架けられており、歩行空間の需要が高かったと思われる。そのほとんどが公共の橋であるが、私有の橋も22本描かれている [*11]。たとえばサン・ポーロ広場に面するパラッツォには広場から直接アクセスする橋が架けられていることが確認できる。この運河は埋め立てられたため、現在橋は架けられていないが、ほかの運河沿いのパラッツォで直接そこにアクセスする橋を見ることができる。また、多くの橋には手すりが描かれていない。その数は218本にのぼる [*12]。手すりが付けられるようになったのは、19世紀のオーストリア支配下の時である。現在、手すりのない橋はカンナレージョ地区に1本だけ残っており、公共の街路から直接住宅に架けられた橋である。また、現在では当時の姿を見ることのできない橋として、トレ・ポンティがある。「3本の橋」という意味で、幅は40〜60m、長さは300mであったとされている [*13]。埋め立てにより陸地部分が増え、現在は短くなっているが、トレ・ポンティという名前は残った。このほか小運河には平らな橋、弧を描いた太鼓橋、はね橋などの橋が描かれている。形状だけでなく、素材のわかる橋もある。ドゥカーレ宮殿正面に位置するパリア橋は、石の積み方まで詳細に描かれ、これもまた、重要な橋であることがうかがえる。

　次に道について見てみよう。ヴェネツィアは、一直線の長い道は少なく、短い道が複雑に入り組み巨大迷路のような町をつくり上げている。道には、島の背骨にあたる主要道路であるサリザーダ（salizada）、一般的な細い道のカッレ（calle）、カッレに続く行き止まりの道のラーモ（ramo）、トンネ

5 鳥瞰図に描かれたリアルト橋(左)とリアルト橋の角度の比較(右上、右下)

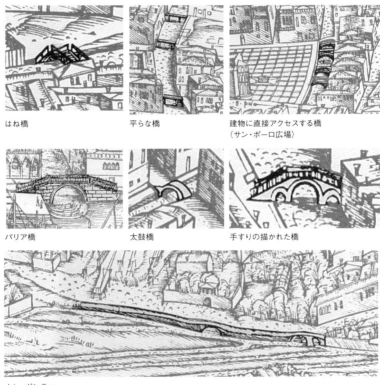

はね橋　　　　　　平らな橋　　　　　　建物に直接アクセスする橋
　　　　　　　　　　　　　　　　　　（サン・ポーロ広場）

パリア橋　　　　　　太鼓橋　　　　　　手すりの描かれた橋

トレ・ポンティ

6 鳥瞰図に描かれたさまざまな橋

ル状の道のソトポルテゴ (sotoportego)、運河に沿った道のフォンダメンタ (fondamenta) や岸を意味するリーヴァ (riva)、運河を埋め立てまたは暗渠にして道路にされたリオ・テラ (rio terà) などカテゴリーが細かく分かれている。

　リオ・テラは1797年のヴェネツィア共和国崩壊以後、フランスやオーストリア統治下で積極的に進められた。そのため鳥瞰図から、リオ・テラになる以前の運河だった状態がわかる。たとえば、カンナレージョ運河のすぐ東側に位置するリオ・テラ・サン・レオナルドでは、鳥瞰図に運河とフォンダメンタが描かれている〈図7〉。この運河はふたつの橋が架けられていたことから、ドゥエ・ポンティ運河という名前だった。19世紀半ばに鉄道駅ができ、鉄道駅とリアルト橋を結ぶ道路計画の一部として埋め立てが進められたのである。1915年にはドゥエ・ポンティ運河の橋の北側も埋め立てられ、リオ・テラ・フランチェスキとなった。このように、現在見ることができない姿を鳥瞰図は伝えている。また、形状を大きく歪めた島でもフォンダメンタは、省略することなく描かれている。トレンティーニ教区に位置するフォンダメンタ・ミノットはその一例である〈図8〉。フォンダメンタのなかには、フォンダメンタ・サン・ロレンツォのように、実際の道幅よりも広く描かれる場所もある。そもそもフォンダメンタは、砂浜の岸を葦で編んだ柵や低木で土地を保護した程度にすぎなかった。ゴシック時代に入り、陸上での活動が重要になったことを背景に普及し、石造に整備されたのである。16世紀末、ヤコポ・サンソヴィーノ (Jacopo Sansovino) の計画によって都市全体の整備が行われ、運河に沿ったフォンダメンタが構築された。15世紀末、数少ないフォンダメンタは荷作業が安定して行える場として重要性が高かったと考えられる。そのため、鳥瞰図の視点からは本来見えない角度においても、フォンダメンタが描かれているのではないだろうか。

　サリザーダでは実際よりも幅広く描かれているところが見られる〈図9,10〉。サリザーダはカッレに比べ、広い道を指すことから、鳥瞰図にはそのイメージも盛り込まれていることがわかる。

　そのほか、ソトポルテゴも描かれている。サンティ・アポストリ運河沿いのソトポルテゴ・デル・トラゲットはムラーノへ行く渡し舟（トラゲット）の乗

7 リオ・テラ・サン・レオナルドの埋め立てられる前

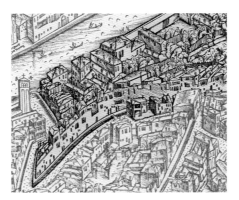

8 フォンダメンタ・ミノット

9 サリザーダ・サン・リオ

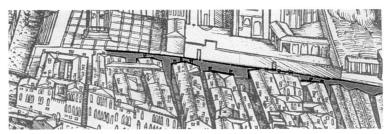

10 サリザーダ・サン・ザニポロ

り場として利用されていた。アーチの形も正確に描かれ、都市の重要な場所だったことがわかる〈図11〉。鳥瞰図において、ソトポルテゴも都市を構成する要素のひとつとして注目されていたのである。

カッレは、ほとんど建物の陰に隠れてしまう。しかしながら、天国の道を意味するパラディーゾ通りの入口にあるゴシック様式の装飾が描かれており、都市の重要な要素のひとつだったことを強調している〈図12〉。

次に、広場に目を向けてみよう。中心に描かれたサン・マルコ広場は実際よりも大きく描かれ、都市の象徴として印象づけられている。広場を取り囲む建物も詳細に描かれ、政治的中心としての権威をあらわしている。ヴェネツィアではサン・マルコ広場が「ピアッツァ (piazza)」と呼ばれるのに対し、それ以外の広場はすべて「カンポ (campo)」と呼ばれる。そのことからもサン・マルコ広場は都市の特別な存在であることがわかる。一方、カンポはイタリア語で「田畑」を意味する[*14]。現在では広場はどこも舗装されているが、15世紀末はむしろ、舗装されていない広場の方が目立つ。この鳥瞰図から広場の舗装の有無がわかり、舗装されている広場は、おそらく15世紀末における権力のある教会もしくは、共和国政府にとって重要な場所だったのであろう〈図13,14〉。また、広場にはポッツォ (pozzo) と呼ばれる貯水槽も描かれている。このポッツォは雨を貯め、生活用水を確保する装置として都市には必要不可欠なものであった。現在は蓋が閉められ、水は使用されていないものの、広場には必要なモニュメントとして存在しつづけ、待ち合わせ場所や子どもたちの遊び場として利用されている。

以上のように、都市を構成する要素が詳細に描かれているだけでなく、本来見えない要素も描かれ、当時の都市像が強調して描かれていると考えらえる。また、運河や橋の角度を振ることで、都市像を意図的に象徴しているのである。

11 サンティ・アポストリ運河沿いのソトポルテゴ

12 パラディーゾ通りの入口にある装飾（左：鳥瞰図、右：現在）

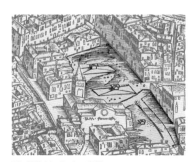

13 舗装されていない広場
(Campo S. Maria Formosa)

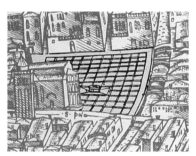

14 舗装されている広場
(Campo S. Polo)

建造物の描かれ方

　次に建造物の描かれ方について見ていこう。鳥瞰図には建物が細かく描かれている。これらの建物には、意図的に、あるいは恣意的にさまざまな操作がどのように加えられているだろうか。現在の地図に鳥瞰図を重ね合わせると、15世紀末にはすでに現在のような高密な都市が形成されていることがわかる。14、15世紀のヴェネツィアは建設の黄金期といわれ、ゴシック様式の時代であった [*15]。実際に町を歩くと、ゴシック様式の建造物が多いことに気づく。鳥瞰図と実際の建造物をいくつか比較してみたい。

　はじめに、ヴェネツィア共和国管轄下の施設について検証してみよう。サン・マルコ広場は、島全体が実際よりも大きく描かれ、都市の象徴的な場であることを強調している。サン・マルコ水域に面した小広場は、東側に立地するドゥカーレ宮殿とほぼ同じ幅で、実際より大きく描かれている〈図15〉。2本の柱を配した小広場は、都市の玄関口として立派な構えを見せている。さらに、その柱の間から時計塔のファサードが見えることで、都市空間を華やかに演出している。この時計塔はマウロ・コドゥッチ（Mauro Coducci）のデザインで1496〜1499年に建てられた [*16]。まさに鳥瞰図の作成と同じ時代である。彫刻まで詳細に描かれており、当時の新建築として注目されていたと考えられる。ドゥカーレ宮殿のファサードに注目すると、プロポーションは実際よりも縦に大きく描かれている。窓やアーチの数はほぼ同じであり、手すりや獅子のレリーフなどの細かい装飾まで確認できる〈図16〉。つまり、サン・マルコ広場の前面を強調する意図が働いているのである。

　次にアルセナーレを検証してみよう〈図17〉。アルセナーレは共和国直轄で武器、船の櫂、装備、補給物資の保管所、武器製造、造船、船の修理・保管が行われ [*17]、海洋都市国家としてヴェネツィアの軍事力を生み出す、産業の中心であり、誇りであった。鳥瞰図では、アルセナーレ周辺の街並みが実際より小さく描かれ、アルセナーレを強調していることがわかる。また、アルセナーレ自体、詳細に描かれており、内部の活動を読み取ることができる。運河からアルセナーレへの入口には、急勾配の階段が設置されたはね橋が架

けられており、大型船への配慮も見られる。アルセナーレの入口の上部には要塞の上部に施されるメルロ（merlo）と呼ばれる狭間胸壁の凸部も描かれている〈**図18**〉。アルセナーレ中央の水面の南に並ぶ小屋は、早い段階に設置された造船所である。ここには高さ7mの小屋が並び、長さ46m、幅16.5mの作業場があった。一方、水面の北側に新しく設置された造船所は高さ9m、長さ56m、幅19mの作業場であった[*18]。鳥瞰図から大きさの違いも読み取

15 実際より大きく描かれたサン・マルコ水域に面した小広場

16 ドゥカーレ宮殿の比較（上：鳥瞰図、下：現在、作成：三橋慶侑）

17 アルセナーレの比較（上：鳥瞰図、下：航空写真）

れる。また、造船中のガレー船や、作業をしている工員も描かれている〈**図19**〉。このように、建物や人間の細部まで描かれ、ヴェネツィア共和国にとって最も重要な活動拠点の場所や技術の高さを示しているのである。

　次に、サン・マルコ広場の正面であり、カナル・グランデの玄関口にあたる海の税関（ドガーナ・ダ・マール）について見てみると、こちらも明らかに大きく描かれている。周辺には大型の商船が停泊しており、港の中心であることがうかがえる。この商船は次のような順路でここにたどり着く。まず、アドリア海からラグーナに入り、ヴェネツィア本島から離れたラッザレットなどで検疫を受ける。その後、検査に合格した商船がこの税関を通るのである。税関では、積荷を大型の商船から小舟に移し替え、それからヴェネツィア本島や本土の都市などへ運ばれる。ここはまさに商品の集積地なのだ。現在は、美術館に改修され、その巨大な空間を引き継ぎながら、現代的に活用されている。また、海の税関のすぐ西側には、かつては塩の倉庫が置かれており、ここも展示空間として利用されている。そして、ヴェネツィア共和国管轄下の穀物倉庫も、実際より大きく描かれ、政府の施設を際立たせる意図が読み取れる。

　宗教施設はどのように描かれているだろうか。ヴェネツィアでは、教会を核として島が形成され、その小さな島がコミュニティの基本単位となった。この鳥瞰図には114もの教会が描かれ [*19]、小さな生活単位の集合体で都市が形成されていることがわかる。しかし、19世紀に行われた教区の再編成による教会の閉鎖や、都市開発による取り壊しなどにより、現在ではその数を減らしている。鳥瞰図には47の修道院、103の鐘楼、同信会（スクオーラ）や小礼拝堂（オラトリオ）も描かれており、19世紀の政策により本来の機能は失われたが、現在学校や美術館として外観が残っている施設もある。ここで、鳥瞰図に描かれた宗教施設と外観が現存する施設を比較してみたい。

　まず、鳥瞰図を眺めると、多くの教会に名称が表記されていることに気づく。壁面の装飾は省略されていても、名称ははっきりと記載されているのである〈**図20**〉。このことから、都市において教会がいかに重要な施設であったかをうかがい知ることができ、当時の強い信仰心が伝わってくる。

鳥瞰図の中央に位置するサン・マルコ寺院はイスラムの影響を思わせるドームが大胆に描かれ、ヴェネツィアの特徴的な建築を全面に押し出していることが読み取れる〈**図21**〉。

　鳥瞰図のなかで一際大きく、影も描かれていない教会がある。カステッロ地区の北側に位置するサンティ・ジョヴァンニ・エ・パオロ教会である。実際にサン・ジョルジョ・マッジョーレ教会の鐘楼から眺めると、ひとめで大きい教会であることがわかる〈**図22**〉。ドメニコ会修道士によって建設され、1430

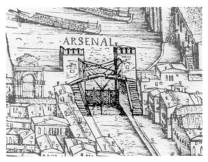

18 運河からアルセナーレへの入口

19 アルセナーレで作業をしている工員

20 名称の表記のある教会

年に献堂された [*20]。プランは三廊式のバジリカ式で、ゴシック様式のステンドグラスが施された開放的な空間である。鳥瞰図では、東西の奥行きに比べ高さのあるプロポーションで描かれ、この教会の特徴を示していることがわかる〈図23〉。とくに側廊が高く描かれ、さらにステンドグラスは形までもが詳細に描かれ〈図24〉、教会のなかでも、とりわけ都市のイメージを示すのに重要な建築様式であったと思われる。この教会の西隣には、1487～1490年にかけて再建されたスクオーラ・ディ・サン・マルコが立地する。この建物も実際より明らかに大きく描かれている。正面上部の曲線的な装飾は、1490～1495年にかけてM・コドゥッチによって完成され [*21]、鳥瞰図の作成時期に近く、当時の重要な新建築のひとつであっただろう。この鳥瞰図の作成時期に主流だったゴシック様式の代表的な宗教建築に、サン・ポーロ地区に立地する、サンタ・マリア・グロリオーザ・デイ・フラーリ教会がある〈図25〉。実際と同じような比率で描かれており、ステンドグラスやバットレスの数がほぼ同じで、正確に描かれていることがわかる。さらに、装飾も細かく描かれている。教会の広場が舗装されていることからも、重要な施設のひとつであり、教会自体に権力があったと考えられる。また、違う角度ではあるが、同じように描かれた宗教施設も見受けられた。これらのことから、教会は都市のイメージを強く表そうとする意図があるといえる。さらに建設中の教会も描かれており、都市が発展しつつあることを示している。

　次にこの鳥瞰図の性格を最も特徴づけているであろうパラッツォについて見ていきたい。便宜的に次のような5つの項目を設け、パラッツォのランク分けを試みた。

1　実際よりプロポーションが同じか大きく描かれている
2　ファサードに影がない
3　すべての階に窓が描かれている
4　窓枠のレリーフ等の装飾が描かれている
5　そのほかの部分も詳細に描かれている

21 サン・マルコ寺院の比較（上：鳥瞰図、下：航空写真）

22 サン・ジョルジョ・マッジョーレ教会の鐘楼から眺めたサンティ・ジョヴァンニ・エ・パオロ教会

24 鳥瞰図における細部の描かれ方

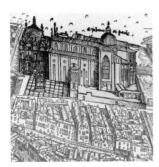

23 サンティ・ジョヴァンニ・エ・パオロ教会の比較（上：鳥瞰図、下：航空写真）

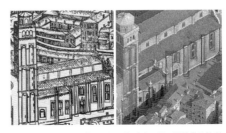

25 サンタ・マリア・グロリオーザ・デイ・フラーリ教会の比較（左：鳥瞰図、右：現在、作成：三橋）

この5つの項目に該当した個数がランクに反映され、ランクの高いものほど象徴性があることになる。その結果、すべての項目に該当したパラッツォは、リーヴァ・デリ・スキアヴォーニ（Riva degli Schiavoni）に立地するパラッツォ・ダンドロ（Palazzo Dandolo、15世紀建設）、カナル・グランデ沿いのパラッツォ・ジュスティニアン（Palazzo Giustinian、1474年ころ建設）[*22]とパラッツォ・ピザーニ・モレッタ（Palazzo Pisani Mortetta、15世紀中ごろ建設）[*23]であった〈図26-28〉。鳥瞰図と1828年の立面図[*24]を比較すると、これらのパラッツォは改築された箇所も見られるが、主階（ピアノ・ノービレ）は窓枠の数や形が同じであり、詳細に描かれていることがわかる。また、ゴシック様式の特徴である先頭アーチ窓の形もはっきりと描かれ、豪華なファサードを都市のイメージとして全面に押し出す意図が感じられる。

　次に4つの項目に該当したパラッツォでは、カナル・グランデ沿いに立地するパラッツォ・ベルナルド（Palazo Bernardo）があげられる〈図29〉。このパラッツォも15世紀に建設されたゴシック様式の建物である[*25]。窓枠の数や位置は読み取れるが、装飾はパラッツォ・ピザーニ・モレッタほど描かれていないことから、ランク4とする。そのほか、カナル・グランデ沿いのパラッツォ・コンタリーニ（Palazzo Contarini）〈図30〉、パラッツォ・マノレッソ・フェッロ（Palazzo Manolesso Ferro）のようにファサードは影で覆われているが、窓枠の数やゴシック様式のアーチ窓を確認できるパラッツォもある。これらもまた15世紀に建設されている[*26]。

　そして、3つの項目に該当したパラッツォには、カナル・グランデ沿いに立地するパラッツォ・ドナ（Palazzo Donà）があげられる〈図31〉。このパラッツォは13世紀半ばに建設された。鳥瞰図から、1階は間口いっぱいに柱廊（ポルティコ）が配され、運河に対して開放的な建築タイプであることがわかる。当時は、建物に船を直接横付けして荷作業が行われていたことが知られている。また、このパラッツォは、現在も3層目にビザンティン様式のアーチ窓を残している。ビザンティン様式の特徴である半円アーチには、籠模様が装飾され、階を区分するコーニスには花模様が施されている[*27]。鳥瞰図からは足の長い半円アーチと階を区分するコーニスのラインが確認できる。

26 パラッツォ・ダンドロ(左：鳥瞰図、右：1828年立面図)
1828年立面図(A・クアドリ作成)：*Il Canal Grande di Venezia descritto da Antonio Quadri e rappresentato in 60 tavole rilevate ed incise da Dioniso Moretti*, Treviso: Vianello libri, 1981.

27 パラッツォ・ジュスティニアン(左：鳥瞰図、右：1828年立面図)

28 パラッツォ・ピザーニ・モレッタ(左：鳥瞰図、右：1828年立面図)

29 パラッツォ・ベルナルド(左：鳥瞰図、右：1828年立面図)

30 パラッツォ・コンタリーニ(左：鳥瞰図、右：1828年立面図)

31 パラッツォ・ドナ(左：鳥瞰図、右：現在)

このように、パラッツォを検証していくと、おもにカナル・グランデに沿ってプロットが集中していることがわかる。これは、カナル・グランデは物資を積んだ船が行き交う主要な幹線路であったことから、貿易活動に注目した貴族たちがこぞって商館建築を建設したことに由来すると考えられる。とりわけ15世紀に建設されたゴシック様式のパラッツォが高いランクに位置づけられたことから、運河に開放された華やかな都市のイメージを示しているのではないだろうか。

また、サンタ・マリーナ運河、サン・ジョヴァンニ・ラテラーノ運河、サン・フランチェスコ・デラ・ヴィーニャ運河沿いにもランクの高いパラッツォが分布している。これらの運河は、カナル・グランデとアルセナーレを結ぶ最も重要な運河だったと考えられる。現在でも比較的規模の大きな船の航行が可能な重要な運河である。サンタ・マリーナ運河沿いに立地するランク4のパラッツォ・ピザーニ（Palazzo Pisani）は15世紀に建設され、ゴシック様式である。

さらに、都市の内側にもランクの高いパラッツォが分布している。ランク4のパラッツォの例では、ファーヴァ運河沿いに立地するパラッツォ・ジュスティニアン・ファッカノン（Palazzo Giustinian Faccanon）がある。15世紀後半に建設されたゴシック様式の建物は、2012年現在、郵便局として利用されている。

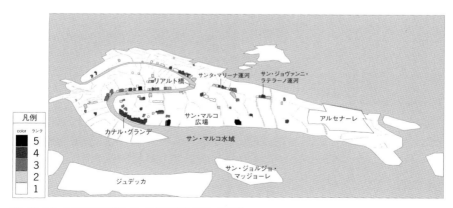

32 ランク5〜1に該当するパラッツォの分布（作成：三橋、樋渡彩）

運河に面したファサードが詳細に描かれ、運河からの視点を意識していると考えられる。また、広場でもランク4のパラッツォが見受けられ、サンタンジェロ広場に立地するパラッツォ・グリッティ（Palazzo Gritti）も15世紀に建設されている。

　以上のことから、プロットしたパラッツォに面している運河は、とくに重要なものだった。さらに、プロットしたパラッツォの多くが15世紀に建設されていることから、当時の新建築を象徴的に示している。同時に、強調して描かれた背景を、政治的な視点から見ていく必要がある〈図32〉。

　一方、そのほかの住宅に着目すると、島のなかに存在する建物の数は正確に描かれ、屋上テラス（アルターナ）や煙突など細部も表現されており、当時の建築の外観を知ることができる。窓枠の数までは正確ではないが、運河から人がアクセスする開口部や艇庫（カヴァーナ）の開口部も描かれ、水路からのアクセスは重要視されていたのである。

そのほかの空間の描かれ方

　この鳥瞰図ではさまざまな船舶が描かれており、15世紀の舟運の姿がうかがえる〈図33〉。アルセナーレから海の税関までは海洋型の大型帆船が数多く停泊しており、アルセナーレ付近に停泊する船には、修復をしている人も描かれている。また、サン・マルコ水域に停泊している大型帆船は、物資の検疫を受けている商船だと考えられる。17世紀末、サン・マルコ広場近くのリーヴァ・デリ・スキアヴォーニには、トリエステやザラ（Zara）などのアドリア海の港町に行くための船乗り場もあった[*28]。海の税関では、小舟に荷を積み替える作業が行われていた。このようにサン・マルコ水域は港の中心であったことがわかる。

　カナル・グランデに目を向けると、中型の帆船（ブルキオなど）も描かれており、この規模の帆船もカナル・グランデを航行していたことがわかる。とり

わけリアルト橋の南側に多く係留されている。西側の岸はリーヴァ・デル・ヴィン（Riva del Vin）という名が残っており、ここではワインの荷揚げが行われていた。また、陸の税関もあったことから物流基地であったことは間違いない。17世紀末にはストラやヴィチェンツァ、モデナといった本土の町に行くための船乗り場も存在した [*29]。また、カナル・グランデには無数の小舟と船頭も描かれていることから、カナル・グランデが交通の主要幹線路として機能していたと考えられる。小舟と船頭は小運河にも描かれており、より重要な運河に舟が描かれている。小舟は、物資を輸送している手漕ぎ舟以外にもゴンドラやトラゲットなどの乗客専用の舟も描かれている [*30]。鳥瞰図に描かれたサン・トマのトラゲット乗り場（スタツィオ）は現在も利用されている。このスタツィオには階段状の岸も描かれていることから、重要な場所だったことがわかる。さらに、当時日常的に行われていたであろう潮干狩りの様子や、手漕ぎ舟競争（レガッタ）のような非日常的な様子まで描かれている。このようにさまざまな規模の船が詳細に描かれていることから、この鳥瞰図のもうひとつの主役は船であったと考えられ、15世紀末の活発な舟運に光をあてていることが読み取れる。

　次に産業空間に着目すると、都市の端に点在していることがわかる。たとえば、木場はドルソドゥーロ地区のジュデッカ運河沿いとカンナレージョ地区の北側に描かれている〈図34〉。筏を組んだ木材や作業をしている人まで詳細に描かれていることから、資材として木材が非常に重要だったことを知ることができる。また、カンナレージョ運河近くの広い空間に小屋と物干し台のようなものが描かれている。ここは1740年には染色工場として機能していた [*31]。さらに、産業空間のなかでも詳細に描かれているのは、造船所（スクエーロ）がある。スクエーロはカンナレージョ地区とドルソドゥーロ地区に集中しており、ともに造船業を中心とした地区である。スクエーロは2種類に分けられ、都市の外側に位置するスクエーロでは、比較的大きな商業用の帆船が扱われ、内側の小運河沿いに位置するスクエーロではラグーナ用の小舟が扱われた [*32]。鳥瞰図からその舟の大きさの違いを読み取ることができる。またジュデッカ運河沿いのリーヴァ・ディ・サンタニェーゼ（Riva di S.

ゴンドラ（フェルツェつき）

大型帆船（サン・マルコ水域）

トラゲット（サン・トマ）

中型帆船（リアルト橋の南側）

小舟と潮干狩り

小舟（カナル・グランデ）

レガッタ

33 さまざまな船舶

Agnese)の桟橋の脇の杭に網がかけられていることから漁業が行われていたことが確認でき、これは漁師の存在を示している。

　鳥瞰図の周辺部分には、樹木や浜辺も描かれ自然空間が広がっている。15世紀末はまだいわゆる田舎のような風景もあったことがわかる。樹木に関しては、低木や高木の違いがわかるだけでなく、修道院のなかにイトスギが描かれていることまでも読み取れる。また、菜園ではぶどう棚も詳細に描かれており、15世紀末に栽培していた樹木や果物の種類を推測できるのである。また、カンナレージョ運河沿いのサン・ジェレミア教会やサン・ジョッベ修道院の脇には墓地も描かれている [*33]。ヴェネツィア共和国崩壊後の19世紀、ナポレオンの支配下でサン・ミケーレに墓地が整備される以前、町中に墓地が分散していたことを示している。このように都市の周辺部分の土地利用に関しても細かく読み取ることができる。

　最後に人がどのような場所に描かれているのか見ていきたい。運河沿いの道ではトラゲットを待つ人や舟から降ろした物資を運ぶ人、舟の上では船頭のほかに、舟を修復している人、帆をたたむ人が描かれている。ほかに、漁師や潮干狩りをする人も描かれている。一方、島の内陸部にはほとんど人が描かれていない。つまり、水と関係の深い場面に人が描かれているのである。

　内陸部においては、アルセナーレや木場で作業をしている人の姿があり、重要な施設に人が描かれている。さらに、修道院の菜園にはカップルまでも描かれており、都市における日常的なあらゆる活動を伝えようとする意図が感じられる。

　以上のことから、15世紀末のヴェネツィアで都市生活がいかに営まれているのかを確かめることができた。産業空間や人々の活動において、水と結びついて発展したヴェネツィアの様子が描かれ、それをベースにしながら、政府の施設や教会、パラッツォといった建物が象徴的に描かれている。そこには都市のイメージを強く打ち出そうとする政治的・社会的意図が盛り込まれている。とりわけ、ゴシック時代に建設された建物が強調され、15世紀末の華々しい都市景観を打ち出している。とくにカナル・グランデ沿いと海の玄関口であるサン・マルコ水域が強調され、ヴェネツィアが海洋都市国家とし

木場（カンナレージョ地区）

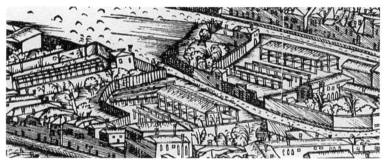

染色工場など（カンナレージョ地区）

漁師網
（ドルソドゥーロ地区）

スクエーロ
（カンナレージョ地区）

スクエーロ
（ドルソドゥーロ地区）

34 産業空間

て強く認識されていたことがわかる〈**図35**〉。このように、デ・バルバリの鳥瞰図を通して、ヴェネツィアの空間全体の使い方を詳細に読み取ることができるのである。

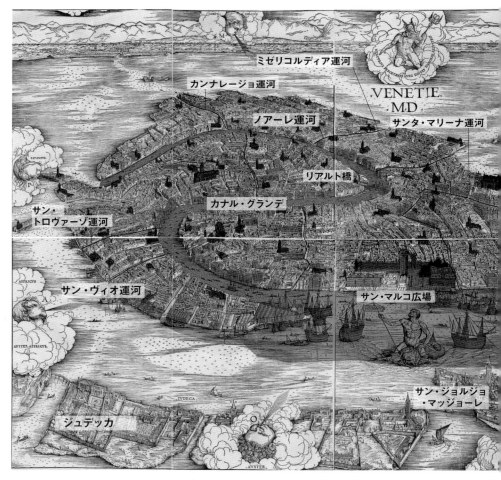

35 象徴的に描かれている空間、施設、船舶の分布（作成：三橋、樋渡）

2　19世紀の歩行空間の整備

　ヴェネツィアは東方貿易で栄え、多くの船が行き交う海洋都市として発展し、船と徒歩だけで成り立つ個性的な都市空間をつくりあげた。デ・バルバリの鳥瞰図にも現れているように水と密接に結びついた建築が建てられ、まさに水の都が形成された。しかし、1797年、ナポレオンの占領によりヴェネツィア共和国が崩壊すると、陸の視点から都市の再編成が行われ、それまでの都市構造を一変させる。運河の陸化や橋の建設が行われ、歩行空間の整備が押し進められた。ここでは、19世紀に行われた運河の陸化や橋の建設について見ていこう。

運河のリオ・テラ化

　19世紀は、運河が追いやられる時代だった。それを最も象徴する現象がリオ・テラ化である〈図36〉。「リオ・テラ」とは、運河の埋め立て、または覆われてできた道のことを指し、小運河を意味するヴェネツィア方言の「リオ（rio）」と、土地や大地を意味するテッラ（terra）のヴェネツィア方言である「テラ（terà）」がくっついてできた言葉である。ヴェネツィアの生命線ともいえる運河網を陸化してしまう現象が、なぜ19世紀に進められたのだろうか。

　その理由のひとつに運河のメンテナンスの問題があった。共和国時代、運河の流れを維持し、ラグーナの水循環を保つことが、ヴェネツィアの都市生活を支えると考えられてきた。運河の底にたまった沈殿物を定期的に取り除く掘削作業は、必要不可欠であった。しかし、それを怠ると沈殿物が底にたまり、運河はきわめて流れが悪くなる。下水が完備されていない時代、干潮

時になると運河の底にたまった泥が姿を現すことも珍しくなかった。夏場の悪臭は想像を絶するものだっただろう。19世紀、フランス、オーストリア政府下では、こうした悪臭を放つ運河に対して、わざわざ沈殿物を取り除き、水循環を改善するより、いっそのこと蓋をして陸化した方が衛生的である、という結論になった。運河のメンテナンスの手間を省くための陸化が積極的に行われたのである。図36は19世紀にリオ・テラにされた運河だがその数に驚く。中世から変わらない水都のイメージが強いだけに、近代化の影響が意外と知られていないためだろう。

1. Rii di Barba Frutariol, di Ss. Apostoli e dei Franceschi (1806)
2. Rio di S. Antonio di Castello (1810)
3. Rio di S. Anna (1810-12)
4. Rio dei due Ponti (1818, 1850-54)
5. Rio dei Ballini (1828-34)
6. Rii della Carità e dei Gesuati (1835-36)
7. Tratto di rio a S. Nicolò (1835-36)
8. Rio della Crea (1837)
9. Rio di S. Cosmo alla Giudecca (1837)
10. Rio del Forner a S. Giuseppe di Castello (1840-44)
11. Rio delle Colonne a S. Marco (1840-44)
12. Rio dei Catecumeni (1840-44)
13. Rio dei Saloni (1840-44)
14. Rii di S. Silvestro, di Carampane e del Fontego (1840-44)
15. Rio dei Sabbioni (1844-45)
16. Rio del Cristo e dietro S. Marcuola (1850)
17. Rio dellIsola e Scoassera a S. Margherita (1863)
18. Rio di S. Agnese (1863)
19. Rio di Ognissanti (1866-67)

36 19世紀にリオ・テラにされた運河
Giandomenico Romanelli, *Venezia Ottocento: materiali per una storia architettonica e urbanistica della città nel secolo 19*, Roma: Officina, 1977と現地調査もとに作成

リオ・テラ化にはもうひとつ理由がある。移動手段として意図的に幹線路をつくり出すためである。これは、大陸の都市、まさに「陸の視点」から行われた都市整備を示す。幹線路としてリオ・テラ化された運河には、リオ・ディ・サンタンナ（Rio di S. Anna、1810〜1812年）〈図36・3〉、リオ・デイ・ドゥエ・ポンティ（Rio dei due Ponti、1818年、1850〜1854年）〈図36・4〉、リオ・デッラ・カリタとリオ・デイ・ジェズアティ（Rio della Carità e dei Gesuati、1835-1836年）〈図36・6〉、リオ・ディ・カテクメニ（Rio dei Catecumeni、1840〜1844年）〈図36・12〉、リオ・デイ・サッビオーニ（Rio dei Sabbioni、1844〜1845年）〈図36・15〉、リオ・ディ・サンタニェーゼ（Rio di S. Agnese、1863年）〈図36・18〉があげられる。これらの運河がどのような意図でリオ・テラ化されたのか具体的に見ていきたい。

　アルセナーレの南に位置するリオ・ディ・サンタンナ〈図36・3〉は、現在のガリバルディ通り（Via Garibardi）にあたり、夕方になると散歩を楽しむ地元の人たちで賑わっている。この運河は、ナポレオンの凱旋行進のために蓋で覆われ、リオ・テラ・ガリバルディ（Rio terà di Garibardi）となった。リオ・ディ・サンタンナは、ヴェネツィアの東端のサン・ピエトロ運河とサン・マルコ水域を最短距離でつなぐ運河だった。運河の幅も広く、平均幅9.4mであることから[*34]、大型船が航行していたと想像される。また、この運河沿いには、冷蔵庫を意味するフリツィエラ（friziera）やオリーブの名前が残っていることから、倉庫が並んでいたことがうかがえる。このリオ・テラの特徴はほかの運河と違い、リオ・ディ・サンタンナを一部残しているところである。残されたリオ・ディ・サンタンナと、そのすぐ北を流れるリオ・デッラ・ターナとの間が掘削されており、サン・ピエトロ運河からサン・マルコ水域に抜ける航路は維持する計画だったことがわかる。ナポレオンの計画では、凱旋行進用の歩行空間をつくり出す一方で、航路にも配慮していたことがうかがえる。

　リオ・ディ・カテクメニ〈図36・12〉は、1840年にリオ・デイ・サローニ（Rio dei Saloni、図36・13）と一緒に埋めることが決定された。舗装されていない道を残すべきではない、と考えられたのである[*35]。この運河の近くには、共和国時代の塩の倉庫や海の税関といった、国にとって重要な施設があり、この時代も政府の機関として引き継がれていたことから、アクセスのために陸化さ

れたと考えられる。

　1844〜1845年、リオ・デイ・サッビオーニ〈**図36・15**〉が整備された。1846年に鉄道が開通していることから、この運河は、鉄道駅の整備に合わせて暗渠化され [*36]、歩行空間が広げられたと考えられる。鉄道の建設については後で詳しく触れる。鉄道駅前のカナル・グランデ上には橋も架けられ、ヴェネツィアの外から来る人たちが移動できる道が整えられていった。1867年になると、リアルト橋と鉄道駅を結ぶカナル・グランデに平行した道が計画され、そのルートの一部としてリオ・テラ・デイ・サッビオーニと陸化したリオ・デイ・ドゥエ・ポンティが組み込まれた〈**図37**〉。この時、サンティ・アポストリからサンタ・フォスカまでの区間を整備するストラーダ・ノーヴァという新たな道が計画された [*37]〈**図38**〉。このストラーダ・ノーヴァの実現によって、鉄道駅前とサンティ・アポストリを結ぶこれらの道は、鉄道駅からリアルト橋方面に向かう幹線路となった。

　リオ・デイ・サッビオーニ沿いの建物では、リオ・テラになった後、リオ・テラ側に新たな開口部が設けられる例も見られた [*38]。それは、リオ・テラに面した1階部分の窓を、出入口に改修するというものである。この改修により、リオ・テラ側から建物へ陸路でアクセスできるようになった。都市の変化に合わせて、建物もたくましく順応していった例である。

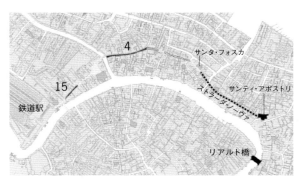

37　カナル・グランデに平行した道の計画
リアルト橋から鉄道駅まで

次にリオ・デッラ・カリタとリオ・デイ・ジェズアティを見ていこう〈図39・6〉。これらの運河は宗教施設に沿って流れていた。1807年に役目を終えた宗教施設は、1817年にアカデミア美術学校となった。それが現在のアカデミア美術館である。この建物の周辺が陸化されたことから、当時のアカデミア美術学校がいかに重要だったかがわかる。そして1854年には、アカデミア美術学校の正面のカナル・グランデ上に橋が架けられる。これがアカデミア橋である。この橋の建設により、人の流れもさらに増えたことが想像できる。

　そして、アカデミア橋とジュデッカ運河を結ぶようにリオ・ディ・サンタニェーゼがリオ・テラになった〈図39・18〉。この運河はもともとジュデッカ運河とカナル・グランデを結ぶ重要な運河だったと考えられる。その重要性は、今もこのリオ・テラ沿いの壁面に残るカヴァーナの開口部が物語っている〈図40〉。カヴァーナとは、舟を係留または保管する「艇庫」のことで、自動車にとっての車庫のような空間である。建物の内側に水を引き込み、一種の船溜まりのような空間に舟を浮かべる場合もある。かつて、この運河と建物は密接な関係で成り立っていたのである。このカヴァーナは、水泳の練習にも使用されたという [*39]。1860年代には、運河と建物が一体となっていた場所においても、運河よりも道の方に重心をシフトしていったのである。

　19世紀はフランス、オーストリアの支配下に置かれ、運河網の維持よりも、歩行空間を充実させる方に意識が向き、都市全体が陸としての性格を強める時代だった。

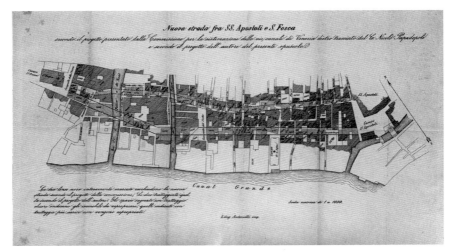

38 1867年　ストラーダ・ノーヴァ計画
Giandomenico Romanelli, *Venezia Ottocento: l'architettura, l'urbanistica*, Venezia: Albrizzi, 1988.

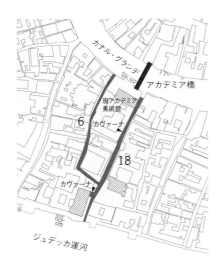

39　アカデミア橋とジュデッカ運河の間のリオ・テラ

40　リオ・ディ・サンタニェーゼ沿いのカヴァーナの遺構

橋の近代化

　リオ・テラが積極的に進められ、歩行空間が整備される時期、カナル・グランデにも橋が架けられた〈**図41**〉。それまではリアルト橋のみで、それ以外の場所はトラゲットが対岸を結んでいた。1854年にアカデミア橋、1858年にスカルツィ橋が架けられ〈**図42,43**〉、これらは、ちょうどカナル・グランデの両端に誕生した [*40]。

　アカデミア橋については、以前から架橋の議論が何度もあったとされている。1838年、オーストリア政府のもとで持ち上がった計画のなかにもアカデミア橋の建設につながる案があった。その案は、サンタ・マリア・デル・ジリオとサン・グレゴリオを結ぶためにカナル・グランデ上に橋を建設するという計画であった [*41]。架橋の位置は、もともとトラゲットの存在するカナル・グランデ横断の重要な場所だった。現在もトラゲットによって対岸と結ばれており、11月のサルーテ祭（Festa della Madonna della Salute）では [*42]、仮設の橋も建設されるように、今もなお重要なルートである。この1838年の計画により、後にアカデミア橋が建設されることとなった。

　スカルツィ橋は鉄道駅前に架けられた橋である。1846年に鉄道が開通すると、本土側から押し寄せた人々が鉄道駅前でごった返していたと想像される。このころはまだ現在見られるような水上バスがなく、水上を移動するには、ゴンドラに頼らざるをえなかった。しかしゴンドラは数人しか乗れないうえに高額の料金が請求されるため、徒歩でヴェネツィアの中心部へ向かえるこの橋は、ヴェネツィアの外から来る者にとってあり難かっただろう。

　これら2本の橋は、イギリス人のアルフレド・ネヴィル（Alfredo Neville）技師によって設計され、鉄の橋という当時の最先端の建材であった〈**図44**〉。A・ネヴィルの図面には、欄干部分が細かく描かれており、繊細さも感じられる。しかし、橋全体のデザインは、運河上に直線的な強いラインを描くため、ヴェネツィアで多く採用されるリアルト橋のように弧を描く橋とは大きく異なる風景が生まれた。結局、これら2本の橋は不評で1930年代に付け替えられることとなる。

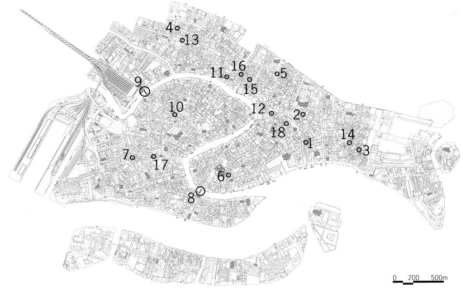

1. Ponte della Corona a S.Givanni Novo (1850)
2. Ponte Storto o Pinelli ai Ss. Givanni e Paolo (1851-52)
3. Ponte dei Penini a S. Martino (1852)
4. Ponte della Turlona a S. Marziale (1852)
5. Ponte dell'Acquavita ai Ss. Apostorli (1853)
6. Ponte della Malvasia vecchia a S. Maurizio (1853)
7. Ponte dei Ragusei ai Carmini (1853-54)
8. Ponte dell'Accademia alla Carità (1854)
9. Ponte degli Scalzi o di S. Lucia alla stazione ferroviaria (1857-58)
10. Ponte della Latte a S. Giovanni Evangelista (1858-60)
11. Ponte di S. Antonio alla Maddalena (1860)
12. Ponte M. Polo dietro il teatro Malibran (1861)
13. Ponte di Ghetto Nuovo (1868)
14. Ponte dell'Arco a S. Antonio (1868)
15. Ponte Puriuli sul rio Puriuli (1868)
16. Ponte Puriuli sul rio Puriuli (1868)
17. Ponte Renier a S. Margherita (1870)
18. Ponte del Paradiso (1868-1902)

41 1850〜1870年に建設された鉄の橋
Giandomenico Romanelli, *Venezia Ottocento: materiali per una storia architettonica e urbanistica della città nel secolo 19*, Roma: Officina, 1977、Luciano Filippi, *Vecchie immagini di Venezia*, vol.2, Venezia: Filippi, 1992、現地調査もとに作成

42 アカデミア橋
出典は図38と同じ

43 スカルツィ橋
Lino Moretti, *Vecchie immagini di Venezia,* Venezia: Filippi, 1966.

109

A・ネヴィルはアカデミア橋とスカルツィ橋だけでなく、ヴェネツィア本島内の小さな運河でも鉄の橋をデザインしている[*43]。ゲットー・ヌオーヴォ橋〈図41·13〉、プリウリ橋〈図41·15〉、レニエル橋〈図41·17〉などの欄干には、ネヴィル社（E.G. Neville e C.）の文字と年代が刻印されており、ヴェネツィアの都市に大きな影響を与えた様子が見られる[*44]〈図45〉。1850〜1870年代に架けられた鉄の橋の多くがこのネヴィル社によるものだった。

　この時代に建設された橋は、現在も維持されているものが多く、意識して見てみると、凝ったデザインが多いことに気づく〈図46〉。鉄の特徴を活かして、欄干には曲線をふんだんに取り入れた装飾が施されており、新たなモニュメント的存在だったように感じられる。パラディーゾ橋は、古写真から当時のデザインを知ることができる。この橋はもともと石造であったが、1869年から1902年の間に、鉄の橋に架け替えられた〈図47〉。直線的な橋ではあるが、当時の最先端の技術で歩行空間を華やかに彩っている。この時代は、こうした欄干のデザインを重視していることがわかる。

　そもそも、ヴェネツィアの橋には欄干がないものが多かった。おそらく、この時代に欄干が積極的に施されるようになったと考えらえる。というのも、運河に架る橋は、石造の太鼓橋に鉄製の欄干が施されているタイプが多い〈図48〉。運河に沿った道のフォンダメンタ沿いにも鉄製の手すりが施されている。これは運河よりも、陸の視点から都市整備が行われたことを示している。このように、リオ・テラ化を積極的に行うのと並行して、橋の架橋と欄干の整備というより充実した歩行空間がつくりだされていったのである。

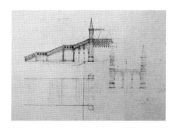

44 A・ネヴィルによるアカデミア橋の計画図
出典は図38と同じ

45 ネヴィル社名（E.G. Neville e C.）と年代が刻印された欄干

46 ラグゼイ橋(1854年)

47 パラディーゾ橋(1869-1902年)
一時的に鉄の橋が架けられたが、もともとの石造に再建された。
Luciano Filippi, *Vecchie immagini di Venezia*, vol.2, Venezia: Filippi, 1992.

48 石造の橋と鉄の欄干

3　近代化による都市の発展と舟運が果たした役割

　ヴェネツィア共和国の崩壊後、陸の視点から都市整備が行われた。運河のリオ・テラ化が積極的に進められ、鉄の橋も登場した。さらに島だけで成り立っていた都市構造に大きな変化をもたらす起点となったのが、オーストリア支配下で行われた鉄道橋の建設である。ヴェネツィアがはじめて本土と陸路でつながれたのだ。続くイタリア王国統一後には、近代港湾の建設が進められ、リアルトやサン・マルコ水域を中心として都市に分散していた港の機能は1ヵ所に集約されていった。こうして都市と港が一体となった都市構造は大きく崩れたのである。そして、本土のマルゲーラ港を開発するに至り、産業都市として発展していく。さらに、1930年代になると自動車社会の波に押され道路橋も建設された。近代化が進むにつれヴェネツィアもほかの都市と同様、大規模な開発が行われ、鉄道や自動車といった陸の交通を受け入れざるをえなくなっていった。しかし、ヴェネツィアがほかの都市と違うのは、多くの都市が大規模な開発や河川の埋め立てなどで、水辺が生活から切り離されていったのに対し、現在も水の都市の固有性が維持され、多くの船が行き交っている点である。近代化の波を受けながらも、世界でも類まれな水の都市をどのようにつくり上げたのだろうか。

　ここでは、都市の再編成がとりわけ大きく行われた、鉄道建設から道路橋の建設までの時期を中心に見ていく。ヴェネツィアを特徴づけている舟運の視点から、歴史的に都市構造の変化を追うことで、水都ヴェネツィアの近代化を描いてみたい。

島で構成される都市と舟運

ヴェネツィアの都市構造

　ヴェネツィアは特有の地形に形成された独特な町である。本土から多くの川が流れ込み、土砂が堆積し浅瀬が生まれ、アドリア海の波により自然堤防のような細長い島ができた〔*45〕。こうして誕生した地形「ラグーナ」は水深が浅く迷路のように水路が入り組み、敵船の侵入を防ぐ役割を果たした。しかしここでの生活は、高潮や土砂の堆積など、自然との闘いでもあった。独特な環境のなかで固有の文化を形成し、現在も舟運が人々の暮らしと切っても切れない関係として活用されている。

　ヴェネツィアの繁栄は東方貿易から始まった。金、銀、鉄、絹、毛皮、香辛料、砂糖など各地からあらゆる商品が集まり、国際的な大商業中継地として発展した。交易は帆船や手漕ぎ舟で行われ、ラグーナ内や都市内には多くの船が寄港し、大変な賑わいを見せた。港と一体となった都市構造を、まずは、交易の舟運ルートに沿って見てみよう。

　東方の国からアドリア海を経てラグーナに入港した商船は、ヴェネツィア本島から少し離れた島〔*46〕で検疫を受け、その後サン・マルコ水域からカナル・グランデの入口に位置する海の税関を通り、ここで商船は荷を積み替える〈**図49**〉。街に荷揚げされ、一時保管される物資には関税がかけられ、それが共和国の重要な歳入となった〔*47〕。おもにワイン、オイル、小麦、香料などが扱われた。これらの物資は、ヴェネツィア内や近郊の本土の都市はもちろん、国を越えてヨーロッパ中に輸送された。海の税関に対し、本土（テッラフェルマ）の河川や運河を通じてラグーナに入る商船の物資は、リアルト地区にある陸の税関で管理された〔*48〕。

　輸入品のうち、穀物と塩については共和国の管理下に置かれ、公的な倉庫に保管された。穀物倉庫は4ヵ所つくられた。アルセナーレすぐ近くのサン・マルコ水域に面した場所〈**図50**〉、サン・マルコ小広場のすぐ脇〈**図51**〉、リアルト地区のサン・シルヴェストロ付近、カナル・グランデ沿いにあったトルコ人商館の隣である〔*49〕。この倉庫はカナル・グランデに面して専用の岸を持

ち、運河に直接面して建つほかのパラッツォとは明らかに違うことがわかる。塩の倉庫はアルセナーレ近くにあったが、後に海の税関の西側に移された。さらに物資は種類によって荷揚げする岸が決められており、検査が行われ、税がかけられた。たとえばワインはリアルト橋の南西〈図52〉とサン・ザッカリア近くの岸であった。ここは現在もワインの名を残しており、当時の記憶をとどめている[*50]。ほかにも、鉄、炭、オイル専用の岸がある〈図53〉。そしてこれらの物資は各倉庫に運ばれ、次の出荷まで保管された。都市内には今でも倉庫にちなんだ地名が多く見られ、いかに物流で栄えていたかがうかがえる[*51]。

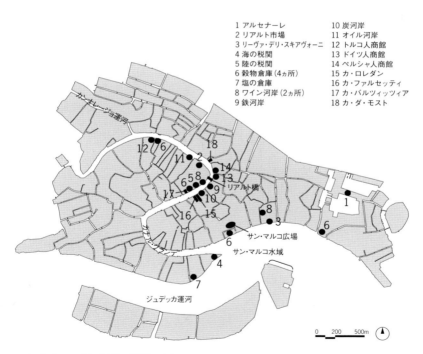

49 ヴェネツィア共和国時代の港機能の分布
陣内秀信『ヴェネツィア—水上の迷宮都市』講談社、1992年をもとに作成

また、港の施設だった商館は商人貴族の活動を支える拠点として、リアルトを中心にカナル・グランデ沿いに建てられた [＊52]。12、13世紀に建設されたカ・ロレダンやカ・ファルセッティに代表されるように、1階が運河に面して開放的な構成をとるのが特徴である〈図54〉。たとえば、トルコ人商館やドイツ人商館は運河に直接面して建っており、物資の搬入出をしやすくしていることが見て取れる。これらの商館では、東方からやってきた舟を直接横づ

50　アルセナーレの近くの穀物倉庫
　　デ・バルバリの鳥瞰図に着色

51　サン・マルコ脇の穀物倉庫

52　リアルトのワイン岸

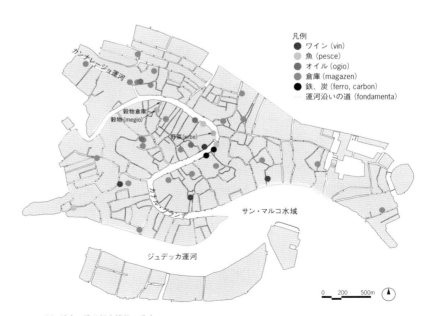

53　地名に残る都市機能の分布

けし、物資を荷揚げすると、1階の倉庫に入れ、次の目的地への出荷まで一時保管したのである。また、商館は商談場や宿泊施設を兼ね備えた複合施設だった。このように、共和国時代においては、ヴェネツィア本島の東側が都市の玄関口として機能し、サン・マルコ水域とリアルトを中心として都市全体に港の施設が分散していたことがわかる〈図55〉。都市と港が融合し、舟によって交流が密に行われた舟運都市を築き上げていたのである。

　ここで、舟運を支えるスクエーロ（造船所）について触れておきたい〈図56,57〉。ヴェネツィア共和国も終わりごろ、1740年時点の工場の数 [*53] を見ると、生産活動が盛んだったことがうかがえる〈図58〉。産業空間の位置については、デ・バルバリの鳥瞰図の時代と同じような特徴があり、全体として都市の周辺に多い。この時期は、とりわけ西側に多く、小さなスクエーロが最も多いことがわかる。ヴェネツィアに暮らす人々にとって舟は足であり、それを修理するスクエーロは重要な存在だった。いわば、「舟の病院」といったところだろう。スクエーロはカンナレージョ地区とドルソドゥーロ地区に多く存在し、カステッロ地区に少ない。カステッロ地区にはアルセナーレがあるためだろう。13世紀にできたアルセナーレによって、小さな民間のスクエーロは統合、吸収された [*54] という指摘があるが、図58から、スクエーロは18世紀においても都市内に数多く存在したことが確認できる。

54 12、13世紀に建てられたカ・ロレダン（左）とカ・ファルセッティ（右）

55 1500年　サン・マルコ水域

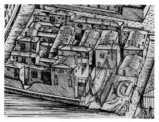

56 1500年　ドルソドゥーロ地区のスクエーロ　デ・バルバリの鳥瞰図に着色

57 2008年　カンナレージョ地区のスクエーロ

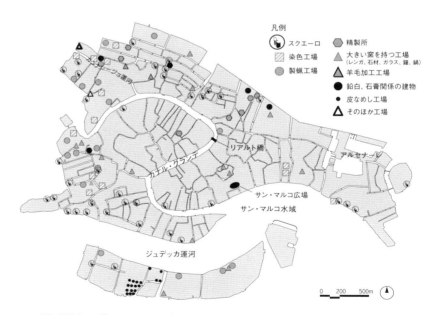

58 1740年の工場、スクエーロの分布
Ennio Concina, *Venezia nell'età moderna: struttura e funzioni*, Venezia: Marsilio Editori, 1989, tavola IX, X をもとに作成

都市内外を結ぶ渡し舟

次に、ヴェネツィア共和国時代の乗客輸送の状況を見ていきたい。このころの都市内交通は1697年のヴィンチェンツォ・コロネッリ (Vincenzo Coronelli) の地図 [*55] からおおよその位置を読み取ることができる。この地図に記載された渡し舟（トラゲット）の位置を現在の地図に落とすと図59のようになる。この図は、グリエルモ・ザネッリ (Guglielmo Zanelli) の研究 [*56] をもとに、1697年の地図や1500年出版のデ・バルバリの鳥瞰図、絵画などを参照し作成した〈**図60,61**〉。また、カピテッロ (capitello) の位置と通り名に残る「トラゲット」通りを参考にしながらトラゲットの場所を特定している。カピテッロとは、現在のトラゲット乗り場にも置かれているマリア像の小祭壇である〈**図62**〉。1697年に存在したいくつかのトラゲット乗り場には、今もカピテッロが置かれており、当時の乗り場の位置を特定できる。1697年には、カナル・グランデの対岸を23本のトラゲットで接続しており、都市内を活発に移動

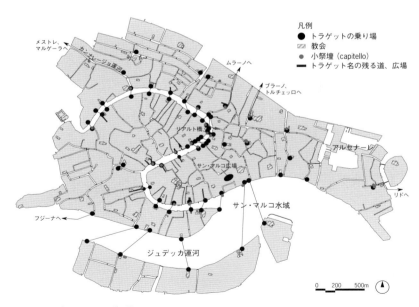

59 1697年　トラゲット乗り場
Guglielmo Zanelli, *Traghetti veneziani: La gondola al servizio della città*, Venezia: Il cardo, 1997、デ・バルバリの鳥瞰図、1697年の地図、現地調査などをもとに作成
（口絵、図9）

していたことがうかがえる〈図59〉。この時代、カナル・グランデにはリアルト橋1本しか架かっておらず、対岸に渡るためにはトラゲットが利用された。自家用舟以外で運河を渡る手段がなかったためトラゲットが大いに活用されていたと想像される。また、ジュデッカ、サン・ジョルジョ・マッジョーレに渡すトラゲットも存在した。

さらに、輸送距離によって料金が異なる乗客輸送事業も存在し、ノロ（nolo）と呼ばれていた。これは現代のタクシーのようなサービスであろう。リーヴァ・デル・ヴィンではトラゲットが密集し、ここは経済と政治の中心を結ぶ大切な船路であったと推測される。17世紀末のトラゲットは各島にほぼひとつの割合で展開していたことから、市民の足としていかに重要だったかを知ることができる。

そして、ヴェネツィア本島とラグーナの島々、周辺の都市、さらにはアドリア海を越える乗客輸送も存在した〈図63〉。G・ザネッリの研究［*57］から、

60 1500年　サン・トマのトラゲット乗り場
デ・バルバリの鳥瞰図

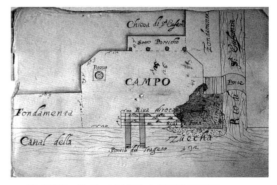

61 1720年　ジュデッカのトラゲットの乗り場の平面図
国立ヴェネツィア文書館（以下 A.S.Ve. と略す）, *Savi ed esecutori alle acque*（以下 *S.E.A.* と略す）, *Relazioni*, b.54, dis.29.

とりわけリアルト市場周辺に乗り場が集中しており、メストレ、ストラなどのヴェネツィアに近い町へ行くための乗り場があった。また、内陸の都市のモデナやヴィチェンツァ、パドヴァといったヴェネト州の都市に行く輸送船の乗り場もあった。これらのトラゲットの乗り場は都市機能と結びついていたことが知られている [*58]。ヴェネツィアの北側には、シーレ川沿いの都市トレヴィーゾ、北ラグーナに位置するムラーノ、ブラーノ方面への乗り場があり、ヴェネツィアの南西に位置するジュデッカ運河沿いには、ドーロ、ストラなどの貴族の別荘（ヴィッラ）が建つ旧ブレンタ川沿いに行くための乗り場がある [*59]。さらに、サン・マルコ水域には、国内外の長距離線用の乗り場が集中している。最も遠い目的地は、アドリア海沿岸のトリエステ、フィウメ、ザーラといった都市である。このように、船はあらゆる場所からヴェネツィア本島内部へアクセスしていたことが推測できる。

　共和国時代のヴェネツィアは、サン・マルコ水域が港の玄関口としての機能を持ち、そことリアルトを結ぶカナル・グランデに沿って港機能が広がる「分散型の港構造」をもつ水の都市であった [*60]。遠距離用の乗り場も都市内に分散し、あらゆる場所からヴェネツィア本島内部へとアクセスできたと推測され、カナル・グランデを横断するトラゲットが無数に存在する活発な舟運都市であった。

62 カピテッロのあるかつてのトラゲット乗り場

<行先>
1. フジーナ
2. ミラーノ (Mirano)、ドーロ、ストラ、ピオーヴェ・ディ・サッコ (毎朝)
3. ヴェローナ
4. ヴェローナ、パヴィア
5. ロレオ、カヴァルツェレ、アドリア、ヴェローナ
6. ポヴェリア、マラモッコ、ペッレストリーナ、キオッジア、レディナーラ (リミニ、セニガッリア、アンコーナ) [土曜日の夜]
7. カオルレ、ラティザナ、マエアノ、ムスコリ、パルマノーヴァ、(ブラッツァ、レジーナ) [水・土曜日]
8. カオルレ
9. (トリエステ、カポディストリア、ピラノ、フィウメ、スパラート、ザラ)
10. カザーレ、フォルナーチェ、メオロ、フォッセッタ
11. サン・ジャコモ・イン・パルード、ブラーノ、トルチェッロ、フォッセッタ
12. トレヴィーゾ
13. カンパルト
14. ボッテニーゴ
15. ミーラ
16. マントヴァ
17. ピオーヴェ・ディ・サッコ、モデナ
18. ヴィチェンツァ
19. ストラ [水・土曜日の夜] ボローニャ [土曜日]
20. ジェモナ、フェッラーラ、ボローニャ
21. ポルデノーネ、ポルトブッフォレ
22. ポルトグルアーロ
23. ヴィチェンツァ
24. ムゼストレ、カザーレ、メオロ、フォルナーチェ
25. パドヴァのサン・ジョヴァンニ、パドヴァのポルテッロ [朝・夜]、エステ [土曜日の夜]
26. ミラーノ (Mirano)
27. メストレ [毎朝]

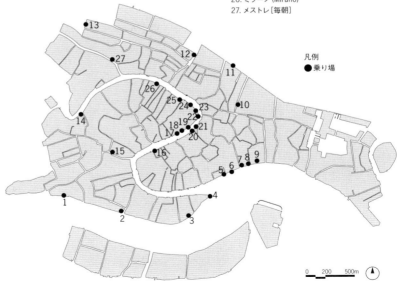

63 1697年のヴェネツィア本島の外に行く乗客輸送の乗り場
Guglielmo Zanelli, *Traghetti veneziani: La gondola al servizio della città*, Venezia: Il cardo, 1997 をもとに作成

鉄道橋の開通と舟運

　ヴェネツィアは1797年のナポレオンによる占領とともに共和国時代の幕を閉じる。その後、フランス、次いでオーストリアに統治され、陸の視点から都市整備が行われ、街は一変した。また、技術革新によって登場した鉄道や蒸気船が、これまでの手漕ぎ舟や帆船にとって代わった。ここでは、ヴェネツィアの都市を最も大きく変化させた要因のひとつである鉄道橋に注目し、その建設計画と架橋後の舟運の変化を見ていく。

鉄道橋の建設計画

　本土とヴェネツィアを結ぶ提案は、すでに1763年からあった。ヴェネツィア共和国の経済的な衰退が進むなか、島と本土を結び経済回復を図るという解決策が提案された。しかし、本来の孤立した都市を混乱させると反対の声が上がり、実現されなかった[*61]。しかし、ヴェネツィア共和国崩壊後、19世紀初頭にもなると、ヴェネツィア本島と本土との接続がつねに叫ばれ、必要に迫られていた。ナポレオン統治時代には、アルセナーレからチェルトーザを通り、サンテラズモを経由してカヴァッリーノまで結ぶ計画があった。オーストリア支配下の1823年には、ルイジ・カザリーニ (Luigi Casarini) によって、本土からサッカ・ディ・サンタルヴィーゼまでラグーナの上を架橋する提案がされた。ヴェネツィアの経済が落ち込むなか、ヴェネツィアに商業の中心を引き戻し、活気を取り戻すことが目的だった。L・カザリーニの計画はジュゼッペ・ピコッティ (Giuseppe Picotti) によって再開された。1830年のG・ピコッティの計画では、本土とラグーナに浮かぶサン・セコンドとを結ぶ橋が考えられ、橋の両端とサン・セコンドの周辺には並木がデザインされ、快適な歩行者空間が計画されている〈図64下部〉。また、橋は島の真ん中を通り、中央には馬車が描かれ、馬車は本島内まで乗り入れている。さらに、橋の本島側、カンナレージョ地区のサンタルヴィーゼからスクオーラ・ヌオーヴァ・デッラ・ミゼリコルディアまでも描かれており、運河を埋め立て、馬車が走れるような幅の広い道路が計画されている〈図64上部〉。つまりこの絵から、

舟運の視点ではなく、陸の視点で都市計画が行われていることが読み取れる。また、1836年の、エンジニアのピエトロ・バッカネッロ (Pietro Baccanello) と現場監督のガスパレ・ビオンデッティ・クロヴァート (Gaspare Biondetti Crovato) による鉄道の提案も、陸の視点から計画された例である〈図65〉。橋は本土からラグーナを越えてジュデッカに渡され、ジュデッカの南端を通り、さらに運河を越えてサン・ジョルジョ・マッジョーレまで渡されている。港の中心であるサン・マルコ水域に面し、舟運と鉄道の接続を試みた大胆な鉄道橋のプロジェクトである。ヴェネツィア経済の向上を図るため、本土側で進む鉄道敷設の波を本土からヴェネツィア本島まで延伸す検討がされた。しかし、この計画はヴェネツィア本来の都市組織を破壊しかねないという理由で実現されなかった [*62]。

本格的に鉄道計画が動き出したのは、1835年、ロンバルド＝ヴェネト王国

64 1830年　ジュゼッペ・ピコッティの計画
(上)橋の到着点からミゼリコルディアまで (下)サン・セコンドに架けられた橋
Laura Facchinelli, *Il ponte ferroviario in laguna*, Spinea: Muotigraf, 1987.

65 1836年　ガスパレ・ビオンデッティ・クロヴァートのヴェネツィア鉄道駅計画
出典は図64と同じ

のふたつの首都を結ぶ、ミラノーヴェネツィア間の鉄道計画である〈図66〉。経済が向上しつつあるミラノから、鉄道を介してヴェネツィア本島内に市場の流れを導いて経済回復を図ったものだった。鉄道橋の建設案はエンジニアのトンマーゾ・メドゥーナ（Tommaso Meduna）に委ねられた。そして1836年、T・メドゥーナによって本土とヴェネツィア本島をつなぐ5つの計画案が提出された[＊63]〈図67〉。ひとつ目は、本土のメストレから出発し、フォルテ・ディ・マルゲーラの南側を通り、サン・セコンド運河に並行し、ヴェネツィア本島の北西端にあたるサン・ジョッベに着く。この線路の全長は3,165mで、大きい帆船の行き交う重要な運河、コロンボラ運河を通る。ふたつ目は、ひとつ目より120m長く、サッカ・ディ・サンタ・ルチアに着く。3つ目は、メストレからフォルテ・ディ・マルゲーラの北側、サン・セコンド運河の北側を通り、ペニテンティに着く。ペニテンティには当時、メストレと本島とをつなぐ渡し舟の停留所があった。前のふたつの提案より少し距離がある。4つ目は、フジーナから出発し、サンタ・マルタに至る経路である。この提案は距離が長く、舟の航行を考慮したはね橋の建設も検討された。最後の提案は、フジーナからサン・ジョルジョ・マッジョーレまでである。約5kmもあり、提案のなかで最も距離があるため費用もかかる。以上5つの計画案のうち、広大な敷地を取得するための費用が少なくてすむ、現在の鉄道駅があるサンタ・ルチアに接続するふたつ目の構想案で計画が進められた[＊64]〈図68〉。費用面だけでなく、おそらく舟の航行も考慮され、鉄道橋が横断するラグーナ内の運河も最小限に抑えられたと考えられる。

　そして1846年1月11日、鉄道橋は開通し、この鉄道のおかげでヴェネツィアの経済は少しずつ回復に向かった。しかしながら、鉄道橋は都市に決定的な変化を与えることになった。鉄道駅の正面にカナル・グランデに渡す橋が建設され、1860年には駅を建設するため、住宅や教会の取り壊しが行われた。さらに、鉄道駅前からリアルト橋方面をつなぐ目的で、運河の埋め立てや建造物の取り壊しが行われ、ストラーダ・ノーヴァという道を完成させた。このように、陸の論理主体の都市開発が行われ、水上からのアクセスだけで成り立っていた都市に大きな影響を及ぼしたのだった。

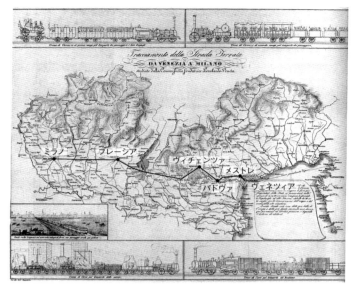

66 ミラノ—ヴェネツィア間の鉄道計画（ロンバルド・ヴェネト創設委員会）
地図の左脇には歩行者専用のラグーナに架かる橋のイメージ図が描かれている。
Laura Facchinelli, *Il ponte ferroviario in laguna*, Spinea: Muotigraf, 1987 の図に追記
地図の上下の列車の絵　左上：乗客と荷物輸送用第1等車、右上：乗客の輸送用の第2等車、
左下：商品輸送の貨物列車、右下：家畜輸送用貨物列車

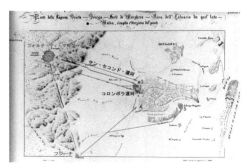

67 T・メドゥーナの提案
Laura Facchinelli, *Il ponte ferroviario in laguna*, Spinea: Muotigraf, 1987 をもとに、ジョヴァンニ・ミラーニ (Givanni Milani) 作成の地図にT・メドゥーナの5つの提案を図示
1　メストレ→フォルテ・ディ・マルゲーラ→サン・ジョッベ
2　メストレ→フォルテ・ディ・マルゲーラ→サッカ・ディ・サンタ・ルチア
3　メストレ→フォルテ・ディ・マルゲーラ→ペニテンティ
4　フジーナ→サンタ・マルタ
5　フジーナ→サン・ジョルジョ・マッジョーレ

68 サンタ・ルチアの鉄道橋計画の敷地
R. Baiocco, G. Ernesti, R. Pavia et al., *Venezia: Guida al porto*, Venezia: Marsilio Editori, Autorità portuale di Venezia, 2001.

鉄道と結ばれる新たな都市内交通　都市を縦につなぐ乗客輸送船

　舟運も鉄道によって大きな影響を受けた。都市内の商業用輸送は、サン・マルコ水域からリアルトを結ぶ軸線が、鉄道駅前まで延びることになる。乗客輸送に関しては、共和国の終焉にあたる1797年の地図 [*65] から、カナル・グランデ内に18ヵ所ものトラゲットが存在したことがわかる。この時代もカナル・グランデを横断する都市内の活発な往来があった。ジュデッカ、サン・ジョルジョ・マッジョーレをつなぐ中距離のトラゲット、本島とメストレ、ムラーノ、フジーナ、リドをつなぐ長距離のトラゲットも健在である。鉄道橋がヴェネツィア本島に架かる直前の舟運状況を見てみると、1842年のパドヴァ―マルゲーラ間の鉄道の開通にともない、鉄道会社による本島内までの舟の輸送事業が開始されている。本土側では、フォルテ・マルゲーラに停留所が置かれ、後に、1400m離れたサン・ジュリアーノに設置され、そこから、ヴェネツィア本島のフォンダメンタ・デッラ・ペニテンティの停留所まで舟輸送が行われたのである [*66]。ペニテンティは、カンナレージョ運河のラグーナ側の出入口に位置し、ヴェネツィアの西の玄関口にあたる。このカンナレージョ運河はカナル・グランデに流れ込み、共和国時代からヴェネツィア本島と本土とを結ぶ重要なバイパスである。そしてヴェネツィア市は、ペニテンティの停留所からヴェネツィア都市内部への輸送事業を始める。運賃は、輸送距離に応じて設定された [*67]。さらに、翌1843年6月、市はペニテンティの停留所からカナル・グランデに沿って数ヵ所の停留所に寄りながら乗客を運ぶ、乗り合い舟（オムニバス）を設置した〈図69〉。停留所は、ペニテンティ、商業的中心地リアルトのフォンダメンタ・デッラ・プレゾン、公的機関だけでなく劇場にも近いリーヴァ・デル・カルボン、公的機関とホテルに近いサン・マルコの小広場の4ヵ所に置かれた [*68]。これは、現在の水上バスのシステムの原型ともいえる、カナル・グランデを縦につなぐ最初の輸送事業である。鉄道橋が本島内に架けられる以前、マルゲーラまで開通した鉄道によってヴェネツィアの外から流入する人の数が増え、その人たちの移動を助けるためにつくられた新たな舟運形態だった。これまでカナル・グランデを横断するトラゲットしかなかったヴェネツィアにとって、これは都市内交通の大きな分

岐点となった。1846年、鉄道橋が開通すると、これまで活気がほとんど感じられなかった都市の西端は、一度に多くの人が発着する都市の玄関口として機能する〈図70〉。そして1881年、蒸気船による水上バス（ヴァポレット）の登場により、カナル・グランデを縦に結ぶ軸は新たな都市軸として確立されていったのである。

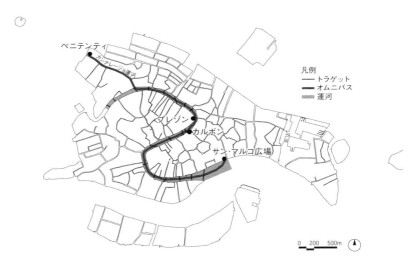

69 1843〜1846年　オムニバスの路線とカナル・グランデのトラゲット
トラゲットは1798年の地図（T. Viero, *Nuova pianta iconografica dell'inclita città di Venezia*, 1798, B.M.C.Ve, CL. XLIV, n.79.）と1847年の地図（Giambattista Garlato, *Pianta della R. città di Venezia pubblicata dalla congregazione municipale all'occasione del 9. congresso degli scienziati italiani nell'anno 1847*, Venezia 1847）をもとに作成
オムニバスは Laura Facchinelli, *Il ponte ferroviario in laguna*, Spinea: Muotigraf, 1987 をもとに作成

70 1846年　鉄道橋の開通式
Francesco Ogliari, Achille Rastelli, *Navi in città: storia del trasporto urbano nella Laguna veneta e nel circostante territorio*, Milano: Cavallotti, 1988.

ヴァポレットの登場　観光業と結びついた舟運

　19世紀後半になると、時代はもはや蒸気船が主流だった [＊69]。ラグーナ内では、オーストリア政府下の1857年にヴェネツィア本島とキオッジアを結ぶヴァポレット輸送事業が行われていた [＊70]〈**図71**〉。蒸気船という新たな移動手段により、一度に大人数を遠くまで運ぶことができた。1858年、リドの海水浴場に行く客をターゲットとしたヴァポレット輸送が始まり [＊71]、1881年には、トルチェッロ―ブラーノ、マラモッコ―ペッレストリーナ―ムラッツィを結ぶヴァポレットの周遊船が始まった [＊72]。これらのことから、ヴェネツィアの東側のラグーナ内で運航される舟運は、観光業と結びつきながら発展していったことがわかる。その一方で、ヴェネツィア都市内ではいまだゴンドリエーレ（ゴンドラの船頭）による独占的な輸送が行われていた [＊73]。ゴンドリエーレによる乗客の取り合いもあったという。また、数人しか乗れないゴンドラでは大人数の輸送が難しく、鉄道駅の正面に架けられたスカルツィ橋は、列車の発着時には混雑をきたしていたという。

　ピエモンテ出身のアレッサンドロ・フィネッラ（Alessandro Finella）[＊74] は、手漕ぎ舟の輸送に代わる快適な移動手段を求め、ヴァポレットによる都市内運航を発案した。さらにA・フィネッラはフランスで「ヴェネツィア汽船会社（Compagnie des Bateaux Omnibus de Venise）」を設立し、ヴェネツィア内でヴァポレットを運航した。カナル・グランデは第一級河川として国が管理していたため、イタリア政府の認可を得て事業を開始した [＊75]。

　ヴァポレットの定期運航は、カナル・グランデに沿って、左岸、右岸と立ち寄りながら、鉄道駅―ジャルディーニ間を12ヵ所の停留所で接続した [＊76]〈**図72**〉。1881年9月15日、第3回地理国際会議（Il terzo congresso internazionale di geografia）の開会式の際には、ヴァポレットは、鉄道駅からサン・マルコ広場近くのカッレ・ヴァッラレッソまでの路線と、カッレ・ヴァッラレッソからジャルディーニまでの路線で運航された [＊77]。鉄道による訪問者の増加に対応できたヴァポレットは、集団移動を可能にし、都市に新たな流れを生み出した。

　しかし、このヴァポレット事業に対し、ゴンドリエーレのストライキやヴァ

71 ヴェネツィアとキオッジアを結ぶヴァポレットの
時刻表（1857年11月3日〜1858年3月15日）
出典は図70と同じ
路線：ヴェネツィア→ マラモッコ→ サン・ピエトロ
・イン・ヴォルタ→ ペッレストリーナ→ キオッジア
ヴェネツィア発：火・水・木曜日の午後3時
（約2時間後 キオッジア着）
キオッジア発：月・水・金曜日の午前7時
（約2時間後 ヴェネツィア着）

72 19世紀末　カナル・グランデを運航する初期ヴァポレット
Alberto Cosulich, *Venezia nell'800: vita, economia, costume dalla caduta della Repubblica di Venezia all'inizio del '900*, S. Vito di Cadore: Dolomiti 1988.

ポレットを日常的に使用しないヴェネツィア市民による抗議が何年にもわたり引き起こした [*78]〈図73〉。代表的なストライキは、1881年10月末、諸聖人の日のストライキである〈図74〉。この日はイタリアの祝日で、墓参りに行く日である。ヴェネツィアでは、墓地がナポレオン統治下でサン・ミケーレに集められたため、フォンダメンテ・ノーヴェからこの島までの輸送が行われるはずだった [*79]。しかし、ゴンドリエーレたちにより24時間のストライキが行われたため軍が臨時運航を行い、それでも舟が不足したためホテルの乗り合い舟まで利用された [*80]。サンタ・ルチアの鉄道駅前では、税関警察（guardia doganali）や消防士による臨時輸送が行われた [*81]〈図75〉。このストライキに対してヴェネツィア市長は、規定の営業を再開しない場合、営業許可を無条件に無効にする、という厳しい措置をとった。その結果、ゴンドリエーレたちはやむなく営業を再開した [*82]。このように、都市内のヴァポレット事業は大変な幕開けだった。ヴァポレットはヴェネツィアの外から来た人たちにとって有効な輸送手段だったが、ヴェネツィアの市民にはそれほど歓迎されなかったのである。ここに興味深い写真〈図76〉がある。1900年ごろの諸聖人の日の様子で、フォンダメンテ・ノーヴェとサン・ミケーレをつなぐ仮設の橋が映っている。確実に墓参りができるよう仮橋が設置され、ゴンドリエーレたちのストライキのような障害を回避していた様子がうかがえる。現在、この場所に仮橋を架ける習慣はないが、宗教行事のレデントーレ祭やサルーテ祭で仮橋を見ることができる。

　再度カナル・グランデに目を向けよう。さらにゴンドリエーレたちを脅かしたのは、ホテルの無料送迎船である [*83]。ホテル経営者は列車の発着時刻に合わせて、ホテルと鉄道駅間を無料で送迎する事業を開始した。これにより、今まで続いたゴンドリエーレの独占は急速に衰退していった。

　1887年に美術展が開催された際、都市内交通のヴァポレットに好機が訪れた。夜間営業の需要が高まったが、ゴンドリエーレは赤字になるという理由で夜間の営業を行わなかった。そこで困ったヴェネツィア市は、委員会での白熱した議論の末、ヴェネツィア汽船会社に夜間営業を委ねたのである [*84]。ヴェネツィアの外から来た訪問者にとって、迷路のように入り組んだ街を歩

73 ストライキ参加者による大荒れの集会
出典は図70と同じ

74 1881年11月 サン・マルコ小広場前の鎖につながれたゴンドラ
出典は図70と同じ

75 サンタ・ルチア駅の消防士などによる緊急事業
出典は図70と同じ

76 1900年ごろ、サン・ミケーレに架かる仮設の浮橋
Magaret Plant, *Venice: fragile city 1797-1997*, New Haven and London: Yale University Press, 2002.

くのは大変難しく、日が落ちた後はさらに心細い。大きな荷物を持っていれば、橋を渡るのも楽ではない。こうした外来者にとって、ヴァポレットで目的地の近くまでたどり着けることは、大きな安堵をもたらしただろう。

1895年、ジャルディーニで第1回ヴェネツィア市国際芸術祭（La Esposizione Internazionale d'Arte della Città di Venezia）が開催された。22万4千人もの来場者で大きな成果を収めた。以後、ヴェネツィア市は2年ごとに芸術祭を開催することを決めた。これが現在のヴェネツィア・ビエンナーレである。ジャルディーニは、ナポレオン統治時代に漁師の居住地区が取り壊され、その跡地に公園が誕生した。共和国時代の表玄関である港の機能としての役割を終え、文化発信基地として発展していったのである。当時、サン・マルコ広場からジャルディーニまで、今あるようなサン・マルコ水域に沿ったプロムナードはなく、陸路では迷宮のような町を歩くしかなかった。そのため船による輸送は大いに役立ったはずである。このように、ヴァポレット事業は本土からの人の流れをうまく利用し、イベントと結びつきながら確実に発展していったのである。都市の西端から東の端まで運航するヴァポレットは、単なる移動手段だけではなく、都市を巡る装置でもあった。

初期の停留所は、1887年の地図から推測できる。この地図には、ヴァポレットの停留所名が列挙されており、トラゲットの位置が正確に示されている[*85]〈**図77**〉。トラゲットはカナル・グランデ上に15ヵ所と、サン・ジョルジョ・マッジョーレやジュデッカに行く中距離を結ぶ4本の路線が描かれており、19世紀末以降、確実に減少していることがわかる。次にヴァポレットの停留所の位置を見ると、サン・マルコ地区のリアルト橋付近は公的機関が集中する場所であり、リーヴァ・デル・カルボンは劇場のすぐ近くである。1843〜1846年に運航された、はじめての縦断型接続路線の停留所でもあったことから、最も人の往来する場所だったと推測される。また、カッレ・ヴァッラレッソはホテルのすぐ脇にあたる。一方、サンタ・クローチェ地区とサン・ポーロ地区には停留所がほとんどない。その理由として、この辺りは公的機関や工場が少なく通勤の必要性が低く、また、ホテルや劇場などの遊興施設も少なく、ヴェネツィアの外から来る人たちにとって重要度の低い場所だったから

だと考えられる。つまり舟運は、公的機関やホテル、劇場、イベント会場などの遊興空間に人を運ぶ装置として活躍し、新たな玄関口となった都市の西側と、港の機能を縮小し観光産業空間に変わった東側とをしっかり結んでいた。こうして、ヴァポレットの都市内輸送は、カナル・グランデ間を結ぶ都市の縦軸として強調されていったのである。

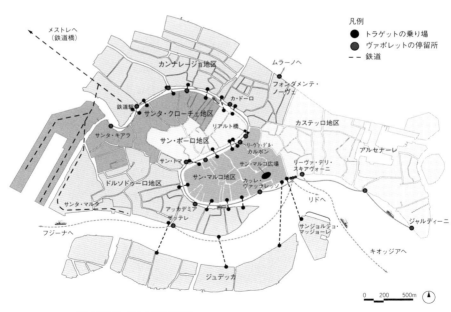

77 1887年　都市内交通の状況
Luigi Querci, *Nuova pianta di Venezia,* 1887をもとに作成

新港湾の開設と舟運

　次に、ヴェネツィアの都市構造の変化を決定づけた新港湾建設について見ていこう。「分散型の港構造」で成り立っていたヴェネツィアが、近代化を進めるなかで独立した港が建設され、都市と港が切り離されていく。新港湾の建設によって舟運はどのような影響を受けたのだろうか。

新港湾建設計画　分散型の港構造から集約型港湾構造へ
　1797年のヴェネツィア共和国崩壊後もしばらくは、それぞれの島が役割をもつ分散型の港構造を保っていた [*86]。ところが1806年以降、この港構造の見直しがフランス政権下で始まる。1806年、サン・ジョルジョ・マッジョーレに自由港を設置し、翌年にはジュデッカまで広げる [*87]。しかし、依然として貿易は低迷が続いていた。オーストリア支配下の1830年、ヴェネツィア全体を自由港に決定した [*88]〈図78〉。1846年に鉄道橋が引かれると、本土への荷は船から鉄道に積み替えられた。アドリア海からラグーナに入った大型船は、サン・マルコ水域を通過し、ジュデッカ運河沿いに停泊した。ジュデッカの岸ではブルキオやペアータ [*89] に荷が積み替えられ、その後、鉄道によって本土に輸送された。19世紀半ば、鉄道が次々と開通すると [*90]、鉄道輸送が増え、それとともにジュデッカ運河から鉄道への舟運が確立し、本土への輸送は都市の西側で行われるようになった。同時に、帆船や蒸気船による貿易量や貨物取扱量が増え、埠頭や倉庫拡張の必要性が高まり、新たな港湾計画が動き出したのである。商工会議所長のジュゼッペ・レアーリ (Giuseppe Reali) から委託された建築家でエンジニアのジュゼッペ・ヤッペッリ (Giuseppe Jappelli) は1850年、革新的な計画を提案した [*91]〈図79〉。この計画は、鉄道をジュデッカ運河に沿ってザッテレまで延ばし、さらに海の税関まで延長させるという計画である。依然として、サン・マルコ水域が港湾の中心であることを示していることがわかる。1857年のエンジニアのジョヴァンニ・アントニオ・ロマーノ (Giovanni Antonio Romano) による計画案は、T・メドゥーナとG・ヤッペッリの計画案をもとに提案されている〈図80〉。図80の上方に

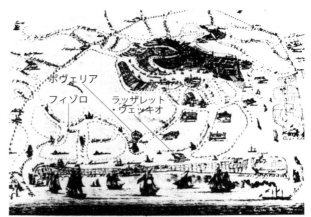

78 1830年　自由港を示した地図
本来、この図の上側には、貿易再開の祝賀の象徴として上流階級の女性 (matrone) が描かれている。この図はその女性の部分を切り取った図である。ヴェネツィア本島とラグーナの島々は、連続的に打ち込まれたブリッコレ (航路用の木杭) に囲まれ、自由港 (porto franco) のなかに置かれていることを示している。
Laura Facchinelli, *Il ponte ferroviario in laguna*, Spinea: Muotigraf, 1987 の図に追記

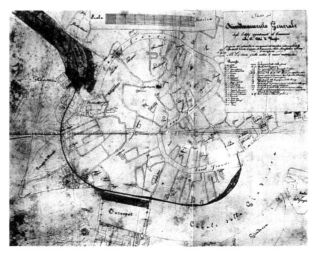

79 1850年　G・ヤッペッリによる計画
出典は図 68 と同じ

鉄道と大型船舶が直接接続できるような埠頭が計画され、ジュデッカ運河を通過し、鉄道の軌道を最小限に抑えた埠頭となっている。ヴェネツィアは都市と港が融合する形で展開していたが、新港湾計画を機に都市と港が分離し、近代的な港湾機能の合理化を図っていることがわかる。

　1866年、イタリア王国はヴェネツィアを統一するとすぐに新港湾建設計画に取り掛かった。既存の土地に港湾システムを配置するパゼッティ顧問の計画と、広大に埋め立て新たな機能を置くピエトロ・パレオカパ (Pietro Paleocapa) の計画〈図81〉を組み合わせ、都市の西端に新港湾が建設された[*92]。ここに、大型船舶と鉄道が直接接続され、倉庫、オフィス、冷蔵施設、新たな市場などを整備し、ヴェネツィアの港機能をすべて集約したのである。さらに西側には大型船が停泊できる船渠の掘削が行われ、その泥で両側を高く埋め立てた馬蹄形の敷地がつけ加えられた。1868年から工事を開始し、鉄道と接続された旅客ターミナル（スタツィオーネ・マリッティマ）も建設され、1880年に営業が開始された。新ヴェネツィア港の誕生である。港で扱われる商品量の変化を見ると、1881年では、新ヴェネツィア港で扱う商品量は古い港湾で扱う商品量の約5分の1だったが、1887年になると全体の50%を超え、1904年には80%に達した[*93]。この変化は、荷役場所がサン・マルコ水域からジュデッカ運河の西端に徐々に移行したためと考えられ、新港湾の建設によって、サン・マルコ水域の港機能が縮小されたことを示している。つまり、都市に拡散していた港機能は集約され集中型港湾構造になった。そして、交易の航路は、ラグーナから本島へアクセスする放射状の航路から、リド潮流口からサン・マルコ水域、ジュデッカ運河を通過し、西側の新港湾にたどり着くという一定方向の航路に代わったのである〈図82〉。

工業産業と結びつくヴァポレット

　新港湾の影響により周辺に工場や倉庫が呼び寄せられた。また、新港湾の対岸であるジュデッカには工業地帯をつくる計画が進められた。19世紀末から20世紀初頭の工場および倉庫の分布[*94]を見ると、都市の西側に位置する鉄道駅、新ヴェネツィア港、そしてジュデッカの周辺に集中していることが

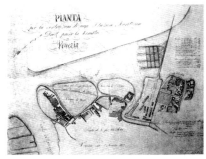

80 1857年　G・A・ロマーノによる計画
Giandomenico Romanelli, *Venezia Ottocento: l'architettura, l'urbanistica*, Venezia: Albrizzi, 1988.

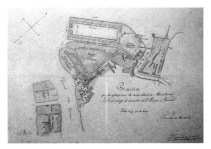

81 P・パレオカパによる新港湾建設計画
埠頭で船と鉄道を結ぶ計画であることがわかる。
出典は図80と同じ

1846年、鉄道開通
鉄道に積み替える用の船がジュデッカ運河に沿って停泊する。

新港湾の建設、U字型の埠頭が埋め立てられる
鉄道―船の駅、スタツィオーネ・マリッティマが誕生する。

1880年、スタツィオーネ・マリッティマ全体の営業開始
ジュデッカ運河は交易の軸となる。

拡大するヴェネツィア港
この頃には鉄道がジュデッカ運河沿いまで延びている。

82 1847〜1903年　鉄道の敷設と港湾整備による舟運の変化

わかる〈図83〉。また、港湾が整備された西端のサンタ・マルタ地区は、もともと庶民地区で自然護岸をもつ、のどかな風景が広がる場所であった。その場所に、工場や倉庫などの大型施設が設置され、鉄道が導入され蒸気船が行き交うようになったことで、大きなエネルギーを生む近代的な最先端の風景に変貌したのである〈図84,85〉。この変化は、サン・マルコ水域の港機能が縮小される一方で、都市の西側は港湾整備の後、産業地域へと大きく発展したことを示している。その変化については第5節で述べる。

1 　タバコ工場 (Manigattura Tabacchi) 1786年
2 　倉庫 (Magazzini Parisi) 元ビール工場は 1835年
3 　機械鋳造工場 (E.G. Neville C.) 1853年
4 　織物工場 (L. Bevilacqua) 1867年
5 　鋳造・機械工場と造船所 (F. Layet e Svan) 19世紀末
6 　綿紡績工場 (Cotonificio Veneziano) 1882年
7 　携帯用ガス (G. Bortolini) 1865年
8 　モザイク・ガラス工場 (A. Salviati) 1866年
9 　製塩工場・倉庫 (Agenzia Sali) 14世紀
10　印刷工場 (Tipografia del Gazzettino) 1887年
11　香水工場 (Linetti) 1868年
12　マッチ工場、ガラス・モザイク工場 (Saffa e Beche)
13　ガラス工場 (F. Sartori) 1854年
14　製粉工場 (Soc. An. Passuelle e Provera) 19世紀末
15　ガラス工房 (G. Maffioli) 1840年
16　美術モザイクの陶器 (A. Orsoni) 1853年
17　陶器工場とモザイク工房 (A. Gianese) 1846年
18　織物工場 (L. Rubelli) 1846年
19　発電所 (Soc. Illuminazione Elittrica) 1889年
20　レース工場、刺繍とビロード (M. Jesurum e C.) 1870年
21　作業所 (Casa dIndustria) 1812年
22　機械工場と鋳造場 (Vianello Moro Sartori e C.) 1880年
23　鋳造・機械工場と造船所 (F. Layet e Svan) 元スクエーロ、19世紀末〜機械化
24　造船所と機械工場 (Soc. Veneta Imprese e Costruzioni Pubbliche) 1881年
25　製粉工場 (G.Stucky) 1883年
26　織物印刷工場 (Fortuny) 1841年
27　ビール工場 (Pizzolotto) 19世紀末、2のビール工場が 27に移転した
28　毛織物工場 (じゅうたん、G. Gaggio) 1850年
29　時計工場 (A. Junghans) 1878年
30　レンガ・石灰工場 (V. Narduzzi) 1874年
31　造船所 (Acnil) 1903年
32　造船機械工場 (Comv) 19世紀半ば
33　製氷工場 (V. Tanner) 1906年
34　造船所、石油倉庫 (S.V. N.V., V. Cereseto, Soc. Importazioni Olii) 1872年

83 19世紀末から20世紀初頭の工場および倉庫の分布
Comune di Venezia, *Venezia città industriale: gli insediamenti produttivi del 19 secolo*, Venezia: Marsilio Editori, 1980をもとに図とインデックスを作成

次に工場が多く立地した西側の乗客輸送を見ると、1890年にはザッテレ―ジュデッカ間の路線が開始されていることがわかる [*95]。また1895年のラグーナ汽船ヴェネト会社（Società Veneta di Navigazione a Vapore Lagunare、以下 S.V.N.V.L.と略す）の時刻表 [*96]〈図86〉から、リーヴァ・デリ・スキアヴォーニ―綿紡績工場の路線が朝6時から晩まで、30分ごとに定期運航され、さらに、ザッテレ―綿紡績工場間はトラゲットが存在し、6～22時（綿紡績工場営業時間）まで運航していたことが読みとれる。綿紡績工場は1887年に919人

84 綿紡績工場　1882年建設
出典は図83と同じ

85 1890年ごろの製粉工場　1883年建設
ヴェネツィア市文書館（Archivio Strico Comunale di Venezia、以下A.S.C.V.と略す）Fondo Giacomelli, GN003516.

もの従業員[*97]を抱える大工場だったため、ヴァポレットの停留所が最寄り駅として大きな存在だった。また、リーヴァ・デリ・スキアヴォーニには周辺の島々を結ぶ路線の発着が集中していることから、遠くからの通勤が可能だったと考えられる。1904年の都市内交通路線図[*98]から、カナル・グランデを縦につなぐ路線に加え、ジュデッカ運河の両岸を結びながらリーヴァ・デリ・スキアヴォーニと綿紡績工場を接続する路線が増えていることがわかる[*99]。ヴァポレットは大勢の労働者に利用され、通勤利用者の足となり、産業が発展することで交通も強化されていった。

　また、19世紀後半の蒸気船の登場により、積載量の増加や短時間での移動を実現し、都市の東側のラグーナでは観光産業空間、西側では工業空間と結びつき、徐々に航路を延ばし増便していった〈図87〉。

　そして、工業空間の西側では、ヴェネツィアの経済が向上すると工場や倉庫の拡大を求めてさらに広大な土地が必要となった。そして新港湾ができて間もなく、企業家・金融家で後にムッソリーニ政府の財務大臣（1925〜1928年）を務めるジュゼッペ・ヴォルピ（Giuseppe Volpi）のもと、1917年、本土に新たな港湾を建設する埠頭計画が進められた[*100]。鉄道の南側に広がる自然環境豊かなバレーナ地帯を埋め立て、その広大な敷地に鉄道と平行して、マルゲーラ港とヴェネツィア本島の港湾との間にヴィットリオ・エマヌエーレ3世運河が掘削される（1919〜1922年）。マルゲーラ港の建設により、ヴェネツィアの港湾はさらに都市から遠ざかり、港湾機能と都市は完全に切り離された。そして港湾には、工場や造船所、倉庫など、歴史地区とスケールの違う建物が建ち並び、ヴェネツィアの街並みと釣り合わなくなっていた。工場などからの煙、騒音などにより生活環境が劣悪化していったことから、マルゲーラ港の開発はヴェネツィアの都市を守るために必要だったとも考えられる。しかし、この産業港の拡大が後に、ラグーナの自然環境を大きく変化させていくのである。

86 1895年 ラグーナ汽船ヴェネト会社（Società Veneta di Navigazione a Vapore Lagunare、以下 S.V.N.V.L. と略す）の時刻表
出典は図70と同じ

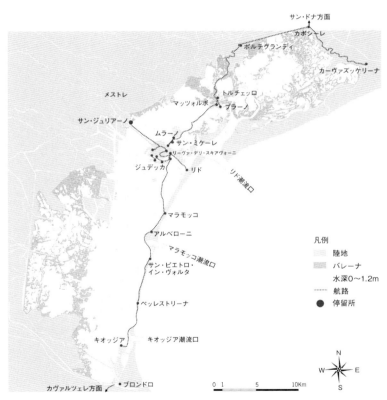

87 1895年 ヴァポレット路線図　1895年 S.V.N.V.L. の時刻表をもとに現在の地図を用いて作成
次の路線がある（各路線往復）
1. フォンダメンテ・ノーヴェ→ブラーノ→トルチェッロ／2. フォンダメンテ・ノーヴェ→サン・ミケーレ→ムラーノ
3. フォンダメンテ・ノーヴェ→マッツォルボ→ポルテグランディ→カポシーレ→カーヴァズッケリーナ（現イエーゾロ）／4. リーヴァ・デリ・スキアヴォーニ→リド／5. リーヴァ・デリ・スキアヴォーニ→マラモッコ→アルベローニ→サン・ピエトロ・イン・ヴォルタ→ペッレストリーナ→キオッジア／6. リアルト→サン・ジュリアーノ（サン・ジュリアーノ–メストレ間は路面電車）／7. キオッジア→ブロンドロ→ブオーロ→カヴァルツェレ

運河の再評価と舟運の強化

　19世紀末からヴェネツィアの経済は少しずつ好転し始め、マルゲーラ港が誕生するころになると、鉄鋼、造船、金属加工、化学工業などの工業生産が上昇し、経済が向上していった。第一次世界大戦後、自動車の需要が高まり、1920年代になると経済発展が大きく進んだイギリスやドイツなどの道路は自動車、バス、バイク、タクシー、電車といった乗り物で混み合うようになっていた。イタリアにおいても、1920年代はじめ、道路の改良が始まり、アスファルトが道路の舗装材として使われ、本土でも自動車専用道路の整備が進められた。この自動車社会の波はヴェネツィアにも押し寄せ、1933年にヴェネツィアと本土は道路橋で接続された。

　ここでは、道路橋の建設前後における、都市構造と舟運の変化を見ていこう。この道路橋建設は陸の視点で行われてきた計画ではあったが、ヴェネツィア本来の都市構造を守る動きも見られた。どのような計画が行われ、都市構造が変化したのかを描き、舟運の役割について考える。

新運河掘削計画

　本土とヴェネツィア本島が道路橋で接続される以前の1926年に、本土のメストレやマルゲーラがヴェネツィア市に編入された。このとき、メストレでは宅地造成が行われ、ヴェネツィア本島の多くの住民がよりよい住環境を求めメストレに移住した。ヴェネツィア本島は家賃が高く、かつて倉庫として使われていた1階は湿気が多く、浸水の恐れもあり、住みにくさを感じたためだろう。マルゲーラ港の労働者は、内陸の農村部からの出稼ぎ者がほとんどだったが、ヴェネツィア本島からの通勤者も多少はいたと考えられる。このようにヴェネツィア本島と本土の間では、道路橋接続以前から住民の往来も活発になっていた。

　道路橋の計画は、ヴェネツィア出身のヴィットリオ・ウンベルト・ファントゥッチ (Vittorio Umberto Fantucci) 技師によって提案された [*101]。V・U・ファントゥッチは、ヴェネツィアと本土の接続問題を解決するため、すでに1928

年にファシスト党の県連合と協力し、国と市の協定に関する基本計画を策定した。完成した道路橋はリットリオ橋［＊102］と呼ばれたことからも、ファシズム時代のシンボルだったことがわかる。そして、この計画は、1931年2月28日にヴェネツィア市土木公共事業局の技術長に任命されたエウジェニオ・ミオッツィ（Eugenio Miozzi）［＊103］の指揮のもとで進められた。これは、彼が1930年当時、ベッルーノ県やボルツァーノ自治県、トレント自治県の道路公社の技術長として、アルプス地域における橋の建設を指導し、絶大な信頼を得ていたためである。E・ミオッツィは、V・U・ファントゥッチの計画を見直している。当初セメント造だった道路橋計画は、鉄道橋の構造を踏襲し、イストリアの石とコンクリートの土台の上にレンガ造のヴォールトを施したより伝統的な構造に変更された［＊104］〈**図88,89**〉。

　そして、道路橋は鉄道橋と平行して建設され、鉄道駅の南側に自動車のターミナルであるローマ広場が設けられた。道路は線路のように島内を循環することはなく、計画段階から歴史地区に自動車が流入することが避けられた。1933年には30000m²のローマ広場が完成する［＊105］。広場には駐車場が建設され、結果的に、ヴァポレットや自動車、バスの集中する場所となった。広場の変遷を追うと、1930年の写真にあった右端の工場が、1933年のローマ広場完成時には取り壊されていることがわかる〈**図90-92**〉。敷地割が大きく、建物が密集していないことから［＊106］、自動車のターミナルとしてこの敷地が選ばれたと考えられる。

89 1933年　完成した道路橋
Studio Ferruzzi, Ponte della Libertà, Venezia 1933, Fondo Ferruzzi.

88 1932年　建設中の道路橋
Franca Cosmai, Stefano Sorteni (a cura di), *L'ingegneria civile a Venezia: istituzioni, uomini, professioni da Napoleone al fascismo*, Venezia: Marsilio Editori, 2001.

さらに、ここで注目すべきは、道路橋の建設とあわせて、ローマ広場からサン・マルコ広場方向をつなぐ新たな運河が計画されたことである〈**図93**〉。蛇行するカナル・グランデをショートカットするように、ローマ広場からカ・フォスカリまで運河が整備された。本土を含めた交通の流れのなかで、水上交通においても移動時間の短縮が求められたのである。交通の発展によって、ますます加速する本土と同じ速度で発展していきたいという思いが伝わってくる。

　当初 V・U・ファントゥッチの計画では、ピッコロ運河という、新たな運河を計画していた〈**図94**〉。この新運河は、パラッツォのような重要建築が少ない地域に計画されたとあるが、解体作業の見積もりは通常よりも明らかに高く、さらに、住宅などの取り壊しのため文化的な景観を大きく変える危険性があった。それにもかかわらず、ファシスト政権はこのプロジェクトを早急に押し進め、1930年6月には公共事業大臣が1億1千万リラの出資を決定した。道路橋に8,250万リラ、ピッコロ運河掘削に2,750万リラという内訳であった [*107]。この無謀な計画は激しい論争を巻き起こし、同じ目的で新たに別の運河を掘削することが検討された [*108]。

　1930年12月に出されたE・ミオッツィの計画では、ピッコロ運河計画を少し南に移動し、今日見られるような新運河(リオ・ノーヴォ)を計画している〈**図95,96**〉。E・ミオッツィの計画地は、歴史的に遡ると1840年のオーストリア政府のもとで作成された不動産台帳(カタスト・アウストリアコ)から、リオ・ノーヴォのカ・フォスカリ側では、フィオリーニ家(Fiorini Girolamo)[*109]、バッタイヤ家(Battaja Lugina)[*110]、ゼン家(Zen)[*111]がおもな土地を所有しており、とくにフィオリーニ家はローマ広場の計画予定地にも土地を所有して

90 1930年11月　ローマ広場予定地
A.S.C.V., Fondo Giacomelli,
GN000210.

91 1932年4月　ローマ広場建設中
A.S.C.V., Fondo Giacomelli,
GN000167.

92 1933年5月　ローマ広場
A.S.C.V., Fondo Giacomelli,
GN000230.

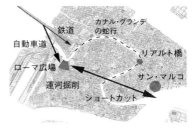

93 ショートカット概念図

94 1929年　ピッコロ運河掘削の改修案　A.S.C.V., Fondo Giacomelli, GN003622.

95 1930年　E・ミオッツィの新運河計画　各図面の方位を合わせるため、計画図を180度回転している。
Guido Zucconi (a cura di), *La grande Venezia: una metropoli incompiuta tra Otto e Novecento*, Venezia: Marsilio Editori, 2002の図に着色。

リオ・ノーヴォに架かる橋　1. カ・フォスカリ橋　2. サンタ・マルゲリータ橋　3. スピアーカ橋　4. チェレリア橋　5. トレ・ポンティ
6. プレフェット橋　7. モナステロ橋

96 ピッコロ運河計画と完成したリオ・ノーヴォの位置

いたことがわかる。また、菜園が多いこともわかる。この地はもともと粗密で、パラッツォが多く存在しない場所だったことがこの敷地の選定理由だと考えられる。そして1933年、ローマ広場とカ・フォスカリを接続する、全長約512m、平均幅18.6mのリオ・ノーヴォが実現された［＊112］。リオ・ノーヴォの掘削にともない43の家が壊され、中央を高くした弧を描く石造の橋が6本建設された［＊113］〈図97-99〉。現在リオ・ノーヴォ沿いには、ヴェネト州、ヴェネツィア財団などのオフィスが建ち並び、ローマ広場周辺にはヴェネツィア建築大学やヴェネツィア大学が集まるオフィス・学校地区に発展していった〈図100,101〉。こうして、都市の西側は、ヴェネツィア内外から人の集まる場所となり、ローマ広場は都市の玄関口になっていった。ローマ広場で行われた当時の開通式の写真〈図102〉からも、リオ・ノーヴォの誕生を盛大に祝っている様子がうかがえる。さらにラグーナの周縁部では、船交通から自動車交通に切り替わった一方で、ヴェネツィア本島には自動車の侵入を制限した。新運河によって迅速な接続が可能になったためである。まさに、運河を切り開くことで新しい時代の流れに対応したといえよう。

　また、リオ・ノーヴォに続くカ・リオ・デ・カ・フォスカリ沿いの消防士宿舎は消防署に建て替えられた（1932〜1934年）。これはブレンノ・デル・ジュディチェ（Brenno Del Giudice）の設計で、1階には運河に面して直接消防船が発着できるカヴァーナを配し、運河と建物が一体となった設計に、伝統的なヴェネツィア建築の概念が盛り込まれていることがわかる〈図103〉。同じころ、老朽化

97 1870年　トレ・ポンティ周辺
出典は図43と同じ

98 1932年以前　トレ・ポンティ周辺
出典は図97と同じ

99 2008年　トレ・ポンティ周辺

のためアカデミア橋とスカルツィ橋が、E・ミオッツィの設計によって新しく架け替えられた〈**図104,105**〉。2本の橋はオーストリア政府下でA・ネヴィルの設計で水平に架けられていたが、この架け替えで、どちらも弧を描く、ヴェネツィアの伝統的なデザインになった[*114]。

さらに1939年、E・ミオッツィによって、「島からなるヴェネツィアの再生計画（Piano di risanamento di Venezia insulare）」が検討された[*115]〈**図106,107**〉。これは、運河網の整備計画である。サン・マルコ水域とナーヴィ運河を結ぶリオ・ディ・サンタンナの復元（現ガリバルディ通り）など複数の運河を復元する運河網の整備計画が検討された。また、フォンダメンテ・ノーヴェ運河と接続するリオ・ディ・ノアーレの改修と拡張も計画された[*116]〈**図108**〉。このように、19世紀に陸路として整備された運河が、この時代に舟運の幹線路として再度

100 1931年　建設中のチェレリア橋
A.S.C.V., Fondo Giacomelli, GN000463.

101 2007年　チェレリア橋周辺

102 1933年　リオ・ノーヴォ開通式
4月25日（サン・マルコの日）に開催。
A.S.C.V., Fondo Giacomelli, GN003702.

103 2007年　リオ・ノーヴォ沿いに建つ1階にカヴァーナをもつ消防署　1934年建設

注目されていることがわかる。交通の集中するカナル・グランデの航行緩和と、都市の外側の運河との迅速な接続が主眼となった。運河網の整備計画はほとんど実現しなかったが、運河の再評価が行われ、舟運に注目していた時代だったといえる。

モトスカーフォの登場

　舟運では、ローマ広場の開設に合わせて1933年、ローマ広場—サン・マルコ広場を短時間で結ぶ乗客輸送船の路線が開通した。この乗客輸送船はリオ・ノーヴォの規模、再建された橋の下を航行できる高さ、橋脚間に合わせた形が考案された [*117]〈**図109**〉。ディーゼルエンジン [*118] を使用した木造船のモトスカーフォ (motoscafo) が採用されたその形は独特で現在の水上タクシーに似ており、全長17m、幅3.3m、喫水0.8mで乗員数は55人であった [*119]。モーターを備え、最短距離を迅速に結ぶ路線を完成させたのである。

　1934年の都市内交通路線図 [*120] を見ると、従来のサンタ・キアラからカナル・グランデに沿って、ジャルディーニ、リドまでを結ぶ路線に加えて、リアルトから鉄道駅、ローマ広場を結び、リオ・ノーヴォを通り、サン・マルコ広場まで結ぶ路線が加わっている〈**図110**〉。ここに、カナル・グランデの縦軸に加えて、カナル・グランデ、リオ・ノーヴォ、リオ・ディ・カ・フォスカリをつなぐ、現在の交通システムの概念のひとつ、環状型が誕生していることが見て取れる [*121]。現在、船の立てる波が運河沿いの建物に影響を及ぼすという深刻な問題から、リオ・ノーヴォを利用する路線は運航されていないが、

104 1933年　建設中のアカデミア橋
奥はオーストリア政府下で架橋された橋。
A.S.C.V., Fondo Giacomelli, GN000255.

105 1934年　スカルツィ橋
手前はオーストリア政府下で架橋された橋
A.S.C.V., Fondo Giacomelli, GP000150.

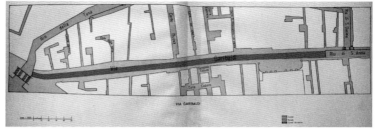

106 「島からなるヴェネツィアの再生計画(Piano di risanamento di Venezia insulare)」におけるガリバルディ通りの例　この計画は、島で形成されたヴェネツィアを全体的に整備しようとしたものである。運河の掘削、拡張のほか、運河を陸化する計画も盛り込まれている。また、新たな運河沿いの道(フォンダメンタ)を通す計画や、島の内側の街路を付け替える計画も打ち出されている。
Eugenio Miozzi, *Progetto di massima per il Piano di risanamento di Venezia insulare: relazione*, Venezia: Comune di Venezia, Direzione generale dei servizi tecnici, 1939.

107「島からなるヴェネツィアの再生計画」とリオ・ノーヴォの位置
Eugenio Miozzi, *Progetto di massima per il Piano di risanamento di Venezia insulare: relazione*, Venezia: Comune di Venezia, Direzione generale dei servizi tecnici, 1939 をもとに作成

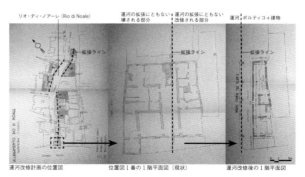

108　リオ・ディ・ノアーレ拡張計画
Eugenio Miozzi, *Progetto esecutivo delle demolizioni e ricostruzioni: Allargamento Rio di Noale, Planimetria*, Venezia: Comune di Venezia, Direzione lavori e servizi pubblici, dicembre 1939 の図に追記
ヴェネツィア建築大学(以下、I.U.A.V.と略す), Archivio Progetti, Eugenio Miozzi/05.

物資の運搬船や水上タクシーの交通量は増えている。

　ここでもうひとつ舟運に関して触れたい。今日見られる水上タクシーの歴史は、1924年にヴェネツィア市がカナル・グランデ内にモトスカーフォという、モーターボートのタクシー事業を検討したときに遡る]〈**図111**〉。この時もこの事業に反対する市民のストライキが起きた。市議会は、ゴンドリエーレ協会にモトスカーフォ事業設立を申し出たが、大変な論争を引き起こした。結果的にゴンドリエーレ協会がしぶしぶこれに同意し、市にゴンドリエーレがなんとか生き残れるよう保護を求め、モトスカーフォ事業を受け入れたのであった [＊122]。なかには、ゴンドリエーレからモーターボート操船士への転職もあったという [＊123]。モトスカーフォはヴェネツィアの複雑な運河網に入り込むことができるため、入り組んだ運河沿いに建つ奥のホテルにも直接横付けできる。現在は、荷物を持った旅行客の足として大いに活用されている。

　このように、都市内の舟運ではカナル・グランデ線に加え、リオ・ノーヴォを通過するローマ広場―サン・マルコ線が誕生し、早く移動ができるようになった。ショートカットの航路とモーターボートによって時間短縮に対応し、第2次世界大戦後の高度成長期になると、個人用の船にもモーターが普及し、より通勤圏、生活圏を広げ、ますます舟運が活発になっていった。

ラグーナ内のネットワーク

　最後に、この時代のラグーナの舟運についても触れておく。19世紀後半、手漕ぎ舟の輸送から蒸気船に移行し、19世紀末にはラグーナ内も、ヴェネツィア本島内も S.V.N.V.L. によって運航されていた。1903年にヴェネツィア市と S.V.N.V.L. とのほとんどの契約期限が切れ、ヴェネツィア市はカナル・グランデの路線とリドを結ぶ路線を自ら運営するようになった [＊124]。1904年には、内部航行公社（Azienda Comunale Navigazione Interna、以下 A.C.N.I. と略す）が設立され、路線の充実化を図った [＊125]。1906年5月から、リドまでの夜便が増便され、7月にはカナル・グランデの路線は10分に1便にまで増便された [＊126]。これは、高まるリドの海水浴場人気に合わせて、ヴェネツィア―リド間の舟運を強化したためである。

109 1933年　リオ・ノーヴォ
1933年製造の"カ(Ca')"のシリーズ。全長17m、幅3.3m、喫水0.8m、55人乗り。
I.U.A.V., Archivio Progetti, CM-05/017/t, Miozzi 2.fot/003.

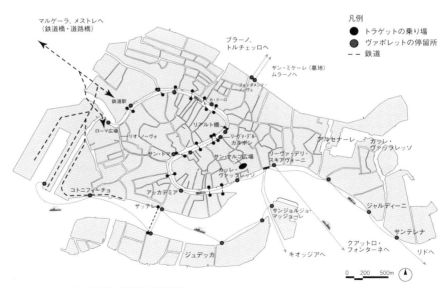

110 1934年　都市内交通路線図
Gilberto Penzo, *Vaporetti: un secolo di trasporto pubblico nella laguna di Venezia*, Sottomarina: Il Leggio, 2004 をもとに作成

151

舟運が活発になるなか、ラグーナの長距離路線にも動きが見られた。19世紀末には、経営状態が悪化し、S.V.N.V.L.によってヴェネツィア本島とポルテグランディ方面、そしてカーヴァズッケリーナ（現在のイエーゾロ）まで結ぶ路線が存在した〈図87〉。また、ヴェネツィア本島とサン・ジュリアーノ、キオジアなどラグーナの周縁部を結ぶ路線として活躍していた。しかし、1929年の世界恐慌の波を受け、経営状態が悪化し、S.V.N.V.L.の解散が決定した。さらに1920年代に本土で自動車道（アウトストラーダ）が整備され、1929年にサン・ドナからカーヴァズッケリーナを経由してプンタ・サッビオーニに行く陸上バスの運行が開始された。それにより、ヴェネツィアとカーヴァズッケリーナを結ぶヴァポレットの路線が完全に廃止されたのである[*127]。

　そこで、A.C.N.I.はヴェネツィア―プンタ・サッビオーニ間の路線を設け、ヴァポレットを増便した[*128]。本土では多くの船交通が自動車交通に切り替えられるなか、ラグーナ内ではむしろ船交通をより充実する方向に進めたのである。

　1934年のラグーナ内を航行するヴァポレット路線の、本土と接続する路線の数は激減し、ヴェネツィア本島周辺の島々を結ぶ路線が増便している〈図112〉。1928年に、国際的な窓口となったサン・ニコロの飛行場やホテル・エクセルシオールの近くで、住宅開発された地域のクアットロ・フォンターネや、病院が立地していたラ・グラッツィア、サン・クレメンテ、サッカ・セッソラなどと結ばれた。これらの島々については第3章で具体的に取り上げたい。

　以上見てきたように、ヴェネツィアは近代化の過程で都市構造がダイナミックに変化しながらも、むしろ舟運を強化し、水の都市の特徴を活かしながら近代化を進めたのである。現代、舟運はますます活発になっている。これは共和国時代に形成された都市構造を基盤とし、本土との接続を最小限に抑え、水上バスで都市内と周辺の島々と強く接続しているためだと考えられる。そして、自動車のない、船と歩行で成り立つ空間は、多くの人を魅了する都市を形成しているのである。

111 1930年代後半　ホテルに横付けされる水上タクシー
A.S.C.V., Fondo Giacomelli, GN001791.

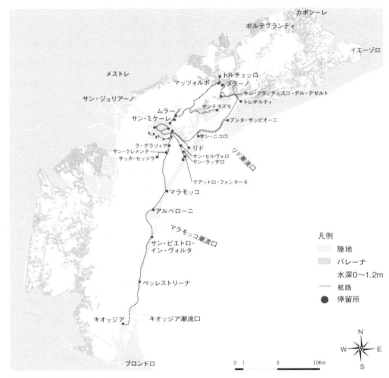

112 1934年　ヴァポレット路線図
Gilberto Penzo, *Vaporetti: un secolo di trasporto pubblico nella laguna di Venezia*, Sottomarina: Il Leggio, 2004 をもとに現在の地図を用いて作成
次の路線がある（各路線往復）
1 フォンダメンテ・ノーヴェ→ブラーノ→トルチェッロ→トレポルティ／2 フォンダメンテ・ノーヴェ→サン・ミケーレ→ムラーノ／3 フォンダメンテ・ノーヴェ→ムラーノ→サンテラズモ／4 リーヴァ・デリ・スキアヴォーニ→マラモッコ→アルベローニ→サン・ピエトロ・イン・ヴォルタ→ペッレストリーナ→キオッジア／5 リーヴァ・デリ・スキアヴォーニ→サン・セルヴォロ→サン・ラッザロ→クアットロ・フォンターネ／6 リーヴァ・デリ・スキアヴォーニ→ラ・グラツィア→サン・クレメンテ→サッカ・セッソラ／7 リーヴァ・デリ・スキアヴォーニ→サン・ニコロ・ディ・リド（夏期運航）／8 リーヴァ・デリ・スキアヴォーニ→サン・フランチェスコ・デル・デゼルト→ブラーノ→トルチェッロ（夏期運航）／9 リーヴァ・デリ・スキアヴォーニ→サン・ニコロ・ディ・リド→プンタ・サッピオーニ

4　19世紀のフローティング水浴施設

　18世紀にヨーロッパ全体で流行していた海水浴ブームは、イタリア半島にも到来した。1787年にはゲーテもナポリとシチリアを訪れ、海に開放された景色に魅せられている。南イタリアでは比較的早く海岸が整備された。ヴェネツィアは鉄道整備後の19世紀後半から、ラグーナとアドリア海の境に位置するリドで本格的な海水浴場の整備を始めた。すでに述べたようにヴェネツィア本島とリドを結ぶ蒸気船も徐々に増便され、舟運の強化とともにリドも発展していった。20世紀初頭には巨大なホテルが建ち並び、国内外から多くの人が訪れる国際的な海水浴場となった。リドの海水浴場の形成は、国際観光都市ヴェネツィアとして近代化を成し遂げた象徴的な現象のひとつである。

　ここでは、この時代の観光化の一連の流れとして、リドの海水浴場が開設される以前から実施されていたラグーナ内の水浴施設に焦点をあてる。ヴェネツィアで水浴施設が登場するのは、フランス政権下の19世紀はじめ、ジャルディーニ計画において、健康目的の施設として組み込まれたのである[*129]〈**図113-118**〉。この計画は実現されなかったが、当時、水浴施設がいかに重要だったかを示している。次の水浴施設に関しては、フローティング水浴施設 (stabilimento dei bagni galleggianti) の計画がある。この水浴施設についてはほとんど知られていないが、ヴェネツィアの観光の歴史を語るうえで欠かせない存在である。ここでは、このフローティング水浴施設の実態を見ていきたい。

113 ジャルディーニの位置

114 1807〜1810年 ジャルディーニ
計画関連史料の背表紙

115 1808年 ジャンナントニオ・セルヴァ (Giannantonio Selva) の計画
水浴関係の計画も記載されている。
A.S.C.V., *1807 Giardini Pubblici a Castello I*, prot. 4769, 05 maggio 1808.

116 19世紀初頭 開発される前
Giorgio Bellavitis, Giandomenico Romanelli, *Le città nella storia d'Italia: Venezia*, Roma, Bari: Laterza, 1985の図に追記

117 開発後のジャルディーニの鳥瞰図
Giorgio Bellavitis, Giandomenico Romanelli, *Le città nella storia d'Italia: Venezia*, Roma, Bari: Laterza, 1985の図に追記

118 1846年 ジャルディーニ
Giandomenico Romanelli, *Planimetria della città di Venezia: edita nel 1846 da Bernardo e Gaetano Combatti*, Treviso: Vianello libri, 1987の図に追記

リーマ医師によるフローティング水浴施設

　フローティング水浴施設に関しては、すでに1822年にジュデッカ運河内において健康促進を目的としたプロジェクト案が持ち上がっていた[*130]。実現したのは、ヴェネツィア市立病院の外科医であるトンマーゾ・リーマ（Tommaso Rima）による1833年のフローティング水浴の施設である[*131]〈**図119**〉。この施設はラグーナの水を利用するため、水循環の比較的良好なサン・マルコ水域に浮かべられた[*132]とされている。ただ、当時運河の底にはヘドロがたまった状態で、決して綺麗な状態とはいえなかったという指摘もある[*133]。しかしながら、当時のヴェネツィアでは、運河で泳いでいたことから、運河の水に対する衛生的な抵抗は少なかったと推察される。

　この施設はふたつの台船（A）で浮く構造になっている〈**図120**〉。浴槽（C）は、長さ16.67m、幅6.95m、水深1.39mの格子状に組まれ[*134]、ラグーナ内の水がそのまま循環できるようになっており、運河の底に足をつく心配のない設計になっている。

　台船の上には次のような仮設の部屋が設けられている〈**図121**〉。大広間（B）、カフェと食堂（D）、ロッジア（E, F）、更衣室（G）、淡水と海水を温めて浴室に送るための炉（H）、浴室（I, L）、ベッドつき大部屋（M）、蒸し風呂（N）、水泳用の大水槽（O）、エントランス（P, Q）。これらの内容から、富裕層を対象として設計されたと考えられる。この巨大浮遊仮設物は、ロッジア（E）からサン・マルコ広場とリーヴァ・デリ・スキアヴォーニを、逆側のロッジア（F）からジュデッカ運河を望めるようになっており、開放的な構成である[*135]。このことから、水浴と都市のすばらしい景観を同時に楽しむことができる施設として、1833年にはイタリア王立芸術・科学院（Regio Istituto d'arti e scienze）から銀賞が、1835年には、公共博覧会（pubblica esposizione）において金賞が与えられ[*136]、フローティング水浴施設は盛大に称賛されたことがわかる。

　この施設は数回にわたり修復や補強が行われた。19世紀半ばには、評議員のピエール・ルイジ・ベンボ（Pier Luigi Bembo）の承諾のもと、市から12,000オーストリア・リラの寄付金を受け、総額約40,000〜42,000リラをかけて修復や

増強事業が行われた [*137]。そして、リーヴァ・デリ・スキアヴォーニの巨大複合施設のプロジェクトが中断したため、この水浴施設はさらに拡張・補強され、19世紀の間、多くの人々に利用された [*138]。

119 1893年　海の税関の前に浮かぶ水浴施設
Alberto Cosulich, *Viaggi e turismo a Venezia dal 1500 al 1900*, Venezia: I sette, 1990.

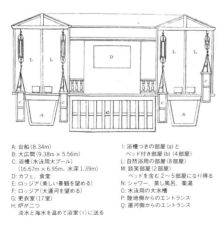

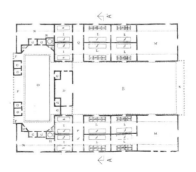

A: 台船(8.34m)
B: 大広間(9.38m×5.56m)
C: 浴槽(水泳用大プール)
　(16.67m×6.95m、水深1.39m)
D: カフェ、食堂
E: ロッジア(美しい景観を望める)
F: ロッジア(大運河を望める)
G: 更衣室(17室)
H: 炉が二つ
　淡水と海水を温めて浴室(I)に送る
I: 浴槽つきの部屋(a)と
　ベッド付き部屋(b)(4部屋)
L: 自然浴用の部屋(8部屋)
M: 談笑部屋(2部屋)
　ベッドを含む2〜5部屋になり得る
N: シャワー、蒸し風呂、薬湯
O: 水泳用の大水槽
P: 陸地側からのエントランス
Q: 運河側からのエントランス

120 フローティング水浴施設(A-A'断面図)
Bagni galleggianti in Venezia privilegiati da S. M. l'Imperatore e Re Francesco I premiati dal R. Istituto Italiano, estratto da Supplemento del Nuovo Dizionario tecnologico, Venezia 1845.

121 フローティング水浴施設(平面図)
出典は図120と同じ

舟を改造した水浴例

　フローティング水浴施設で使用されるシレナ（sirena）という、男性の目を気にすることなく水浴を楽しむ女性用の舟が登場した〈図122〉。シレナはイタリア語で人魚を意味する。シレナの全長は12.16mで、木造の格子で組まれた船底は1.215m水に浸かる。この舟にはテントがついており、外からの視線を防ぐことができた [*139]。周りからの視線を遮ることができたため、水着を身に着ける心配がなかったという指摘もある [*140]。木造の格子で組まれた船底から魚の出入りもあったという。また、ベッドのあるふたつの寝室もあり、女性のみならず、カップルにも利用されていたという [*141]。このシレナは、オールで舟を漕ぐ以外にも、帆を使い帆船にもなった。さらに、舟を漕ぐ補助として船首にある水輪を設置する工夫がなされていた。

　ヴェネツィアの一般的なゴンドラを改造した例もある〈図123,124〉。ゴンドラの中心には、2段階の深さで水に浸かれるように工夫された鉄製のかごが設置されている。上部は当時ゴンドラに取りつけられていた、フェルツェ（felze）で覆われている。船首には高さが1.74m以上の高さになるコントロ・フェルツェ（contro-felze）があり、着替える目的で設置されている [*142]。図123、124でいう、（f）の部分である。この舟は、ゴンドリエーレに漕いでもらうことで、水浴しながらヴェネツィアの街並みを楽しむというものである。また、水流による水の衝撃で健康にもつながると考えられていた。水流がマッ

122 シレナ（sirena）
出典は図120と同じ

a, b：ゴンドラ　c：鉄製のかご　d：座る用　e：覆いまたは正規のフェルツェ（felze）
f：アシスタント用または更衣室用の場所（フェルツェより高く黒い布で覆われる）

123 ゴンドラを改造した水浴用の舟
出典は図120と同じ

サージに最適だとこの水浴方法を好んだフランス人の外交官もいたことが記載されている［*143］。

さらに、舟の両側にスクリュープロペラを設置した、体を鍛えるための舟もあった［*144］〈**図125**〉。舟の底には、座る高さと立つ高さのふたつの鉄製のかごが設けられた（c, d）。両側面にスクリュープロペラ（g）があり、舟のなかでこれを動かして体を鍛えるというものである。筋肉の増強に効果的であると指摘されており、医者の指導のもとで体を鍛えるのが当時の流行だった。もっと鍛えたい場合は、他者に舟を漕いでもらい、より水流の負荷をかける方法もとられた。この舟は、魚や浮遊物が入りこまないように小さな穴の網で囲まれていた。

このように、ヨーロッパ全体の水浴ブームを受け、ヴェネツィアでは舟を利用した水浴が登場した。普段から舟での移動を中心とする舟運都市ヴェネツィアならではの特徴といえる。

以上、リドの海水浴場が整備される前のヴェネツィアでは、舟を利用した水浴法が実施されたことを見てきた。フローティング水浴施設の成功により、リーヴァ・デリ・スキアヴォーニで水浴施設を備えた巨大複合施設のプロジェクトが立ち上がり、その後プロジェクトの実施場所はリドに移行された。20世紀初頭には、リドの海水浴場が人気を集め、ラグーナ内のフローティング水浴施設の役割は、リドの海水浴場に代わっていった。

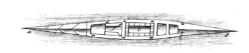

124 ゴンドラを改造した水浴用の舟（平面図）
出典は図120と同じ

125 両側にスクリュープロペラを設置した体を鍛えるための舟
出典は図120と同じ

5　水辺に立地したホテルと水上テラスの建設

　ヴェネツィアは世界でも類まれな水の都市として、共和国時代につくり上げられた性格が今もなお変わっていないと思われがちだが、実際には近代化の流れのなかで、ほかの都市と同様、大規模な開発が行われ、鉄道や自動車といった陸の交通を受け入れ、都市構造を変化させてきた。しかし、ほかの都市と大きく異なる点は、現在も多くの船が行き交い、水辺には人が集まり、テーブルや椅子を並べたくつろぎ空間が展開し、水の都市が維持されている点である。近代化の波を受けながらも世界中から注目される水の都市をつくり上げてきた過程をもう少し掘り下げていきたい。

　ここでは、現在も密接に水と結びつくヴェネツィアの水辺に注目する。とりわけ、水都としての特徴が顕著に現れるサン・マルコ地区のカナル・グランデ沿いに張り出したテラスと、リーヴァ・デリ・スキアヴォーニ沿いのテラスの出現に着目したい。共和国時代に形成された港湾都市としての役割から、現代に通じる特徴がどのように獲得されたのだろうか。近代化の過程を追いながら、水の都市としての計画がいかに行われたのか見ていこう。

ヴェネツィア共和国時代の水辺空間

　はじめに、共和国時代に形成された都市構造をおさらいしておこう。ヴェネツィアは東方貿易により繁栄し、各地からあらゆる商品が集まる国際的な大商業中継地として発展した。都市の東側はアドリア海からの入口にあたるサン・マルコ水域を中心に港が広がっていた。1500年出版のデ・バルバリの鳥瞰図からは大型商船の停泊している様子をうかがい知ることができる〈**図1**〉。

また、都市の中心を大きく蛇行するカナル・グランデの入口には、海の税関が置かれ、中央にはリアルト市場が立地していた。都市内の岸辺や商館では荷揚げが行われ、都市全体に港の機能が分布する「分散型の港構造」であった〈図36〉。

本格的に都市の建設が始まる12、13世紀ごろ、おもに東方貿易の商人たちにより、リアルトを中心としたカナル・グランデ沿いに、商館建築が建てられた [*145]。トルコ人商館に代表されるような水に開放的な建築であり、運河に面して1階には大きな連続アーチを設け、直接荷揚げできる構成が取られた〈図126〉。

14、15世紀のゴシック時代には、住空間や接客機能に重きを置き、内部空間を充実させる方向へ少しずつ変化していった〈図127〉。

そして16世紀はじめごろから、カナル・グランデに唯一架けられたリアルト橋が、木造のはね橋から石造への再建が検討され、16世紀末に石造の橋として完成し今日に至る。これは、カナル・グランデで大型商船が航行しなくなったことを示し、物資の幹線路から威厳を示す象徴的な空間へ変化したことを意味する [*146]。カナル・グランデは、それまでの建物の規模を超えたパラッツォ・コルネールに代表される古典主義的で豪壮な貴族住宅や、印象的な大玄関を構えたパラッツォ・グリマーニのような壮大な貴族住宅によって、

126 トルコ人商館

ヴェネツィア共和国を象徴する格式高い性格を強めた [*147]〈**図128**〉。このように、共和国時代末には、カナル・グランデ沿いにさまざまな時代に建てられた商館や貴族住宅など、規模の大きな建物が並んだ。また、東方貿易で栄え、その港として、主要な部分を担ってきたカナル・グランデは、16世紀に入ると、水上で華やかな祝祭が行われるなど、舞台装置としての役割を担うようになった [*148]。そして、18世紀になると、港の機能の比重をより小さくし、祝祭や演劇などの文化的性格を強めていったのである。

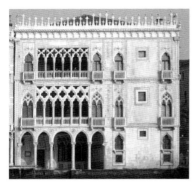

127 カ・ドーロ（15世紀）
1階に開放的なポルティコをもち、むしろビザンティン時代の商館を模したものである。

128 パラッツォ・グリマーニ

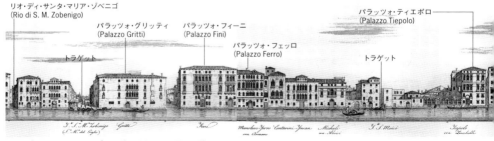

リオ・ディ・サンタ・マリア・ゾベニゴ〜パラッツォ・ティエポロ
129 1828年 リオ・ディ・サンタ・マリア・ゾベニゴから王立公園の立面図
Il Canal Grande di Venezia descritto da Antonio Quadri e rappresentato in 60 tavole rilevate ed incise da Dioniso Moretti, Pordenone: Grafiche Editoriali Artistiche Pordenonesi Spa, 1981 の図に追記

19世紀の水辺空間

ヴェネツィアは1797年、フランス軍の占領により共和国時代を終え、その後、フランス、次いでオーストリアに統治され大きく変化した。その主因はすでに見たようにオーストリア政府のもとで行われた鉄道橋の建設と、イタリア統一後の港湾整備である。都市の西側に建設された鉄道駅の影響を受け、港湾も西側のサン・セバスティアーノ地区に整備された。それまでサン・マルコ水域を中心として都市に広く分布していた港の機能は、サンタ・マルタ地区とサン・セバスティアーノ地区に集められ、港構造が大きく変化した。新港湾の建設された都市の西端の地区は、工場や倉庫などの大型機能が設置され、大きなエネルギーを生む近代的な最先端の風景に変貌していった。

一方、港の機能が縮小された都市の東側では、どのような変化が起きたのだろうか。サン・マルコ水域の変化を見ていこう。港の機能が失われる例として、ナポレオンによる、サン・マルコ広場の南側に立地した穀物倉庫の取り壊しがあげられる。ナポレオン翼と呼ばれる棟からサン・マルコ水域を見渡せるようにするため、穀物倉庫の跡地に王立公園が造園された〈図129〉。また、サン・マルコ水域に面して宿泊施設が立地していく傾向も見られる。18世紀末まではリアルト橋を中心に宿泊施設があったが、19世紀後半にはリアルト橋付近からサン・マルコ広場周辺に集中していく [＊149]。1846年と1869年の地図を比較すると、1869年には主要なホテルがサン・マルコ広場周辺に集中

リオ・ディ・サン・モイゼ〜王立公園

していることが確認できる〈**図130**〉。1887年にはサン・マルコ地区のカナル・グランデ沿いとリーヴァ・デリ・スキアヴォーニ沿いにホテルが多く立地する傾向が見られ、このふたつの地域が、観光業という新たな機能の受け皿になったと考えられる。

そこで、ここでは上記ふたつの地域に着目し、港の機能が縮小され、次第に観光の中心地となっていった過程を見ていこう。

主要なホテルが立地するカナル・グランデ沿い

1846年の地図には、カナル・グランデ沿いに3つの主要なホテルが立地している。そのなかのホテル・エウロパ (Europa) は、1474年ごろに建設されたパラッツォ・ジュスティニアンを転用している〈**図129**〉。このホテルは1817年に、フランス人のアーノルド・マルセイユ (Arnold Marseille) によって創業された[*150]。1808年の不動産台帳によると、パラッツォ・ジュスティニアンと隣接する建物の所有者は、貴族のモロジーニ家 (Morosini) であった[*151]。1838年の不動産台帳では、カナル・グランデ沿いのパラッツォ・ジュスティニアンはA・マルセイユの妻である ポッツィ・マッダレーナ (Pozzi Maddalena vedova Marseille) の所有だが[*152]、カナル・グランデに面さない建物はモロジーニ家の所有となっている[*153]。パラッツォ・ジュスティニアンはカナル・グランデの入口にあたり、舟でヴェネツィアの外から来た人たちにとって、"都市の玄関口"としてふさわしい場所であっただろう。その脇には渡し舟（トラゲット）もあり、人通りも多く、ホテルを開業するのに適した位置だったと考えられる〈**図131**〉。そして、1905年まではマルセイユ家が借りながらホテル業を続ける[*154]。残りふたつの主要なホテルであるグラン・ブレッタニャ (Gran Brettagna)[*155]、ホテル・ドゥ・ラ・ヴィル (Hotel de la Ville、パラッツォ・グラッシ)[*156] も同様に、パラッツォを転用してホテルを営んでいる〈**図132-137**〉。

1854年の地図[*157]に記載されている主要なホテルは、1846年とほぼ同じ立地である。当時、富裕層の間で水浴が流行しており、1858年には *Venezia e I suoi bagni, Venezia*（『ヴェネツィアと水浴』）[*158] が出版される。その水浴案内には、浴室を備えたホテルが掲載されており、1846年の地図から

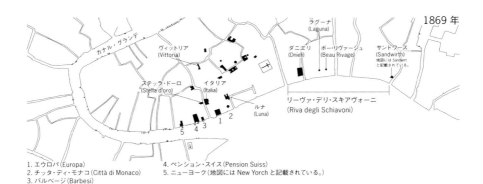

1. エウロパ (Europa)
2. チッタ・ディ・モナコ (Città di Monaco)
3. バルベージ (Barbesi)
4. ペンション・スイス (Pension Suiss)
5. ニューヨーク (地図には New Yorch と記載されている。)

1. エウロパ (Europa)
2. チッタ・ディ・モナコ (Città di Monaco)
3. ブリタンニア (Britannia, Barbesi を改名)
4. ペンション・スイス (Pension Suiss)
5. グランド・ホテル (Grand Hotel)
6. ミラン (Milan)

130 1846〜1887年　主要なホテルの分布
1846年の地図 (Giandomenico Romanelli, *Planimetria della città di Venezia: edita nel 1846 da Bernardo e Gaetano Combatti*, Treviso: Vianello libri, 1987)、1869年の地図 (Carlo Bianchi, *Nuova pianta di Venezia: sul rapporto di 1 a 6000: pubblicata nel 1869 dall'editore litografo Carlo Bianchi Venezia, Piazza S. Marco N. 90, 91*, Venezia, 1869)、1887年の地図 (Luigi Querci, *Nuova pianta di Venezia*, Venezia, 1887) をもとに作成

いずれも運河沿いに立地していることがわかる〈表1, 図138, 139〉。蒸気浴（サウナ）や水浴には運河の水が利用されたことから、運河沿いに立地することが好条件だっただろう。

　ここで、この時代のもうひとつ付け加えておくべき動きとして、前述したフローティング水浴施設がある〈図140〉。1833年、外科医のT・リーマにより、健康促進を目的としてサン・マルコ水域にフローティング水浴施設が浮かべられた。この施設は、ラグーナの水を利用するため、水循環の比較的良好な場所として、サン・マルコ広場正面辺りが選ばれた。施設には、カフェ、食堂、水泳用の水槽、サウナ、ベッドつきの大部屋などが備えられた。19世紀半ばには、P・L・ベンボ評議員のもとで、市から寄付金を受け、修復や増強事業が行われた。また後述する、リーヴァ・デリ・スキアヴォーニで行われた巨大複合施設プロジェクトが中断した影響で、このフローティング水浴施設はさらに拡張され、補強され、19世紀の間、多くの人々に利用された。この施設によってサン・マルコ水域は、港の役割から水浴という新たな役割へと変化していることがうかがえる。

　1869年の地図には、サン・マルコ地区のカナル・グランデ河口付近に浴室を備えるホテル、ペンション・スイス（Pension Suiss）が新たに登場する〈図130〉。都市の内部に立地するホテルで、すでに導入し、成功した浴室をより大規模に展開させるのに最適な場所として、カナル・グランデ沿いが選ばれたと考えられる。1869年の新聞 [*159] には水浴の広告が目立つことからも、この時

131 1838〜1842年　不動産台帳（カタスト・アウストリアコ）の地図
Mapppa del Catasto austriaco, Città di Venezia, Sestiere di San Marco に追記

132 グラン・ブレッタニャの位置

133 1800年ごろ　カ・ファルセッティ
このころはグラン・ブレッタニャに使用されている。
出典は図119と同じ

代のホテルにとって浴室は重要な要素のひとつであったことが知られる。このころになると、カナル・グランデ沿いでも、サンタ・マリア・デッラ・サルーテ教会の対岸に主要なホテルが立地し、1887年の地図にはその様子がよくわかる〈図130,141,142〉。

チッタ・ディ・モナコ（Città di Monaco、現在のHotel Monaco & Grand Canal）は、1638年には公共賭博場だったリドットに隣接していたことから、人の多く集まる場所に狙いをつけてホテルを開業したと考えられる[*160]。

1868年に、イヴァンチヒ家[*161]がパラッツォ・フェッロ（Ferro）でホテル・ニューヨークを創業している。ホテルの部屋を増やすため、1872年に隣接するパラッツォ・フィーニ（Fini）を所有し、1874年に、パラッツォ・フェッロ・

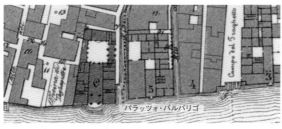

134 1846年　パラッツォ・バルバリゴ
ホテル（グラン・ブレッタニャ）に使用されている。
Giandomenico Romanelli, *Planimetria della città di Venezia: edita nel 1846 da Bernardo e Gaetano Combatti*, Treviso: Vianello libri, 1987の図に追記

135 ホテル・ドゥ・ラ・ヴィルの位置

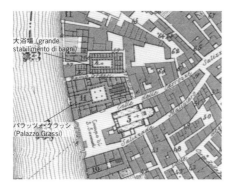

136 1846年　パラッツォ・グラッシ
ホテル・ドゥ・ラ・ヴィル（Hotel de la Ville）に使用されている。1850〜1857年のホテルのオーナーはA・バルベージ（Barbesi）である。
Giandomenico Romanelli, *Planimetria della città di Venezia: edita nel 1846 da Bernardo e Gaetano Combatti*, Treviso: Vianello libri, 1987の図に追記

137 1858-1866年　カ・ロレダン
この期間ホテル・ドゥ・ラ・ヴィルに使用されていた。1868年からヴェネツィア市が使用している。（撮影: Carlo Naya）

フィーニでグランド・ホテル (Grand Hotel) を開業した。さらに1896年には、パラッツォ・グリッティでもホテルを開業し、グランド・ホテルはカナル・グランデ沿いで大規模にホテル業を展開したのである [*162]〈図143〉。

また、1887年には、サン・モイゼ (S. Moisè) 橋付近にあったホテル・ステラ・ドーロ (Stella d'oro) がバウエル (Bauer) に名前を変え、1898年にはカナル・グランデ沿いの建物に移転した。1898年ごろの写真 [*163] から、その様子を知ることができる〈図144〉。その後、バウエルの経営者は、自身が経営するイタリア (Albergo dell'Italia) というホテルを統合し、リオ・ディ・サン・モイゼとカナル・グランデに面する大ホテルを建設した〈図145〉。結果、20世紀初頭には、サンタ・マリア・デッラ・サルーテ教会の正面のカナル・グランデ沿いには、現在よりも多くのホテルが建ち並ぶ光景が広がっていた〈図130〉。

表1 1858年 各施設の水浴の料金
F. Da Camino, *Venezia e I suoi bagni*, Venezia, 1858 をもとに作成

施設の場所 (ubicazione dello stabilimento)	回数 (per numero)	水浴の料金 (prezzi dei bagni)			
		海水 (salsi)		淡水 (dolci)	
		ベッド無 (senza letto) L.C.	ベッド有 (con letto) L.C.	ベッド無 (senza letto) L.C.	ベッド有 (con letto) L.C.
① S. Marco, Calle dell'Ascensione n.1243 (Albergo della Luna) →ルナ	1	1.50	>> >>	2.00	>> >>
② S. Marco, calle Barozzi n.1449 (Albergo all'Italia) →イタリア	1	1.50	2.25	2.00	2.75
	6	8.00	12.00	11.00	15.00
	12	15.00	22.00	21.00	28.00
③ S. Marco, Ramo Fseri n.1212 (Albergo della Vittoria) →ヴィットリア	1	1.75	>> >>	2.25	>> >>
	6	9.00	>> >>	12.50	>> >>
	12	18.00	>> >>	24.00	>> >>
④ S. Marco Calle Iuga S. Moisè n. 2094 (Albergo alla Stella d'oro) →ステッラ・ドーロ	1	1.50	>> >>	2.00	>> >>
⑤ S. Maria del Giglio, Ramo Squero n.2170-2204	1	1.50	2.25	2.00	2.75
	6	8.00	12.00	11.00	15.00
	12	15.00	22.00	21.00	28.00
⑥ S. Benedetto, Calle Benzon n. 3930	1	1.50	2.25	2.00	2.75
	6	8.00	12.00	11.00	15.00
	12	15.00	22.00	21.00	28.00
⑦ S. Samuele, Calle Ca' Grassi →パラッツォ・グラッシの隣	1	1.00	2.25	2.00	2.75
	6	8.00	12.00	11.00	15.00
	12	15.00	22.00	20.00	28.00
⑧ San Cassiano, Corte Correggio	1	1.50	2.25	2.00	2.75
	6	8.00	12.00	11.00	15.00
	12	15.00	22.00	20.00	28.00
⑨ La Salute, all'Antica Abbazia di S. Gregorio	1	1.50	2.25	2.00	2.75
	6	8.00	12.00	11.00	15.00
	12	15.00	22.00	20.00	28.00

(1) Gli abbonamenti si pagano anticipati in ogni stabilimento. Il bagno semplice dura un'ora e con letto due. Il bagno misto si paga come dloce. La mancia è fissata per ogni bagno cent. 25.
(2) La mancia è compresa nei prezzi de' 12 bagni.
(3) Nei sopradescritti tre ultimi Stabilimenti v'hanno pure fanghi termali, fanghi marini e bagni solforati. I primi al prezzo di A. 3.25 per mezza secchia, i secondi al prezzo di cent. 75 per mezza secchia ed di A. L. 1.50 per una; i terzi al prezzo di A. L. 2.50 per bagno. Ogni fangatura costa A. L. 1 e con letto A. L. 1.75.

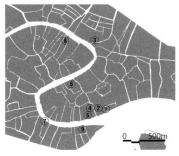

138 1858年 水浴施設の位置
図中の番号は表1に対応、表1をもとに作成

139 1846年 地図上で確認できる水浴施設
⑥ S. Benedetto, Calle Benzon n. 3930.
Giandomenico Romanelli, *Planimetria della città di Venezia: edita nel 1846 da Bernardo e Gaetano Combatti*, Treviso: Vianello libri, 1987 の図に追記

140 1870年ごろ
サン・マルコ広場前に浮かぶ水浴施設
出典は図43と同じ

141 （左）ホテル・ド・ミラン（Hotel de Milan）1881年〜
（右）ペンション・スイス（Pension Suiss）1869年〜
出典は図119と同じ

142 1894-1897年ごろ　サンタ・マリア・デッラ・サルーテ教会から見たカナル・グランデ沿い
Italo Zannier, *Venezia, Archivio Naya*, Venezia: O. Böhm editore, 1981.

143 1896年　グランド・ホテルの公告
左からパラッツォ・グリッティ、パラッツォ・フィーニ、パラッツォ・フェッロ。
（図129　1828年立面図参照）
Emporium: rivista mensile illustrata d'arte, letteratura, scienze e varietà, Vol.III, N.13, Bergamo: Istituto italiano di arti grafiche, gennaio 1896.

144 1898年　ホテル・バウエルの改修前
I.U.A.V., Archivio Progetti, *Hotel Bauer-Grünwald, 1898*, Collocazione: Cartella 11, Scatola 2, Segnatura: Sardi 3. Giovanni-foto/1/01.

145 20世紀初頭　ホテル・バウエルの改修後
出典は図144と同じ

リーヴァ・デリ・スキアヴォーニの新たな役割

　リーヴァ・デリ・スキアヴォーニ沿いでは、1846年の地図に、ホテル・ダニエリ (Danieli) が記載されている〈図130〉。このホテルは1824年にパラッツォ・ダンドロ (Dandolo) で開業され、現在でもヴェネツィアを代表する高級ホテルである〈図146〉。当時のホテルのオーナーだったジュゼッペ・ダ・ニエル (Giuseppe da Niel) は、18世紀末までカ・ダ・モストで営業した、ヴェネツィアを代表する最高級ホテルのレオン・ビアンコのオーナーで、1822年にパラッツォ・ダンドロを購入している [*164]〈図147,148〉。リアルト橋付近よりも、リーヴァ・デリ・スキアヴォーニでのホテル経営に可能性を見出す考え方が生まれていたためと考えられる。

　1808年の不動産台帳によると、リーヴァ・デリ・スキアヴォーニ沿いは、ほとんどの建物がヴェネツィア市の所有で、1階には商店や工房のボッテーガ (bottega)、2階には賃貸の住宅が並んでいた〈図149〉。また、1828年の立面図

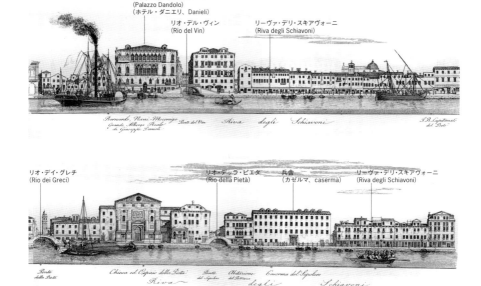

146 1828年　リーヴァ・デリ・スキアヴォーニの立面図
Il Canal Grande di Venezia descritto da Antonio Quadri e rappresentato in 60 tavole rilevate ed incise da Dioniso Moretti, Pordenone: Grafiche Editoriali Artistiche Pordenonesi Spa, 1981 の図に追記

からは、小規模な建築の並ぶ庶民的な岸辺だったことが読み取れる〈図146〉。

1850年代、この場所に、長さ600m、幅46mの巨大複合施設のプロジェクトが持ち上がった [*165]〈図150-153〉。今では考えられないような規模の建物だが、当時はまじめに検討されていた。ここで、そのプロジェクトについ

147 カ・ダ・モストとパラッツォ・ダンドロの位置

149 1808〜1811年 リーヴァ・デリ・スキアヴォーニ沿いの1階の用途
Catasto napoleonico, Sommarione, Città di Venezia, mappale nn.2470-3756 をもとに *Catasto napoleonico: mappa della città di Venezia*, Venezia: Marsilio Editori, 1988 に追記

148 カ・ダ・モスト

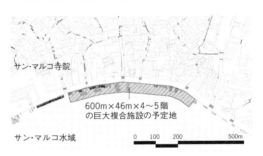

150 リーヴァ・デリ・スキアヴォーニの巨大複合施設の予定地

151 L・カドリンの計画をもとに作成したパース
(L. Querena 画)
出典は図80と同じ

152 L・カドリンの計画をもとに作成したパース (L. Querena 画)
出典は図80と同じ
(口絵、図1)

て少し掘り下げておこう。

　巨大複合施設のプロジェクトは、1838〜1857年に市長を務めたジョヴァンニ・コッレール (Giovanni Corr007) のもとで具体的に検討された [*166]。1843年、G・B・ベンヴェヌーティ (G. B. Benvenuti) 技師によって描かれたプロジェクト案が、1851年8月の市議でP・L・ベンボ評議員に支持され、そこから具体的に検証され始めた。この壮大なプロジェクトを進めるにあたり、技術者のジャンバッティスタ・メドゥーナ (Giambattista Meduna) とピエトロ・ヅィリオット (Pietro Ziliotto) がこの課題を検証する任務を受けた。G・メドゥーナ技師は、都市計画上まだ開発可能な場所であるリーヴァ・デッラ・ジュデッカ (riva della Giudecca) に目を向け調査を行った。その結果、予想をはるかに上回る初期費用になることがわかり、ジュデッカでの計画を取り下げている [*167]。

　1852年5月、大水浴施設建設計画 (Progetti per la istituzione di un grande Stabilimento Bani) に関する委員会が設けられ、同年7月には公募が発表された [*168]〈図154〉。委員会は次のような専門家で構成された。G・コッレール市長、県の医師で海水の有益効果に関する医学界の先駆者のひとりであるジャチント・ナミアス (Giacinto Namias) 医師、G・メドゥーナ技師、ヴェネツィアの都市景観に大建造物を建設することを積極的に支持するアゴスティノ・サグレード (Agostino Sagredo)、プロジェクトの発起人であるP・L・ベンボ評議員、フォルティス (Fortis) 弁護士、ジェロラモ・ヴェニエル (Gerolamo Venier) 評議員、商業会議所のマンドルフォ (Mondolfo) 委員 [*169] である。

　プロジェクトの応募には、ルイジ・アルヴィジ (Luigi Alvisi) 医師、フランスの会社 (Grimaud de Caux) などからも提案されたが、P・L・ベンボ評議員の意図を含んだ企業家のジョヴァンニ・ブゼット・フィゾラ (Giovanni Busetto Fisola) の提案が採用された。G・B・フィゾラの案は、1833年から実施されているフローティング水浴施設、リーヴァ・デリ・スキアヴォーニ、リドの海水浴場の3つの場所を核とした水浴施設の提案であった。リーヴァ・デリ・スキアヴォーニでのプロジェクトは、当時まだ若かった建築家のロドヴィコ・カドリン (Lodovico Cadorin) によって大規模な計画が描かれた。リーヴァ・デリ・スキアヴォーニに全長600m、幅46m、4階またはそれ以上の高さの複合施設を建

設する計画である。委員会はこの計画を推奨し、市議会に提出した [*170]。L・カドリンの提案は、現在のヴェネツィアの常識からすると、とても考えられない大規模な計画である。

　1853年8月29日の市議会で、この計画が議論された。市議会録から次のような計画だったことがわかる。パリア橋からカ・ディ・ディオ橋までの湾曲したリーヴァ・デリ・スキアヴォーニの形に沿って計画され、プール、海水の入浴、淡水の入浴、蒸し風呂、泥浴室などの水浴施設を中心に、劇場、ダンスホール、レストランといった娯楽施設、さらには、外国人用の豪華なアパートを含む巨大複合施設が検討された [*171]。港の機能を縮小しつつあるなかで港湾整備を検討する一方、サン・マルコ水域を表玄関の舞台にふさわしい

153 1851〜1854年　大水浴施設計画に関する史料
A.S.C.V., 1850-54, IX/3/23.

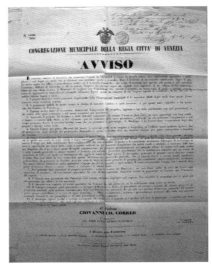

154 1852年7月17日　大水浴施設計画に関する公募条件が色々書いてある。たとえば「新建築はこの都市に有益をもたらさなければならない」と記載してある。そのほか、淡水用の浴室、海水用の浴室、蒸し風呂、硫黄の浴室などを設置することが記載されている。また、水の清潔さを保つため設置場所の重要性にも言及されている。
A.S.C.V., 1850-54, IX/3/23.

場所にし、都市の再生を図ったプロジェクトだったと考えられる。

　この議会で、L・カドリンのプロジェクトは賛成24票、反対6票と賛成多数で承認された [*172]。このとてつもなく壮大な計画が可決された事実から、当時のヴェネツィアでは、リーヴァ・デリ・スキアヴォーニの港湾機能はすでに縮小していた、もしくは物流基地としての港湾地帯とは考えられていなかったことがわかる。荷役用の場所というよりは、人が交流する場や、休養する憩いの場であったり、さらには観光地のひとつに仕立てたいという文化的側面を強化する政府の意図が見られる。

　市政府から承認されたL・カドリンの計画案だったが、1854年11月17日の市議会で、県政府から次のような理由により取り下げられた [*173]。岸の拡張による舟運保護の必要性、サン・マルコ広場とアルセナーレの間の道を軍事上コントロールする難しさ、大規模な施設によって景観が損なわれてしまうこと、安全性の問題、施設の最上階からサン・ジョルジョの要塞を監視されること、ドゥカーレ宮殿や監獄のような「大変美しい岸でより素晴らしい歴史的なモニュメント」を保護する必要性などであった。

　議論の末、この大プロジェクト案は取り下げられたが、一時期は賛成派が多く、本格的に建設する方向で議論が繰り広げられた。結果的にはあまりにも巨大な施設だったために、反対派の意見が上回ることとなった。最終的にこのプロジェクトの理念は、ヴェネツィア本島から離れたリドの海岸に移され、1857年、海水浴場が開設された。この開発をきっかけにリドに大がかりな都市開発事業が導入され、19世紀初頭には、リドの浜辺に大ホテルが建ち並び、現在見られるような海水浴場として発展していくのである。

　リドに海水浴場が開設されると、リーヴァ・デリ・スキアヴォーニからリドまでの舟の輸送サービスが始まった。1868年のリドの海水浴場の広告で、リーヴァ・デリ・スキアヴォーニの舟の停留所の前にカフェ・ブリジャッコ（Caffè Brigiacco）を確認できる [*174]〈図155〉。後にカフェの経営者が変わり、カフェ・オリエンターレ（Caffè Orientale）に名前を変えた。さらに1890年ごろの写真 [*175] から屋外にテーブル席を設けていることがわかり〈図156〉、19世紀末の絵画には、賑わうテラス席の風景が描かれている [*176]〈図157〉。19世紀末の

ヴェネツィアでは、カフェが増加する現象が見られ、広場などほかの公共空間でも屋外に席を並べていたと考えられる。

そして、1869年の地図には主要な３つのホテルが明記される。ボー・リヴァージュ（Beau Rivage）、ラグーナ（Laguna）、そして浴室を備えるホテル・サンドワース（Hotel Sandwirth）[＊177]〈**図130**〉である。また、1881年の国際会議をきっかけに、水上バス（ヴァポレット）によって鉄道駅からサン・マルコ広場（停留所はヴァッラレッソ通り、Calle Vallaresso）、そして会場であるジャルディーニまでが結ばれたため、リーヴァ・デリ・スキアヴォーニは人通りの多い、観光客の集まる場所であったと想像される。

155 1868年6月25日　海水浴場の広告
A.S.C.V., 1865-69, XI/8/11.

156 1890年ごろ　カフェ・オリエンターレ
出典は図43と同じ

157 19世紀末　カフェ・オリエンターレ
出典は図119と同じ

20世紀初頭〜1930年代のカナル・グランデ沿いの変化

　20世紀初頭、カナル・グランデ沿いのサンタ・マリア・デッラ・サルーテ教会の正面にホテルが建ち並んだ。パラッツォを転用したホテルや、新たに建てられたホテルも登場した。さらに海水浴の流行とともにリドの海岸には大規模なホテルが次々と建てられ、20世紀初頭にはホテル・デ・バン (Hotel des Bains)、グランド・ホテル・リド (Grand Hotel Lido)、ホテル・エクセルシオール (Excelsior Palace Hotel) などが建設されていった。20世紀初頭のヴェネツィアは、外からこれまでより多くの人が訪れる場所となっていたのである。

　1932〜1936年には、リーヴァ・デリ・スキアヴォーニからビエンナーレ会場のあるジャルディーニまで道が整備され、サン・マルコ水域に沿って水辺を楽しむプロムナードが完成した [*178]〈**図158-161**〉。1933年には、本土とヴェネツィア本島を結ぶ自動車道が架橋されたが、ヴェネツィア本島の西端にターミナルの広場を設け、本島内を自動車が巡る環境を徹底的に排除した。このように本島内の歩行者空間が守られたからこそ、公共空間を人々の憩いの場として大いに展開できたのである。現在では考えられないが、1939年にサン・マルコ水域でモーターボートのレースが開催され、水辺はレースを観賞する観客で埋め尽くされた [*179]〈**図162**〉。水辺への関心が高まる時代を表す事例のひとつである。

　そして同時期に、カナル・グランデ沿いの建物でも新たな空間が登場し、時代の変化を見て取ることができるのである。

ホテルに建設される桟橋
1. ホテル・モナコ

　1903年、ホテル・モナコ (Grand Canal Hotel et Monaco、現在の Hotel Monaco & Grand Canal) では、ヴァッラレッソ通りからカナル・グランデに沿った桟橋を介してホテルにアクセスする計画が市に提出される [*180]〈**図164**〉。当時の平面図、立面図から、この時点では、ヴァッラレッソ通りからカナル・グランデに沿って陸路でアクセスできないことがわかる〈**図163**〉。また、運河に面し

158 埋め立てられるリーヴァ・セッテ・マルティリの位置
1931年 I.G.M. に着色、追記

160 1936年3月　リーヴァ・セッテ・マルティリの埋め立て
A.S.C.V., Fondo Giacomelli, GN002427.

159 リーヴァ・セッテ・マルティリの埋め立て以前の造船所と元海員住宅
出典は図83と同じ

161 1930年代後半　国際旅客船の停泊
A.S.C.V., Fondo Giacomelli, GN001110.

162 1939年　サン・マルコ水域で行われたモーターボートのレース
A.S.C.V., Fondo Giacomelli, GN000808.

て階段が設けられており、ほかのパラッツォ同様に正面玄関の役割を果たしていたと想像される。この時、ヴァッラレッソ通りには、1881年から始まったヴァポレットの停留所があり、ホテルを利用する客とヴァポレットの乗客との動線を円滑にするために桟橋を計画したと考えらえる〈図165〉。

　この計画は1905年に市に承認され、1919年には完成する〈図166,167〉。1919年時点での平面図・立面図では、ヴァッラレッソ通りに桟橋が設置され、運河側から建物へアクセスできるようになっていることがわかる〈図167〉。そして、1919年に市に提出された桟橋の改修計画図 [*181]では、桟橋が延長され、さらに正面玄関の階段部分に可動式の渡し板の設置が計画される。この改修の理由は、宿泊客に円滑な動線を設けるためである。具体的には、「ジャコメッリ社の大きな倉庫への商品の荷役に利用されることが多く、その度に宿泊客に迷惑がかかる」ことを指摘し、「桟橋の設置により、舟の乗降を容易にする」という内容であった〈図168〉。つまり、正面の桟橋は、ホテルへのアクセスを重視していたのである。

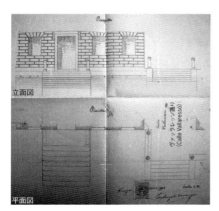

163 1903年　ホテル・モナコの現状立面図（上）と平面図（下）
A.S.C.V., 1915-20, X/2/2 に追記

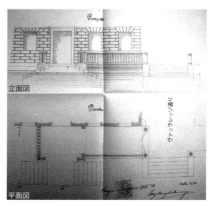

164 1903年　桟橋の計画　立面図（上）と平面図（下）
A.S.C.V., 1915-20, X/2/2 に追記

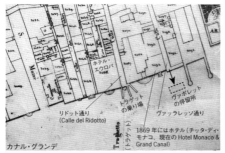

165 1881年に運航が始まるヴァポレットの停留所の位置
Mapppa del Catasto austriaco, Città di Venezia, Sestiere di San Marco に追記

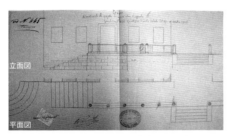

166 1905年　桟橋の計画　立面図（上）と平面図（下）
A.S.C.V., 1915-20, X/2/2 に追記

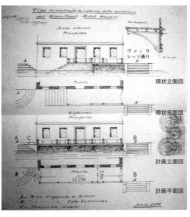

167 1919年　桟橋の現状（上）と計画（下）
現状の図面から、1905年の計画（図166）が実施されていることがわかる。1919年では、さらにカナル・グランデ沿いのアクセスを円滑にしようとしている。
A.S.C.V., 1915-20, X/2/2 に追記

168 1919年　桟橋の現状報告
この史料には、ホテルの利用客がスムーズにホテルへ移動できるような岸に改修することが書かれている。カナル・グランデからの動線を確保するための計画であり、この時代はアクセス重視であったことがわかる。
A.S.C.V., 1915-20, X/2/2 に追記

2. ホテル・エウロパ

ホテル・エウロパでも1909年の増築計画の史料 [*182] から、当時の様子を読み取ることができる〈図169, 170〉。カナル・グランデに面して桟橋が設置され、運河側の入口付近にメイン・ロビーが配置され、食堂も運河側に設けられている。しかし、桟橋にテーブルなどは見られず、桟橋は運河からのアクセス専用だったと推察される。パラッツォをホテルに転用したことから、荷役や宿泊客の出入りは、個人の邸宅の時よりも頻繁に行われ、その結果、ホテルの正面玄関に桟橋を設置するようになったと考えられる。

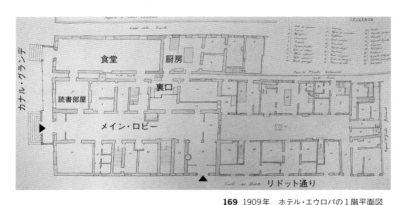

169 1909年　ホテル・エウロパの1階平面図
I.U.A.V., Archivio Progetti, *Pianta parziale dell'ammezzato il piano terra dell'hotel Europa: Venezia*, segnatura: 2 dis/1/027 に追記

170 1909年　ホテル・エウロパの外観
I.U.A.V., Archivio Progetti, *Pianta parziale dell'ammezzato il piano terra dell'hotel Europa: Venezia*, segnatura: 2 dis/1/027

水辺に登場したくつろぎ空間

1. ホテル・バウエル

　1920年代後半、カナル・グランデ沿いにレストランの屋外席を設けたホテルが確認される。1927年には、小広場（campiello）の空地を活用して〈図171〉、カナル・グランデを眺めながら食事ができるホテルがある［*183］〈図172〉。それは、開業当時からグリュンヴァルト（Grünwald）家が開業、経営するホテル・バウエルで、1925年の改修計画の平面図［*184］から、1階のカナル・グランデ側に食堂（Sala da pranzo）が設けられ、食堂に隣接して植栽のあるテラス（terazza）が計画されている〈図173〉。これは、カナル・グランデ沿いの新たな動きのひとつであった。

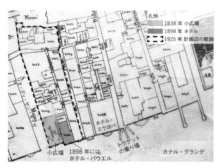

171 カナル・グランデ沿いの小広場（campiello）
Mapppa del Catasto austriaco, Città di Venezia, Sestiere di San Marco に追記

172 1927年　ホテル・バウエルのカナル・グランデを望むテラス席
A.S.C.V., Fondo Giacomelli, GN006292.

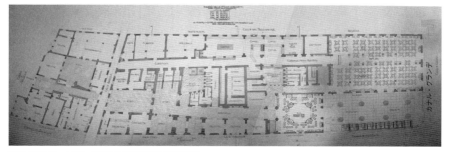

173 1925年　ホテル・バウエルの改修計画1階平面図
I.U.A.V., Archivio Progetti, *Progetto di allargamento e ricostruzione dell'albergo Bauer-Grünwald*, 20 aprile 1925, Collocazione: D-12/4, Segnatura: Sardi 6. Prudente-dis/03.

2. グランド・ホテル

　グランド・ホテルでも変化が見られた。19世紀末に、パラッツォ・フェッロとパラッツォ・フィーニが統合され、建物の正面にテラスが増築された [*185]〈**図174,175**〉。それまでの正面は堂々とした階段が運河に降り、威厳を感じさせる様式の表玄関であったが、その階段を覆い隠すようにして持ち送り構造のテラスが設けられ、新たなファサードがつくり出されたのである。

　そして同ホテルでは、1909年、所有者のイタリア大ホテル会社（Compagnia Italiana Grandi Alberghi、以後 C.I.G.A. と略す）によって、テラスの拡幅と大広間の壁を取り払い柱に改修する計画が市に提出された [*186]〈**図176**〉。この計画は、カナル・グランデから浮いた持ち送りのテラスを1.7mから3mに拡幅するというものであった。20世紀初頭は、リドで大ホテルが建設され、ホテルのテラスでくつろぐ人々の様子が写真や絵画にたくさん残されている。そのリドの影響を受け、グランド・ホテルでもテラスを拡幅し、レストランの屋外席を設けようとしたと考えられる [*187]。しかし、建物の装飾に相応しくないという理由で、テラス拡幅は許可が下りなかった。この時、大広間の壁を取り払い、柱に改修する計画については、許可を得て実施されたため [*188]、1階のカナル・グランデ側にレストランを配し、テラスに出られるようになっている。そのテラスでの夕涼みを描いた絵から、テラスから運河の風景を楽しんでいた様子がうかがえる [*189]〈**図177**〉。

　このテラスの屋外席は1936年の写真 [*190] で確認できる。それまでは、テラスで水上タクシーを待つ人の写真ばかりだったが〈**図178**〉、テラスにホテ

174 1880年ごろ　パラッツォ・フィーニとパラッツォ・フェッロ
E. Bassi et al., *Palazzo Ferro Fini: La storia, l'architettura, il restauro*, Venezia: Albrizzi, 1989 に追記

175 1900年ごろ　パラッツォの正面に増築されたテラス
19世紀末にふたつの建物が統合された。パラッツォ・フェッロの最上階が増築されているのがわかる。
E. Bassi et al., *Palazzo Ferro Fini: La storia, l'architettura, il restauro*, Venezia: Albrizzi, 1989 に追記

ルの従業員らしき姿とテーブルのようなものが写り〈図179〉、1937年以降の写真 [*191] からは、水上テラスでアルコールを楽しむ姿も数多く確認できる〈図180〉。1936年に再度テラス拡張計画を市に提出していることからも、レ

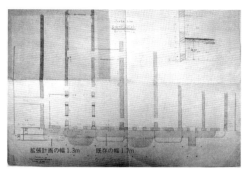

176 1909年　グランド・ホテルのテラス拡張計画
C.I.G.A. はテラスの拡張を市に申請したが、許可が下りなかったため実現されなかった。ふたつの壁と、大理石の柱を撤去する許可が下りたため、カナル・グランデに面した大広間が誕生した。
A.S.C.V., 1909, X/2/2, N.68583 に追記

177　おそらく1920年代　グランド・ホテルのレストラン
フォルトゥニーノ・マタニア（Fortunino Matania, 1881～1929年）画。
出典は図119と同じ

178 1935年　グランド・ホテルのテラス
A.S.C.V., Fondo Giacomelli, GN001800.

180 1937年　グランド・ホテルのテラス
A.S.C.V., Fondo Giacomelli, GN001815.

179 1936年　グランド・ホテルのテラス
A.S.C.V., Fondo Giacomelli, GN003603.

ストランの席をテラスに増やそうとしていたことがわかる [＊192]〈図181〉。このように、グランド・ホテルで登場したテラスは、おもに舟の待合空間として活用されていたが、1930年代には、くつろぎの空間に変わっていった。パラッツォ・フェッロ・フィーニは、1972年からヴェネト州庁舎となり、現在のテラスは単なる船の接岸する桟橋であり、1930年代の雰囲気とは大きく様変わりしている〈図182〉。

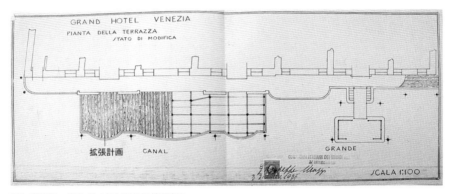

181 1936年　グランド・ホテルのテラス拡張計画
ホテルの利用客のためにテラスを5m幅に広げる計画が打ち出された。1909年のテラス拡張計画よりも、テラスをカナル・グランデに張り出す意図がはっきりと現れている。この計画では、5m幅のテラスを設置する予定だったが、実現されなかった。
A.S.C.V., 1936, X/7/2, prot. 74900/36 に追記

182 1972年からヴェネト州庁舎として利用されるパラッツォ・フェッロ・フィーニ

3. ホテル・モナコ

　1930年代、ホテル・モナコでもホテルの正面が荷揚げ空間から、くつろぎの空間へ変化していく。1919年の桟橋改修計画は、おもにホテルへのアクセスを容易にする目的であったが、その後、1931年に市に提出された桟橋の改修計画は、しっかりとした基礎をもつテラスの建設計画である［＊193］〈**図183-186**〉。1917年の改修計画では「バッラトイオ（ballatoio）の拡張」と記載されていた［＊194］のに対し、1931年の改築計画では「テラス（terrazza）の岸辺の計画」、「石造であること（l'opera sarà impiegata solo pietra viva）」［＊195］とも明記されている。より安定した岸辺をホテルの正面に建設しようとしたことが読み取れる。1924年にモトスカーフォと呼ばれるモーター付きの水上タクシー事業

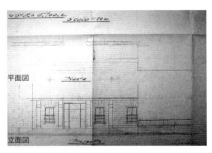

183 1931年　ホテル・モナコの現状平面図（上）と立面図（下）
A.S.C.V., 1931-35, X/8/3, prot. 66627 に追記

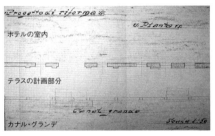

184 1931年　ホテル・モナコのテラス建設計画　平面図
A.S.C.V., 1931-35, X/8/3, prot. 66627 に追記

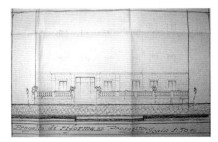

185 1931年　ホテル・モナコのテラス建設計画　立面図
建物の正面全体にテラスが建設されている。
A.S.C.V., 1931-35, X/8/3, prot. 66627.

186 1931年　ホテル・モナコのテラス建設計画
写真にイメージを描いている。
A.S.C.V., 1931-35, X/8/3, prot. 66627.

が始まったことで、桟橋をより強化させたとも考えられる [*196]〈**図187**〉。

　計画された石造のテラスは、ヴァッラレッソ通りから、ホテルの入口まで続き、装飾された欄干はホテルの正面を華やかに演出している。このころ、ホテル・モナコの北側に隣接する映画館をホテルに統合する動きが見られる [*197]〈**図188,189**〉。この映画館は1936年に改修され、1984年まで営業した。さらに同時期、ホテル・モナコの陸側の玄関が位置するヴァッラレッソ通り沿いも改修されていることから [*198]、ホテル全体をイメージアップさせる意図が働いていたと推測される。1930年代後半の写真 [*199] から建設後のテラスで船を待つ婦人の姿が確認できる〈**図190**〉。また1937年の写真 [*200] には、テラスの上にテントを張っている様子が写っており、テラスがある程度時間を過ごす場として利用されていたと考えられる。

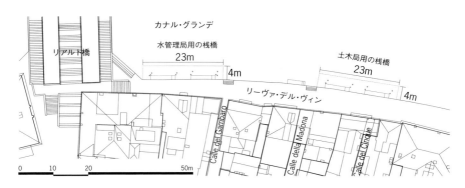

187 1927年　公共事業省によるリーヴァ・デル・ヴィン沿いの桟橋計画
A.S.C.V., 1926-1930, XI/7/11 をもとに作成
1924年にモーター付きの水上タクシー事業が始まると、それまでの手漕ぎ舟の数は激減する。この影響を受け、1920年代後半には新たな桟橋がカナル・グランデ内に建設される傾向が見られる。1927年、公共事業省 (Ministero dei LL.PP.) による桟橋計画では、リアルト橋近くのリーヴァ・デル・ヴィンで、水管理局 (Magistrato alle Acque) と土木局 (Genio Civile) 専用の桟橋が計画される。翌年の1928年にはこの桟橋にモトスカーフォが接岸する権利が認められる。1929年には、リーヴァ・デッローリオの桟橋、ヴァッラレッソ通りの桟橋、市役所専用のサン・ヴィオの桟橋が建設され、モーターボートを接岸する許可が港湾監督事務所 (Capitaneria di Porto) から発行される。

188 2011年 地図に掲載された「元映画館」
Calli, *Campielli e Canali*, Venezia: Helvetia Editrice, 2011 に追記

189 1922年　映画館改修計画　1階平面図
A.S.C.V., 1921-25, IX/2/1 に追記

190 1930年代後半　ホテル・モナコのテラス
安定したテラスが設置されている。
A.S.C.V., Fondo Giacomelli, GN003602.

4. 鉄道駅付近

　現在、運河に張り出した席を設けているレストランやホテルは、鉄道駅付近、サンタ・ソフィア、フォンダメンテ・ノーヴェ、フォンダメンテ・ザッテレなどで見られるが、そのうち1930年代の例として、鉄道駅付近について触れておこう〈図191〉。

　スカルツィ橋のたもとにある「カフェ・ローマ」というバールは、1930年にヴェランダ（veranda）の増築計画を市に提出している〈図193〉。その際に提出された現状の図面から、すでにカナル・グランデに張り出しの部分があることがわかる[*201]〈図192〉。その張り出し部分は「渡し板（passerella）」と表現されている。

　この時、渡し板の所有はホテルになっている。カナル・グランデ沿いのフォンダメンタと鉄道駅へ向かう道はまだつながっていなかったことから、このふたつの道を接続し、陸続きの動線を確保するために、渡し板が設置されたと考えられる〈図194〉。

　1932年の写真[*202]から、渡し板の上でテーブルを並べていることがわかる〈図195〉。カフェ・ローマが1930年にヴェランダを計画した時も、渡し板の上にすでに席を設けていたと推測される。つまり、宿泊客用の動線を円滑にするためにホテルが渡し板を設置し、その後、カフェ・ローマがその上にテーブルを展開したと思われる。

　そして、1930年、カフェ・ローマが渡し板の上にヴェランダを計画していることから、水上に本格的なくつろぎ空間をつくる試みがあったと考えられる。このようにして1930年代、ヴェネツィアでの水上空間の演出に変化が現れた。

191 カフェ・ローマの位置

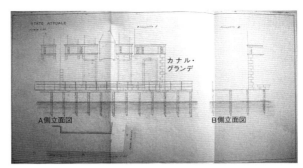

192 1930年　カフェ・ローマの現状　立面図
カナル・グランデに張り出した渡し板（passerella）が描かれている。
A.S.C.V., 1930, busta 1622, prot. 76065 に追記

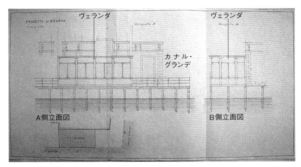

193 1930年　カフェ・ローマのヴェランダ計画　立面図
A.S.C.V., 1930, busta 1622, prot. 76065 に追記

194 カフェ・ローマの渡し板と公道

195 1932年　カフェ・ローマのテラス席
A.S.C.V., Fondo Giacomelli, GN000658.

20世紀半ばに広まった水上テラス

　カナル・グランデに、現在見られるようなテラスが本格的に展開するのは、第２次世界大戦後になってからである〈**図196**〉。

　まず、1948年、パラッツォ・グリッティに木造のテラスが建設される [*203]〈**図197,198**〉。この大改修は、第二次世界大戦中、ドイツ人とアメリカ人に占拠されていたイメージを立て直すため、C.I.G.A. が計画したものだった [*204]。1950年ごろの写真 [*205] では、カナル・グランデ沿いに木造のテラスが張り出しており、船の接岸する桟橋とはまったく違う、レストランの屋外席専用の場所であることがわかる〈**図199**〉。運河が眺める対象となり、水上に癒しの空間が広まったのである。

　次に確認できたのは、ホテル・レジーナ（Regina）である [*206]。1939年の写真 [*207] では水上テラスは建設されていないが、1949年の写真 [*208] では水上テラスが設置されている〈**図200-202**〉。この間の所有者は C.I.G.A. であることから、ホテルのイメージアップに水上テラスを積極的に設置したと考えられる。

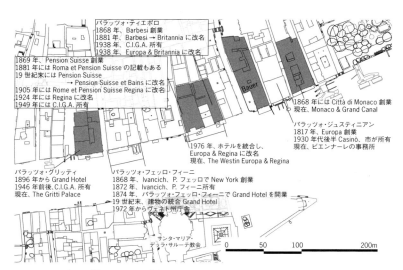

196 カナル・グランデ沿いのホテルの分布

197 1933年　木造のテラスが建設される以前のパラッツォ・グリッティ
A.S.C.V., Fondo Giacomelli, GN003602 に追記

198 1948年　パラッツォ・グリッティ1階平面図
増築される部分には「テラッツァ（terazza）」と記載されている。
Ufficio Tecnico sezione edilizia, anno 1957, S. Marco, prot. 25473 に追記

199 1950年ごろ　パラッツォ・グリッティのテラス
A.S.C.V., Fondo Giacomelli, GN008086.

200 1924年　ホテル・レジーナの正面
A.S.C.V.,1921-25, IX/2/1.

202 1949年　水上テラス設置後のホテル・レジーナの正面
A.S.C.V., Fondo Giacomelli, GN006155 に追記

201 1939年　水上テラス設置以前のホテル・レジーナの正面
A.S.C.V., Fondo Giacomelli, GN000835 に追記

また、ホテル・レジーナに隣接するパラッツォ・ティエポロは、この時ホテル・エウロパになった [＊209]。1953年に、船が接岸する桟橋とは別に、木造のテラスが計画され [＊210]、1955年の写真 [＊211] で実施後の様子を見ることができる〈図203-206〉。現在はここにテーブルが並べられ、水辺で食事を楽しめる空間となっている。

　このように、サン・マルコ地区のカナル・グランデ沿いのホテルでは、1930年前後にテラス席が設けられ、第二次世界大戦後にますます華やかな水辺空間へと発展していく〈図207〉。ここであらためて整理すると次のように分類される。

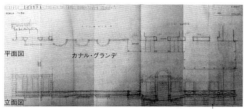

203 1953年　ホテル・エウロパ現状図面の平面図(上)と立面図(下)
A.S.C.V., 1953, X/7/2, prot. 10767/54 に追記

204 1953年　ホテル・エウロパの木造持送りテラスの建設計画
A.S.C.V., 1953, X/7/2, prot. 10767/54 に追記

207 パラッツォ・フェッロ・フィーニからホテル・モナコ＆グランド・カナルの現在のカナル・グランデ沿い
連続立面写真を作成

カナル・グランデ沿いのテラス席（くつろぎ空間）の登場する類型

(1) パラッツォ→ホテルへ転用→運河上に荷役用・乗降用の桟橋を建設
　　→1930年代、荷役用の桟橋：くつろぎ空間へ転用
(2) パラッツォ→ホテルへ転用→運河沿いにバルコニーを増築
　　→1930年代、運河沿いのバルコニー：くつろぎ空間へ転用
(3) パラッツォ→ホテルへ転用→第二次世界大戦後、テラス席（くつろぎ空間）用として運河に張り出した木造テラスを建設

このようにして、19世紀以降、水辺のテラスや水上テラスが登場し、現在の水都ヴェネツィアのイメージのひとつをつくり出した。

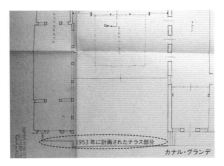

205 1955年　ホテル・エウロパ1階平面図
A.S.C.V., 1955, X/7/2, prot. 21418/55 に追記

206 1955年　木造テラスが建設されたホテル・エウロパ
A.S.C.V., 1955, X/7/2, prot. 21418/55 に追記

最後に現在の様子について触れておこう〈図208〉。水上レストラン文化は、ヴェネツィアの周辺にも影響を与えた。今ではカナル・グランデ沿いでは鉄道駅近く、フォンダメンテ・ノーヴェ、フォンダメンタ・ザッテレなどで見ることができる。ともにはヴェネツィア本島の外側であることから、張り出した木造テラスの規模も比較的大きく、視界も開放的である。フォンダメンタ・ザッテレの海の税関に最も近い水上テラスは、プールを意味する「ラ・ピッシーナ（La Piscina）」という名前のテラス席である〈図209〉。このテラスは、ジュデッカ運河で泳いでいた時代に脱衣所など水浴関係の施設として利用されていたと考えられ、その後、ここにレストランのテラス席が設けられたと思われる。そのほかの水上テラスはもともと水上バスの停留所の跡地もしくは、資材置き場などだったと予想されるが、それらについては今後の課題とする。

　フォンダメンタ沿いにはカフェやレストランが多く、屋外席として水辺にテラス席が設けられている。リーヴァ・デリ・スキアヴォーニ沿いだけでなく、ローマ広場周辺、鉄道駅周辺、リアルト橋周辺、カンナレージョ地区にも多く見られる〈図210〉。リアルト橋周辺は1950年ごろからテラス席が見られ[*212]、すでにこのころから1階の倉庫が、レストランなどの商業施設に転用される動きは始まっていたのではないだろうか。近年では、フォンダメンタ沿いにカフェやレストランが増え、図208の分布よりもテラス席がさらに多くなっている。寒い季節でも天気のよい日には屋外にテーブルが並べられ、観光客や地元の人たちが会話を楽しんでいる。こうした自動車の往来がない水辺空間は、多くの人を魅了しているのである。

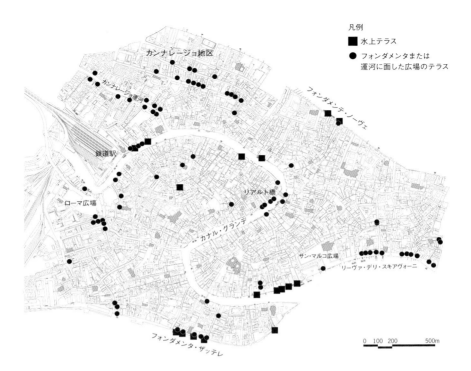

208 2008年　レストランとカフェのテラス席の分布
2008年の調査をもとに作成
2016年現在はこれよりも増加している。

209 ラ・ピッシーナの水上テラス

210 カンナレージョ運河沿いのテラス席

6　近代港湾の誕生から再生

　19世紀後半、ヴェネツィアの東側では多くのホテルが立地し、観光化が進み、水辺のテラスや水上テラスという新たな水辺と人の密接な結びつきが生まれた。その一方、西側では鉄道の敷設や新港湾（ヴェネツィア港）の整備に伴い、工場や倉庫の建ち並ぶ地域へと変貌し、工業産業地域として発展してきた〈図211〉。しかし時代を経て、工場や倉庫が本土へ移転すると、人の憩う空間に再開発されていく。ここでは、とりわけ劇的な変化を遂げたサンタ・マルタ地区とサン・セバスティアーノ地区の変化について見ていきたい。

　まず、港湾整備が行われる以前の土地利用および建物の用途を描き出す。次に港湾整備によって、工場や造船所、倉庫などが建ち並び、どのような光景が広がっていたのかを把握する。最後に再開発の計画を考察し、現在どのように利用されているのか触れていこう。

ヴェネツィア港建設以前の土地利用と建物の用途

　港湾が整備されるサンタ・マルタ地区とサン・セバスティアーノ地区は1500年出版のデ・バルバリの鳥瞰図にも描かれている〈図212〉。ベネディクト会によって1316年に創設されたサンタ・マルタ教会[*213]周辺は、細長い半島のようにラグーナに突き出た場所だった。この地区は、ジュデッカ運河に面して無数の桟橋を伸ばしていることも読み取れる。またサンタ・マルタ地区には貴族階級の住宅であるパラッツォのような大きな建物は見られず、低層の庶民的な建物が多く、庶民層が住んでいた地区だったことがうかがえる。

　図212の中央部にはサン・ニコロ・ディ・メンディコリ教会が描かれている。

この教会の起源は7世紀に遡る。現在でも、12世紀末に建設されたビザンティン様式の鐘楼がこの地区の歴史を物語っている。
　そして、1559年の鳥瞰図［*214］には、ジュデッカ運河に面した建物の入口に桟橋が設けられ、直接搬入出している様子が強調されて描かれている〈**図213**〉。

211 都市機能のゾーニング
観光化の進むエリアと鉄道の強い軸に引き寄せられた倉庫・工場の立地する工業エリア。

212 1500年　サンタ・マルタ教会（左端）とサン・ニコロ・ディ・メンディコリ教会（中央）
デ・バルバリの鳥瞰図に着色

213 1559年　サンタ・マルタ地区（マッテオ・パガン（Matteo Pagan）作成）
ベルリン、Staatliche Museen.

1808〜1811年作成の不動産台帳（カタスト・ナポレオニコ）の地図を見ると、ラグーナに突き出した細長い半島の先にサンタ・マルタ教会の跡があり、地形的には16世紀とほとんど変わっていない〈図214〉。この地図には、「サンタ・マルタの浜（Spiaggia di Santa Marta）」と記載されており、石で固められた護岸ではなく、自然地形の浜辺だったことがわかる。またサンタ・マルタ教会はナポレオンの政策により、教会の機能が失われ、タバコ工場（Fabbrica del Tabacco）として利用されていたことが読み取れる。

　ここで、ヴェネツィア港が建設される直前の土地利用および建物の用途について1838〜1842年に作成された不動産台帳（カタスト・アウストリアコ）を用いて明らかにしていきたい［＊215］〈図215,216〉。同台帳をもとに便宜的に住居や商店などの建物、半壊または崩壊した建物、倉庫、スクエーロ、教会、菜園に分類すると、図217のように表せる。サンタ・マルタ教会の跡地は財務機関（Cassa di Finanza）の所有で、一部倉庫として利用されていた。また、先端部分は地図には「サンタ・マルタ要塞（Forte di S. Marta）」と記載されており、台帳には国の所有で牧草地と記載されている。隣接して家畜小屋（stalla）、干し草置き場（fienile）があることから馬もしくはそのほかの家畜がいたことは確かである。サンタ・マルタ教会の跡地周辺は建物が密集しておらず、菜園（orto）が広がっていた。サン・マルコ広場周辺やリアルト周辺とは明らかに違い、敷地にゆとりがある。そして、このころもまだジュデッカ運河に面したサンタ・マルタ浜がある。ほかの場所ではあるが、まだ舗装されていない自然護岸だった様子を撮影した1870〜1880年ころの写真［＊216］がある〈図218〉。サンタ・マルタ浜もこの写真と同じような護岸だったと推測される。こうした、都市の中心部では見られない、むしろ郊外のような風景が広がっていたのである。

　サン・セバスティアーノ地区を見てみると、こちらは建物が高密に建てられている場所もある。島の北側には商店兼住宅（bottega con casa）が建ち並び、人の賑わいを感じる。この運河沿いの道には魚屋を意味するフォンダメンタ・デッラ・ペスカリア（Fondamenta della Pescaria）という名が残っている。

　また、ジュデッカ運河に沿って数軒のスクエーロが分布している。1740年

214 1808〜1811年　サンタ・マルタ地区からサン・バジリオ地区
Catasto napoleonico: mappa della città di Venezia, Venezia: Marsilio Editori, 1988

215 1838〜1842年　サンタ・マルタ地区からサン・バジリオ地区
Mappa del Catasto austriaco, Città di Venezia, Sestiere di Dorsoduro.

①地図上の番号
②用途
③番地
④面積

216 1838〜1842年　不動産台帳
Catasto austriaco, Sommarione, Città di Venezia, Sestiere di Dorsoduro に追記

のスクエーロの分布と重なる部分もあり〈図58〉、船との密な関係で成り立っていた地区であることがわかる。このスクエーロについては、1870〜1880年ごろの写真［＊217］から当時の様子を知ることができる〈図219〉。

　このように、ヴェネツィア港ができる以前のサンタ・マルタ地区はもともと庶民の地区で、自然護岸をもつのどかな風景の広がる場所だったのである。そして舟の病院ともいえるスクエーロの多く存在する重要な場所であった。

サンタ・マルタ地区とサン・セバスティアーノ地区の開発

　1868年から港湾整備が開始される。当時、船舶が帆船から汽船に代わり大型化するとともに、貿易量や貨物取扱量が増加し、従来の施設では取り扱いきれなくなった。そのため、鉄道駅とジュデッカ運河を結び新港を整備し、鉄道と船舶間の荷役問題を解決した。また、本島の西端は、大型船が停泊できる泊地として浚渫され、その浚渫土で馬蹄形の埠頭が造成された。ここでは景観が劇的に変わったサンタ・マルタ地区について見ていく。

　図220は1838〜1842年の地図の上に、最終的に整備された港湾を示したものである。現在の建物と重なる部分と、まったく異なる部分がはっきりと見て取れる。その境目を図示すると、突き出ていた半島部分が港湾整備地区にあてられたことがわかる。1872年、ジュデッカ運河に面して大規模な倉庫 (Magazzini generali) の建設が計画され、1895年に完成した［＊218］〈図220〉。これは、ヴェネツィア市に、国がリドに所有していた土地を譲る代わりに、ヴェネツィア市がこの倉庫群を国に提供したものである［＊219］。港湾整備計画では、この場所に造船所を建設する計画もあったという［＊220］。

　倉庫群の東側には、1882年に綿紡績工場が建設された〈図84〉。900人を超える従業員が働き［＊221］、綿紡績工場専用の蒸気船の停留所が設けられた。また、工場専用の鉄道の軌道も敷設され、工場がいかに大規模に展開していたかを知ることができる。

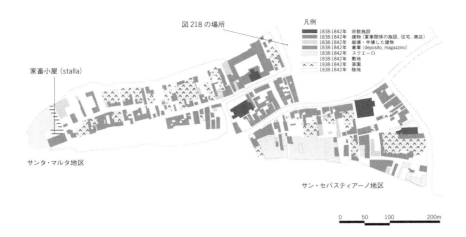

217 1838〜1842年　サンタ・マルタ地区からサン・セバスティアーノ地区の土地利用および建物用途
Catasto austriaco, Sommarione, Città di Venezia, Sestiere di Dorsoduro と *Mappa del Catasto austriaco, Città di Venezia, Sestiere di Dorsoduro* をもとに作成

218　1870〜1880年　自然護岸のある風景
出典は図43と同じ

219　1870〜1880年
ジュデッカ運河のスクエーロ（右）
出典は図142と同じ

そしてサン・セバスティアーノ地区のジュデッカ運河沿いでは、スクエーロが港湾整備地区の対象となっていたことが読み取れる〈図220〉。この場所には、1887〜1891年にプント・フランコ（Punto Franco）と呼ばれる倉庫群が建てられた[*222]。建物と建物の間にはレールが敷かれ、貨物が建物の脇まで運べるシステムになっている。最上階には人の移動できる装置もついており、当時のハイテク技術がこの港湾整備に投入されたと想像できる〈図221-223〉。

こうした大規模な開発が可能になった背景には、当時の衛生政策の影響も考えられる。1866年、ヴェネツィアは都市計画や衛生面に関して深刻な問題に直面していた。1884〜1885年にコレラが流行したことの対策として、主要な通りの幅を広げ、健康に悪いとみなされた家屋を取り壊すことで、町の空気を入れ換えようとした[*223]という指摘もある。また1838〜1842年の台帳には、崩壊または半壊状態の建物も記録されており、衛生のためにそうした廃屋を市が積極的に取り壊したと推測される。

このように、ヴェネツィア港の整備は都市の端で行われ、郊外を思わせる風景は時代の先端をいく風景に変わった。ジュデッカ運河と鉄道を結んだサンタ・マルタ地区では、ラグーナ内で大規模な埋め立てが進み、また、庶民の建築を取り壊す都市整備が行われ、工場や倉庫などの大型機能が設置され、鉄道が導入された。そこは、蒸気船の行き交う、大きなエネルギーを生む場所となった〈図224〉。その一方で、新ヴェネツィア港の建設による港湾機能の集約化によって、都市の動線が大きく変わったため、結果的に都市の中心部に位置するカナル・グランデ沿いの建物などは守られたのである。

しかし、19世紀末、すでにこのヴェネツィア港も手狭になりつつあった。20世紀初頭にはさらに広い土地の必要性が高まり、本土側のマルゲーラで新たな港湾建設が進められた。ヴェネツィアは、産業の拡大をラグーナの本土側の縁に求め、港湾機能はアドリア海から最も遠いラグーナの奥に整備した。このマルゲーラ港によって、近代的な産業港湾機能とヴェネツィア本島の都市は完全に切り離されたのである。

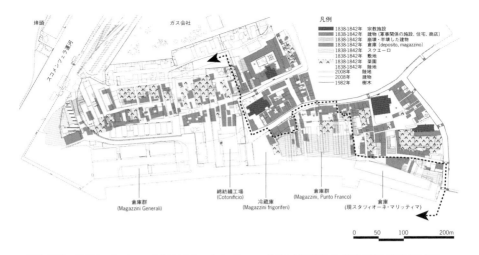

220 1838〜1842年　サンタ・マルタ地区からサン・セバスティアーノ地区の土地利用および建物用途と2008年の地図　開発された区域を矢印で図示。
（口絵、図10）

221 1923年
倉庫群（Magazzini generali、1885年完成）
A.S.C.V., Fondo Giacomelli, GN002568.

222 1926年
倉庫群（Punto Franco、1887年完成）
A.S.C.V., Fondo Giacomelli, GN003910.

223 1928年　倉庫と軌道
A.S.C.V., Fondo Giacomelli, GN002589.

224 1923年　大規模な倉庫や工場が建ち並ぶサンタ・マルタ地区
ジュデッカ運河から埠頭を眺望している。
A.S.C.V., Fondo Giacomelli, GN006972.

ヴェネツィア港の再生

　1960年代、石油需要の高まりから、大型タンカーが着岸できるようマルゲーラ港を拡張し、ヴェネツィアの港湾機能をマルゲーラ港へ次々と移していった [*224]。その結果、19世紀末にサンタ・マルタ地区周辺に建てられた倉庫や工場は次第に機能を失い閉鎖に追いやられていった [*225]。19世紀末に建設された綿紡績工場は1960年の終わりまで機能したが、産業地帯となったジュデッカでも、ビール工場や製粉工場、時計工場などの大工場が終わりを告げた。

　このような流れを受け、1980年代からは、近代遺産を転用して次の時代のニーズに合わせる取り組みが始まった。1992年、旧・綿紡績工場はヴェネツィア建築大学の校舎として改修され、天井の高さをそのまま保ち、教室に転用した。この大きく仕切られた空間で行われる講義は大演説のような演出効果をもたらし〈図225,226〉、それ以前のパラッツォや修道院を転用した教室とはまったく違うスケールに圧倒される。ほかにも、ジュデッカのビール工場は集合住宅に生まれ変わった。近年では、ジュデッカ運河に面した製粉工場は長い議論の末、ホテル・ヒルトンとして再建された。今では客室、レストラン、会議室、プールなどのほかに住宅としても利用されている〈図85,227,228〉。

　そして、1996年、倉庫群一帯を再生する計画が立てられ、翌年には港湾局が管理する敷地の一部を市民に開放し、公共の場として活用するよう決まったのである [*226]。1998年の計画図からは、港湾区域とその背後にある居住地区 [*227] とを隔てていた高い壁の一部を取り壊し、両地区の間を自由にアクセスできる計画がなされた〈図229〉。また、倉庫群を大学に転用し、その背後からのアクセス路を設けている。一般の立入りが自由ではなかった港湾区域と住民の生活区域の交流が生まれた。

　現在、境界には植栽やベンチを設け、地元住民が集う小広場になっている〈図230,231〉。南に4つの倉庫が並んでおり、西側から2棟は2006年にヴェネツィア建築大学に、その隣の棟は2008年にヴェネツィア大学に転用された〈図232-234〉。外観は綺麗に修復され、倉庫間を連結していた構造も一部残

225 1992年からヴェネツィア建築大学の校舎（元綿紡績工場）

226 旧・綿紡績工場の大空間を活かした大学の教室

227 ホテル・ヒルトン、住宅（元製粉工場）

228 開放感のあるホテル・ヒルトンの1階ロビー

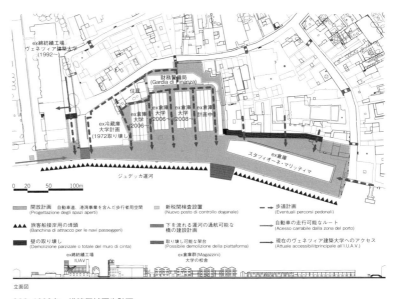

229 1998年　港湾区域再生計画
I.U.A.V., *Concorso di progettazione per una nuova sede IUAV nell'area dei Magazzini Frigoriferi a San Basilio*, Mestre: Cetid, 1997 をもとに作成

されている。また、内観は開口部を残し、機能的で斬新な空間に改修された。その一方で、東端の1棟はまだ改修されておらず、新旧が対話する面白い空間になっている〈図235〉。

このように、大学が立地することで地元住民の交流の場として港湾区域が利用されるようになり、都市と港が再び融合し始めている。ヴェネツィア港は、一度は都市と切り離された港湾となったが、クルーズターミナルとして、または大学の立地する場所としてヴェネツィアの都市の魅力に貢献している。こうした新たな港の在り方は今後の地域再生において示唆的である。

最後に、近年行われているヴェネツィアの再生プロジェクトについて触れておきたい。ヴェネツィア港のように、国の機関が民間に開いている例では、共和国時代、重要な建物であった塩の倉庫を転用した展示空間があげられる。設計は、イタリアの建築家レンツォ・ピアノ（Renzo Piano）である〈図236〉。また2009年には、17世紀の海の税関を再利用した安藤忠雄設計の現代美術館がオープンしている。さらには、軍の管轄であるアルセナーレもビエンナーレの会場として一部開放され、文化発信基地として生まれ変わっている〈図237,238〉。これまで閉ざされていた空間が徐々に開き始め、ヴェネツィア都市全体で交流の場が増え、都市のポテンシャルを引きあげているのである[*228]。

この動きは周辺の島々でも見られる。かつて精神病院だったサン・クレメンテはホテルに、サン・セルヴォロは2003年に改修を終え、ヴェネツィア国際大学になった。都市だけではなく、ラグーナ全体でも転用の時期であることがわかる。また、近年では軍管轄のサンタンドレアで、歴史ツアーが行われるなど、一般に開かれつつある。ラグーナについては第3章で詳述するが、この10年間でヴェネツィア本島やラグーナ全体で活性化する動きが感じられる。このように、今ではヴェネツィア全体が文化、情報の発信基地となり、単なる観光都市ではない文化都市、創造都市となっている。

230 居住地区と港湾区域を隔てていた現存する壁

231 住宅地と港湾区域の間にあった壁が取り払われた空間
壁の跡地には植栽とベンチが設けられ、市民の憩い場になっている。スタツィオーネ・マリッティマ側の地面は住宅地より約70cm高い。

232 大学に転用された元倉庫 (Punto Franco)
建設当初の外観をとどめている。

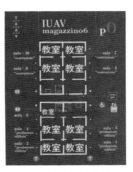

233 元倉庫を転用したヴェネツィア建築大学の1階平面図

234 倉庫の空間を最大限に活かしたヴェネツィア建築大学の教室

235 大学に生まれ変わった元倉庫（左）と未改修の倉庫（右）
倉庫として使われていた時代については図222、223参照。

以上のように、この世界に誇る「水の都市」が近代化を成し遂げながら、水と結びついた独自の都市空間を維持発展させ、水都としてのイメージをつくり上げてきたのである。

236 塩の倉庫から展示空間へ

238 迫力に圧倒されるアルセナーレの展示空間

237 ビエンナーレの会場として一部開放されたアルセナーレ

3

ラグーナの空間変遷史

バレーナ地形の広がるラグーナとブラーノ（第3章、図2）

1 ラグーナの水環境

　アドリア海に注ぐポー川の流域からグラードの間には、いくつかのラグーナがある。今では内陸に位置するラヴェンナもかつてはラグーナだったといわれており、古くからこの一帯には湿地帯が広がっていた。それぞれの湿地帯にはコマッキオ、カオルレ、グラードなどの町があるが、ヴェネツィアはそれらのなかで最も発展した都市である〈図1〉。ラグーナという環境は、この水都ヴェネツィアの形成・発展をどのように支えてきたのだろうか。

　ヴェネツィアを包む広大な水域は、潮の干満によって姿を変える。満潮時でも水面下にならない部分が島として水面に浮かぶ。その島々の周辺には、大潮の満潮時に水面下になるバレーナ（balena）が広がる〈図2〉。バレーナは、陸と水とのバランスを保つ水陸両生の自然環境をつくりだしている。ここには塩分を含む地域特有の植物群が生育し、さまざまな動物の生息環境を形成している。バレーナに入り込んだ小さな水路のゲボ（ghebo）では、航行は難しい。干潮になるとバレーナよりもさらに低い地盤のヴェルマ（velma）が現れる〈図3〉。ここには植生群はないが、貝類やゴカイなどの生息地として重要である。このように複雑に入り組む地形を把握することは、日々そこで暮らしている者にしかできない〈図4〉。そのため、市壁を築かなくても、外敵の侵入を防ぐことができた [*1]。

　ラグーナ内の地形は日々の変化だけでなく、歴史的にも大きく変わってきた。近年の研究では、1世紀のラグーナの水位は現在よりも2m以上低く、ほとんどが陸地だったと考えられている [*2]〈図5〉。ラグーナを熟知した漁師からの情報をもとに膨大な考古学調査を積み重ねたエルネスト・カナル（Ernesto Canal）の研究によると、紀元前から今のラグーナのあちこちに人が暮らしていたという。たとえば、マラモッコ運河付近の八角形の島の北西に建物の跡が見つかっている [*3]〈図6〉。ここはかつての河川沿いに位置し、港が存在し

1 コマッキオ

2 ヴェネツィアのバレーナ
水路には魚を捕る仕掛け網(pesca bilancia)がある。

3 ヴェルマ

4 ヴェネツィアのラグーナ
撮影場所は水深3m以上。小船の航行可能な水深、そして歩ける砂州。その奥には水上バスの航行可能な水深7m以上の運河が流れている。複雑な地形であることがわかる。

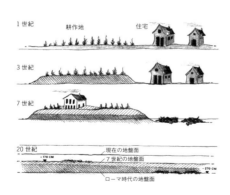

5 1〜20世紀におけるラグーナの断面図
Ernesto Canal, *Archeologia della laguna di Venezia 1960-2010*, Sommacampagna: Cierre edizioni, 2013.

6 川港の復元図
出典は図5と同じ

たという [*4]。現在、水面からは何も見えないが、こうした蓄積が現在のヴェネツィアにつながっていると考えられる〈図7〉。

　ラグーナは、甚大な被害をもたらした1966年のアックア・アルタをきっかけに治水に関する研究が進んだ。自然環境の維持や再生方法が研究されるなか、水循環の視点から運河の掘削の重要性も指摘された。

　歴史分野からは、共和国時代に行われていたラグーナの管理に光が当てられる。ラグーナに注ぐ河川の河口をアドリア海に移すことで、ラグーナ内に土砂を堆積させないという大事業である。河口をヴェネツィア本島から遠ざける治水事業は、すでに14世紀前半には行われていた。そして18世紀には本流の河口をアドリア海に移し、ラグーナに土砂が堆積しないよう対策が行われた。土砂が堆積する場所はマラリアの発生源になりかねず、ヴェネツィアでは深刻な問題だった。また、アドリア海の波による浸食作用に対しては、ムラッツィという護岸を築き、ラグーナの地形を維持してきた。これらの治水対策については、後に詳しく見ていこう。

　近年では、ラグーナ全体をヴェネツィアの食料供給地と捉える動きが見られる。2015年にはヴェネツィアのパラッツォ・ドゥカーレで Acqua e Cibo a Venezia: Storie della laguna e della città（「ヴェネツィアの水と食――ラグーナと都市のさまざまな歴史」）という展覧会が開催され、漁業や農業、塩田などラグーナ内のさまざまな場所の史料が展示された [*5]。またこの展覧会の開催時には、町のなかで「ヴェネツィア＝ラグーナ（Venezia è laguna）」という旗も掲げられ、ヴェネツィア本島はラグーナ全体の一部であるという認識を取り戻しつつある。

　ここでは、古くからヴェネツィアの人々の生活を支えてきた、ラグーナからの食料供給という重要な役割について見ていこう。

　よく知られているのは、ラグーナには豊富な魚介類が生息し、テッラフェルマに住む人々も支えてきたことだ〈図8〉。漁業では釣漁業、網漁業〈図2,9〉、養殖漁業〈図10〉、採取漁業（第2章図33の潮干狩り）などがあり、現在でも見ることができる [*6]。そして幾何学模様の特徴的な風景をつくり出しているヴァッレ・ダ・ペスカ（valle da pesca、養魚場）も存在する。

7 八角形の島付近にあったとされる川港の跡地

8 魚の群れ

9 1559年　漁業（M. Pagan 作成）
ベルリン、Staatliche Museen.

10 カニの養殖
モエッケという脱皮したてのカニは柔らかく、素揚げは美味で、ヴェネツィアの名物料理となっている。

また、漁業と同じように、現在もラグーナ内で見られる農業がある。ヴェネツィア本島も、その昔は畑や野原の多い場所だった［*7］。ジュデッカやサンテラズモにはヴェネツィア貴族の別荘があり、田園が広がっていた［*8］。1552年のサンテラズモの地図にはブドウ畑が記載されている［*9］。

　サンテラズモやマラモッコ周辺などで栽培されるアーティチョークは、ヴェネト方言で「カストラウーラ（castraura）」と呼ばれ、人気が高い〈図11〉。ラグーナの土は塩分を含むため、濃縮された味になるという。現在、サンテラズモの農家からヴェネツィアへ直売するサービスが注目を集めている〈図12〉。農家のホームページからその季節の野菜セットを購入することができ、インターネットで申し込んだ後、定められた場所に取りに行くシステムである。直接農家から購入できることで、新鮮で美味しい野菜が手に入るという。

　ラグーナ内にある農場の例をひとつあげておこう［*10］。リオ・マッジョーレにアグリトゥリズモのラ・バレーナが位置する。1928年に現在のオーナーの祖父がこの地で農業を始めた。50ha以上ある敷地では果物を中心に栽培し、週1回リアルト市場へ出荷していた。1950〜1960年に撮影された写真から、カオルリーナという大型の手漕ぎ舟に作物を積んでいるのがわかる〈図13〉。このころは個人の舟にモーターエンジンが普及する直前であるため、舟輸送は自然条件に合わせて行われていた。引き潮のときに、リオ・マッジョーレからリアルトに向かい、満潮に合わせて帰って来たという。今では農業のほかに漁業も営み［*11］、さらにリオ・マッジョーレ周辺を船で周遊するサービスも提供している。ラグーナの環境を最大限活かしたアグリトゥリズモである。ラグーナには、従来アグリトゥリズモがほとんどなく、観光客もまだ少ない。だが、こうした彼らの活動に象徴されるように、少しずつラグーナの自然環境が再評価され始めている。

　そして鳥の多く生息するラグーナでは、古くから狩りも行われている。ヴィットーレ・カルパッチョ（Vittore Carpaccio）の絵にも描かれているように、総督など特権階級の楽しみとして狩りが行われてきた〈図14〉。この絵はヴァッレ・ダ・ペスカで狩りが行われている風景である。ヴァッレ・ダ・ペスカは、魚の養殖のほかにこうした楽しみの場でもあったことが、文学作品のなかでも

11 ラグーナで栽培されたアーティチョーク

12 サンテラズモの農家による直売

13 1950〜60年　リアルト市場への運搬
（提供: La Barena Azienda Agrituristica）

14 1490〜1496年　狩りの様子（V・カルパッチョ画）
萱葺きのカゾーネが描かれている。
Malibu, J. Paul Getty Museum 所蔵。
G. Caniato, E. Turri, M. Zanetti (a cura di), *La Laguna di Venezia*, Sommacampagna: Cierre edizioni, 1995.

見出せる [*12]。こうした娯楽は現在も続けられている。狩りのシーズンである秋の週末には、ヴァッレ・ダ・ペスカの所有者やその友人がここに訪れ、カモなどの狩りを楽しんでいる。

　ここまでは昔から現在まで続いてきたラグーナの役割について触れてきた。次は、現代のヴェネツィアのラグーナでは見られない製塩業でについて見ていこう。ヴェネツィアでは20世紀初頭まで塩田を見ることができたが、ラヴェンナの南に位置するチェルヴィア (Cervia) のラグーナでは、今もなお塩田を見ることができる。歴史的には、すでに8世紀にはサン・ジョルジョ・マッジョーレに塩田があったとされている [*13]。9〜10世紀、ポヴェリアは製塩業で栄えていた [*14]。12世紀には塩田が数多くあり、ペッレストリーナ周辺は一大生産地であった [*15]。ヴェネツィアで製塩業が最も栄えていたのは13世紀のころで、ラグーナ全体で119の塩浜が存在していたという。塩浜のなかには、周囲の長さが1,600mにもなるものがあった。塩浜はいくつかの塩田に分割され、さらに、カヴェディーニと呼ばれる小さな単位に分割された。20〜40のカヴェディーニがひとつの塩田を構成し、長辺が148mの塩田もあったという [*16]。16世紀の地図にはキオッジアにも大きな塩田が描かれており、製塩が行われていたことがわかる〈図15〉。このころ、塩は政府が管轄しており、重要な収入源であった。海の税関近くにある大規模な塩の倉庫 (Magazzini del Sale) 跡は、共和国にとって塩がいかに重要だったかを物語っている。そして、1897年の地図 [*17] からラ・サリーナ周辺で塩田が広がっていたことが読み取れ、1913年まで塩業が行われていたという [*18]。グリッド状の幾何学模様がつくりだす塩田は、ラグーナの特徴ある風景のひとつだったと想像される。

　かつてはラグーナ内で、風車や水車による製粉も行われていた。今日では見ることができない、もうひとつのラグーナの役割である。図16には16世紀半ば、サン・ニコロ近くのアドリア海とラグーナを結ぶ潮流口に製粉所が位置していた様子が描かれている [*19]。ここでは、水の流れではなく、アドリア海から吹く強い風を利用して製粉を行っていたことがうかがえる。また南ラグーナに半島のように突き出したジャーレ通り付近では、20世初頭まで小

15 1557年 キオッジアの地図 右端には規則的に区画割りされた塩田が描かれている（C・サッバディーノ作成）。
国立ヴェネツィア文書館（以下 A.S.Ve. と略す）、*Savi ed esecutori alle acque*（以下 *S.E.A.* と略す）, Disegni, *Laguna*, dis. 16 に追記

16 16世紀なかごろ 潮流口に位置する風車
A.S.Ve., *S.E.A.*, *Lidi* 63.

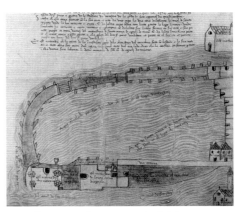

17 15世紀 ムラーノ島のアクイーモリという水車
A.S.Ve., *Santa Maria dei Anzoli*, b.32.

麦やトウモロコシを挽くために風車が使用されていたと伝えられている[*20]。

　基本的に、水車は潮の干満を利用していた〈図17〉。ラグーナ内の水車による製粉は982〜1440年には確認されている[*21]。旧シーレ川の河口にあたるセッテ・ソレリ（Sette Soleri）には、1000年ごろ、後にトルチェッロの司教になるヴェニエル（Venier）の水車があった[*22]。また13世紀には、サンテラズモでも2ヵ所で水車を使っていたことが指摘されている[*23]。水車には、モレンディーニ、アクイーモリ、セディリア、サンドーニなどの名称で呼ばれる種類が存在した。固定式の水車では、ラグーナの水路上や島々の端に水輪が設置され、可動式では平底の舟の上に水輪が設置された。図17は15世紀、ムラーノのアクイーモリという水車である。建物に4つ描かれており、固定式の水車であることがわかる。こうした水車はラグーナ内に水溜りをつくり、水量を調整する仕組みだった。そして、この水溜りを形成する土手の埋め立てが、ラグーナの水循環に影響を与えていた。時代の経過とともに製粉業が広範囲に普及したことで、水車の数が増え、ラグーナの生態系のバランスを崩すようになったと指摘されている[*24]。その後、ラグーナで水車による産業が姿を消したのは、テッラフェルマの河川に水車を配置する方がより多くエネルギーを得られると判断されたためと考えられる。またラグーナの水循環の維持のために、ラグーナ内で水車を利用することが規制されたのかもしれない。水車は次第に、ラグーナからテッラフェルマへ移行していった。

　最後に、ヴェネツィアの人々の生活および精神を支えてきた、カピテッロ（capitello、祠）の存在に触れておく。ヴェネツィア本島内には、街のあちらこちらにカピテッロが祀られている。それらは、路地の突き当たり、橋のたもと、ソトポルテゴなどアイ・ストップの位置に多く見られる[*25]。2章では、1697年に存在したトラゲット乗り場にも祀られていることを述べた。まさに街角に神が宿るという精神が生きている[*26]。そうした精神のよりどころともいえるカピテッロが、ラグーナの航路上や航路から少し離れた場所に祀られている〈図18〉。これは、人がラグーナに住み始めた瞬間から今日に至るまで続いてきた。人と水とが精神的につながっている現れといえよう。

18 ムラーノ島の沖のカピテッロ

2 アックア・アルタの歴史と対策

　水上に誕生し、水と共生する都市を築き上げてきたヴェネツィアは、これまで多くの人を魅了し続けてきた。しかし、同時にこの環境は、つねに水と闘い続けてきた努力の結晶ともいえる。ここでは、街が水に浸かる「アックア・アルタ（冠水）」という現象に着目し、それに対する人間の英知と努力の歴史をたどり、これからの時代に向けてヴェネツィアの人々がいかに水害から街を守り、どのように水と都市の共生を実現しようとしているのか、現況に触れていこう [*27]〈図19-22〉。

　アックア・アルタの代表的な研究には、ジャンピエロ・ズッケッタ (Gianpiero Zucchetta) による『アックア・アルタの歴史』がある [*28]。ここでは、共和国時代の治水事業が、今後の対策にも示唆を与えると指摘されている。この著作には、ヴェネツィア共和国建国以前から20世紀に至るまでのアックア・アルタに関する年表が収録されている。また、人々がこの地でどのように水を管理し、都市を守ってきたのかについて、おもに歴史学の視点からピエロ・ベヴィラックア (Piero Bevilacqua) によってまとめられた『ヴェネツィアと水──環境と人間の歴史』がある。この研究では、ヴェネツィア共和国が本土側で行った事業を、領域的な視点からラグーナ環境との関連で捉えている [*29]。本書では、これらの研究を参照しながら、海側で行われた治水対策にも触れ、より多角的な視点からラグーナの環境を見ていきたい。さらに、水管理局 (Magistrato alle Acque) が作成した地図史料やヴェネツィア市がまとめた1872年からの潮位記録 [*30]、絵画や古写真などのオリジナル史料から当時の様子を把握し分析する。また、現在取り組まれている事業や日常的な対策を通して、今日アックア・アルタとどう向き合っているのかを見ていこう。

19 カンナレージョ運河　運河と岸の区別が難しくなる

20 日常的なアックア・アルタ

21 パッセレッラが設置される地盤の低いサン・マルコ広場

22 満ち潮とともに排水溝から上がってくる水に興味を示す犬

ヴェネツィアの立地とアックア・アルタの原因

ヴェネツィアの立地

　ヴェネツィアはアドリア海の北部に位置し、アドリア海から、自然堤防のような細長い島々で守られたラグーナのなかに立地する〈図23〉。これらの島々は、大陸からラグーナに注いだ多くの川による土砂の堆積と、アドリア海の波の力による拮抗のなかで形成された。リド、ペッレストリーナ、キオッジアなどの島と島の間（潮流口）では、潮流によりラグーナ内の水はつねに浄化され、都市は清潔に保たれてきた。こうしたヴェネツィアを取り巻く環境は、自然の力によって徐々に変化してきたが、同時に人間は、河川の流路やラグーナの地形にさまざまな改造を加え、水環境を制御しながら、衛生状態もよく、交通の便も保証された水の都を築いてきた。

アックア・アルタの原因

　毎年、11月から3月ごろになると、アックア・アルタが起きる。潮が満ちるにつれ、運河の水位が高くなり、街路や広場、住宅の1階は床上浸水する。長靴なしでは通れない場所が多く、日常生活に支障をきたす。留学中に住んでいたヴェネツィアの家では、寝室、台所兼居間といった生活の中心となる部屋は2階にあったため、さほど被害にはあわなかったが、唯一困った経験は、トイレが1階にあったため、アックア・アルタ中はトイレに行けなかったことである。この現象は、サン・マルコ広場のように頻繁に起こる場所と、ローマ広場のようにほとんど水がこない場所があり、ヴェネツィア本島にも微地形があることを感じさせる。現在は、サルーテの先を基準点として、基準の潮位80cmを超えると、アックア・アルタとみなされ、都市に影響を及ぼすとされている。

　アックア・アルタの原因は何か。まず地理的特徴があげられる。アドリア海の北に位置するヴェネツィアは、アフリカ大陸からの季節風（シロッコ）が行き止まる場所である。シロッコによって波が押し寄せられると、潮位が高くなる。さらに、潮の干満や気象条件が重なると、アックア・アルタを引き起こ

しやすくなる。

　これらの要因に加え、近年、水害を悪化させているおもな原因は、地盤沈下と温暖化による海水面の上昇である。1926年から1970年の間に、マルゲーラ工業地帯で行われた掘抜き井戸による地下水の汲み上げによって、14cm近い地盤沈下が起こった。また、温暖化による9cm近い海面上昇の変化があった。その結果、全体として23cmの海面上昇に至ったのである。その後地下水の汲み上げは禁止され、今日では年間0.5mmから1.0mmほど自然沈下している[*31]。実際には大潮時にアックア・アルタが発生しやすくなり、さらに雨が降ると高潮位になっていたところでアックア・アルタとなる。

　現在は、潮位80cm以上になると街の低い場所で冠水し、最も低いサン・マルコ広場では、大きな水溜りが広がる。潮位110cmで街の約11％が浸水し、130cmでは68％、140cmに達すると街の90％が冠水する[*32]。1960年ごろからアックア・アルタの頻度は増える傾向にある〈グラフ1〉。

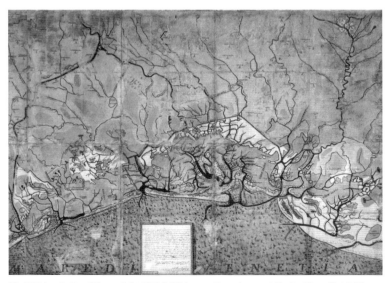

23 1556年　C・サッバディーノ作成の地図（1695年　アンジェロ・ミノレッリ（Angleo Minorelli）の複製）
A.S.Ve., *S.E.A.*, Disegni., *Laguna*, dis. 13.
（口絵、図5）

アックア・アルタの歴史

　この現象は、歴史的にもかなり古く、リアルトに遷都される以前の6世紀からすでにあったという。この時代には、島全部を消滅させる危険性をともなった嵐があったことも記録されている。また、789年の史料によると、パオロ・ディアコノ（Paolo Diacono）は「我々はもはや水の上にも陸の上にも住めない」と書き残し、1268年にはある記者が、「潮位の増大で大勢の人々が水中に沈んだ」と記している。さらに、1410年には「およそ千人が溺死した」ことを史料が伝えている [*33]。15世紀末から16世紀はじめの約40年間は、アックア・アルタのない落ち着いた状態だったという。しかし1600年には、生活用水として利用する雨水をためる貯水槽がアックア・アルタによって大被害を受けたことが報告されている。その後も貯水槽の被害報告は相次ぎ、貯水槽に海水が侵入するのを防ぐため、地面のレベルを上げる工夫がなされた。その結果、ヴェネツィアの地盤面は、歴史を経るごとに少しずつ高くなり、現在はサン・マルコ広場の周辺が最も低くなっている。しかも、12世紀に行われたこの広場の最初の舗装面は、現在の舗装面のずっと下に位置していることが発掘で確認されている。しかし、地面を徐々にかさ上げしてきたとはいえ、アックア・アルタから都市を守ることは難しく、ヴェネツィア人はこの自然現象を宿命として受け止めてきたのである。

　その一方で、この現象を楽しむ動きもあった。1769年のフランチェスコ・グリッティ（Francesco Gritti）によって、アックア・アルタを舞台にした喜劇が人気を博した [*34]〈図24〉。また1821年のアックア・アルタでは、水に浸かったサン・マルコ広場に舟を浮かべて、その摩訶不思議な景色を楽しんでいる絵画もある〈図25〉。これはオーストリア皇太子と皇太子妃が実際にゴンドラで周遊している様子を描いたものである [*35]。さらに、1867年、フランチェスコ・ダッロンガロ（Francesco Dall'Ongaro）によって『ラックア・アルタ（L'acqua alta）』というタイトルの詩が出版された。現在もアックア・アルタによって、街路や広場の陸地部分が水面に変わると、まさに水上都市そのものになる。当時のその光景は、祭り事のように心浮き立つものだったと想像される。

　ヴェネツィアの潮位に関する資料は、1867年まで観測者や記者の文章記録

または図だけだった。1872年から検潮儀による測定が始まり、1908年からヴェネツィア水管理局によって記録されるようになった。観測史上、歴史的な潮位を観測したのが1966年のアックア・アルタである〈図26〉。20世紀に入って最も悲惨な傷跡を残したこの水害は、潮位194cmを観測し、建物や美術・芸術品の多くが被害にあった。これをきっかけにアックア・アルタへの危機感は大きく変化し、水の都の保存再生に向けてさまざまな活動が国際的に展開されていった。

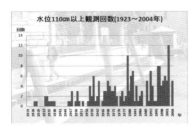

グラフ1 1923年から2004年に水位110cm以上を観測した回数
Stefano Guerzoni, Davide Tagliapietra (a cura di), *Atlante della laguna: Venezia tra terra e mare*, Venezia: Marsilio, 2006をもとに作成

24 1769年 アックア・アルタからインスパイアされた喜劇の場面
G. Zucchetta, *Storia dell'acqua alta a Venezia dal Medioevo all'Ottocento*, Venezia, 2000.

25 1821年12月27日のアックア・アルタ
G. Borsato による
出典は図24と同じ

26 1966年11月4日 アックア・アルタ
Eugenio Miozzi, *Venezia nei secoli*, vol.3, Venezia: Casa editrice Libeccio, 1968.

アックア・アルタの対策

この自然現象に対して、ヴェネツィア人は絶え間ない努力を注ぎラグーナの環境を維持してきた。ここでは、代表的な3つの事業を取り上げる。ひとつは、本土で行われた河川付け替え工事という大規模な治水事業である。もうひとつは、アドリア海側で行われた、堤防建設である。アドリア海の波によって島々が削り取られないよう対策も取られた。最後に、ラグーナ内、都市内で行われてきた浚渫作業についても触れたい。

河川の制御

ラグーナには、北からピアーヴェ川、シーレ川、ブレンタ川、バッキリオーネ川などの河川が土砂を運び、バレーナと呼ばれる広大な湿地帯を形成した。バレーナは、満潮時でも水面下に沈むことはなく、多様な植生があり、ラグーナの動物や鳥類が生息する自然豊かな場所である。しかし、淡水と海水が合流する場所は、疫病が発生しやすく、マラリアの発生源となるため、この地に人が住みついた時から、河川との闘いが始まっていた。

1282年には、専門の行政官（Piovego）が設けられ、ラグーナの水面全体の公的立場から保護・管理の任務を負った [*36]。これらの河川によって永続的

27 14世紀の河川と運河の流路
V. Favero, R. Parolini, M. Scattolin (a cura di), *Morfologia storica della laguna di Venezia*, Venezia: Arsenale, 1988 に追記

28 15世紀の河川と運河の流路
V. Favero, R. Parolini, M. Scattolin (a cura di), *Morfologia storica della laguna di Venezia*, Venezia: Arsenale, 1988 に追記

にもたらされる土砂の堆積に対抗するために、ふたつの大きな対策が考えられてきた。ひとつは、土砂の堆積が進行しないための、慣習的な浚渫作業である。もうひとつは、ラグーナ内に土砂を堆積させないように、本土を流れる河川を付け替える河川改修だった。

　ヴェネツィア本島のすぐ近くに河口をもつ河川は、ブレンタ川、ムゾーネ川、マルツェネゴ川であった〈図27〉。とりわけ、ブレンタ川は頻繁に氾濫するほど水量も多く不安定な河川だった。そのため、いち早く河川改修が行われたのもブレンタ川で、すでに14世紀前半には河川改修が行われていた[*37]〈図28〉。この時の改修は、ブレンタ川の河口を南側に移す治水事業だったことから、ヴェネツィア本島からブレンタ川の河口を遠ざける目的だったと推測される。その後、ブレンタ川のすぐ北側を流れるムゾーネ川の流路も変更され、ブレンタ川に合流した。さらに、アドリア海へ排水しやすいよう、西側のマラモッコ潮流口にむけて、ラグーナ内の流路が整えられた。その後、何世紀もかけて幾度も流路変更が行われた。

　1507年には、内陸の都市のドーロ（Dolo）でブレンタ川の本流を分岐させ、南側を流れるバッキリオーネ川に合流させるために、ブレンタ・ヌオーヴァが掘削された〈図29〉。この2本の河川が合流した河口はキオッジア付近にあったが、1540年には、河口をキオッジアの南側に移し、アドリア海に注ぐよう

29 16世紀の河川と運河の流路
V. Favero, R. Parolini, M. Scattolin (a cura di), *Morfologia storica della laguna di Venezia*, Venezia: Arsenale, 1988 に追記

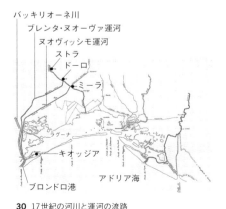

30 17世紀の河川と運河の流路
V. Favero, R. Parolini, M. Scattolin (a cura di), *Morfologia storica della laguna di Venezia*, Venezia: Arsenale, 1988 に追記

河川を付け替えている。さらに、1610年、内陸都市のミーラ (Mira) からブレンタ川を分岐させ、ヌオヴィッシモ運河を掘削し、ラグーナ外側のブロンドロの河口に合流させた。この治水工事によって、ブレンタ川とバッキリオーネ川はラグーナ内を通らず、本土からアドリア海へ直接注ぐことになった。これで、かつてキオッジア付近に与えていた問題点の多くが解決したという。

　この背景には、キオッジア出身のクリストフォロ・サッバディーノ (Cristoforo Sabbadino) の活躍が大きい。16世紀初頭、ラグーナの水環境を管理する体制を強化するため、国家の恒久的な組織として「水利行政局」が設立された。水利行政局長であるC・サッバディーノは、ヴェネツィアの「自然らしさ」を尊重する立場にあり、ラグーナをひとつの有機体になぞらえ、キオッジアが肝臓、ヴェネツィアが心臓、トルチェッロ、ブラーノ、マッツォルボが肺、アドリア海との間の出入口が腕、運河が足、ラグーナの運河が血管にあたるとした。そして、人間の体のように、ラグーナ環境の状態は水と陸とのバランスにもとづくと考えたのである。そのうえで、ラグーナに注ぐ河川の流れを変えること、ラグーナを浄化する働きのある海水の流入を容易にすることの必要を説いた。C・サッバディーノは、農業開発のための開墾や開拓はラグーナの環境を壊すとして批判し、またその環境を保全するために、ブレンタ川、バッキリオーネ川の流れを変え、河口を南のブロンドロ港の外へ移した[*38]。

　そのほかの河川においても、本土から直接アドリア海に注ぐように河川を迂回させた土木事業が見られた。ラグーナの北を流れる水量の多いピアーヴェ川は、16世紀なかごろに、レ運河の掘削が決定し、ラグーナから遠ざけられた〈図30〉。また、ヴェネツィア本島の北側に位置する、トルチェッロやブラーノ島付近に河口をもつ穏やかな流れのシーレ川は、1638年にタリオ・デル・シーレという運河に本流を分岐させ、ピアーヴェ川の川床を利用して、ラグーナの外側に河口を移した。

　このように、ヴェネツィア共和国政府は、ラグーナに注ぐ河川の本流の河口を18世紀までにアドリア海へ直接注ぐように改修し、本土から押し寄せてくるラグーナへの土砂の堆積と水量を減らすことで、安定した地形を維持するよう努めたのである〈図31,32〉。

外海の制御

もうひとつ、ヴェネツィアには水との戦いがあった。それは、外海の破壊的な侵食作用である。ラグーナとアドリア海との境に位置する島々は、つねに波の危険にさらされてきたのである。共和国政府は13世紀からすでに、護岸を守るため、砂州の島々を保護する「砂州監督官」などの役職を設けたり、風や水の作用から守る自然の防波堤を市民が勝手に削ることを禁じたり、さまざまな対策がとられてきた [*39]。1316年には、溶鉱炉の所有者たちに大量の石灰を提供させ、1342年には防波堤を築くため、荷物運搬船の所有者に年に5回、イストリアの石をこの海岸に運ぶことを義務づけた [*40]。

①ブレンタ川の河口
②シーレ川の河口
③ピアーヴェ川の河口

31 18世紀の河川と運河の流路
V. Favero, R. Parolini, M. Scattolin (a cura di), *Morfologia storica della laguna di Venezia*, Venezia: Arsenale, 1988 に追記

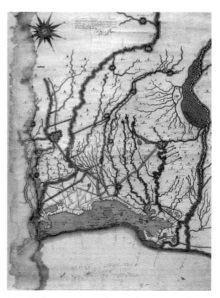

32 1709年　アントニオ・ヴェストリ (Antonio Vestri) の図
A.S.Ve., *S.E.A.*, Disegni, *Diversi*, dis. 109.

護岸の例として、「パラーダ」と呼ばれる木造の柵がある。これは砂州の周辺に配置され、砂州が波でさらわれないよう島の淵を守ってきた[*41]。カオルレにあるマドンナ・デッランジェロ教会の護岸を補強する1706年の史料から、護岸に無数の木杭が打ち込まれている様子を見ることができる[*42]〈**図33**〉。木杭は三角形に突出するよう配置されており、波の衝撃を分散させる役割を担っていたと考えらえる。17世紀初頭のキオッジアの農家による、「海の力で絶えず侵食され崩壊している砂州を維持することができていれば、その苦労に見合ったよい暮らしを営んでいた」という記録から、しばしば護岸が崩壊していたことをうかがえる。砂州はつねに海からの危険にさらされているだけに、その継続的な補修と維持費の捻出を必要とした[*43]。

　17世紀には、ヴェネツィア共和国内で木材を供給することができず、アペニン山脈の諸地域から木材を購入し、不足分を補ってきた[*44]。高価な木材を使って修繕しなければならなかったため莫大な経費がかかり、公庫にとって相当な重圧だったという[*45]。

　この問題を解決するべく、18世紀初頭に石造の堤防プロジェクトが持ち上がった[*46]。波や潮からヴェネツィアを保護するために、石造の堤防を建設する必要性について、ポンペオ・モルメンティ (Pompeo Molmenti) が *Storia di Venezia nella vita privata*（『私生活におけるヴェネツィアの歴史』）で言及している。

33 1706年　カオルレのマドンナ・デッランジェロ教会。木杭で守られた護岸
A.S.Ve., *S.E.A.*, b.73, f.1.

この書には、1718年作成のラグーナ全体の地図も収録されており、ラグーナを永久的に保護する意図が示されているという。

　この石造の堤防は「ムラッツィ」と呼ばれ、1740年から1782年にかけて、リドやペッレストリーナで建設された。ムラッツィは、アドリア海側を階段状に設計し、波の衝撃を緩和する方法が考えられた。また、断面図を見ると、アドリア海の平均潮位から4.80mの高さになるよう考えられており、それまでの3.50mより1.30mも高くなっている［＊47］〈**図34**〉。より高い波を防御できるよう強固に設計されたことがわかる。現在は、このムラッツィをさらに補強して、アドリア海からラグーナを守っている。

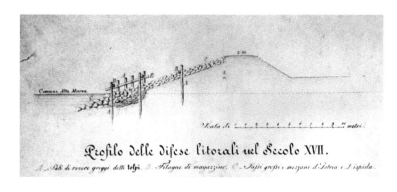

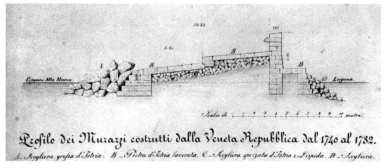

34　堤防断面図（上: 18世紀、下: 1740〜1782年建設）
profili delle difese litorali e dei murazzi dal secolo 17. al 1820, A.S.Ve., *S.E.A.*, Miscellanea Codici, Serie I, Storia Veneta, n. 139.

浚渫作業

　ラグーナ環境を維持するために、もうひとつ重要なこととして、水循環の維持があげられる。河川によってもたらされる土砂の堆積を解決すべく、浚渫作業が慣習的に行われていた。浚渫作業には、水の流れ込む領域を増やす役割がある。また、舟運で成り立つヴェネツィアにとって、喫水を十分に確保することも重要である。運河にはだいたい1年で2.5cmの泥がたまる。何年も放置すると、航行に危険性を与えるだけでなく、不衛生な状態になってしまう[*48]。これを防ぐために運河の底の泥を周期的に取り除く必要があった。しかし、ヴェネツィア共和国崩壊以後、浚渫作業はほとんど行われず、19世紀にはメンテナンスの手間を省くため、むしろ運河に蓋をし、もしくは埋め立て、運河の陸化が進められてしまう。1930年代、土木技師のエウジェニオ・ミオッツィ(Eugenio Miozzi)によって、水の循環を改善する提案がなされ浚渫作業が行われるようになったが、第二次世界大戦以後は再び放置された。1872年以降のヴェネツィア市の潮位記録を整理すると、1950年ごろまでは年に50回以上もマイナス50cm以下を記録しており、なかには、マイナス90cmを下回る記録も見受けられた。ちなみにマイナス50cm以下になると、アックア・バッサという運河が干上がる現象が頻繁に起きるとされている。

　1966年のアックア・アルタ以後、ラグーナ環境を見直す動きが始まったが、1980年代になっても浚渫作業が行われない状況が続いていた。このころは、アックア・バッサが頻繁に起きていた。アックア・バッサになると、物流機能が停止してしまうだけでなく、運河の底にたまった泥の悪臭が街を襲った。そのような状況のなか、環境省出身のG・ズッケッタは、ヴェネツィア市文書館所蔵の公共事業に関する史料をもとに18世紀から20世紀のヴェネツィア本島内で行われた運河の浚渫作業について論じ[*49]、その重要性を訴えた[*50]。このG・ズッケッタの研究をきっかけに、本格的な浚渫作業が始まった。

　1997年以降、市から委託されたインスラ社が浚渫作業を行っている〈図35〉。作業は2段階で行われる。まず、泥を集める浚渫機船で運河内の泥を取り除く。次に運河の両端を矢板で区切り水を除去し、本格的に泥をかき出す。かつてはすべて手作業で行われ、かき出した泥は島の拡張工事などに使われていた。

この時、必要であれば運河の壁面も修復される。というのも、運河の海水は、壁のモルタルを溶かし、家や道の基盤を崩壊させる可能性があり、また、スクリューによる強い波動や、船が岸に触れる影響で壁に障害を与えるためだ。このような一連の浚渫作業は、運河を少しずつ区切って行われ、だいたい4ヵ月かかる[*51]。作業は大変時間がかかるものであるが、運河を使い続けていくには必要不可欠な作業なのである。

1. 水深測定

2. 矢板の埋め込み

3. 泥の除去

4. 底に板を渡し、護岸の掃除・修復

5. モルタルの注入

6. 護岸修復後、運河に水を戻す

35 浚渫作業、護岸整備の一連の流れ（サン・フェリーチェ運河の一区画、2006年11月29日〜2007年4月25日）

現在の対策

　アックア・アルタの対策は、現在もなお続けられている。先に見たように、19世紀以後、軽視され続けてきた浚渫作業は、非常に重要な対策のひとつであり、ようやく20世紀末から本格的な取り組みが始まった。なかでも、今日最も大掛かりな対策として、モーゼ (MO.S.E.) 計画がある。ラグーナと海をつなぐリド、マラモッコ、キオッジアの潮流口に可動式水門を設置し、アックア・アルタからラグーナ全体を守るというもので、1970年代はじめから検討されてきた。予測潮位が110cmを超えると、普段海底に沈められているゲートが起き上がり、アックア・アルタを防ぐというシステムである。環境面からモーゼ計画に反対する声は大きく、市政府も反対だった。しかし、頻繁に起こるアックア・アルタの対策が必要なため、計画を止めるまでには至らなかった。現在はキオッジア潮流口の水門が完成し、すでに稼動を始めている。

　近年これらの対策に加えて、ラグーナの環境を維持するための自然地形の保護も積極的に取り組まれている。また、ヴェネツィア本島内では、浚渫作業のほかに街路を高くする対策が行われた。ここでは、日本であまり紹介されていないふたつの対策を見ていこう。

ラグーナ内の自然環境保護

　現在、積極的に進められている対策として、ラグーナの自然環境を見直す動きがある。人々は20世紀初頭から、経済成長を目的として、大陸とラグーナの間に大きな埋立地を広げていった。そこはもともと、葦が生えるだけの湿地帯が広がる、地盤の不安定な場所だった。この繊細な自然環境のバランスがラグーナ全体の自然環境を維持し、ヴェネツィアを守ってきたのである。

　1960年ごろは、まだ埋め立てが盛んに行われていた。1960年代、マラモッコ―マルゲーラ運河掘削時の泥で埋め立てが行われ、第二、第三工業地帯が形成された。その建設事業などは、多くの自然を破壊した。1966年のアックア・アルタ以後、ヴェネツィアを救済するために、ラグーナの自然環境のバランスを取り戻すプロジェクトが開始された。

そのひとつに、1990年から1995年の間、マルゲーラの第二、第三工業地帯の埋立地を一部掘り返し、水循環を改善することで、ラグーナの保水量を増やす試みがなされた。また、バレーナという動植物が生息する自然の豊富な場所を保護する対策も始まった。バレーナは、1930年から2000年の間に、100km²減少していることが明らかになっている。そこで、この自然環境を取り戻すための対策として、もともとバレーナ地形があった場所に土を盛り、砂が逃げないよう土嚢で護岸を固め、植物を増殖させる計画が実行されている。7年もすると土壌が落ち着き、鳥が生息し始めるという。現在、ラグーナを舟で回っていると、護岸と思われる場所に土嚢が配置されているのをいくつも発見できる。さらにその水面より少し高い地形には、鳥や蛇の生息を確認でき、徐々にバレーナが回復している様子を見ることができる〈図36〉。

36 バレーナの回復対策

このほか、交通の面からも自然環境を守る対策が行われている。モーターボートによって引き起こされる波は、バレーナの侵食や海抜の沈下、海底の平均化を引き起こし、ラグーナの自然環境を変えてしまう。そこでモーターボートの立てる激しい波からラグーナの形態を守るため、2002年に速度制限が敷かれた〈図37〉。ラグーナ内において、すべてのボートが時速20kmに制限され、ヴェネツィアやキオッジアの都市内の運河では時速5kmまでとされている[*52]。

また2002年には環境特別地域が指定され、ここでは救援と警察の緊急出動時の船以外のモーター付き船の通航が禁止された。これらの区域内にあるヴァッレ・ダ・ペスカでは、伝統漁業舟や伝統的な形の舟に対しては、特別に船外機を取り付けモーターボートとして使用することが許可されている。ラグーナでは伝統的手法も保護しながら、モーターボートの通航禁止や速度制限を行い、ラグーナの形態を守っている。

このように、保水機能を持つバレーナを多くつくることでアックア・アルタを軽減させ、ラグーナの自然環境バランスを取り戻すプロジェクトの今後の効果を期待したい。

ヴェネツィア本島内の対策

ヴェネツィアでは、古くから地盤面のかさ上げが行われてきた。雨水をためる貯水槽に海水が入るのを防ぐために、記録的なアックア・アルタがくるたびに、少しずつ地盤面を高くしていった。最近では、1997年から、ヴェネツィア本島やラグーナの島の地盤面の高さを上げるアックア・アルタ対策が行われた。かさ上げの高さは、ヴェネツィアで海抜110cmまで、周辺の島は海抜130〜180cmである。この舗装工事では、地盤面を上げると同時に、水道管、ガス管、電話線、電線の地中化および取り換え作業が行われた。最も地盤の低いサン・マルコ広場は、歴史的な景観に配慮して、地中の排水溝の整備にとどめ、運河に面する岸のみ舗装面のかさ上げが行われた。そのため、現在、潮位80cmですでに冠水状態となる。

一方、そのほかの場所では、全体的に地盤面のかさ上げが行われた。サンタ・

クローチェ地区に位置し、ローマ広場から都市への入口にあたるトレンティーニを例にあげると、かつて、ここは、地盤が低いためにアックア・アルタの起きやすい場所だった。その被害を避けるために岸は、以前の海抜85cmから少なくとも110cmまで上げる必要があり、運河の浚渫、排水管の改修と新設、水道管やガス管などの再整備が同時に行われた。この整備は、かさ上げの高さを最小限に抑え都市景観を守り、また水循環を考慮した事業であり、ヴェネツィアの基本的な都市構造を変えない方策である。その一方で、街路とそれに面する住宅との間でレベル差を生じ、1階の玄関に階段を設けなくてはならない建物も少なくない。

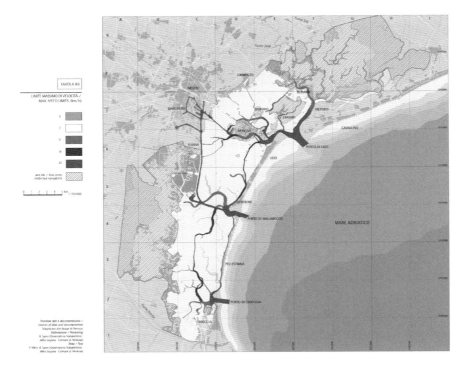

37 速度規制、保護区域
S. Guerzoni et al. (a cura di), *Atlante della laguna: Venezia tra terra e mare*, Venezia: Marsilio, 2006.

そして、アックア・アルタ対策ではもうひとつ注目すべきものがある。それは、アックア・アルタが起きやすい9月15日から4月30日の間、地盤の低い場所での、板（パッセレッラ）の設置である。アックア・アルタ時のサン・マルコ広場を描いた19世紀の絵画は、木造のパッセレッラを活用して避難する貴族たちの様子が描かれており、このころにはすでにパッセレッラが存在したことが確認できる。現在のパッセレッラはヴェネツィア市が管理、実施しており、約120cmの潮位まで濡れずに歩行できるよう設定されている。潮位80cmを超す予報が出ると、パッセレッラが並べられ、アックア・アルタ中の歩行移動を助ける。しかし、潮位120cmを超えると、今度は逆にパッセレッラが水をかぶったり流されたりと危険なため、取り除かれる。このパッセレッラは公的機関などの主要施設や人の集まる場所に設置される。また、各水上バスの停留所にあるパッセレッラの配置図を見ると、水上バスの停留所や渡し船乗り場と接続するよう設置され、都市内をスムーズに循環できるよう計画されていることがわかる。

　普段、住民を困らせているのは、潮位80cmから100cm規模のアックア・アルタである。こうした頻繁に起こるアックア・アルタには、都市構造を変化させないパッセレッラの設置は一時的な対処法として効果的である。今後は設置する箇所を増やし、より安全な歩行空間を保証することが必要だろう。

　そのほか、ヴェネツィア市では、アックア・アルタになる数時間前に、携帯のメールや電話などで予測潮位を通知するサービスや、潮位110cmに達する数時間前に、街中に鳴り響くサイレンで知らせる活動を行っている[*53]。また、1階に物を置く場合、少し高めの場所に置くなど工夫が見られる。とりわけ商店では、すぐに高い場所へ移動できるような工夫がされている。行政史料のような残りやすい歴史的史料に記録されていないが、おそらく古くからずっと行われてきた習慣だろう。このように、ヴェネツィアではアックア・アルタと向き合い、今もなお水と戦い、共存しているのである。

　以上のように、つねに水と共存してきたヴェネツィアは、華やかな歴史だけではなく、水の恐ろしさも経験してきた。その水環境を人間がコントロー

ルし活用する長い経験を通して、不安定な地形のラグーナに、世界に誇る水の都をつくり出したのである。近代化の過程において、一度はラグーナの埋め立てが積極的に進められたが、現在は自然環境の視点から水の都市として見直されている。また、厳しい規制を設けた交通政策によって、ラグーナの自然環境を守る試みがなされている。その一方で、伝統的に使われ続ける舟には規制を緩和し、歴史性を重要視する姿勢を見せている。

　ヴェネツィアの長い歴史のなかで、人々は自然環境の維持と都市の発展のバランスを模索し続けてきた。環境を管理し、それと同時に都市の経済成長を遂げてきたヴェネツィアの経験から私たちは、これからの都市空間を考えていくうえで多くのヒントを得られるだろう。

3　ラグーナに浮かぶ島々の役割

　ラグーナには特徴のある島々が存在する〈図38〉。現在よく知られているのは、観光客に人気のガラス細工で有名なムラーノや、漁師が多く住み、レース編みで有名なブラーノである。ブラーノのカラフルな家々は視覚的にも楽しめる。そこから少し足を延ばし、ヴェネツィアよりも起源の古い、トルチェッロも観光の定番として有名である。さらにラグーナの南端にあるキオッジアも忘れてはいけない。また、地元の人にとって身近な島は、海水浴場のリド、美味しい野菜の栽培で定評のあるサンテラズモ、お墓参りで訪れるサン・ミケーレなどで、早い時期からヴェネツィア本島とそれぞれの島々が蒸気船（ヴァポレット）で接続されていた。これらの島は、19世紀末の写真の被写体にも選ばれているように [*54]、近代化の過程で忘れ去られることなく、人々を魅了してきた。しかし、それ以外の島々にも、ヴェネツィア本島と深く関わりながら相互に発展してきた歴史がある。上記のように注目され続けてきた島以外の島々にも着目し、それぞれの島の役割や特徴を浮かび上がらせていきたい。

　ここでは、まずヴェネツィア共和国時代の修道院の分布を確認し、ラグーナのなかでどのような場所に修道院が立地していたのかを把握する。これはラグーナの自然環境に対して人間がどのように関わりながら共生してきたのか、また当時の陸地部分を知る手がかりとなる。そして、共和国時代の特徴的な島の利用方法である、ラッザレット（lazzaretto）について掘り下げる。ラッザレットは、検疫所または隔離施設で、1528年の鳥瞰図にも描かれている〈図39〉。壁に囲まれ、教会と鐘楼が描かれた島々が修道院を示す一方、煙突のある建物と桟橋が描かれた島がラッザレットである。ふたつのラッザレットが、独特の雰囲気で描かれている。19世紀、修道院の立地した島々は、病院や軍事施設として利用され、負のイメージがつくられてきたが、現在、ラグーナの再

評価が高まりつつある。そこで、負のイメージとしてヴェネツィア本島とは切り離されていた島々に、再度光が当てられている。その動きを見ていきたい。

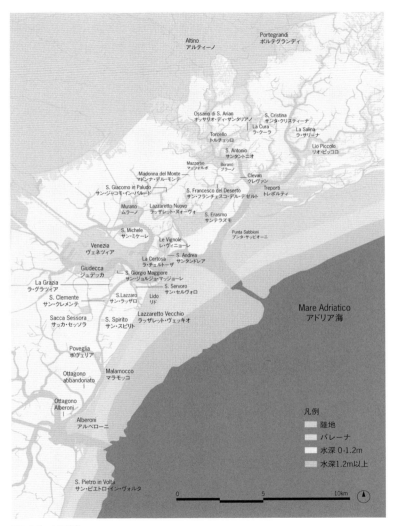

38 ラグーナの地名

修道院の立地する島々

　現在、現役の修道院はふたつしかないが、かつてラグーナには数多くの修道院が存在した。修道院の創建年代や活動年代は研究によりばらつきがあり、正確に把握するのは難しい。本書では、ベネディクト会修道院に注目し、それぞれの存在を確認できる年代を示したガブリエル・マッズッコ (Gabriele Mazzucco) の研究にもとづいて考察を進める [*55]。この研究では、キオッジアからカオルレまでのラグーナ周辺で、87ヵ所ものベネディクト会の修道院が数えられている。G・マッズッコ作成の図に、各修道院の史料の確認できる年代をプロットし、修道院の立地傾向を見ながら、その背景を考察する〈図40〉。

　ヴェネツィア周辺で修道院に関する最も早い史料は、サン・ミケーレ修道院 (Abbate di S. Michele) から、727年にグラードの総大司教が選出されたことに関するものである [*56]。9世紀以前の修道院は、ラグーナに近いテッラフェルマ側に位置している。土木技術の発達していない時代だったため、土地の安定した場所に拠点を構える傾向があったためだと考えられる。ラグーナの島に最も早く拠点を置くのは、サン・セルヴォロ (S. Servolo) である。

　10世紀になると、ヴェネツィア本島に近い島に立地している。現在のマラモッコ、サン・ニコロ、サン・ジョルジョ・マッジョーレなど、ラグーナのなかでもより土地の高い場所に立地したと考えられる。

　サン・ジョルジョ・マッジョーレ修道院について少し触れておこう。この島は、もともと領主に所有され、ブドウ畑や塩田が広がっていた。790年、バドエル家または後の総督を輩出するパルテチパツィオ家がこの島に教会を建てた。982年、ベネディクト会の修道院を建設するため、ジョヴァンニ・モロジーニ (Giovanni Morosini) がトリブーノ・メンモ総督 (doge Tribuno Memmo) からこの島を獲得した [*57]。10世紀の終わりごろ、サン・ジョルジョ修道院はさらに同総督から「ラ・カヴァネッラ (La Cavanella)」と呼ばれるバレーナの区画を譲り受けた。その場所はサン・ジョルジョ・マッジョーレからすぐ南に位置する現在のラ・グラツィア (La Grazia) である。また1107年には、現在のラッザレット・ヌオーヴォも同修道院が所有し、教会を建設した。こうして、同じ修

道院がラグーナの島をいくつも所有し、活動拠点を広げていった。テッラフェルマの田園でも、修道院がいくつも農場を所有し、農業を行っていた。ラグーナでもテッラフェルマ同様の動きがあったと考えられる。

　そして、12世紀には修道院がラグーナ内の島々に展開し、13世紀まで増加傾向にある。この時期の特徴は、貧しい人や聖地に向かう巡礼者のための宿泊施設（ospizio）を目的として修道院が建設されていることだ。もしくは、宿泊施設を建設した後、修道院として転用されている[*58]。

　12〜13世紀のもうひとつの現象として、ムラーノ、ブラーノ、マッツォルボ、トルチェッロといった北ラグーナの地域を中心に修道院が建設されている。この時期、アンミアーナとコスタンツィアーカにも立地しているが、起源はそれ以前に遡ると考えられる。またアンミアーナとコスタンツィアーカに位置する修道院は、ほかの場所に移転または別の修道院に統合されている。現在、この辺りは公共交通もなく、水深も浅いことから一般の人は近寄りがたい場所である。またほとんど何もないといってよいくらい、水面と草地の広がる自然豊かなバレーナ地帯である。おそらく当時も土地が低く、島自体が

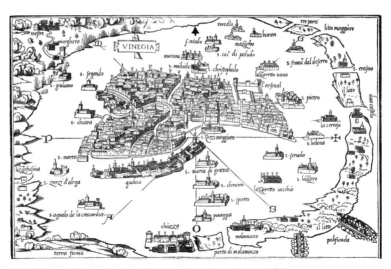

39　1528年　ベネデット・ボルドーネ（Benedetto Bordone）のラグーナの鳥瞰図
B.M.C.Ve, E.564.

1. S. Michele Arcangelo e S. S. Trinità di Brondolo (727-1379、後に S. Spirito に移転)
2. S. Cipriano di Terra o di Mestre (9C-1238、後に Torcello?)
3. S. Giorgio di Pineto, Jesolo (819-1416 以後不明)
4. S. Servilio (Servolo), Martire (818-1109, 1109-1470 : S. S. Basso e Leone di Malamocco)
5. S. S. Ilario e Benedettto di Gambarare (819-1813、819 : S. Servilio (Servolo) の修道士が創設)
6. S. Zaccaria Profeta di Venezia (829-1810)
7. S. Lorenzo Martire di Venezia (853-1810)
8. S. Stefano di Altino (874 以前-11C、Ammiana に移転)
9. S. S. Felice e Fortunato di Ammiana (899-1472、ヴェネツィアのS.S. Filippo e Giacomo または S. Apollonia に移転)
10. S. Eufemia Vergine e Martire e S. Dorotea, Tecla ed Erasma di Mazzorbo (900-1768)
11. S. Giovanni Evangelista di Torccello (958-1810)
12. S. Giorgio Maggiore (982-1806、修道士は S. Giustina di Padova へ)
13. S. S. Basso e Leone di Malamocco (10C-1109、1109-S. Servilio (Servolo) へ)
14. S. Secondo ed Erasmo (1034-1806, 12C : S. Secondo Martire を受け入れる、1521 : S. S. Cosma e Damiano della Giudecca と統合)
15. S. Nocolò del Lido (1053-1770、修道士は S. Giorgio Maggiore へ)
16. S. Angelo della Polvere (1060-1447, 1331 : S. Nocolò del Lido に寄贈、1447 : 修道士は S. Croce della Giudecca へ)
17. S. Michele in Adige (1069 以前-1303)
18. S. Giorgio di Fossone (1074 以前-1425 頃、1443 : 史料は S. Croce della Giudecca に)
19. S. Elena di Tessera (1105-1142, 1151 : 1091 年創設のマントヴァにある Polirone の修道院が所有)
20. S. S. Cornelio e Cipriano di Malamocco (881-1109、1098 : マントヴァにある Polirone の修道院が所有、1109 : Murano へ)
21. S. Giorgio in Alga (11C-19C 初)
22. S. Giorgio Papa di Venezia (1101-1773, 9C 初には建物がすでになかったとされており、S. Ilario の所有がいつからかは不明)
23. S. S. Cornelio e Cipriano di Murano (1109-1817、La Salute へ)
24. S. S. Leonardo ed Erasmo di Malamocco (1111 以前-1557 以前-?)
25. Croce in Luprio (12C-1806)
26. S. Leone di Pineto di Jesolo (1123 以前-1380)
27. S. Michele di Cittanova (Eraclea) (1123 以前-?)
28. S. S. Cronelio E Cipriano di Burano (1123-19C 初)
29. S. Daniele Profeta di Venezia (1138-1806、シトー会、1138 : Piemonte にある Fruttuaria の S. Benigno の修道士に譲渡)
30. S. Leonardo di Fossa Mala (1113 以前-1601、S. Ilario が創設、現在のマルゲーラ港の第三産御油ゾーン)
31. S. Lorenzo di Ammiana (1185-1438、1438 : S. Maria degli Angeli di Murano に統合)
32. S. Tommaso Apostolo o dei Borgognoni di Torcello (1190-1806、1669 : Madonna dell'Orto の修道院を獲得)
33. S. Angelo di Ammiana (1195-1438)
34. S. S. Filippo e Giacomo Apostoli a Venezia (1199-1419、1472 : 修道院はサン・マルコの鐘楼へ)
35. S. Murano di Costanziaca (12C-13C)
36. S. Andriano di Costanziaca (12C-1438、1439 : S. Angelo di Zamenigo di Torcello に統合)
37. S. Murano Martire di Jesolo (8C-13C)
38. S. S. Marco e Cristina di Ammiana (1185 以前 (7C?)-1432, 1432 : S. Antonio Abate di Torcello に統合)
39. S. S. Filippo e Giacomo Apostoli di Ammiana (1185-1387、1387 : S. Antonio Abate di Torcello に統合)
40. S. S. Giovanni Battista e Vittore di Jesolo (1211-14C)
41. S. Michele Arcangelo di Murano (1212-19C 初、カマルドリ会)
42. S. Mauro (Moro) di Burano (10C-1806)
43. S. S. Biagio e Cataldo della Giudecca (1188-1810)
44. S. Maria della Monache di Cottanova Eraclea (1228-1267)
45. S. Margherita di Caorle (1228-15C)
46. S. S. Giovanni e Paolo di Costanziaca (1228-1400、1400 : S. Antonio Abate di Torcello に統合)
47. S. Giacomo in Paludo (1228-1769, 1046 : ospedale、1456 :lazzaretto)
48. S. Matteo (Maffio) Apostolo ed Evangelista di Costanziaca (1229-1295、1295 : San Matteo di Mazzorbo を創設)
49. S. Maria Celeste o Assunta in Cielo ora detta La Celestia di Venezia (1237-1810)
50. S. Margherita di Torcello (1239-1521、1521 : S. Matteo di Mazzorbo に統合)
51. S. Mattia Apostolo di Murano (1220-1806)
52. S. Antonio Abate di Torcello (1246 以前-1806、1387 : S. S. Filippo e Giacomo Apostoli di Ammiana、1400 : S. S. Giovanni e Paolo di Costanziaca、1432 : S. S. Marco e Cristina di Ammiana を統合)
53. S. Giovanni in Littore (1267-15C)

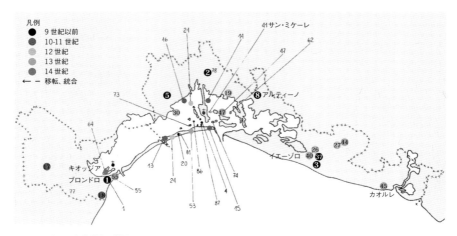

40 ベネディクト会修道院の位置
一覧の年代は G・マッズッコの研究をもとに作成
図は Gabriele Mazzucco (a cura di), *Monasteri benedettini nella laguna veneziana: catalogo di mostra*, Venezia: Arsenale, 1983 に追記

54. S. Michele Arcangelo o S. Angelo di Zamenigo o delle Campanelle di Torcello (1267-1668、1439：S. Andriano di Costanziaca を統合、1549：S. Girolamo di Venezia に統合)
55. S. Caterina del Deserto o di Chioggia Minore (1277-1379)
56. S. Matteo (Maffio) Apostolo di Murano (1280-1810)
57. S. S. Maria e Leonardo o S. Maria in Valverde di Mazzorbo (1281-1768)
58. S. Caterina Vergine e Martire di Mazzorbo (1291-1806)
59. S. S. Matteo Apostolo e Margherita di Mazzorbo (1295-1810、1295：S. Matteo (Maffio) di Costanziaca が創設して S. Giorgio Evangelista di Torcello に貸す、1521：S. Margherita di Torcello を統合)
60. S. Anna di Venezia (1297-1806、S. Lorenzo へ)
61. S. Croce della Giudecca (1303-1806、S. Zaccaria へ)
62. S. Nicolò della Cavana (1303-19C 初、Madonna del Monte)
63. S. Marta di Venezia (1316-1805)
64. S. Giovanni Battista in Calmaggiore di Chioggia (1321-1770、カマルドリ会)
65. S. Caterina de Ultra Canal o di Chioggia Maggiore (1330-1471)
66. S. Giovanni Battista della Giudecca (1333-1771、カマルドリ会)
67. S. Cristoforo, poi S. Maria dell'Orto, poi Madonna dell'Orto di Venezia (1350-1787、ウミリアート会)
68. S. Nicolò della Torre di Murano (1369 以前-1439)
69. Corpus domini di Venezia (1375-1810)
70. S. Chiara, poi Santa Croce di Chioggia (1379-1806、カマルドリ会)

71. S. Caterina di Chioggia (1385-1810、シトー会)
72. S. Elena imperatrice di Venezia (1407-1810、もともと 1175-1211：S. Elena di Auxerre がいたが、1211：Costantinopoli によって移転した)
73. S. Spirito (1409-1806)
74. S. Andrea della Certosa (1422-1810、シトー会)
75. Ognisanti di Venezia (1472-1806)
76. S. S. Cosma e Damiano della Giudecca (1481-1806、S. Matteo (Maffio) Apostolo di Murano の女子修道院創設、1519 (1521説もある)：S. Secondo と統合)
77. S. Maria del Pilastro di Loreo (1489-1769、ケレスティヌス会)
78. S. Maria delle Grazie di Mestre (1490-1806)
79. S. S. Marco e Andrea di Murano (1496-1806)
80. S. Francesco Vecchio o Dentro le Mura di Chioggia (1500-1806、1806：S. Caterina)
81. S. Maria dell'Orazione di Malamocco (1512-1806)
82. S. S. Vito e Modesto di Burano (1516-1768、1768：S. Mauro di Burano)
83. S. Giovanni in Laterano di Veneia (1551-1810)
84. S. Giorgio dei Greci di Venezia (1599- 現在、この場所は 1501 年には木造の小住宅で修道院が生活していた)
85. S. Maria dell'Umiltà di Venezia (1615-1806)
86. S. Clemente Papa (1645-1810、カマルドリ会、1160-1432：canoniti lateranesi（ベネディクトとは別、グラードの総大司教の管轄）
87. S. Lazzaro (1717- 現在）

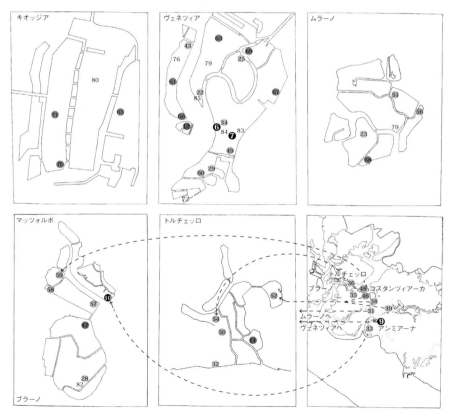

度々水面下になり、より高い場所に移らなければならなかったと推測される。移転先は、マッツォルボ、トルチェッロなど近くの島である。そして15世紀半ばごろ、アンミアーナは完全に廃墟となった[*59]。

14世紀は、ヴェネツィアの中心部から外れたカンナレージョ地区やジュデッカ、キオッジアに新たに立地していく傾向にある。これまでと違う動きは、ベネディクト会から派生したカマルドリ会やシトー会によるものである。新たなコミュニティを形成し、新境地を切り開くために、周辺部へと展開して行く様子がうかがえる。

15世紀以降は、ベネディクト会が新たな場所を開拓するというよりも、もともと島で生活していた一族や団体が去り、廃墟となった後にベネディクト会の修道士が移住する、というものである。その最終事例として、現在につながるサン・ラッザロ・デリ・アルメーニに位置するアルメニア人の修道院がある。この修道院については後に詳しく触れたい。

ここからはいくつかの島を取り上げ、具体的な島の利用の変化を見ていこう。

サン・セルヴォロ

サン・セルヴォロはサン・ジョルジョ・マッジョーレとリドの間に位置し、長方形の細長い島である〈**図41**〉。いつから人が住むようになったかはわかっていない。ジャンニナ・ピアモンテ (Giannina Piamonte) によると、8世紀にベネディクト会が占拠した時には、すでにサン・クリストロフォロ教会があったという[*60]。

ベネディクト会は、そこに新たにサン・セルヴォロ教会と修道院を建設した。819年、修道士の一部は本土のラグーナぎわに移り[*61]、残りの修道士は、1109年までサン・セルヴォロに残った[*62]。そしてマラモッコ港が破壊された1109年、10世紀から続いていたベネディクト会のサンティ・レオネ・エ・バッソ (S.S. Leone e Basso) 修道院の修道女がマラモッコからサン・セルヴォロに移って来た。その後、17世紀はじめに建物が崩壊し、修道女たちはほかの場所に移れるよう申請し、1615年に盛大な儀式を執り行いヴェネツィアの修

道院に移った [*63]。こうしてベネディクト会によるサン・セルヴォロの使用は終わる。

廃墟となったサン・セルヴォロには、1648年にトルコ軍との戦いのカンディア戦争でクレタ島から追い払われた200人の修道女が移住してきた。これは、元老院による受け入れであった。その後、修道女は減少し、1715年にはわずか4人のみとなった [*64]。このようにサン・セルヴォロはベネディクト会以後も修道院として利用されていた。施設が大勢の人を受け入れるのに適していることがわかる。

1725年、サン・セルヴォロは軍事病院となった。共和国はカステッロ地区のサンタントニオ (S. Antonio) に軍事病院をつくったが、広大な土地を求めてサン・セルヴォロに軍事病院を移したのである [*65]。サン・セルヴォロの近くには、15世紀末までハンセン病患者 (lebbroso) を受け入れていたサン・ラッザロがある。また、18世紀もなお検疫所の役割を担うラッザレット・ヴェッキオが立地したため、この島が選ばれたと推測される。1734～1759年には、新たに教会や修道院、病院が建設された。島の周辺が浅瀬だったことから、埋め立てしやすく土地の拡大に好条件であったと想像できる。

41 サン・セルヴォロ
出典は図14と同じ

アンミアーナとコスタンツィアーカ

　12〜13世紀にベネディクト会の修道院が多く立地していた北ラグーナのアンミアーナとコスタンツィアーカを見ていこう。この辺りの歴史は古く、5世紀にはすでに、アルティーノの人たちが住み、トルチェッロに属する行政官（tribuno）によって統治されていた [*66]。今ではすっかり水面下だが、当時は群島だったという〈図42〉。おそらく、現在水面上に見えているモッタ・ディ・サン・ロレンツォ（Motta di S. Lorenzo）には、4世紀末に建設されたというサン・ロレンツォ教会があったと推測される。この教会はアルティーノのエリオドロ（Eliodoro）司教によって建設された [*67]。この辺りはデーゼ川、シーレ川の河口に位置し、テッラフェルマとのつながりも深い。

　5世紀、西ローマ帝国が滅亡し、ヴェネツィアはビザンティン帝国の管轄下にあった。639年、首都オデルツォが征服されたため、ビザンティン帝国の行政機構をエラクレア（Eraclea）に移した。その後、ビザンティン帝国領が混乱の時期を迎え、742年、行政機構はエラクレアからマラモッコに移された。そして敵の侵入が難しいリアルトに行政機構が移された [*68]。8世紀、エラクレアとイエーゾロが破壊され、住民はアンミアーナに逃げ込んだという [*69]。このことから、アンミアーナに生活圏があったことも知られており、現在のサンタ・クリスティーナの南側にあるチェントレガ湿原（Palude della Centrega）の周辺が、ラグーナの中心であったともいわれている [*70]。

　アンミアーナにはいくつもの教会が存在したが、現存するサンタ・クリスティーナの変遷を簡単に見ておきたい [*71]。

　サンタ・クリスティーナには、ベネディクト会のサン・マルコ（S. Marco）教会と修道院が創建された [*72]。1325年、この島にコスタンティノープルからサンタ・クリスティーナの遺体が運ばれ、この時から島はサンタ・クリスティーナの名前になった。1340年、波の浸食による修道院の崩壊を恐れた修道女たちは、聖母の遺物を持って、ムラーノのサンタ・マリア・デリ・アンジェリ（S. Maria degli Angeli）に移住した。しかし元老院は、修道女に以前の修道院に戻るよう命令している [*73]。その後、1432年、修道女たちはトルチェッロのサンタントニオ（S. Antonio）に移り [*74]、1452年には廃墟となった。そ

して最終的にはサンタ・クリスティーナの遺体をトルチェッロからヴェネツィアのサン・フランチェスコ・デッラ・ヴィーニャ（S. Fancesco della Vigna）に運んだという。現在のサンタ・クリスティーナは個人の所有で、島には2軒家があり、ヴァッレ・ダ・ペスカと農場に利用されていると推測される。

　次にもうひとつの重要な島であるコスタンツィアーカについて見ていこう。アンミアーナとトルチェッロの間に位置し、最も大きい島だった。コスタンツィアーカの名は、6つあった港のうちのひとつに由来する。アルティーノからこの島に多くの人が逃げ込んだ。いくつか教会や修道院が存在し、アンミアーナに属していた [*75]。

　現在のラ・クーラとオッサリオ・ディ・サンタリアノの島が、コスタンツィアーカの一部にあたる。オッサリオ・ディ・サンタリアノのオッサリオは「納骨所」を意味している。塀で囲まれた島は、現在、草や木が生い茂り、上陸の難しい状態で〈図43〉、不気味な雰囲気を醸し出している。

42 アンミアーナとコスタンツィアーカ周辺

ここには1160年、ベネディクト会のサンタドリアノ (S. Adriano) またはサンタリアノ (S. Ariano) 修道院が建設された。修道院は多くのヴェネツィア貴族に支えられ裕福だった [*76]。しかし、波による浸食やよどんだ空気のため、1439年にこの修道院を放棄し、トルチェッロのサンタンジェロ・ディ・ザンペニゴに移った。1565年、元老院はサンタリアノを壁で囲み、ヴェネツィアの墓地から掘り出された骨をここに集めた [*77]。

このように見ていくと、単なる自然地形のように思えるバレーナ群も、かつて人が手を加えてでき上がった地形であることがわかる。そうした自然をコントロールしながら積み重ねてきた風景が、ラグーナの価値を高めているのである。

サン・ラッザロ・デリ・アルメーニ

サン・ラッザロ・デリ・アルメーニには、現在も修道院がある島〈**図44**〉。島はもともとベネディクト会のサンティラリオ修道院の所有だったが、1185年に修道院長からレオネ・パルリニ (Leone Parlini) に贈られた。そしてサン・レオネ・パパ (S. Leone Papa) を崇敬する教会と修道院が創設され、ハンセン病患者を受け入れた。15世紀末までハンセン病を受け入れてきたが、徐々に患者も減り、修道会はカステッロ地区のサンティ・ジョヴァンニ・エ・パオロのもとに集められた [*78]。それがフォンダメンテ・ノーヴェ沿いにあるサン・ラッザッロ・メンディカンティである。その後、島は2世紀以上廃墟のままになっていた [*79]。

現在の修道院につながるのはこの後からである。

その物語は、アルメニアのセバステ (Sebaste) 出身のピエトロ・マヌグ (Pietro Manug) の生い立ちから始まる。彼の父親は行商人であったため、幼いころからアルメニアやその周辺の村々を訪れていた。少年時代からずっと研究に熱中し、1696年に20歳で聖職者になった。その際、慰める人 (consolatore) を意味する「メキタル (Mechitar)」の名前を授けられた。コスタンティノープルでは、仲間と文学アカデミーを設立し、本の印刷と製本技術を学んだ。しかし、カトリック教徒に対する迫害を受け、ヴェネト政府の助けで、なんとかペロ

ポネソス半島のモドネ (Modone) に移ることができた [*80]。

　1715年、モドネはトルコ軍に占領され、メキタルはヴェネツィアに移れるよう請願した。ヴェネツィアでは13世紀末からすでに、サン・マルコ地区のサン・ズリアン (S. Zulian) でアルメニア人のコミュニティが生活していた [*81]。現在でもアルメニア通りという名前が残っており、町にそのコミュニティの存在が記憶されている。また、ヴェネツィアではベネディクト会の活動が認められていることが、彼らにとって好条件だったと考えられる。

　結局、メキタルはカステッロ地区のサン・マルティーノ (S. Martino) に受け入れられた。教会の側面にある碑板にはサン・マルティーノに彼らが滞在した記憶が記されているという。1717年、サン・ラッザロが与えられ、メキタルは30年かけて教会と修道院を再建した [*82]。こうしてサン・ラッザロには、現在に続くアルメニア人のベネディクト会の一派であるメキタル会が誕生したのである。

　1789年、オリエンタルの言語を備えた印刷所が設立された。アルメニア語に翻訳された書籍が、各地に拡散したアルメニア人コミュニティの元へ送られた [*83]。

43 オッサリオ・ディ・サンタリアノの入口

44 サン・ラッザロ・デリ・アルメーニ
出典は図14と同じ

また、メキタル会は 19 世紀初頭、ナポレオンの政策により、唯一閉鎖されなかった修道院である。その理由は、「ナポレオンが文学アカデミーを考慮したため」とある [*84]。それは、アルメニア人たちが蓄積してきた知識と高い技術を認めていた現れである。都市から離れ、孤立した島だからこそ、作業に集中することができ、技術が磨かれていったのだろう。

　メキタル会は、19 世紀なかごろ、向かい側に位置するリドに広大な土地を持っていたことでも知られ、その土地の広さから、裕福な修道院だったことがうかがえる。具体的な土地所有についてはリドの説明で触れたい。

　現在、修道院は一部一般に開放されており、修道士の案内に従って見学することができる。まずは 1498 年と刻まれた入口をくぐると、修道院の回廊にたどり着く〈図45〉。中庭の中央にはポッツォがあり、サン・ラッザロの生活を長く支えてきた歴史を感じさせる。次に案内された教会は 1883 年の火災の後、ネオ・ゴシック様式で再建されたものであるが、その内部はモザイクで飾られている〈図46〉。緻密な作業により完成された装飾は見事である〈図47〉。ここには、アルメニア人画家による作品や、ジョヴァンニ・バッティスタ・ティエポロ (Giovanni Battista Tiepolo) をはじめとした 17、18 世紀のヴェネトの絵画が保管されている。その作品の豊富さで修道院の廊下はまるで絵画館のようになっている。修道士のコレクションや寄贈品、さらにはミイラも展示された博物館もある [*85]。そして、この島で最も有名な図書室にはさまざまな言語で書かれた書籍が集められ、その数は約 20 万冊におよぶ [*86]。1967 年に 4,000 点もの手稿本の保管室として円形の建物が建設された。

　最後にもうひとつ付け加えておくと、ここの修道士のつくるバラジャムは一部で人気が高く、華やかな香りのするジャムを求めて、わざわざ島を訪れる人もいる。こうした数々の貴重なコレクションや丁寧で緻密な仕事が、現在、ラグーナの価値を高めているといえよう。

45 回廊から見た中庭

46 聖堂の内観

47 モザイクに彩られた壁面

検疫を担った島々

ヴェネツィア共和国の繁栄にとって重要な施設に、「ラッザレット(lazzaretto)」と呼ばれる伝染病用の隔離施設がある。海洋都市国家ヴェネツィアは東方貿易で財を成してきた一方で、病原菌も輸入してしまうこともあった。その結果、伝染病がヴェネツィアを襲い、人口を半分に減少させた年もあった。そうした猛威を振るう伝染病をヴェネツィア本島の外側で食い止める目的で、ラグーナの島々にラッザレットが設立された。ラッザレット・ヴェッキオ、ラッザレット・ヌオーヴォ、ポヴェリアなどである〈図48〉。ここではその歴史をたどりながら、島々の役割を見ていきたい。

ラッザレット・ヴェッキオ

リドの正面に位置するラッザレット・ヴェッキオは、ペスト患者を治療する施設のあった島として知られる。この島の歴史は、1249年、アウグスティノ隠修士会によってサンタ・マリア・ディ・ナザレト(Santa Maria di Nazaret)教会が建設された時に遡る。島には、キリスト教の聖地へ向かう、または、そこから戻ってくる巡礼者のために宿泊施設も建設された。そのため、この島はかつて「ナザレトゥム(Nazaretum)」と呼ばれていた [*87]。ナザレトは英語でナザレスといい、現在のイスラエルの都市名である。このことから、この島は次第に東方から来る人の集まる場所になっていったと想像される。

その後1423年、聖ベルナルディーノ・ダ・シエナ(S. Bernardino da Siena)の助言により、共和国政府は、伝染病患者や伝染病の流行っている場所から来た商品を集める施設を建設した。この施設では、患者に食事が振る舞われ、薬が処方された。施設の管理は、塩の会計(Ufficio del Sale)の収入の一部で支えられた [*88]。

ナザレトゥム島が選ばれた理由には、イスラエル方面からの巡礼者が多く滞在していたほかに、すぐ近くの島で、すでに12世紀にはハンセン病患者を受け入れていたことがあげられる [*89]。ハンセン病患者を受け入れるようになった後、島の名前は「サン・ラッザロ(S. Lazzaro)」になった [*90]。この名

は、新約聖書に出て来る人物に由来する。全身できもので覆われた「ラッザロ」は病死したが、キリストによって蘇った。現代医学では、ハンセン病の感染力は非常に低いとされているが、当時は、その症状から隔離することが望ましいと考えられたのだろう。

その後、「ナザレトゥム」は「ラッザレット」と呼ばれるようになり、1468年に新たな隔離施設がほかの島にできた後、その島と区別するために「ラッザレット」は「ラッザレット・ヴェッキオ」と呼ばれ、後者は「ラッザレット・ヌオーヴォ」と呼ばれるようになった。

ラッザレット・ヴェッキオの施設は、1429年には患者用に80部屋、1484年にはベッドが209と記録されており [*91]、隔離施設がいかに機能していたか想像できる。そして1485年、検疫に関する衛生の行政官 (Magistrato di Sanità) が設けられ、診察や検疫期間などの予防対策が講じられた [*92]。

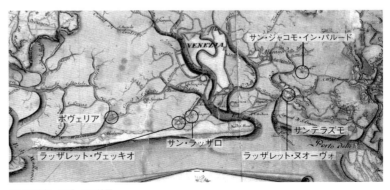

48 1762年　ラグーナの地図
A.S.Ve., *S.E.A.*, Disegni, *Laguna*, dis. 167.
(口絵、図6)

16世紀後半、ラッザレット・ヌオーヴォと同じように、海から来た商品を検疫期間の40日間保管し、殺菌する場所としても利用された。検疫についてはラッザレット・ヌオーヴォのところで詳しく触れたい。1630〜1631年、ヴェネツィアで猛威を振るったペストの後、商品の殺菌を専用に行う倉庫が建設された [*93]。この時代、伝染病患者を治療する場所から、海洋の検疫所にシフトしていったのである。

18世紀の版画には塀で囲まれた島が描かれ、人を寄せ付けない閉鎖的な雰囲気を醸し出している。同時に教会と鐘楼の位置する宗教的な空間を感じさせる。その周りには煙突を配した建物が密に立地し、島内で生活していた様子もうかがえる〈図49〉。

1813年の平面図から、島の東西それぞれに桟橋が延びており、主要な動線を読み取ることができる〈図50〉。また、東側と西側で異なる空間構成であることがわかる。西側には教会が立地し、その周辺には小さい部屋が並べられている。飲料水を確保するポッツォもあることから、住空間であったことも想像できる。一方東側は、巨大な商品用の倉庫が並べられている。おそらくこの違いは、政府が検疫所として島を強化した時代に、東側を埋め立て、倉庫群を配置したと考えられる。

その後ラッザレット・ヴェッキオは、19世紀のなかごろまで商品の検疫所として機能し続け、その後1965年まで軍の倉庫にあてられた。現在は一部を博物館として開放しており、発掘調査が続けられている。

49 18世紀 ラッザレット・ヴェッキオの外観
Giorgio e Maurizio Crovato, *Isole abbandonate della laguna veneziana*, Venezia: S. Marco Press, 2008.

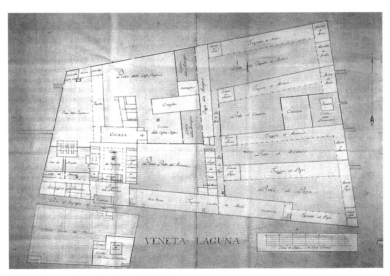

50 1813年 ラッザレット・ヴェッキオの平面図
A.S.Ve., *I. R. Magistrato di sanità marittima*, b. 60.
ラッザレットは橋でつながれたふたつの島で形成されていた。小さい方の島には火薬を監視する兵士用の宿泊所があった。大きい方の島は長方形で、長辺が350m、短辺が180mであった。建物が並べられ、小広場とふたつの中庭があった。小広場には修道院長とその補佐修道士の住居、道具用倉庫、ポッツォ、伝染病の疑わしい人が検疫期間過ごす施設があった。さらに修道院の中庭には、地方に戻った地方総監 (provveditori generali) とヴェネトの統治官 (rettori veneti) の住居、そして教会があった。
Giannina Piamonte, *Litorali ed Isole: Fuida della Laguna Veneta*, Venezia: Filippi editore, 1975, p.99.

ラッザレット・ヌオーヴォ

　1456年、伝染病対策に関する新たな提案が持ち上がった。1423年にサン・ラッザロの近くにラッザレットが建設され、伝染病患者が送り込まれていたが、それとは別に、伝染病を完治するまで滞在させる島の計画が議論されたのである [*94]。おそらく伝染病の蔓延が深刻化し、ラッザレットをさらに拡大しようとしたのではないかと考えられる。計画では、サン・ラッザロ（現在のサン・ラッザロ・デリ・アルメーニ）の近くに検疫期間滞在するための新たなラッザレットの配置が考えられた。サン・ラッザロのハンセン病の療養所を一時的にサン・クレメンテに移し、続いてサン・ジャコモ・イン・パルード（S. Giacomo in Paludo）に移した。この時期、サン・クレメンテの修道院には数名の修道士が残っているのみで [*95]、後者の修道院は廃墟だった。そのため [*96]、患者を受け入れる施設に選ばれたと想像される。

　そして、アドリア海とラグーナの間に細長く横たわるペッレストリーナ島に位置するサン・ピエトロ・イン・ヴォルタ（S. Pietro in Volta）に、療養所（convalescenziario）の建設を決定する。しかし経済的な理由により、1456年8月31日、建設は中断した。その後、渡航者がヴェネツィア本島に入る前に、伝染病にかかっていないかを調べるため、30日間彼らを隔離する必要性が再提案され、サン・ピエトロ・イン・ヴォルタの療養所計画が再開された [*97]。

　こうした伝染病の予防には、持続的に多額の投資が必要であった。病気が流行するごとに委員を設置し、対策が講じられてきたが、1460年、マッテオ・ヴィットゥリ（Matteo Vitturi）とパオロ・モロジーニ（Paolo Morosini）は、予防対策に投資しながら持続的に公衆衛生を管理する、継続的な行政官の緊急な設置を通告した [*98]。そして、伝染病を阻止する新たな機関として1468年7月18日の政府の通達により、サンテラズモの東側にラッザレットが建設された。すでに存在していた「ラッザレット」と区別するため、新たに建設された島を「新しい（ヌオーヴォ）」という意味で「ラッザレット・ヌオーヴォ」と呼んだ。

　ラッザレットが置かれる以前のこの島について触れておこう。この島は青銅器時代から人類の存在が確認されており、古代ローマ時代の遺跡も見つかっている [*99]。アルティーノからトルチェッロを通りアドリア海へ抜ける

途中に位置し、古くからテッラフェルマへの水の道を監視する場所として機能していた。島の存在史料では1015年まで遡ることができ、もともと「ヴィーニャ・ムラータ（Vigna Murata）」と呼ばれていた [＊100]。ヴィーニャはブドウ畑、ムラータは壁で囲まれたことを意味し、塀のなかでブドウを栽培していたと推測できる。1107年、島はサン・ジョルジョ・マッジョーレ修道院に所有され、サン・バルトロメオ教会が建設された [＊101]〈**図51**〉。サン・ジョルジョ・マッジョーレ修道院はベネディクト会の修道院であることから、ここでもラグーナにおけるベネディクト会の活動が見られる。

　1468年、この島は地中海から来た伝染病の疑いのある人を滞在させる場所となった。ヴェネツィアに入る前に、疫病の潜伏期間とされる40日間島に滞在させ、病気が発症しないか確認した。この40日間のことをクアランテナ（quarantena、40はクアランタ quaranta）といい、現在では検疫期間を意味する言葉として使われる。英語の検疫所（quarantine）はクアランテナが語源である。

　このラッザレット・ヌオーヴォの財源もまた、塩の会計であった。この時、所有者のサン・ジョルジョ・マッジョーレ修道院に政府は年間で50ドゥカートの賃料を払った [＊102]。

　ラッザレット・ヌオーヴォをくわしく見ていくと、1552年の鳥瞰図から教会と鐘楼に連続するように、煙突を配した建物が中庭を取り囲んでいることが

51　サン・バルトロメオ教会の跡地

わかる〈図52〉。煙突の数から多くの人がここで生活していたと想像される。この建物の上側には壁で仕切られた墓地と、運河から引き込まれた、船を係留することができるカヴァーナ（cavana）が描かれている。

この土地が選ばれた理由として、アドリア海の出入口に近いが、サンテラズモの存在により波が安定し、船が着岸やすかったという地理的な条件が考えられる。またバレーナ地帯であることから、新たに大きな施設を建てられるような広大な敷地を確保しやすかったと推測される。国営造船所の近くであることや、サン・ジョルジョ・マッジョーレ修道院が所有していたことも、誘致に関係していたのかもしれない。

ラッザレット・ヌオーヴォで重要な建物は、1560年前後に建設されたテゾン・グランドである [*103]。海から運ばれて来た商品をヴェネツィアに届ける前に殺菌するための施設で、屋根付きのポルティコを配した非常に通気性のよい構造になっている。殺菌には、セイヨウビャクシン（ginepro）やローズマリーのような香草の煙が使用された。この施設は長さ102m、幅22mもあり、ヴェネツィアの公共施設のなかでは、国営造船所の縄の製造所であるコルデリアの次に大きい建築である [*104]。現在この建物は見学可能で、壁の内側には商人、バスタツィ（bastazi）という荷物を運搬する人（facchini）、検疫に関する衛生の行政官の管理者（guardiani）などの存在を示す文字や絵が無数残っている〈図53〉。これは、かつて衛生のために石灰を塗っていたが、考古学調査の際、石灰を剥がしたところ、オリジナルの文字や絵が出てきたものだという。

16世紀後半、検疫に関するさまざまな建物が建てられた。1576年、フランチェスコ・サンソヴィーノ（Francesco Sansovino）は「100部屋の設置」を記録している [*105]。16〜18世紀の復元図には、煙突がずらりと描かれている〈図54〉。

またもうひとつ特記すべき施設は火薬倉庫である。16世紀の戦いにおいて、大砲の重要性はきわめて高かった。そのためヴェネツィア政府は、火薬やその原料を保管する倉庫をテッラフェルマの多くの都市やラグーナ内に建設したのである。火薬倉庫は尖塔状の屋根をもち、「火薬の塔（torresini da polvere）」とも呼ばれた [*106]。16〜18世紀の復元図には2ヵ所描かれており、そのう

ちのひとつを現在も見ることができる〈図55〉。イストリア産の石で頑丈につくられている。ラッザレット・ヴェッキオはこうした危険物を保管する役割も担い、ヴェネツィアを支えていたのである。この火薬倉庫の存在から、すでにナポレオン支配下以前に島を軍事的に利用していたことがわかる。19世紀から1975年まで軍事目的で使用されていた［＊107］。現在は博物館として開放され、エコス・クラブ（Ekos Club）により発掘調査が行われている。その調査隊の住宅もある。

52　1552年　ラッザレット・ヌオーヴォの鳥瞰図
ラッザレット・ヌオーヴォの上側にある陸地部分はサンテラズモである。
A.S.Ve., *S.E.A.*, Disegni, *Lidi*, dis. 3.

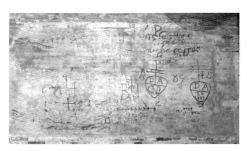

53　壁に描かれた当時の文字や絵

54　16〜18世紀のラッザレット・ヌオーヴォ復元図（Giorgio Barletta作成）
Gerolamo Fazzini (a cura di), *Venezia: Isola del Lazzaretto Nuovo*, Venezia: Tipo grafia Luigi Salvagno, 2004.
商品を殺菌する施設やそれに携わる人たちの住居が建設された。検疫委員会（Consiglio dei Quaranta）によって4年ごとに選出された執政官（priore）の住居もあった。保管された商品を監視する役目を担った。島内の100部屋の不足時には、サンテラズモにも居住空間を整備した。古いガレー船や3本マストの戦闘用帆船が住居に転用された。Giannina Piamonte, *Litorali ed Isole: Fuida della Laguna Veneta*, Venezia: Filippi editore, 1975, pp. 68-70.

55　16世紀後半に建設された火薬倉庫

ポヴェリア

ヴェネツィア政府は1423年にはナザレトゥムに、1468年にはヴィーニャ・ムラータにラッザレットを置き、1485年には検疫に関する衛生の行政官を設置して本格的に伝染病対策を実施してきた。そして16世紀後半には、商品を殺菌する施設を建設するなど対策を強化してきた。しかしこうした対策を講じるも、長い間伝染病との戦いは続いていた。さらに1782年には、ポヴェリアにラッザレットを設けることを決め、島は「ラッザレット・ヌオヴィッシモ (lazzaretto Nuovissimo)」と呼ばれるようになった [*108]。現代では、検疫所が空港や港湾の国際ターミナルに置かれ、その国の最前線で感染症を予防している。そう考えると、ポヴェリアはマラモッコ港とサン・マルコ水域を結ぶサン・スピリト運河の河口に位置し、さまざまな海から来た商船が立ち寄る場所として理に適っている。

では、最初にこの場所の歴史的に触れておきたい。島の古い名称はポピリア (Popilia) という。名前のひとつの説は植物のポプラ (pioppo) のラテン語である「ポプルス (Populus)」に由来するもの、もうひとつの説はリミニとアクイレイアを結んだローマ街道の「ポピリア・アンニア (Popilia Annia) 通り」に近いというものである。5〜6世紀、バルバリ族の侵入によりパドヴァやエステから逃亡して来た人々に避難場所として島が提供された [*109]。

809年、ポヴェリアはヴェネト公国の首都であるメタマウコ (Metamauco) の防衛の役割を担っていた。この時、住民は侵略してきたフランク王国から逃げるべく、リアルトに移り、ポヴェリアは放置された [*110]。

864年、ヴェネツィア貴族の陰謀で、ピエトロ・トラドニコ (Pietro Tradonico) 総督が殺され、総督の使用人と奴隷はドゥカーレ宮殿に40日間閉じ込められた。次のオルソ・パルテチパツィオ (Orso Partecipazio) 総督は、彼らにポヴェリアに住むことを許可し、彼らに多くの特権を与えた。その結果、ポヴェリアは1世紀も満たないうちに200家族が暮らすようになり、後に家は800軒にのぼったという [*111]。首都だったメタマウコのすぐ近くに位置することから、当時この辺りは住みやすかったと思われる。その理由として、産業が育っていたことがあげられる。数多くの文書や商取引の史料によると、この島は、

漁業や塩の生産活動で経済的に発展した。この島の特権は、マラモッコ港から入る公共や個人の船を曳航し、縄を提供して係留させるというものであった。また100歳以上の高齢者が珍しくないほど、健康を育む新鮮な空気で島は有名だったという [＊112]。ラグーナの自然環境のよさを表している伝説である。そして島はいつしか「ポヴェッジャ (Poveggia)」、「ポヴェジャ (Povegia)」と呼ばれるようになった。このころ、島は行政長官 (podesta) によって管理された [＊113]。

そして、ポヴェリアは次の局面を迎える。1379年、ジェノヴァと戦ったキオッジア戦争の間、「オッタゴノ (Ottagono、八角形)」の要塞が建設された。このオッタゴノは、16世紀に防衛のためにつくられる八角形島のモデルとなった。キオッジア戦争の間、ポヴェリアの住民はジュデッカ、ヴェネツィアのサン・トロヴァーゾ、サンタニェーゼの地区に移住した [＊114]。

その後、ポヴェリアに戻った時、水や嵐、地震によって島の面積は縮小していた。人口は激減したが、何人かは島に残り、次のような従来の特権が与えられた。税金の免除、マラモッコ港での船の曳航、海との結婚の祝祭でお召し船の出入りをする際の総督の護送、一部の高齢者による魚の自由売買、総督が指揮権をもたない軍事的事業の実施などである [＊115]。

1527年、カマルドリ会修道士 (Camaldolese) は修道院を建設するため、政府からポヴェリアを無償で提供された [＊116]。カマルドリ会はベネディクト会から派生していることから、ここでもベネディクト会の活動が見られる。16世紀の島を示した詳細な図があり、島の中央にサン・ヴィターレ教会が描かれている [＊117]〈図56〉。この地図の左下には八角形の島があるはずだが、この地図には描かれていない。島の右下に「リーヴァ (riva)」と書かれた階段状の岸があり、ここから島に上陸するようである。「テザ・カラファイ (teza calafai)」と記載された建物は、ラッザレット・ヌオーヴォで取り上げたテゾン・グランドのように、ポルティコを配した開放的な建物である。ここに小舟が保管された [＊118]。

1661年、島の再建を試みるも、人が集まらなかった [＊119]。このことから、このころは人がほとんど住んでおらず、廃屋状態に近かったと想像でき、検

疫システムを強化しようとしていた時にちょうどすぐ使えそうな土地だったと推測される。

　1777年、検疫に関する衛生の行政官の管轄下におかれるようになった。漁船はリド港方面ではなく、ポヴェリア運河方面を通るようにさせられた [*120]。ポヴェリアを検疫で使用するにあたり、商船と漁船の航路を整備したことがわかる。

　1782年、ポヴェリアはヴェネツィアに入港する商船の乗組員の感染症検査と、商品の殺菌のための場所になった。このころの殺菌方法はこれまでの薬草のほかに、塩素の蒸気や硫黄のけむりで行われ、商品や郵便物は徹底して殺菌された。また1793年、1799年に入港した商船からペストが確認され、ポヴェリアは一時的にラッザレットとして利用された [*121]〈図57〉。このようにポヴェリアは、1797年のヴェネツィア共和国崩壊以後も検疫の役割を担っていた。

　1805～1814年、ポヴェリアには、さまざまな専門科を設けた伝染病院が設立された [*122]。この間、1808年の運河の浚渫作業により、北側の部分が埋め立てられ、現在見る3つの島が完成〈図58〉、1814年、オーストリア政府下で、港湾検疫管理局 (Magistrato di Sanità Marittima) に譲渡される。1831～1837年、コレラが全ヨーロッパを襲ったが、ヴェネツィアでは検疫システムのおかげで大きな被害とはならなかった [*123]。

　オーストリア支配の時代に起きた興味深い出来事をあげておこう。1828年4月28日、エジプトの副国王からオーストリアの皇帝、フランチェスコ1世への贈り物がポヴェリアに降ろされた。その贈り物はなんとキリンであった。ヴェネツィアで大きな話題になり、この珍しい動物を一目見ようと、検疫期間に多く人が島を訪れたという [*124]。

　こうしたラグーナの島々が検疫の役割を担い、ヴェネツィアを支えてきたのである。

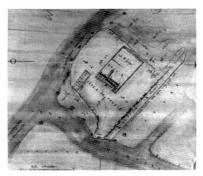

56 16世紀　ポヴェリアの地図
A.S.Ve., *S.E.A.*, Disegni, *Laguna*, dis. 155.

57 1793年　ポヴェリアの鳥瞰図
B.M.C.Ve, Ms. P.D., b.724 c/V.

58 現在　ポヴェリア
出典は図49と同じ

19世紀、軍事施設として利用される島々

　19世紀初頭、ナポレオンの政策により、ラグーナの島々は新たな局面を迎える。

　その代表的な動きとして、修道院が廃止され、共同墓地ができたことはよく知られている [*125]〈図59〉。もともとヴェネツィアでは、遺体は所属する各教区の教会堂内や広場の片隅に分散して葬られていた [*126]。しかし、ナポレオンの命により、ヴェネツィアの北側に位置するサン・クリストフォロとサン・ミケーレを統合した島に集約された [*127]。

　もうひとつの新しい動きは、ラグーナの軍事的強化である。16世紀、カンブレー同盟軍との戦いの後、ラグーナの軍事的政策が行われたが、それをさらに強化された。

　軍事政策の意図を示すものとして、1801年に作成されたヴェネツィアの軍事用の地図がある〈図60〉。この地図には要塞化の場所、島・運河・集落の名称が記載されている。要塞化の場所に関しては、それぞれの潮流口に位置する要塞の平面図も掲載され、ラグーナの入口を堅固に守る意図が読み取れる。要塞化の場所の一覧には、潮流口の要塞名のほかに大砲の配置場所や、塔の位置も記載されており、島の具体的な利用を知ることができる。大砲はキオッジアの南に位置するブロンドロ港付近と、ヴェネツィア本島を囲むように配置されている。

　この地図に記載されていないものでは、軍事目的の倉庫や兵舎の利用も、ラグーナの軍事利用の例としてあげられる。1807年の法令により、修道院やスクオーラ（信徒会）が廃止され、その建物の多くが倉庫や兵舎などの軍事施設に転用されたのである。ラグーナの島々は、オーストリア支配下やイタリア統一後も軍事的な利用が続き、20世紀半ばまで国有地だったところが多い。

　現在修道院のあるサン・フランチェスコ・デル・デゼルトも、ずっと修道院として使われていたわけではなく、兵舎や爆薬倉庫として利用されていた時期がある。1856年、オーストリア支配下で島はヴェネツィアの総大司教に寄贈され、1858年にフランシスコ会の修道士が戻り、現在に至る [*128]。サント・

59 サン・ミケーレの墓地

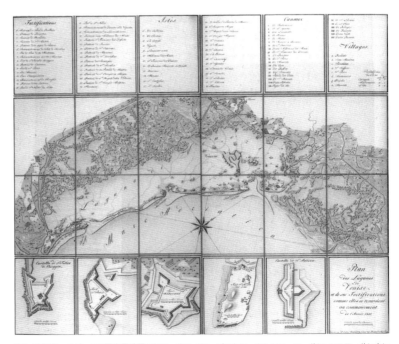

60 1801年　ラグーナの軍事用地図とキオッジア、サン・ピエトロ、アルベローニ、サン・ニコロ、サンタンドレア要塞の平面図
ウィーン、Osterreichische National Bibliothek, Alb. 157/26.
出典は図14と同じ

スピリトの修道院も兵舎や火薬倉庫に転用され、第二次世界大戦まで使用された [*129]。サン・ジャコモ・イン・パルードでも兵舎に活用された [*130]。このように、修道士の居住空間が備わった修道院を、兵舎として転用するのは理に適っていた。さらに島という特殊な立地であるために、管理しやすかったと考えられる。

　この軍事政策は、オーストリア政府下でさらに強化された。1848～1849年、ヴェネツィアが独立をするが、その後、オーストリア政府は新たな防衛政策に乗り出すのである。ラグーナ全体の防衛を示す地図が、1850～1862年に作成されている〈図61〉。この地図にはヴェネツィア本島に近いリドとサンテラズモに大砲の設置箇所が示してあり、アドリア海からの攻撃を防衛しようとしたことが読み取れる。リドではここまで多くは実現しなかったが、数ヵ所に軍事施設が配置された。

　サンテラズモは、農地の広がる野菜供給の島としてよく知られている。とくにアーティチョークは有名である。しかし、この島にはもうひとつの役割があった。この時代の地図を見てもわかるように、サンテラズモはアドリア海に面しており、ラグーナとアドリア海の境目に位置する島のひとつだった。現在のような潮流口になるのは、イタリア統一後に行われる1882年の土木事業によるのである [*131]。つまり、それまでは外洋に接していたため、ラグーナに入港する船を監視する役目があった。レ・ヴィニョーレ方面の島端には、1813年に港を守るためにつくられた円形の要塞がある〈図62〉。オーストリア支配下では、反乱の間、マッシミリアーノ皇帝が要塞に避難した。この時からこれはマッシミリアーノ塔（または要塞）と呼ばれるようになり、第二次世界大戦まで使用された [*132]。

　また、サンテラズモの北側にある小さなクレヴァン（Crevan）にも軍事基地を計画したことがわかる。この辺りまでラグーナを防御するのに重要なエリアだったと想像される。

　そのほかに、軍事的に使用された島の例をあげておこう。

　サン・ニコロの西側に位置するラ・チェルトーザ（La Certosa）は、射撃演習場として使用された [*133]。イタリア軍に管理された後、長年放置され、国有

地から市の所有に移った [＊134]。

　サンタンドレア要塞とつながっているレ・ヴィニョーレ (Le Vignole) には広い運河があり、ここは1920年代から水上機基地として利用された [＊135]〈**図63**〉。現在も島の一部は軍事基地である。

61　1850〜1862年　ラグーナの軍事機能を示した地図
ウィーン、Kriegsarchiv, Ausland Ⅲ, Venedig 13.
出典は図14と同じ

62　サンテラズモのマッシミリアーノ塔
出典は図14と同じ

63　チェルトーザ　水上機の発着
F. Ogliari, A. Rastelli, *Navi in città: Storia del trasporto urbano nella Laguna Veneta e nel circostante territorio*, Milano: Cavallottieditori, 1988.

病院が配置された島々

　ラグーナの島々には、病院としての役割もあった。すでに12世紀にはサン・ラッザロでハンセン病患者を受け入れ、隔離病棟のように機能していた。ラッザレット・ヴェッキオでもペストの隔離病棟の役割を担っていた。1725年、サン・セルヴォロは軍事病院となり、規模を拡大していった。このように共和国時代から、病院を島に設立し患者を隔離する動きがあった。この役割は共和国崩壊以後も続き、20世紀に入っても続いていた。ここでは19〜20世紀の病院について島ごとに見ていきたい。

サン・クレメンテ

　サン・クレメンテはジュデッカの南に位置し、マラッモッコ潮流口とサン・マルコ水域を結ぶ運河沿いに立地する〈**図64**〉。もともとここには修道院が建っており、1522年から、貴族用のラッザレットになった。伝染病の流行する場所から来た人が、検疫期間中に滞在する場所となったのである [*136]。その時のエピソードに、次のようなものがある。

　1630年、検疫期間中にサン・クレメンテで過ごしていたマントヴァの大使は、ペストにかかっていた。島で働いていた家具職人にペストを移したが、家具職人は住んでいたヴェネツィアのサンタニェーゼ (S. Agnese) に戻った。その結果、家族にペストを移してしまい、ヴェネツィアでたちまち大流行したという。この時のペスト終息を感謝し、後に建設されたのがサンタ・マリア・デッラ・サルーテ教会である [*137]。その後、ナポレオンの修道院廃止まで、修道士の活動の場として利用された [*138]。

　再び隔離施設として利用されるのは、オーストリア政府下である。1855年、ヴェネト修道会 (province venete) 管轄の中央女性精神科病院 (Manicomio Centrale Femminile) が創設された。それ以前、精神病患者は、1804年からサン・セルヴォロ、1834年にはサン・ラッザロ・デリ・アルメーニで治療されていた。サン・クレメンテでは1858〜1873年にかけて、崩壊した修道院を改修し、患者を多く受け入れるようにした。1932年には県の経営になり、おもにヴェネツィア

からの患者、男女900人を受け入れた。そのほかの県内から来る患者は、サン・セルヴォロに受け入れている [*139]。

このように、島は隔離施設として機能してきた。精神病患者が隔離され、治療を受けることはどの国でも行われ、日本も同様である。しかし、イタリアでは、家族や地域から離された環境で治療することに疑問をもち、世界に先駆けて精神科病院を閉鎖する政策が1978年に始まり、徐々に減らしていった。サン・クレメンテも1992年に閉鎖されている [*140]。

サッカ・セッソラ

この島は、スタツィオーネ・マリッティマの運河掘削による泥で、1870年につくられた人工の島である〈**図65**〉。「サッカ（sacca）」は埋め立てられた場所によく使われる単語である。ほかにもジュデッカの端に位置するサッカ・フィゾラ、サッカ・サン・ビアジョなどがある。「セッソラ（sessola）」は、船底の湾曲部分や船底から水を取り出すときに、ヴェネツィアの人が使う木製のシャベルの名でその形に似ているところから来ている。現在島の名前はローゼ（Rose）と呼ばれる。最初はブドウの木、菜園、樹木のある島だったが、その後、石油を保管するための倉庫が建設された [*141]。

64 病院のあった島の位置
①サン・セルヴォロ ②サン・ラッザロ・デリ・アルメーニ ③サン・クレメンテ
④サッカ・セッソラ ⑤ラ・グラツィア

隔離病棟として利用されたのは、1911年、ヴェネツィアでコレラが流行った時である。この年の様子はドイツの作家トーマス・マンの『ヴェニスに死す』にも描かれている。

　サッカ・セッソラでは、倉庫の一部が隔離病棟（ラッザレット）に用いられた。1914年、肺結核の患者をサッカ・セッソラに移した。後にグラツィアに分館が建設される。

　新たに別棟を増築し、病院は「サン・マルコ結核療養所」と呼ばれた。第一次世界大戦中、療養所は閉められ、1920年に再開した［*142］。

　敷地内には、1921年に建設されたネオ・ロマネスク様式の教会がある。まるで中世から存在したかのようで、島の新しさを感じさせない〈図66〉。1931年には、新たな病院の建設を始め、1936年に開業した［*143］。船で直接建物の内部にアクセスできるようになっており、島に立地するメリットを最大限に活かした建物であることがわかる。この時代は、運河から直接建物にアクセスできる建築が再度建てられる時期でもあり、水と人との関係が再構築された時代なのである。その例をここでも確認することができた。

　また、1975年ごろは、公共交通の路線があり、リーヴァ・デリ・スキアヴォーニのヴィットリオ・エマヌエレ2世像の前から10番の水上バスでこの島に行くことができたという［*144］。

　そして先述の1978年の法律により、1980年に病院は閉鎖した。

65 サッカ・セッソラ
Arturo Colamussi, *Isole della Laguna di Venezia: Guida Aerofotografica*, Ferrara: Editore Endeavour, 2007.

66 サッカ・セッソラ　ネオ・ロマネスク様式の教会

ラ・グラツィア

　最後にラ・グラツィアを見ておこう〈**図67**〉。この島はサン・ジョルジョ・マッジョーレの南に位置し、10世紀末、サン・ジョルジョ・マッジョーレの修道院が所有していた [*145]。1810年、修道院の廃止後、軍事施設となり、島には火薬倉庫が建設された。しかし1849年に爆発し、象徴的な姿や痕跡をすべて消し去った。その後、1895年まで、島には農民に貸していた菜園があり、市場用の野菜を栽培していた [*146]。

　隔離病棟は、20世紀に入って設置された。1914年に、サッカ・セッソラに移転した結核患者のための分館を建設し、1921年から伝染病患者を受け入れた。そして1952年には、脊髄性小児麻痺患者用の新たな専門の科を設けた。1975年ごろは、この島にも公共交通の路線が通っており、10番の水上バスで行くことができた [*147]。

　このように、19〜20世紀、ジュデッカの南側の島々には、特別な治療を要する病院が建設されていった。ヴェネツィア本島内に置きにくい施設を受け入れる器としてラグーナの島々が役割を担っていったのである。この時期は負の側面が強かったといえよう。

67 1696年　ラ・グラツィアの版画
出典は図14と同じ

ヴァポレットと接続する島々

　ヴェネツィアの周辺に浮かぶ島々には、負のイメージが定着した島が多かったが、その一方で注目され続けている島もある。それが、リド、ムラーノ、ブラーノ、トルチェッロそしてキオッジアである。地元の人たちにとっては、また、野菜や果物の産地であるサンテラズモ、墓地のあるサン・ミケーレ、美味しい魚料理が食べられるサン・ピエトロ・イン・ヴォルタ (S. Pietro in Volta) などもなじみがあるだろう。

　リド、ムラーノ、ブラーノ、トルチェッロそしてキオッジアにおいては、共和国時代からヴェネツィア本島内からトラゲットも存在していた。1697年のトラゲット乗り場の図にも示されている〈2章・図59, 63〉。これらの島々は近代化の過程で負のイメージをもたれることなく、現在に至るまで人気の観光場所となっている。その理由は、修道院だけでなく、もともと一般市民の生活する場所でもあったことが指摘できる。そのため、島全体を軍事基地などの国有地として利用することが難しかった。また、市民が暮らしていたから注目されたわけではなく、やはりきっかけがあったに違いない。

　たとえばリドの場合は、1857年の海水浴場の開設がある。当時ヨーロッパで海水浴が流行し、その流れに乗るように海水浴場が設けられた。ヴェネツィア本島とリド間の舟運が活発になり、1858年には早くも、軍事用の蒸気船（ヴァポレット）を利用してリドへの運航が始まった。そして1868年4月には、海水浴場の運営会社によってリーヴァ・デリ・スキアヴォーニからリドへヴァポレットの運航が開始された。近代化の過程で、海水浴場という新たな価値を見出し、リドは大きく方向転換したのである。リドが劇的に変化していく過程については、後に詳しく取り上げたい。

　近代化の過程でこれらの島が注目され続けた背景には、ヴァポレットの運航もあると考えられる〈図68〉。具体的な路線や航路については、1895年の路線図を参照していただきたいが〈2章・図67〉、1868年にはすでにムラーノ、ブラーノ、トルチェッロは、ヴェネツィア本島とヴァポレットで結ばれていた[*148]。キオッジアとヴェネツィア本島を結ぶヴァポレットは1869年には始まっ

ている。いずれにしても、ヴェネツィア本島内のカナル・グランデでヴァポレットの運航が始まる1881年よりも早い動きである。ヴェネツィアがイタリアに統一された後、ヴェネツィアでは工業が活発になり、本島の外から働きに来る人々が多かったと想像される。またムラーノも産業地域へと発展する過程にあったことから、このころはヴェネツィア本島への労働者の移動手段としての意味合いが強かったと思われる。

　そして、もうひとつの重要な背景として、観光目的でヴァポレットの運航が開始されたことがあげられる。1881年6月1日にトルチェッロとブラーノを結ぶ遊覧船と、マラモッコ、ペッレストリーナそしてムラッツィを結ぶ遊覧船の開通が宣伝された[*149]。同年7月からはイギリスの船舶グループが、8月からはイタリアの船舶グループが、リドをめざしてヴェネツィアを訪れていた。1880年代はヴェネツィアの観光化が本格的に始まっていたのである[*150]。

68 1882年頃製造されたヴァポレットのトルチェッロ号
出典は図63と同じ

こうした島々は、19世紀末に始まった写真の撮影場所にも選ばれており、当時においても価値ある空間と認識されていたことがわかる。ムラーノでは、1887年にビザンティン様式のサンティ・マリア・エ・ドナート（S. S. Maria e Donato）教会が撮影されており、教会の重要性が感じられる［*151］〈**図69**〉。また、ラグーナのなかでも歴史が古く、5世紀には人が住み始めたことが知られているトルチェッロも、1887年に撮影されている。写真には、639年創建のサンタ・マリア・アッスンタ大聖堂と11世紀に建設されたサンタ・フォスカ教会が映し出され、ムラーノ同様にモニュメント的な空間に価値が置かれている［*152］〈**図70**〉。そして、色とりどりの住宅が密集する漁村のブラーノでは、運河に係留された無数の舟が1890年に撮影されている［*153］〈**図71**〉。岸辺では女性たちが座り込んでなにやら作業をしている。特産品であるレース編みをしているのかもしれない。キオッジアについても、魚市場の様子が映し出され、日常風景にも目が向けられている［*154］〈**図72**〉。おそらくこうした光景を求めて、観光客はヴェネツィア本島から繰り出していったに違いない。

　そして、このころには英語で書かれたヴェネツィア史を紹介する本においても、ラグーナに目を向けるものがある。1884年に書かれた『ラグーナの生

69 1887年　ムラーノのサンティ・マリア・エ・ドナート（S. S. Maria e Donato）教会
Luciano Filippi, *Vecchie immagini di Venezia*, Vol.3, Venezia: Filippi, 1993, p.187.

70 1887年　トルチェッロのサンタ・フォスカ（S. Fosca）教会
出典は図69と同じ

活』では、リドのサン・ニコロ教会の歴史が、サン・マルコ寺院よりも先に紹介されている [*155]。また、同書には、リドとマラモッコの間に位置するムラッツィで海水浴をする庶民の姿も収録されており、ムラッツィで海水浴ができることを知る重要な史料である。1912年に出版された英語の観光ガイドには、ヴェネツィア本島から墓地のサン・ミケーレを通って、ムラーノ、ブラーノ、トルチェッロをめぐる歴史的なコースが紹介された [*156]。ムラーノについては、ガラス産業が有名であることと、サンティ・マリア・エ・ドナート教会とサン・ピエトロ・マルティレ教会が紹介されており、モニュメント的な観光が推薦されている。さらに1926年にもなると、ヴェネツィア本島よりも先に、トルチェッロ、ブラーノ、ムラーノ、マラモッコ、ペッレストリーナ、キオッジアといったラグーナの島々が紹介されている [*157]。

　このように、リド、ムラーノ、ブラーノ、トルチェッロ、キオッジアは、ヴェネツィア本島とヴァポレットで結ばれたことで工業地域への通勤と、観光客の往来により発展し続けたのである。

　次にムラーノについて産業の発展過程を見ていきたい。

71　1890年　無数の舟が係留されたブラーノの運河
出典は図69と同じ

72　キオッジアの魚市場
出典は図69と同じ

ムラーノ

　ムラーノは、アルティーノから逃げてきた人たちによって創設され、彼らの名前のひとつから、アンムリアヌム（Ammurianum）と呼ばれていたとされている。また、ラグーナ内のほかの島と同様にランゴバルド人の侵攻によりオデルツォからの逃亡者も避難してきたという。ムラーノはそれ以前の1世紀から、現在の飛行場のある辺りのカンパルト（Campalto）とテッセラ（Tessera）の商港として利用されていた。また製塩業や水車による産業、狩猟、漁業を営んでいたといわれている [*158]。

　水車については先に見た、15世紀のサンタ・マリア・デリ・アンジェリ（S. Maria degli Angeli）の修道院の史料から、潮の干満差を利用して水車を回していたことが知られている [*159]〈**図17**〉。ラグーナの水面を土手のような堤防で囲み、水門を設けることで水位を調整する仕組みである。この水溜りの部分には「モロジーニの水面（Iago di Morexini）」と記載され、アクイーモリと呼ばれるタイプの水車も、モロジーニ（Morosini）の所有であった。また、水面はサン・サルヴァドール（S. Salvacor）教会、サンティ・マリア・エ・ドナート教会〈**図73**〉にも部分的に所有されていたという [*160]。こうしたことから、ラグーナ内の大規模な施設を複数の教会で使用していた実態が浮かびあがってくる。

　さて、ムラーノについて最も古い公的な史料は846年に遡る [*161]。そのころのムラーノは独立した自治を行っており、まずトリブニ・ミノーリ（tribuni minori）という行政官に、後にトリブニ・マッジョーリ（tribuni maggiori）という行政官に管理されていた。その後1171年に、総督のヴィターレ・ミキエル2世（dogado di Vitale II Michiel）のもと、ヴェネツィアのサンタ・クローチェ地区と統合され、この統合は100年ほど続いた。そして13世紀の終わりに、ロレンツォ・ティエポロ（doge Lorenzo Tiepolo）のもとで、「ポデスタ（podestà）」の肩書をもつヴェネト貴族（patrizio veneto）の管理下に置かれた [*162]。このポデスタの任期は約16ヵ月であったが、ムラーノは独自の法律（leggi）を持っていたのである。大評議会（Maggior Consiglio）が、500人の貴族で構成されていた [*163]。そのことは、ムラーノが自治を行っていたことを意味し、この自治権は1924年まで続いた [*164]。

1291年に火災防止のため、ヴェネツィアでのガラス製造が禁止され、ガラス工場はムラーノに移設されることになった [*165]。これにより、島のなかで高いガラス技術が磨かれ、今日世界中で知られるムラーノ・ガラスへと成長するのである。

　ムラーノのガラス産業は、火を起こすために大量の木材を必要とした。原料となる木材や木炭はフリウリやイストリアといった遠方から運ばれたものも多いが、テッラフェルマのピアーヴェ川沿いからも多く運ばれてきた。たとえば、フォルトゥーナ（Fortuna）という工場を所有するマッツォラ（Mazzolà）家に関する18世紀の史料からそのことがわかっている。また、このころのガラス工場の位置が特定できるのは、ヴェネツィア本島に近いセレネッラ地区（località Serenella）である。ムラーノで筏の通過と荷下ろしのための規則が制定された1788年の史料には、セレネッラ地区にガラス工場（fornaci）があるため、その付近においては、「薪を含む、荷を積みすぎた筏の通過を禁止する」と定められている [*166]。そのほかのガラス工場の具体的な位置については、後の1809年の台帳を用いて見ていきたい。

73 サンティ・マリア・エ・ドナート教会

14世紀になると、ムラーノを描いた地図が登場する。18世紀にトンマーゾ・テマンツァ（Tommaso Temanza）によって写された1346年の地図である〈図74〉。この地図から、現在のヴェトライ（Vetrai）運河、カナル・グランデ、サン・ドナート運河に沿って建物が並んでいることがわかる。いつの時代かは定かでないが、カナル・グランデに沿った現在のリーヴァ・ロンガ沿いに立地するポルティコには、ヴェネツィア本島へ向かうトラゲット乗り場があったとされている [*167]。ヴェトライ運河沿いには、13世紀を起源とするサンタ・キアラ教会のほかに、14世紀ごろに建てられたとされるゴシック様式の建物が立地している〈図75〉。1階はポルティコを配し、2階にはゴシック様式の3連アーチの窓が施されている。かつてはアンジェロ・ダル・ガッロ（Angelo dal Gallo）というガラス職人が住んでいたといわれ、建物の正面にはその一族の紋章が残っている [*168]。同運河沿いには、もう1軒、14世紀に建てられたとされるポルティコを配した建物が立地している〈図76〉。この建物も2階にゴシック様式の3連アーチの窓が施されており、先ほどの建物とよく似た形式である。運河の少し湾曲した部分に立地している。運河の湾曲した部分は古い地区という定説から [*169]、かなり初期の段階からここに居住区があったと考えられる。ここで、このふたつの建物に挟まれた建物の配置を検証してみたい。

　特徴は、運河に直行するように道がとられ、その道からアクセスする小住宅が並ぶ構造である〈図77〉。これは今日ブラーノで見ることのできる構造である。古くは、9世紀に形成されていたヴェネツィア本島の教区であるサン・ポーロ、サン・バルナバ、サンタ・マルタ・マルゲリータ〈図78〉などはこれと似た構造だったという [*170]。こうした古い都市組織が見て取れることから、ムラーノのなかでも比較的早い時期にこの辺りに居住核があったと考えられる。

　一方、ヴェトライ運河を挟んだ対面には、運河に直行した道は少なく、むしろ運河に沿って建物が連続的に並んでいる。とくに南側は建物が連続した構造であり、サン・ピエトロ・マルティレ教会周辺とは異なる形式であるため、時代の特定は難しいが、後の時代に発展した構造だろう。

　さて、15、16世紀にもなると、住民は3万人にものぼった。約10もの窯のある工場（fornace）が存在し、ボッテーガ（bottega）という工房や商店が数多

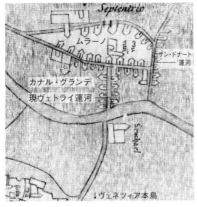

74 1346年の地図 ムラーノ部分
(18世紀、T・テマンツァによって描き写された)
V. Favero, R. Parolini, M. Scattolin (a cura di), *Morfologia storica della laguna di Venezia*, Venezia: Arsenale, 1988 に追記

77 運河に直行する道と住宅群
1841年の不動産台帳の地図(Mappa del comune censuario di Murano)に追記

75 14世紀ごろ建設のヴェトライ運河沿いの建物

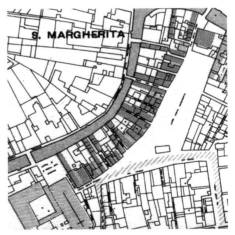

78 9世紀に形成されていたサンタ・マルタ・マルゲリータ周辺
Saverio Muratori, *Studi per una operante storia urbana di Venezia*, Roma: Istituto poligrafico dello Stato, 1960.

76 14世紀ごろ建設のパラッツォ・コッレール
(Palazzo Correr)

くあったという。さらには芸術家グループ (cenacolo di artisti) も存在したことが知られている [*171]。また 15、16 世紀には、17 もの教会があったとされており、1500 年に作成されたデ・バルバリの鳥瞰図では 12 の教会を確認することができる〈**図79**〉。この鳥瞰図から、教会に修道院が隣接していることが読み取れ、それぞれの島の端に立地していることがわかる。修道院による手工業が活発だったという指摘もあることから、広大な敷地を確保できる場所に立地したと思われる。たとえば、先述の 15 世紀のサンタ・マリア・デリ・アンジェリの修道院の史料に示された土手は〈**図17**〉、島の端に立地した同修道院から北側を通り、サン・マッティア (S. Mattia) 修道院の正面まで続いている〈**図79**〉。水車を用いた産業が、大規模に展開されていたことがうかがえる。

　また、この時代、ムラーノでは、ドナ (Donà)、ジュスティニアン (Giustinian)、ダ・ムーラ (Da Mula)、コッレール (Correr)、プリウリ (Priuli) などのヴェネツィア貴族によって立派な庭付きの別荘が建設された [*172]。15 世紀末の人文主義者であるアンドレア・ナヴァジェロ (Andrea Navagero) はヨーロッパを代表する植物収集家のひとりで、菜園では珍しい植物をたくさん栽培していたという話もある [*173]。さらにアカデミーという市民が自由に参加できる学術的な団体が数多くあり、さまざまな才能を生み出し、とりわけ文学者を育てたともいわれている [*174]。こうしてムラーノでは文学的な側面も成長していくのである。

　そしてムラーノにはもうひとつ重要な特権があった。それはヴェネトのすべての都市で統一されている硬貨の鋳造である。この硬貨は「オセッレ (oselle)」と呼ばれ、金または銀でできており、ヴェネツィア共和国の総督が、評議会やその年に最も重要な任務を負った人への贈り物として使われた。もともとの贈呈品は、ラグーナで捕れた鳥やそのほかの獲物だったが、鳥が足りなくなったとき、このオセッレに代替されたという。オセッレは 16 世紀には存在していたことが確認されており、その後 1673 年からムラーノで鋳造することが可能となった [*175]。こうした特権を与えることからも、ヴェネツィア共和国にとってムラーノは特別な存在だったことがわかる。

　1797 年、ヴェネツィア共和国が崩壊すると、ムラーノでも大きな変化が起

きた。教会や修道院の廃止である。たくさんの宗教施設が壊され、4つの教会だけが残された。1659年からトルチェッロの司教がムラーノに住んでいたが、1804年にムラーノを去ることとなった [*176]。

　フランス政府のもとで作成された1809年の不動産台帳（カタスト・ナポレオニコ）の地図から、15の宗教施設の位置を確認することができる〈図80〉。宗教施設の機能としては廃止された状態だが、器としてまだ建物が残っている状況を読み取れる。ムラーノのカナル・グランデやそれに続くサン・ドナート運河のような幅の広い運河に沿って宗教施設が立地しており、その間を埋めるように、パラッツォや庶民住宅などが並んでいる。とくに南側の島は、ヴェトライ運河に沿った道に面して住宅やボッテーガが並び、サンタ・キアラ教会からサン・ピエトロ・マルティレ教会の周辺は都市の中心部のようである。

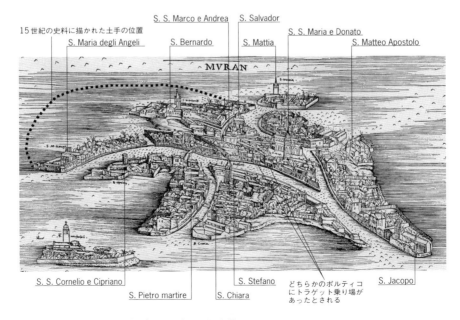

79 1500年　ヴェネツィアの鳥瞰図（ヤコポ・デ・バルバリ作成）
ムラーノの教会と15世紀のサンタ・マリア・デリ・アンジェリの修道院の史料に示された土手の位置を図示。
B.M.C.Ve, CL. XLIV, n. 58 に追記

このヴェトライ運河の「ヴェトライ」はイタリア語で「ガラス工、ガラス吹き職人、ガラス屋」を意味し、現在もガラス製品を扱うショップが並んでいる。

さらにこの台帳から、窯のある工場（fornace）も把握でき、そのなかにはガラス工場（fornace di vetro）も読み取れる[＊177]。工場のほとんどが南側の島に分布しており、そのうちガラス工場はサン・ピエトロ・マルティレ教会側に分布している。これは、ヴェネツィア本島により近いことから、早くからこの場所が選ばれたのではないだろうか。

ここで、工場の立地について少し見ていこう。工場の立地を見ると、表通りに並ぶ住宅の裏側に工場が立地している。その工場の奥には空地が広がっており、断面で見ると「運河―道―住宅―工場―空地―ラグーナ」という順番になっている。この構造は現在も共通しており、運河に平行した道に沿って、ガラス店やショールームが並び、その奥には工場のような生産空間が続いている。1809年の所有関係を見ると、表通りに面した建物[＊178]、ガラス工場、奥の空地はいずれも同一の所有者となっている。これは、運河に対して垂直に敷地割りされた、ラグーナで古くから行われてきた「短冊形」という土地所有の形式であり、サンテラズモやリドの16世紀の史料にも存在する。つまり、19世紀に入っても、この辺りはラグーナの古い形式を受け継いでいることがわかる。

次に、オーストリア政府のもとで作成された1841年の不動産台帳（カタスト・アウストリアコ）の地図を見ると、1809年に比べて、教会や修道院の建物が消滅している〈図81〉。サンティ・コルネリオ・エ・チプリアノ、サンタ・マリア・デリ・アンジェリ、サンタ・マッティア・アポストロ、サン・マッテオ・アポストロ、サン・ベルナルドの修道院が壊され、空地となっている[＊179]。ヴェネツィアでは、廃止された修道院の建物は兵舎や倉庫、後に学校や寄宿舎へと転用されたが、ここムラーノでは跡形もなく壊されている点が大きく違う。サンタ・キアラ教会に隣接する修道院は、1826年にガラス製造業者が購入し、ワインのボトルや窓ガラス、鏡の生産工場として利用されていた[＊180]。1809年と1841年の建物のラインがほぼ重なることから、修道院の建物がそのまま工場に転用されたと思われる。

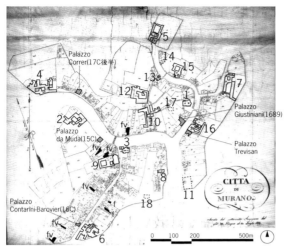

宗教施設の名称
1. S. S. Maria e Donato (7C-)
2. S. S. Cornelio e Cipriano
   (修道院MalamoccoからlO9-1817、La Saluteへ)
3. S. Stefano (1100-1810)
4. S. Maria degli Angeli (12C末-、
   1438 S. Lorenzo di Ammianaを統合、修道院-1832)
5. S. Mattia (修道院S. Mattia Apostolo 1220-1806)
6. S. Chiara (1231-1810、
   修道院S. Nicolò della Torre 1369以前-1489)
7. S. Matteo (Maffio) Apostolo (修道院1280-1810)
8. S. Giovanni dei Battuti
   (Scuola Grande di S. Giovanni dei Battuti,
   1337- ospizio, 1569再建, -1833)
9. S. Pietro martire (1348-1808, 1813-再開)
10. S. S. Marco e Andrea (1496-1806)
11. S. Jacopo (16C以前-19C以前)
12. S. Bernardo (16C以前-19C初)
13. S. Salvador (16C以前-)
14. S. Trinità
15. S. Teresa(アウグスティノ女子修道院)
16. S. Martin
17. S. Maria Concella
18. S. Tieppo

凡例
▢　宗教施設
⸬　1809年以前に壊された宗教施設(位置不明)
▩　パラッツォ
■f　窯のある工場(fornace)
■fv　窯のあるガラス工場(fornace di vetro)

80 1809年　宗教施設、パラッツォ、工場の位置
Comune censuario di Murano, Censo stabile, Mappe napoleoniche, mappa11 に追記

凡例
⸬ 1809年の地図に描かれた宗教施設

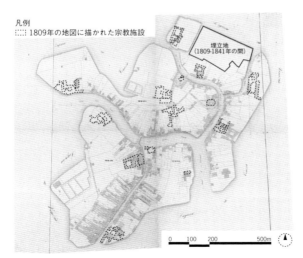

81 1841年　1809年の地図に描かれた宗教施設、1809-1841年の埋立地の位置
Mappa del comune censuario di Murano に追記

さらに、サンタ・テレザ[*181]の北東側は、埋め立ても行われ、19世紀初頭に比べ空地部分が広がったのである。

　そして、19世紀後半以降、ムラーノの産業が再び盛り返し始める。まずは、産業の分布から発展段階を見ておこう。1850年ごろの産業の分布を見ると、このころには産業の中心核ができている[*182]〈図82〉。1ヵ所はヴェネツィア本島に最も近い島の南側で、1809年の工場の位置とほぼ重なる。そのほか、サンタ・キアラ教会周辺とサン・マルティン教会周辺に産業が分布している。

　1880年になると、1850年ごろの産業エリアが拡大するとともに、サン・マッテオ・アポストロ修道院の北側が新たな産業エリアとなっている[*183]〈図83〉。広大な埋め立ても行われ、新たに島がふたつも形成されている。南側の埋立地では産業の分布も見られ、ムラーノがヴェネツィアの産業ゾーンへと発展していく過程を示している。このころヴェネツィア本島では、サンタ・マルタ地区に新たな港湾が整備され、その周辺に倉庫や工場が立地する傾向が見られた。とくにジュデッカの西側は、ムリーノ・ストゥキーに代表されるように産業地域へ発展する時期であった。このように、ヴェネツィア本島周辺が産業地域へと変化していく流れのなかで、ムラーノも産業地域の

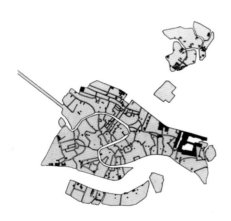

82 1850年ごろの産業の分布
Comune di Venezia, *Venezia città industriale: gli insediamenti produttivi del 19 secolo*, Venezia: Marsilio Editori, 1980.

ひとつに成長したことがわかる。1895年になると、ムラーノのコロンナ広場（Piazzale alla Colonna）とヴェネツィア本島のフォンダメンテ・ノーヴェ間をヴァポレットが30分ごとに運航されており [＊184]〈**2章・図86**〉、ムラーノからヴェネツィア本島へ通勤するだけでなく、その逆にムラーノへも通勤していたのかもしれない。

　20世紀初頭には、南側の島はほぼ産業地域である [＊185]〈**図84**〉。とりわけサンティ・コルネリオ・エ・チプリアーノ修道院の跡地一帯は顕著である。このようにして、1840年までに壊された修道院の跡地を利用して、新たに産業が興った。また同時に1880年ごろまでに埋め立てられた島でも産業の分布が増加している。ジュデッカの産業拡大傾向と同様に、広大な敷地を求めて、土地に余裕のあるムラーノが選ばれたと思われる。

　こうした発展の背景には、1866年のイタリア統一後の、ヴェネツィアを復興する動きとも重なる。とくにムラーノの市長であるアントニオ・コッレオニ（Antonio Colleoni 1810-1885）、修道院長のヴィンチェンツォ・ザネッティ（Vincenzo Zanetti、1824-1883）、弁護士のアントニオ・サルヴィアティ（Antonio Salviati、1816-1890）の影響は大きい。彼ら3人はガラス博物館とガラス芸術学校（Scuora di

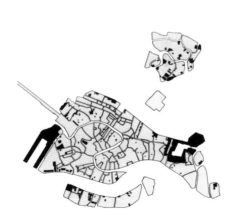

83 1880年ごろの産業の分布
出典は図82と同じ

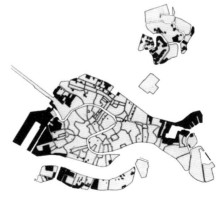

84 20世紀初頭の産業の分布
出典は図82と同じ

disegno applicato all'arte del vetro) を創設し、ムラーノを復興する起点をつくった。そして19世紀末から20世紀初頭には、バロヴィエル家、セグーゾ家、フェッロ家、トーゾ家といった偉大な芸術家が誕生した [*186]。19世紀末のガラス工場の写真には、ガラス吹き職人の華麗な技と、そこで働く若者や少年が映し出されており、師匠の技術を弟子が必死に学ぶ瞬間を捉えている [*187]〈図85〉。また、V・ザネッティによる作品が大きな成果を生んだと指摘されている。彼はガラス製品の偉大なスタイルを生み出し、輸出の市場を取り戻したという。また、郷土史を伝え、ムラーノやガラスに関する論文や島の最初の案内を残した [*188]。

　さて、ここで現在の状況について少し触れておきたい。ヴェトライ運河沿いには、ガラス店がずらりと並んでいる。水上バスでムラーノにたどり着いた観光客は、芸術的なガラス作品の展示されたきらびやかな通りに目を奪われる。このヴェトライ運河沿いに店を構えるバロヴィエル＆トーゾ (Barovier & Toso) 社は、ムラーノ出身の一族であるバロヴィエル家によって創業された〈図86〉。この一族は16世紀にはガラス製造業を営んでいたとされている [*189]。現在の会社は1878年の創業で、1939年に同様にガラス産業の歴史をもつトーゾ家と統合し、バロヴィエル＆トーゾ社となった [*190]。

　ヴェトライ運河を挟んでバロヴィエル＆トーゾ社の向かい側には、サンタ・キアラ教会の建物を利用したガラス店がオープンしている。バールを併設し、飲みながらガラスの美しさを楽しめ、ピアノの演奏もできる演出がなされている〈図87〉。1902年には、サンタ・キアラの修道院を利用した、フランケッティ社のガラス工場がここにはあったという [*191]。

　サンタ・キアラ教会の並びには、フランケッティ社に起源をもつ、1923年に建設されたクリスタッレリア・ムラーノ (Cristalleria Murano) の工場がある。運河に面する建物の正面は、ヴェネツィア共和国の獅子のレリーフが印象的である〈図88〉。かつて、ここでは500人が働いていたが、1960年に閉鎖された [*192]。

　ヴェトライ運河をさらに進むと、サント・ステファノ教会の跡地にたどり着く。この教会は教区教会だったが、1810年に廃止された。礼拝堂 (cappella) は小礼

85 19世紀末のガラス工場のガラス吹き職人
出典は図69と同じ

87 元サンタ・キアラ教会の建物を転用したガラス店
(Ex Chiesa Santa Chiara Murano)

86 おもな施設の位置

拝堂 (oratorio) に転用され、現在も見ることができる。サント・ステファノ広場は、ガラスのアート作品が展示される場として活用されており、2006年12月には、ガラスのクリスマスツリーが飾られ、色彩豊かに輝いていた〈図89〉。

さて、ムラーノにもいくつかパラッツォが建っている。そのなかでも重要なのは、ドナート運河に面して建つパラッツォ・ジュスティニアン (Giustinian) だろう〈図90〉。1689〜1805年にはトルチェッロの司教が住んでいたとされている。1840年にムラーノ市が購入し、1861年にガラス博物館および文書館の最初の核がつくられ、現在、ガラス博物館として利用されている [*193]。ドナート運河を挟んだ向かい側には、パラッツォ・トレヴィザン (Trevisan) が立地する。このパラッツォには、コンテリエ社 (Società Conterie Riunite) のオフィスと倉庫が入っていた [*194]〈図91〉。現在は、1950年に創業したエステヴァン・ロッゼット・ガラス会社 (Vetreria Estevan Rossetto) のオーナーが住んでいる。同社の店舗は、パラッツォ・トレヴィザンの南側に位置し、その裏手には工場が立地している。工場はラグーナに面し、船が直接横付けできるようになっており、団体の観光客も船でこの店を訪れ、ムラーノ・ガラスを体験できる。

さらに南側には、フェッロ・アンド・ラッザリーニ (FERRO & LAZZARINI) の工場が立地している。ここは1929年にエウジェニオ・フェッロ (Eugenio Ferro) とジョヴァンニ・ラッザリーニ (Giovanni Lazzarini) によって創業された [*195]。

そして、最も新しい動きとして、ガラス工場のホテルへの転用がある。かつて2000人が働いていたコンテリエ社の工場は、20年前に閉鎖され、現在は4つ星ホテル (La Gare Hotel Venezia) に転用されている〈図92〉。これは、ヴェネツィア本島で19世紀末から20世紀初頭に建設された倉庫や工場が空洞化し、1990年代に集合住宅やホテル、オフィスへ転用された動きと同じである。ムラーノが産業地域として最盛期を終え、次の局面に入ったことを示している。すでに観光地ムラーノとして確立はしているが、今まではただ訪れるだけの短時間の滞在がおもだった。しかし今後は、このホテルがひとつの宿泊拠点となり、さらに観光客が押し寄せる観光地へ成長するだろう。

88 ヴェトライ運河沿いに立地するクリスタッレリア・ムラーノ (Cristalleria Murano)

89 サント・ステファノ広場に展示された作品のクリスマスツリー

90 パラッツォ・ジュスティニアン (Giustinian)

91 パラッツォ・トレヴィザン (Trevisan) とガラス工場
出典は図82と同じ

92 4つ星ホテル (La Gare Hotel Venezia) に転用されたコンテリエ社の工場

大学・ホテル・レストランの登場する島々

　宗教施設、軍事施設、検疫施設、墓地、病院などラグーナの島々がどのように利用されてきたかを見てきた。自然の地形を活かし、人工的に島を管理してきた歴史である。そうしたなか、軍事施設に利用された島々は、第二次世界大戦以後、軍事機能の縮小で放置され、草木の生い茂るジャングルのようになっている。この放置状態に危機を感じたクロバート兄弟（Giorgio e Maurizio Crovato）は、1978年に Isole abbandonate della Laguna: com'erano e come sono（『ラグーナの見捨てられた島々――かつて、そして現在』）を出版し、島の再評価を訴えた[*196]。これは30年後の2008年に再版され、1978年の廃墟状態の島の写真に現状写真が加えられた[*197]。

　サン・ジョルジョ・マッジョーレのように、戦後すぐチーニ財団によって文化活動の拠点となった島もあるが、多くの島は活用されていないのが現状である。一部の島ではビエンナーレの展示会場にする試みも行われたが、まだ再生には至っていない島も多い。検疫施設のあったラッザレット・ヴェッキオとラッザレット・ヌオーヴォは一部が博物館としてオープンし、その脇で発掘調査が続けられている。ラッザレット・ヌオヴィッシモのポヴェリアは、自然公園にしようという声もあるが、実際にはまだ模索段階で、時々肝試しをしに地元民が上陸している。

　一方、隔離病院は1978年の法律により廃止され、こちらの施設も次にどう利用するかが議論されてきた。そのようななかラグーナの島々のなかでも早い段階で再活用が始まったのは、サン・セルヴォロである。精神科病院の閉鎖後、1995年にヴェニス国際大学（Venice International University）が設立された〈図93〉。学生の寮も島のなかにあり、勉学に集中できる環境である。大学施設に生まれ変わり、教員や学生だけでなく、講演会の際には一般の人も多く訪れる活気あふれる島になった。また船に乗って上陸する行為そのものが、ラグーナの醍醐味を経験できる貴重な機会である。この島から見る夕日は最高である。

　そしてサン・クレメンテとサッカ・セッソラは島全体を民間が所有し、5つ

星の超高級ホテルとして利用されている。

　サン・クレメテは、2003年からセントレジス系列のホテル〈The St. Regis Venice San Clemente Palace〉として利用されている〈図94〉。セントレジスは、1904年にニューヨークで創業したホテルだが、現在はシェラトンやウェスティンなどの超有名ホテルが加盟しているスターウッド・ホテル＆リゾートの系列である。公共の水上バスがないため、この島には、ホテルの専用ボート、水上タクシーまたは個人の船で行くしかなく、ホテル利用者以外は近寄りがたい。こうした利用は、共和国時代の巡礼者の宿泊施設と似ている。しかし、贅沢に過ごすという点では大きく異なる。むしろ、貴族がテッラフェルマの田園やジュデッカ、サンテラズモなどに別荘を構えた動きと通じるものがある。2世紀を経て、再び贅沢に島を利用する機会に戻ってきたのである。さらに完全プライベートではなく、船を利用すれば誰しもが訪れることができる最高のオアシスである。

93 大学施設に転用されたサン・セルヴォロ

サッカ・セッソラも同様に公共交通では行くことができない。図95は2015年6月24日に開業の式典が行われたばかりの新しいホテル（Marriott Hotels）で、島の一部はまだ工事中である。シンメトリーの病棟は、メインの宿泊施設に転用された。船で直接アクセスできる正面玄関はより華やかな空間へと変わり、1階では施設のサービスカウンターで綺麗な女性が迎えてくれる。また、1階にはホテルの受付があるほか、ゆったりとくつろげる贅沢なソファーを置いたカフェもあり、宿泊客以外も利用できる〈図96〉。島の敷地内には、複数のレストランやプールなどがあり、時間を忘れてしばらく滞在できるようなつくりになっている。離島のよさを充分に発揮し、これまでの島の負のイメージを大きく変えた。

　病院が立地したグラツィアは、2007年に競売にかけられ、現在は、トレヴィーゾの会社（Giesse Investimenti S.r.l.）のジョヴァンナ・ステファネル（Giovanna Stefanel）が所有している。ステファネルはファッション業界で人気が高く、日本にも支店がある。清潔感のあるデザインで女性からの信頼は厚い。競売

94 ホテルに転用されたサン・クレメンテ

にかけられた当初の計画は、文化遺産の視点から宿泊施設を整備することであった。現在、その計画はまだ進んでいない。ラグーナの価値ある資産を最大限引き出した活用を期待したい。

　このように、近年、島を再生し、一般に開放する動きが高まっている。ヴェネツィアでは、ヴェネツィアをラグーナから切り離すのではなく、その一部であると考え始めており、「ヴェネツィアはラグーナである(Venezia è Laguna)」という垂れ幕が掲げられている[*198]。

　さらに、ラグーナの再評価はその周辺でも見られ、ラグーナに面した場所にレストランがオープンしている。以前から、週末にヴェネツィアの喧騒を離れ、静かなトルチェッロで食事を楽しみ、ゆっくりとした時間を過ごす習慣はあった。有名なチプリアーニのレストランは、その先駆けである。1990年代、ヴェネツィアの人たちは、ヴェネツィアよりも安くて美味しい新鮮な魚介類を求め、ボートでペッレストリーナ島にわざわざ行く粋な習慣もあった。これは1980年代のイタリア全体の動きと連動している。田園を評価す

95 病棟を転用した客室棟

る動きが高まり、1990年代になって、週末に田園へ食事に出かけるのが流行した。ヴェネツィアでは、田園の代わりにラグーナの島々がその役割を果たした。

　現在そういう楽しみの場所は、プンタ・サッビオーニやトレポルティにシフトしている。こちら側に注目が集まる理由に、海水浴と連動している点や生活圏の広がりが考えられる。自動車でアクセスできることもあり、地元の人が多く訪れている。おそらく、ペッレストリーナのレストランが有名になりすぎて、高騰したことも原因としてあるだろう。これまでと違う点は、ラグーナを望める位置に立地していることである〈図97〉。また直接船で乗り付けてレストランに行く楽しみが生まれ、ラグーナでしか味わえない経験を与えてくれる〈図98〉。このように、ラグーナの再評価が高まりつつあるなか、軍事基地のレ・ヴィニョーレの一部が開放され、レストランがオープンした〈図99〉。価格も手ごろなため、住民がボートで気軽に訪れる場所となっている。ヴェネツィアでは、国内外からどっと押し寄せる観光客にうんざりしている住民も少なくない。こうしたラグーナの自然豊かな環境が再び注目され、ヴェネツィアの新しい時代にふさわしい現代的な役割を担い始めているといえる。

96 カフェ・スペース

97 トレポルティ　税関を転用したレストラン(陣内秀信撮影)

98 プンタ・サッビオーニ　船でアクセスできるレストラン

99 レ・ヴィニョーレ

4　リドの開発史

　今日のリドといえば、最初に思い浮かぶのは海水浴場だろう〈figure 100〉。ヴェネツィア市民は春の訪れとともに天気のよい日には、肌を小麦色に焼くべく、リドの浜辺へ繰り出す。かつての同居人は3月下旬の快晴時には、リドへ出かけて肌を焼いていた。極力焼かないよう紫外線から肌を守る意識が高い美白思考の典型的な日本人にとって、イタリア人たちの小麦色への憧れは理解しがたいだろう。

　海水浴ブームの歴史は、18世紀にイギリスで始まったグランドツアーに遡る。イギリスでは18世紀後半に海水浴が流行していたが、リドは19世紀後半まで待たなければならない。さらにリドが富裕層の長期滞在の場所となるのは、20世紀に入ってからである。そのことを世界中に広めたのがヴェネツィアの20世紀初頭を描いたトーマス・マンの代表作『ベニスに死す』である。後に映画化され、舞台となった浜辺のホテル・デ・バンも一躍有名になった。

　リドが注目される理由ひとつに、「ヴェネツィア国際映画祭」もある。毎年8月末から9月初頭に開催され、国内外から大勢の有名人が集まる。セキュリティチェックや関係者パスがなくても、ハリウッドスターを間近で見られることから、赤色の絨毯前には多くの人が詰めかける〈figure 101〉。

　リドは緑地も多く、建物も高密でないことから、全体的に開放感がある。そのような環境のなかで、自転車に乗り、風を感じながら走れば、ヴェネツィア本島とは違う爽快感を得られるだろう。自転車がヴェネツィア本島で禁止されていることも手伝い、とくにモニュメント的な観光施設のないリドでも、レンタサイクルはレジャーのひとつとして人気が高い〈figure 102〉。

　ここでは、こうした一般的に"楽しいリゾート地"のイメージが強いリドに注目し、どのようにしてそのイメージがつくられていったのかを見ていこう。

100 リドの海水浴場

101 国際映画祭に訪れた宮崎駿監督

102 レンタサイクルでリドを巡る在住者

リドの原風景

　アドリア海とラグーナの境に位置するこの島は、本土の河川から運ばれてきた土砂の堆積と海の波の力によって削られてできた細長い島である。その幅は最も狭いところでは約210mにすぎない〈図103〉。この島の歴史は古く、政治の中心は、リアルトに移る以前の742〜811年、島の南に位置する現在のマラモッコ（Malamocco）付近に置かれていたといわれているが、12世紀のはじめには姿を消した。現在、マラモッコの居住区は「新マラモッコ（Nuova Malamocco）」の名前で知られ、かつての中心とは異なる場所である[*199]。この中心地の明確な場所については、現在も議論されている[*200]。

　この島の歴史的な場所は、北端に位置するサン・ニコロ（San Nicolò）である。ここはアドリア海への出入口で、多くの船が往来するラグーナの玄関口にあたる。ここには、当時の総督であるドメニコ・コンタリーニ（Domenico Contarini）の命により、1044年ごろに教会が建設され[*201]、1053年にベネディクト修道会による修道院が増築された[*202]〈図104〉。聖遺物が奉納されたのは、1096年の第1回十字軍遠征の時である[*203]。4世紀に存命していたといわれる聖ニコラオス（Nikolaos, Nicolaus）は、海で従事する職業（marinai）、船乗り（naviganti）、旅人（viaggiatori）を保護していた。船乗りにとって最も偉大な守護聖人である聖ニコラオスの聖遺体をこの教会に奉納しようと考え、現在のトルコの南海岸のリチア（Licia）にあるミーラ（Myra）に赴いた。ここには、聖人の墓がある。そして聖人にまつわるいくつかの不思議なエピソードがあり、交通の要所でもあったため、6〜9世紀には巡礼地の目的になっていたという。しかしその後、イスラム教徒軍の前進により、リチア海岸は人口が減少し、ミーラの聖地は衰退する。1087年には、プーリアの商人や船員の団体によって、聖人の遺体は略奪され、バーリに移された[*204]。ヴェネツィア人は、その9年後にミーラにたどり着くことになるが、時すでに遅く、頭と体の遺骨はなく、残されていたのは液体につけられた遺骨であった[*205]。その遺骨を持ち帰り、守護聖人が奉納され、サン・ニコロと呼ばれるようになった。サン・ニコロ崇敬は河川を通じてテッラフェルマにも広がり、河川

沿いには守護聖人を祀る教会がいくつも存在する。さらには、木材を輸送する筏師の守護聖人にもなり、ブレンタ川やピアーヴェ川流域に多く見られる。また、語尾の変化は方言とされている[＊206]。

　この島にあるサン・ニコロ教会は、毎年行われる「海との結婚（Sposalizio col Mare）」の儀式が有名で、サン・マルコ広場の前からサン・ニコロ教会に向けた船のパレードが盛大に行われる〈図105〉。この祝祭の起源は、教会建設以前に遡る。「海との結婚」は「センサ（Sensa）」と呼ばれ、1000年に生まれたといわれている。それは、ピエトロ・オルセオロ2世（Pietro Orseolo II）総督が、イストリア遠征やダルマツィア遠征の際、無事ヴェネツィアに戻ってこられることを祈願して「キリスト昇天（Ascensione）」の日に行われた出発の儀式に由来する[＊207]。その後、教会が建設され、サン・ニコラの聖遺物が奉納されたのをきっかけに、本堂で厳粛なミサが行われるようになった。現在見られる金の指輪をラグーナに投げ入れる儀式は、1177年に始まる。この年、ヴェネ

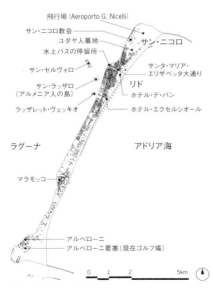

103　おもな地名、施設の位置

104　サン・ニコロ教会

105　海との結婚の祝祭で行われる舟のパレード

ツィアで教皇アレッサンドロ3世と神聖ローマ皇帝フリードリヒ1世の和平会談が行われ、停戦条約を締結した。そして、アドリア海での覇権を正当化する政治的な目的で、キリスト昇天の日に教皇の習慣であった結婚の決意を示す金の指輪を海に投じるようになった [*208]。この時から「キリスト昇天祭（Festa di Sensa）」は「海との結婚」の祝祭にもなったという [*209]。海洋都市を示す重要な祝祭のひとつである。

　このサン・ニコロ教会を確認できるのは、ヴェネツィアで最も古い1346年の地図である [*210]〈図106〉。この地図は上側をアドリア海としてヴェネツィア本島を描いており、アドリア海とラグーナの境に位置する島の潮流口付近に、サン・ニコロ教会を確認することができる。この潮流口付近には、14世紀なかごろ、すでに要塞が建設されており、ヴェネツィア本島への出入口を監視していたことがうかがえる。1528年の鳥瞰図 [*211] には、潮流口に「ふたつの要塞（duo castelli）」とはっきり記載されており、軍事的な施設も読み取れる〈図39〉。

　島全体を把握するには、1559年の地図 [*212] まで時代が下る〈図107〉。当時としては、かなり正確に描かれているため、今日の地図と比較することもできる〈図108〉。東西の島の幅は今よりもずっと狭く、ラグーナからアドリ

106 1346年の地図（18世紀、T・テマンツァによって描き写された）
V. Favero, R. Parolini, M. Scattolin (a cura di), *Morfologia storica della laguna di Venezia*, Venezia: Arsenale, 1988.

107 1559年 リドの地図
ラグーナ側に道路や建物を配置し、短冊状に土地所有をしている。
Domenico Gallo, Nicolò Dal Cortivo, Striscia di litorale da San Nicolò al porto e a San Pietro in Volta, 1559.
A.S.Ve., *S.E.A., Lidi, rotolo 83*, dis. 5.

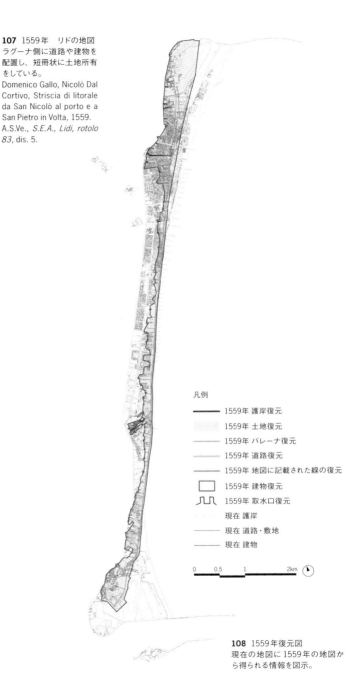

凡例
— 1559年 護岸復元
　 1559年 土地復元
— 1559年 バレーナ復元
　 1559年 道路復元
— 1559年 地図に記載された線の復元
□ 1559年 建物復元
⊔ 1559年 取水口復元
　 現在 護岸
— 現在 道路・敷地
— 現在 建物

108 1559年復元図
現在の地図に1559年の地図から得られる情報を図示。

海まで80mに満たない場所もある。また、道路や建物が、ラグーナ側に寄せられていることも把握できる。敷地境界線らしき線も描かれており、島を短冊状に分割していることがわかる。この構造は、サンテラズモでも同様の傾向が見られ、ラグーナ内の島々の代表的な空間構造と考えられる。

　1559年の地図から、施設や塀で囲まれたサン・ニコロ修道院（Convento di San Nicolò）の様子を見て取れる［*213］〈図109〉。その南側には、ラグーナに面してユダヤ人墓地（cimitero ebraico）が確認できる。この墓地ができたのは1389年に遡る〈図110〉。このころ、おもに専門職業に従事していたドイツ系ユダヤ人（Ashkenaziti）は、ヴェネツィア共和国にとって特別な役割を担うようになっており、彼らは12世紀には、すでにジュデッカに住んでいた。1254年から共和国の命により禁止されていた高利貸を営むため［*214］、メストレやその周辺に移り住む。その後、1385年にヴェネツィアに入ることが許可され、それに伴い、ユダヤ人コミュニティの墓地として選ばれたのがリドだった［*215］。ヴェネツィア本島から手漕ぎ舟で往来可能な距離だったこと［*216］、土地の造成を行わなくても早急に土地を用意できたことがその理由と想像される。許可された広さは約6000㎡だった。しかし、サン・ニコロ修道院に接近していたため、修道院やその周辺の広大な土地の所有者であるベネディクト修道士によって土地の使用権に関する異議が申し立てられた。時代が下り、ベネディクト修道院との関係が改善されると、ユダヤ人墓地は拡大した［*217］。しかし、その後、共和国は要塞を拡張するため、ユダヤ人の土地を占有する動きも見られた。その結果、1764年に「新しい墓地（Cimitero Nuovo）」が生まれ、それが今日に続く墓地とほぼ重なり〈図111〉、墓地の場所は1808年の不動産台帳地図で確認することができる［*218］。このようにリドの北側の潮流口付近には、設立年代を特定できる要塞や修道院、墓地といった施設が集中している。

　一方、南側ではマラモッコに建物が集中しており、島のなかでも都市的な場所であることが読み取れる〈図112〉。またマラモッコ周辺の土地は、北側より敷地割が細かく、複数の有力家が所有していたことを示している。

　16世紀の記録で興味深いのは、カジノ（casino）の存在である。ピザーニ

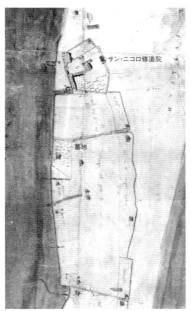

109 1559年　墓地周辺
A.S.Ve., *S.E.A., Lidi, rotolo 83*, dis. 5.

110 古いユダヤ人墓地

111 新しいユダヤ人墓地

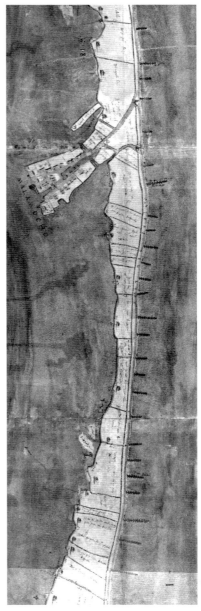

112 1559年　マラモッコ周辺
A.S.Ve., *S.E.A., Lidi, rotolo 83*, dis. 5.

(Pisani) 家 (famiglia Pisani) はサン・ラッザロ救護院 (Ospedale di S. Lazzaro) の土地を獲得し、1575年に別荘 (villa) を建設した [*219]。別荘は現在のクアットロ・フォンターネ通りとダルダネッリ通りの交差する辺りに位置し、1794年の図 [*220] に「クアットロ・カントニのピザーニ家の邸宅 (Palazzo di Ca' Pisani dei Quattro Cantoni)」と記載された場所である〈図113〉。16世紀から18世紀にかけて、貴族によってテッラフェルマに建設された別荘が、社交の場として文化の中心になったように、この島でも貴族によって賓客をもてなす空間がつくられ、文化が育まれていった。同時代ヴェネツィア本島の南側に位置するジュデッカでも、貴族によって庭園に囲まれた別荘がつくられる [*221]。ラグーナはテッラフェルマ同様、都市の周縁部の自然豊かな地域としての役割を担っていた。

実際、この島には同時代のテッラフェルマのように田園が広がっていた。その土地利用については、18世紀の史料から把握できる。たとえば1776年の土地所有を示す史料によると、マラモッコ周辺は、ブドウ畑 (vigna) として利用されていたことがわかる [*222]〈図114〉。その所有者は個人のほかグラッシ (Grassi) 家、クエリーニ (Querini) 家のようなヴェネツィアの貴族や、信徒会 (Scuola di S. Zuanne Evang.)、修道院 (Monastero di Santa Chiara) のような宗教関

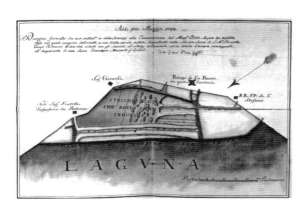

113 1794年 作成：ジュリオ・ズリアニ (Giulio Zuliani)
クアットロ・カントニのピザーニ家の邸宅が記載されている。
A.S.Ve., *S.E.A.*, b. 77, dis. 1.

係も見られ、いずれもヴェネツィアとの関係が深い。16世紀からヴェネツィア貴族がテッラフェルマで農業を展開していたように、リドでも、16世紀にはすでにこうした土地利用は展開されていたと推測される。その検証として、1559年の地図と1808年の不動産台帳の地図［＊223］を比較する〈**図115**〉。

114 1776年　マラモッコの北側の土地所有を記載した図
A.S.Ve., *S.E.A., Relazioni*, b. 59, dis. 8.
図中に記載されたブドウ畑(vigne)の所有者
・Vigne della Scuola di S. Zuanne Evang　・Vigne del Sig. Girolamo Grassi
・Vigne del Vendo, Monastero di Santa Chiara　・Vigne del N.H. Anzolo Querini

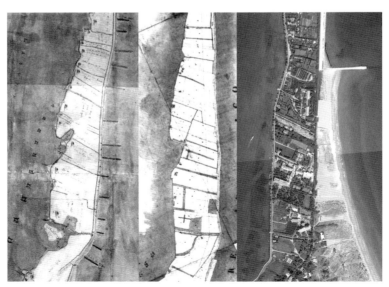

115　(左)1559年・(中)1808年・(右)2010年の比較
マラモッコの南側の地域では、1559年の敷地割を引き継いでいるところも多く見られる。
(左) A.S.Ve., *S.E.A., Lidi, rotolo 83*, dis. 5.
(中) *Mappa del Catasto napoleonico, Comune Censuario di Malamocco*, 1808.
(右) ヴェネト州 (Regione del Veneto), Catalogo delle foto aeree.

1559年の地図の家の前に描かれた突起のようなものと、1808年の水路（fossa）とがほぼ重なることから、この突起は水路の取水口だと考えられる。つまり1559年には、島の奥地まで水路の巡る農地として利用されていたといえる。現在でも島の南側でこの構造を見ることができ、水路も確認できる〈図116〉。

19世紀初頭のリドの土地利用

リドの土地利用やその所有者を具体的に把握できる史料に、1808年の不動産台帳（Sommarione del Catasto napoleonico, Comune Censuario di Malamocco）とその地図がある。この史料はヴェネツィア共和国の崩壊後、フランス政府下で作成され、共和国末期の状態を考察するうえで非常に重要なものである。

土地所有に関しては、基本的にラグーナ側からアドリア海側までの土地をひとりが所有するように島を短冊状に分割しており、1559年の土地所有の傾向をほぼ継承していることがわかる〈図115〉。土地の利用に関しては、ほとんどがブドウ畑と菜園の混合（orto vitato）で、次に菜園のみ（orto）が多いことから、島全体が農地だったといえる〈図117〉。ブドウ畑と菜園の混合の特徴は、水路（fossa）が通っていることである。また、その水路は排水路（fossa colatoio）だけでなく、なかには養魚場を意味するフォッサ・ダ・ペスカ（fossa da pesca）もあり [*224]、農業と漁業の両方を営んでいたと考えられる。その規

116 古い構造を引き継ぐ地域に見られる水路

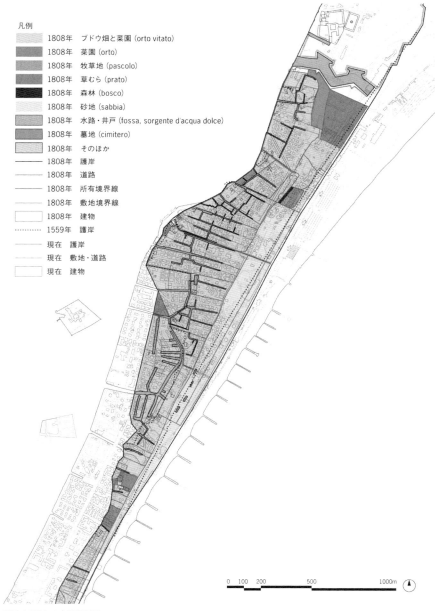

117 1808年の土地利用図
1808年の不動産台帳(カタスト・ナポレオニコ)をもとに作成
(口絵、図11)

模はラグーナ内で見られる養魚場のヴァッレ・ダ・ペスカよりもずっと小さい。また、1559年の地図と比較すると、それ以降に埋め立てられた土地ではなく、すでに1559年には存在していた土地にあることから、古くから行われていたと思われる。

　ここで1559年以降に埋め立てられた土地を見ると、ラグーナ側の凸凹をならすように埋め立てが行われていることに気付く。埋め立ての方法は、島と埋立地の間に水路を残すように埋め立てられている。また埋立地には護岸に平行するよう水路が通される〈図118〉。特徴は、それまでのラグーナから内陸部へ水路を通すのとは違う方法である。これは1776年の史料で確かめることができ [*225]〈図114〉、潮の流れや土砂の堆積の影響など、自然環境に対応した方法であると推測される。1794年の史料では [*226]、ラグーナに面する既存の施設にアクセスできるよう、水路を確保しながら埋め立てが進められる様子も見られる〈図113〉。

　18世紀末に埋め立てられた土地は、1808年には、農地 (orto vitato または orto) に利用されていることから、農業用に埋め立てられたことがわかる。18世紀から19世紀初頭にかけても、なお農業用地として開発が進められていたのである。これはヴェネツィア本島に近いリドが新規開発の受け皿としての役割を担ったことを示す。埋立地の土地所有は、もともと所有する地先を伸ばす方法と、新たな所有者が一括して新規開発を行う方法が見られる。

　このようにラグーナ側の土地利用は、少なくとも16世紀から続く農地であり、さらに農業用に開拓されたリドは、広大な農業地域としての性格をもち続けたといえる。

　一方、リドのアドリア海側は砂地 (sabbia) で、建物もほとんどない〈図117〉。またアドリア海側の所有は、北から南まで「水の行政官 (Magistrato d'Acqua)」と記載され、行政区域となっている。島の南部では、1740〜1782年にかけて、石造の堤防「ムラッツィ」が建設され、アドリア海からの波の衝撃を緩衝するよう護岸が強化された。

　アドリア海側で特記すべきことに、水の供給システムがある。1808年の不動産台帳の地図に描かれた4つの長方形には、「淡水源 (sorgente d'acqua dolce)」と記載されている [*227]。長方形の一画には、雨水をろ過して飲料水用の水を溜める井戸 (pozzo) がある。この場所には、アドリア海側に盛り上がった砂丘があり、地面の底には不浸透性の地層が存在する。そのため、この砂丘に雨が降り注ぐと、雨はゆっくりとろ過され、不浸透性の地層の表面にたどり着き、水が自然と溜まるという〈**図119**〉。地盤面とほとんど同じ水位を維持することができた [*228]。当時、ヴェネツィア本島内にもたくさんの貯水槽があったが、それだけでは充分ではなく、ブレンタ川の上流に位置するドーロから水を供給していた。しかし、18世紀末、ヴェネツィア共和国がナポレオン軍に包囲されたため、テッラフェルマから水を供給しないで済むようにと、リドに井戸の建設が考案されたといわれている。そして1799〜

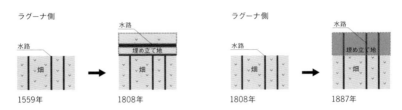

118 埋め立ての模式図
(左) 1808年以前はラグーナ側の護岸に平行に埋め立てられる傾向があり、農地として利用される
(右) 1887年以降は水路をラグーナ側に延ばすように埋め立てられ、宅地開発される

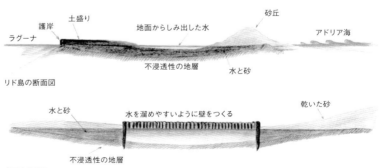

119 リドの断面図 (上) と井戸の仕組み (下)
Giorgio e Patrizia Pecorai, *Lido di Venezia, oggi e nella storia*, Venezia: edizioni Atiesse, 2007 に追記

1806年のオーストリア政府下で4つの井戸が完成した [*229]。これらの井戸から水を汲み、樋を通して船に溜めた後、ヴェネツィア本島へ運んだのである。それまで「クアットロ・カントニ (Quattro Cantoni)」と呼ばれていた場所は、この井戸の建設によって、「4つの泉」を意味する「クアットロ・フォンターネ (Quattro Fontane)」という名称に変わった [*230]。この事例からもわかるように、ヴェネツィアにとってリドは重要な場所で、それも水という生活に必要不可欠な供給システムを担っていたのである。その後、井戸は徐々に機能を失っていったが、ふたつは後に建設されるオスピツィオ・マリーノ (Ospizio Marino) への水の供給に使用された [*231]。

19世紀初頭のリドは、共和国時代の土地利用を受け継いだだけでなく、祝祭や文化交流の場としても継承された。とりわけ「月曜日のリド (Luni del Lido)」という、祝祭があった〈図120〉。秋の月曜日に、ヴェネツィアからゴンドラや小舟の上で演奏したり、歌ったりしながら島へ行き、そこで仲間と夜まで楽しく盛り上がるという祭りである。食べて、飲んで、夜まで陽気に歌って踊って、ヴェネツィアの老若男女が楽しんだ。また、下層階級の貧しい人々も参加でき、借金返済のために、女性は身売りすることもあり、彼女らの旦那と子どもは、女性の外出に同行するのを控えたという。もちろん男女の出会いの場でもあり、未来の夫を探す女性たちも多く、若くてかっこいい男性が好まれたという [*232]。19世紀初頭のリドは、都市の喧騒を逃れ開放感を求めて訪れる場でもあったのである。

120 9月第一月曜日のリド（M. Fontana 画）
Giorgio e Patrizia Pecorai, *Lido di Venezia, oggi e nella storia*, Venezia: edizioni Atiesse, 2007.

1850〜1870年代の海水浴場の開設と道路整備

　田園のなかに別荘が点在するリドが大きく変わるきっかけとなったのが、19世紀後半の海水浴場の開設である。それまで静かだった場所が、国内外から多くの人が訪れるほど大きく変化し、20世紀初頭には国際的なイベントが催されるまでに発展した。その一方で、軍事的な動きも見られた。ここでは、海水浴場の開設に焦点をあてながら、軍事施設にも触れたい。

　1850年代、ヴェネツィアでは健康目的から、運河で泳ぐことや、冷水や温水での入浴、サウナ（蒸気浴）、泥浴などが流行し、サン・マルコ水域に浮かべられたフローティング水浴施設は、富裕層の間で絶大な人気があった。さらに港湾機能を失いつつあったリーヴァ・デリ・スキアヴォーニでは、企業家のジョヴァンニ・ブゼット（Giovanni Busetto）、通称「フィゾラ（Fisola）」による企画で、プールや浴室、ホテル、住居、ダンスホールなどを含む巨大複合施設を建設する計画が持ち上がった [*233]。一度は可決されたが、結局、1854年、複合施設の上から当時軍事施設だったサン・ジョルジョ・マッジョーレを見下ろせてしまうという防衛面の問題から反対され、この計画は却下された。その結果、フローティング水浴施設の増改築が進められ、一方、フィゾラの企画はリドへと向けられた。

　海水浴場の開設に関しては、1855年、ユダヤ人のイニャツィオ・レオン（Ignazio Leon）が、市（Comune）に木造施設の建設を提案したのが最初である [*234]。この計画は、海水浴用の小屋のある場所の快適性を提案し、リドのサンタ・マリア・エリザベッタ（Santa Maria Elisabetta）の接岸に関する欠点も指摘した [*235]。しかしI・レオンのプロジェクトは曖昧すぎたため、市はより詳細で具体的な提案を要求した [*236]。一方フィゾラは、1856年6月12日にサン・ニコロ要塞とクアットロ・フォンターネ要塞（Forte delle Quattro Fontane）間の広大な土地を獲得し、ロドヴィコ・カドリン（Lodovico Cadorin）に海水浴施設（stabilimento）の設計を委託した [*237]。L・カドリンはヴェネツィア本島のリーヴァ・デリ・スキアヴォーニで計画された巨大複合施設のイメージ図を描いた建築家である。

そして1857年5月28日、フィゾラは早くも建設許可を得る一方で、市はI・レオンにプロジェクトの撤回を促した [*238]。当時、リドはマラモッコ市に属していたが、この海水浴場の開設に関しては、ヴェネツィア市とのつながりが強いことがわかる。フィゾラの海水浴施設は、サンタ・マリア・エリザベッタからアドリア海に続く道を延長した浜辺上に建設された。図121は1870年の計画図だが、実際に図のような木造の施設が建設されたという [*239]。

この施設のように、海に桟橋が突き出す構造は、1814年にイギリスで大型船舶の接岸用として建設された事例がある。干満差が8mにもおよぶイギリスならではの解決法である。イギリスでは、接岸用桟橋を観光用に転換したのは、海岸リゾートの大衆化の始まる1860年代である。有名な海水浴場のあるイギリスのブライトンでは、1863～1866年、海に突き出した鉄骨造の桟橋がプロムナードとして建設された。1875年、その桟橋の上に野外ステージが、1883年にはパビリオンが増築されレジャー施設に転換していった [*240]。

フィゾラの施設は、イギリスの先例に影響を受けたとも考えられるが、使い方は異なる。フィゾラの施設の場合は、海水浴客をターゲットにしており、この施設を通って砂浜に出られるようになっていた。そのため、使用料金には施設の利用と海水浴が含まれていた〈**図122**〉。この施設は大きな入口があり、バルコニー付きのレストランを備え、男性用と女性用の更衣室（cabina）も完備された。そして両側には公共の広間（sala）を配し [*241]、おそらくシンメトリーで、アドリア海側からの風景は、圧倒的な存在感だったと想像される。1857年6月27日の地元紙には、リドの海水浴場開設の宣伝が掲載された [*242]。そこには海水浴場の使用料金とリーヴァ・デリ・スキアヴォーニにあるカフェ・ブリジャッコ（Caffè Brigiacco）前からリドのサンタ・マリア・エリザベッタまでの運賃料金が示されている [*243]。この時はまだ手漕ぎによる乗合船だったが、1858年に蒸気船（piroscafo）による乗客輸送が始められた [*244]〈**図123**〉。それに合わせて、蒸気船用の桟橋も建設された [*245]。この時、本土から鉄道で多くの人がヴェネツィアを訪れ、海を求めてサンタ・マリア・エリザベッタ広場に押し寄せたと想像される。

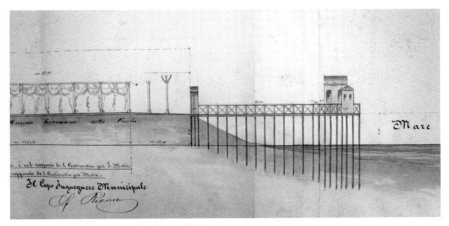

121 1870年 フィゾラの海水浴施設の計画図　断面図
ヴェネツィア市文書館（Archivio Strico Comunale di Venezia、以下 A.S.C.V. と略す）、1870-74, IX/1/39, 1870, prot. 51821.
（口絵、図 4）

122 シーツやトイレの利用を含む施設の料金表・利用上の注意
利用上の注意では、海水浴は 1 時間、女性と男性は別、浜辺で海水浴するためには、施設を通ること、券を必要とすることなどが記載されている。ここには医師、薬剤師、美容師、外国語を話す召し使いなどがいることも書かれている。
A.S.C.V., 1855-59, IX/10/8.

123 蒸気船によるリドとヴェネツィアを結ぶ乗客輸送の時刻表
A.S.C.V., 1855-59, IX/10/8.

1858年5月、フィゾラは馬車の通行可能な道路の敷設申請をヴェネツィア市に提出した [*246]。サンタ・マリア・エリザベッタ広場から浜辺の施設までの道を、幅の狭い農道から、多くの人が行き交う主要道路に発展させようとした最初の動きである。当時、この道路の北側はサン・ラッザロ・デリ・アルメーニのメキタル会の修道院が所有していた [*247]。そのため道路拡張に際して、ヴェネツィア市は、道路沿いの排水路と拡張に必要な土地の無償譲渡をメキタル会に要求した [*248]。市に提出されたフィゾラの海水浴施設の計画図には、馬車が通れるように既存の建物を一部壊して道路を拡張する計画が盛り込まれている〈図124〉。道路の各ポイントで断面図を取り、土盛りや排水路の埋め立ての計画が立てられている〈図125〉。たとえば図126では、既存の道路幅2.25mに対し、排水路を埋め立て、幅10mの道路を計画している。標準潮位も記載されており、土盛りも計画されている。さらにフィゾラの計画では、海水浴場へ向かう客のための、馬32頭分の厩舎（scuderia）も建設する必要があった [*249]。計画図を見ると厩舎はアーチを施した3階建ての立派な建物である〈図127〉。1階には4頭ずつに仕切られた小屋（stalla）が8部屋配され、2階は飼料（finile）が保管される空間となっている。さらに3階には住居空間もあり、厩舎で働く人たちの住まいも計画されていた。

　また、海水浴場に建設された木造の施設には、レストランやカフェテリアのような華やかな空間が設置された。男女それぞれの更衣室、貴重品管理室といった現代の海水浴場と同じような機能もあった。さらに、海水浴が医学的に認められた健康法だったことを示すものに、医療室の存在もあげられる。また、床屋もあり、清潔さを重視したことがうかがえる [*250]。この施設は、リーヴァ・デリ・スキアヴォーニでの巨大複合施設の計画をそのまま盛り込むようにさまざまな機能を取り入れていたのである。

　しかし、開設してわずか2年後の1859年、第二次独立戦争勃発により、オーストリア政府は防衛のためにフィゾラの施設を破壊した。その敷地は軍の管理下に置かれ、生垣で囲まれ、サンタ・マリア・エリザベッタ広場から海へと延びる道の突き当たりには、柵が設置されたという [*251]。1860年前後は、オーストリア政府の支配下にあり、防衛面が強化された時期であった。その

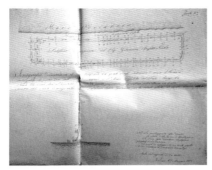

124 1858年 フィゾラの海水浴施設の計画図　平面図
A.S.C.V., 1870-74, IX/1/39, prot. 42119.

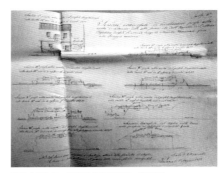

125 1858年 道路整備の計画図　断面図
A.S.C.V., 1870-74, IX/1/39, prot. 42119.

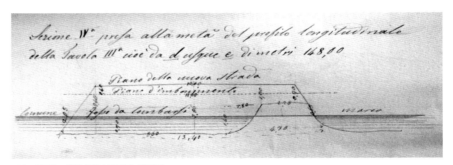

126 1858年 道路整備の計画図　断面図
土盛や排水路を埋め立てる計画。
A.S.C.V., 1870-74, IX/1/39, prot. 42119.

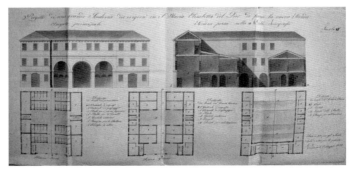

127 1858年 計画図面
A.S.C.V., 1870-74, IX/1/39, prot. 42119.

ことをよく表す地図に、1850～1862年の軍事施設を示したラグーナの地図がある〈図128〉。この地図から、ヴェネツィア本島周辺に軍事施設が多く置かれ、とくにこの島に集中していることがわかる。軍事施設は、地図によっては描かれない場合もあるが、1908年の地図では、その正確な位置を確認できる〈図129〉。1808年の不動産台帳の地図には、要塞が島の両端とその中央付近の3ヵ所に記載され、共和国時代からのものであることがわかる〈図130〉。それら3ヵ所の間を埋めるように等間隔に要塞が配置され、アドリア海からヴェネツィア本島を守る最前線として、この島が機能していた。

　1865年に、フィゾラは再び海水浴場に施設を建設することが可能となった。敷地は軍によって柵で囲まれたままであるが、その翌年、ヴェネツィアがイタリア王国へ編入されると、リドに平和が戻り、海水浴場は活気を取り戻していく。

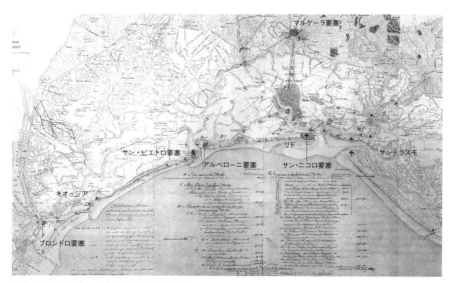

128　1850～1862年　ラグーナの要塞を示した図
G. Caniato, E. Turri, M. Zanetti (a cura di), *La Laguna di Venezia*, Sommacampagna: Cierre edizioni, 1995 に追記

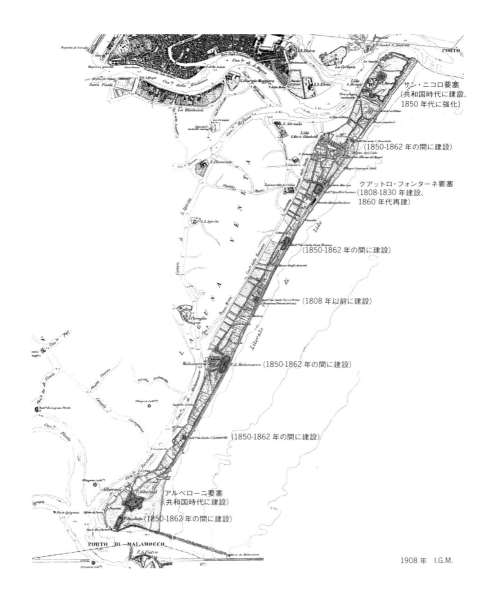

129 リドの要塞化
1908年の地図に要塞が描かれている。
軍事地理研究所 (Istituto geografico militare、以下 I.G.M. と略す), 1908 に追記

1866年にアンジェロ・ルエ（Angelo Luè）技師は、蒸気船の接岸場所からサンタ・マリア・エリザベッタ通りに沿って軌道馬車路線を開設し、海水浴場に第1級レストランなどの複合施設を建設することをヴェネツィア市に提案した［*252］。軌道馬車の提案は好評だったが、予定地はすべての施設を実施するには狭すぎるという理由から、提案は却下された。この提案以降、サンタ・マリア・エリザベッタ通りが、単なる農道的な道から華やかな主要街道へと変わっていきつつあることがうかがえる。

　1867年、フィゾラの施設は拡張され、人々に感動を与えるような施設に発展した。1868年のヴェネツィア市に提出された申請書には、フィゾラの施設について、「魅力的な風景を眺めながら快適に過ごせる施設である」と記録されている［*253］。この年の海水浴場の広告には、カフェ・レストランなどさまざまな施設が併設されていることが記載されており、宣伝ポイントのひとつであることがわかる［*254］。またこの広告には、カフェ・ブリジャッコ前から蒸気船サン・マルコ号による輸送事業も掲載されている［*255］〈**図131**〉。蒸気船による航行は、ヴェネツィア本島―リド間では1858年に始まるが、カナル・グランデ内では1881年まで待たなければならなかったため、この時代は蒸気船に乗る行為そのものがまだ珍しく、観光の目玉のひとつだったと推測される。

　これまでフィゾラの事業は富裕層を対象としていたが、1869年には、サンタ・マリア・エリザベッタ要塞付近で一般の民衆を対象とした海水浴場も開設された［*256］。さらに利用地域を広げようとサービスを提供する施設を配置した［*257］。このように、フィゾラは田園の広がる田舎のリドに、海水浴場という新たな機能を導入し、軍事下に置かれた時期を経て、新たな開発の成功を収めたのである。

　1860年代には、フィゾラの海水浴場のほかにもうひとつ海水浴場があった。ユダヤ人墓地の南側の地域（Favorita）である［*258］。そこは当時ナポリのマルゲリータ女王（S. M. la Regina Margherita）と当時まだ幼かった後のヴィットリオ・エマヌエレ3世国王（Re Vittorio Emanuele III）が海水浴に来たことで知られ、別荘と海水浴施設が建設された［*259］。

このように立て続けに海水浴場が開設する背景には、富裕層によるグランドツアーのほかに、19世紀、下層階級で結核が大流行していたこともあげられる。その様子は『ベニスに死す』でも取り上げられているように、伝染病で多くの人が亡くなった。海水浴は医学的に奨励されており、海水は清潔な水で、海の波による衝撃が健康によいと考えられていた。1868年には、貧しい子どもたちのための医療施設をリドに建設することが提案された。その結果、子どもだけでなく、近隣の県から患者を収容するオスピツィオ・マリーノが設立され、1870年から営業を開始した［*260］。イタリアでは、医師のジュゼッペ・バレッライ（Giuseppe Barellai）の働きにより、治療の必要な子どもを受け入れる体制が広まった［*261］。オスピツィオ・マリーノは、クアットロ・フォンターネ要塞のすぐ北側に位置し、富裕層を対象としたフィゾラの海水浴場から距離が置かれていた。こうして1860年代、リドの浜辺には軍事施設との間に海水浴場ができていった〈図132〉。

130 リドの中央に位置する要塞　1808年（左）、1830年（右）

131 1868年6月25日　海水浴場の広告
午前4〜11時、午後3〜11時　毎時運航、運賃（片道）25セント。停留所はリーヴァ・デリ・スキアヴォーニ（カフェ・ブリジャッコ前）とリド（サンタ・マリア・エリザベッタ広場）である。
A.S.C.V., 1865-69, XI/8/11.

1870年になると、以前からの課題であったサンタ・マリア・エリザベッタ通りの整備にようやく動きが出てきた。1870〜1874年は、ヴェネツィア市に提出された公共事業に関する申請書の数が急激に増加することからも、当時の都市整備の活発さが想像できる [*262]。

　1870年に提出された計画図では、既存の建物の上を通る、幅14mの道路の新設が計画されている〈図133〉。この計画は、1858年の既存の道路を拡張する計画に加えて、アドリア海に突き出たフィゾラの施設からラグーナまでを直線でつなぐ新しい道路も計画されている〈図134〉。この強い軸線が今日のサンタ・マリア・エリザベッタ大通りにつながるのである。通りの両側には、水路が描かれているが、1808年の不動産台帳の地図では、道路の南側の水路は養魚場 (fossa da pesca) として利用されており [*263]、1870年の断面図に「魚用の海水溜り (Stagno salso da pesca)」と記載されていることから、この時まで水路利用が続いていたと考えられる [*264]。そして計画図から、その水路を埋め立て、私有地の一部も道路の拡張計画に組み込まれていることが読み取れる。

　ラグーナ側では、既存のラグーナ沿いの道から、約45mラグーナを埋め立て、広場をつくることが計画されている〈図135〉。広場には樹木も植えられ、ヴェネツィア本島にはない、緑あふれる広場となっている。道路の両側には2本ずつ植樹され、並木道として街路を彩る工夫も見られる〈図136〉。並木道

132 軍事施設の間に立地する海水浴場
1876年の地図に海水浴場、軍事施設を図示
Giorgio e Patrizia Pecorai, *Lido di Venezia, oggi e nella storia*, Venezia: edizioni Atiesse, 2007に追記

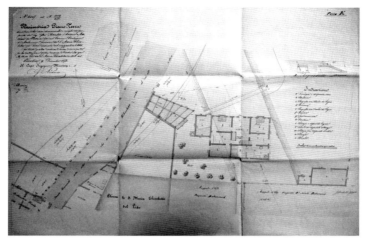

133 1870年 道路整備の計画図 1階平面図
A.S.C.V., 1870-74, IX/1/39, prot. 42119.

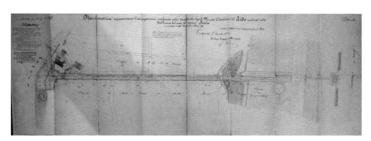

134 1870年 道路整備の計画図 道路の突き当たりにフィゾラの海水浴施設が立地している。
A.S.C.V., 1870-74, IX/1/39, 1872, prot. 43851.

135 1870年 道路整備の計画図 ラグーナ側詳細（口絵、図2）
A.S.C.V., 1870-74, IX/1/39, 1872, prot. 43851.

136 1870年 道路整備の植樹計画図 断面図
A.S.C.V., 1870-74, IX/1/39, prot. 51821.

は、1830年にジュゼッペ・ピコッティ（Giuseppe Picotti）によって、ヴェネツィア本島と本土をつなぐ橋の上に計画されたが、結局実現しなかった。ヴェネツィア本島には並木道がなく、馬車で駆け抜けるような道もなかったことから、その憧れをリドで実現したと考えられる。この並木道は、フィゾラの施設の手前まで続いており、1808年には砂地だったところまで緑の帯が延びている〈図134〉。

さらに護岸も工夫された。ラグーナには木造の突き出た桟橋ではなく、階段が計画され、デザインされた柵も設置されている〈図137〉。かつては運河沿いにも、橋にも欄干は設置されないのが当たり前だったが、鉄という新たな素材の登場により、街がデザインされていった。リドでも、こうした当時の流行が取り入れられている。

また同時に従来の桟橋も再生計画が持ち上がった。1871年では、道路拡張に合わせて、護岸の補強を検討している〈図138〉。この時代、リドのサンタ・マリア・エリザベッタ広場付近は、まだ自然護岸であることがわかる。島の玄関口にあたるこの部分の桟橋に注目すると、1870年時点では、蒸気船用の大きな桟橋がひとつと、少し離れて4ヵ所、小舟用の桟橋が配置されていた〈図135〉。1871年の計画では、桟橋をずらりと並べており、リドへの人の往来の激しさを感じさせる〈図139〉。小舟用の桟橋は、幅1.5mとヴェネツィア本島のそれと大きさと同じである。桟橋同士の間隔は4mと狭く、水上タクシーの登場は1930年代であることから、ヴェネツィアの外から来た人々にとって、この時代の移動には、ラグーナ内でもゴンドラが愛用されていたと想像される。

1871年に提出された道路整備の計画図には、桟橋の新設、新道路の敷設、既存の道路拡張、水路の埋め立て、さらにはフィゾラの施設の杭までしっかりと描かれている〈図140〉。このように1870年代にはサンタ・マリア・エリザベッタ通りの具体的な整備計画が行われ、リドが新たな局面を迎える大事業が行われた。1887年の地図には、すでにまっすぐな軸線のサンタ・マリア・エリザベッタ大通りが完成している〈図141〉。

ここまでフィゾラがリドに海水浴場という新しい機能を導入し、事業家と

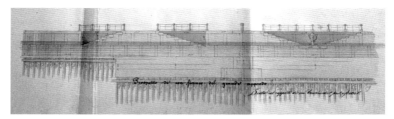

137 1870年　護岸計画図　広場の岸に階段が施されている。
A.S.C.V., 1870-74, IX/1/39, 1870, prot. 51821.

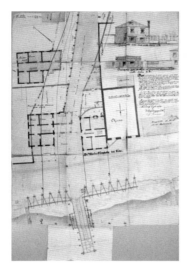

138 1871年　道路および護岸整備計画図
A.S.C.V., 1870-74, IX/1/39, 1870.

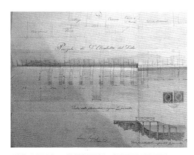

139 1871年　桟橋計画図　平面図・断面図
A.S.C.V., 1870-74, IX/1/39, prot. 18064.

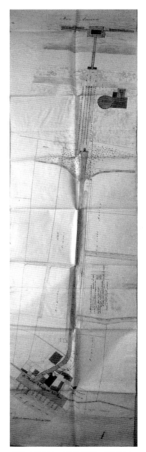

140 1871年　道路整備の計画図
A.S.C.V., 1870-74, IX/1/39, prot. 25551.

して活躍してきたが、次の時代には、新たなリーダーが登場した。1872年、ホテル・ダニエリなどの不動産の共同所有者であるアドルフォ・ジェノヴェージ (Adolfo Genovesi) の指導下で創設されたリド水浴会社 (Società Bagni di Lido) である [*265]。リド水浴会社は、フィゾラの事業とファヴォリータ (Favorita) の海水浴施設を引き継ぎ、ユダヤ人墓地からオスピツィオ・マリーノまでの沿岸部の所有者になったのである [*266]。さらにリド水浴会社は独占企業として、19世紀末には大ホテル建設という新たな事業に成功するのである。

そして1876年、サンタ・マリア・エリザベッタ広場と海水浴場施設を結ぶ鉄道馬車 (tram a cavalli) 事業が設立された〈図142〉。最初はベルギーの会社によって、その後、ヴェネツィア市とマラモッコ市共同のブリジ・ヴェネト会社 (società veneta Brisi) によって協力された事業である [*267]。1882年までには、路線がオスピツィオ・マリーノまで延長された。同年、リド水浴会社は、サンタ・マリア・エリザベッタ広場と海水浴場の施設を結ぶ路線に投資した [*268]。1888年、サンタ・マリア・エリザベッタ大通りは幅17mに拡張され、1905年には、鉄道馬車から路面電車 (tram elettrico) へと時代が移っていった。そのころには、通りは幅約28mにまで拡張され、「大通り (gran viale)」の名に相応しい通りへ成長していった [*269]。

島全体では、軍事技師 (Genio Militare) によって、1860年から島の南端に位置するアルベローニ (Alberoni) からラグーナに平行する道路整備が開始された。後に、島全体の整備が進められ、埋め立て、低地のかさ上げ、排水溝の整備なども行われた。この整備は、1883年にマラモッコ市がヴェネツィア市に併合され、リドもヴェネツィア市になった後の1892年まで続いた。この年には、とりわけ潮位の高い時に必要となる排水管 (condotti di scalo) の整備が行われ、1900年には、ヴェネツィアからラグーナを越えて上水道が引かれた [*270]。

こうして、1857年の海水浴場の開設をきっかけに、リドを含む島全体のインフラ整備が進められ、新たな時代を迎えたのである。

141 1887年　鉄道馬車の軌道が描かれたサンタ・マリア・エリザベッタ大通り
I.G.M., 1887に追記

142 1900年ごろ　鉄道馬車
出典は図120と同じ

19世紀末〜20世紀初頭のホテル建設

　海水浴場の開業をきっかけに、かつて田園の広がっていたリドは国内外から大勢の人が押し寄せる場所となり、さらに19世紀後半の開発の勢いを受け、新たな時代を迎えた。開放感のある並木道を馬車が駆け抜けるという、ヴェネツィア本島では見られない洗練された大通りも完成した。さらに19世紀末にはこの大通りに沿って劇場やホテルが建設されるようになり、リドは一層華やかさを増していった〈図143-147〉。

　海水浴場開業直後のリドは、1858年の計画図〈図148〉を見ると、桟橋の正面にオステリアがあることがわかるが、1887年の地図では、サンタ・マリア・エリザベッタ大通りにはほとんど建物がない〈図149〉。1903年になると、サンタ・マリア・エリザベッタ大通りを中心に建物の数が増えている〈図149〉。その先駆けが、1900年にリド水浴会社によって建設されたグランド・ホテル・リド（Grand Hotel Lido）とホテル・デ・バン（Grand Hotel des Bains）である［*271］。グランド・ホテル・リドは、サンタ・マリア・エリザベッタ広場に面して建設され、「リドの顔」として島の玄関口を飾った〈図150〉。ホテル・デ・バンはサンタ・マリア・エリザベッタ大通りの突き当たりに、アドリア海に面して建設された〈図151,152〉。19世紀末、ヴェネツィア本島のカナル・グランデ沿いでも敷地を統合してホテル・バウエルが建設され、貴族の邸宅を改装したこれまでのホテルの規模を上回る建物であった。ヴェネツィア本島の超高級ホテル、ホテル・ダニエリの所有者でもあったリド水浴会社は、ヴェネツィアで最も大きいホテルを実現しようと、リドに乗り出したと考えられる。このようにして、ヴェネツィアではリドで、18世紀に始まるグランドツアーの影響から19世紀ヨーロッパで流行した大ホテル建設の流れに、ようやく追いつくことができたのである。海水浴場とホテルの出現によって、リドは富裕層にとって憧れの場所へと変わっていった。トーマス・マンの小説『ベニスに死す』は1970年代に映画化され世界的に広まったが、その時舞台として使われたのがホテル・デ・バンで、映画ではこのホテルに長期滞在する富裕層の様子が映し出されている。

143 1906年　施設と海水浴
Italo Zannier, *Venezia, Archivio Naya*, Venezia: O. Böhm editore, 1981.

144 1906年　ホテル・デ・バンの正面に広がる海水浴場
浜辺にはプライベート空間の小屋（capanna）がある。1890年代初頭から始まり、急速に増えた。当時はリドにまだホテルがほとんどなく、海や浜辺で長く過ごしたい男女に利用された。
出典は図143と同じ

145 海水浴施設のテラス席、海上でくつろぐ人々
Nelli-Elena Vanzan Marchini, *Venezia: I piaceri dell'acqua*, Venezia: Arsenale edigrice, 1997.
（口絵、図3）

146 サンタ・マリア・エリザベッタ広場と海水浴施設を結ぶ鉄道馬車
出典は図120と同じ

147 劇場
古い劇場は1880年代に生まれた。そこに1892年に新しい劇場が建設された。壁がなく、オープンの舞台がある。
出典は図120と同じ

こうして、リド水浴会社はサンタ・マリア・エリザベッタ大通りから海水浴の施設までのエリアを独占し、国内外から多くの中産階級をリドに導き、ヴェネツィアにおける観光業を牽引してきたのである。その結果、ヴェネツィア市もリドに確実な経済成長を期待するに至った。エットレ・ソルジェル市議会議員（consigliere comunale Ettcre Sorger）は観光政策に関心を寄せ、リドの広場、道路、運河の整備をヴェネツィア市が引き継ぐことを提案し、さらには住宅を整備するための調整計画（piani regolatori）の必要性を強調した [*272]。

　1904年、E・ソルジェル議員は新たな運河と道路網の計画を提出し、サンタ・マリア・エリザベッタ大通り付近の地区の開発を試みている。同年、この通りの北側に広がるメキタル会の土地が、リド建築土地利用株式会社（Società Anonima Lido Utilizzazione Terreni Edilizi（S.A.L.U.T.E.））に120万リラで買い取られた。10年間で建設用として整備しなければならなかったことから [*273]、これも市の政策のひとつだと考えられる。また1904年にはリド水浴会社は、通りの南側に広がる土地を獲得し、基盤整備を進めた。リド水浴会社は単なる海水浴場の経営だけでなく、交通、ホテル業、さらには、ヴェネツィア市の委託による土木事業まで展開しており、リド開発の中心的存在であった。

　そして1907年までに、この島では照明用の電気配線や下水道、歩道、並木道も整備が完成した [*274]。

　このようにインフラが次々と整備されていく背景には、ある企業家の活躍がある。ヴェネツィア出身のニコロ・スパーダ（Nicolò Spada）である。彼はリドの開発に、次の転機をもたらした英雄のひとりである。大成功を収めた事業には、現在もリドの高級ホテルとして知られるホテル・エクセルシオール（Hotel Excelsior）の建設がある。

　1905年の冬のある日、N・スパーダはモーターボート（Tilwa号）に乗り、ラグーナの水を切って、クアットロ・フォンターネ要塞の脇を流れる運河にたどり着いた。上陸したその場所は荒れ地であったという。草むらをかき分けて進み、小高い砂丘に上がると、目の前にはアドリア海の開放的な光景が広がり、反対側のラグーナの奥にはドロミテの山々の美しい風景を一望できたと記録されている [*275]。1903年の地図を見ると、サンタ・マリア・エリザベッタ大通

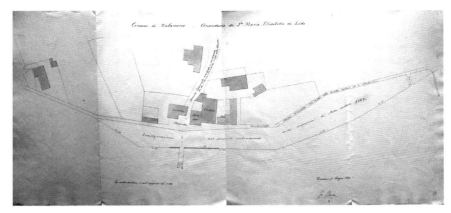

148 1858年 埋め立ての計画図
ラグーナ側を5367m²埋め立てる提案をしている。広場に面してオステリア(osteria)、教会(chiesa)、司祭の住宅(canonica)が立地している。
A.S.C.V., 1855-59, IX/10/6.

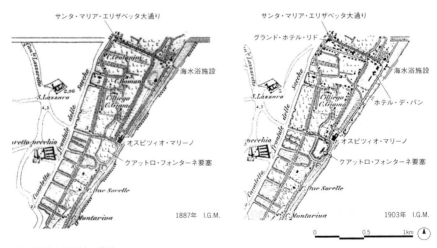

149 1887年と1903年の比較
1900年にはサンタ・マリア・エリザベッタ大通り沿いにグランド・ホテル・リドとホテル・デ・バンが立地する。
I.G.M., 1887, I.G.M., 1903に追記

り付近には、建物が増えつつあるが、この要塞の付近には、建物がほとんどなかった〈図149〉。N・スパーダは、この未開発地域のクアットロ・フォンターネ要塞のそばにホテルの建設を試みた。ホテル建設の研究に2年費やし、13もの計画を描いた [*276]。海に面して幅180m、7階建て、400の客室、運動治療用の施設、4つのエレベータ、オリエント風の装飾を施したホール、レストラン、テラス、コンサートホール、カジノ、劇場、広大な空中庭園などを備えた壮大なプロジェクトである。

　まずこの事業を実現するために、N・スパーダは資金の準備としてグループ会社のリドホテル会社（Compagnia Alberghi Lido）を設立した。

　このホテルの予定地は、島の中心地であるサンタ・マリア・エリザベッタ広場から少し離れていたため、まずは交通手段を講じる必要があった。この時、ロッティニ・マルツォット（Rottigni Marzotto）による、大通りからオスピツィオ・マリーノまでの鉄道馬車の路線を路面電車にする計画が許可されていた [*277]。N・スパーダは、3,000リラでR・マルツォットからこの計画を引き継いだ。当時、鉄道馬車の営業権をヴェネツィア市から委託されていたリド水浴会社は、路線をオスピツィオ・マリーノまでで、その先に位置するホテルの予定地までは延長の必要がないとN・スパーダの延長計画に強く反対したのである。しかし、N・スパーダは反対に屈することなく、計画案を見直し、大通りからオスピツィオ・マリーノを越えて、ホテルの予定地の西側を通り、ラグーナ方面に回る環状路線の計画を実現させた [*278]。1906年7月、リド水

150 1900年　グランド・ホテル・リド
出典は図120と同じ

151 1900年　ホテル・デ・バン
出典は図120と同じ

浴会社は鉄道馬車を廃線にせず、サンタ・マリア・エリザベッタ広場からホテル・エクセルシオールの予定地まで路面電車を実施した [*279]。またN・スパーダの構想はホテル建設だけではなく、電気の配線や排水の整備など、インフラ整備を通して島全体を活性化する事業も意図していた。

　このようなN・スパーダの大胆かつ多岐に渡る事業を財政的に最も支援していたのが、当時、イタリア商工銀行ヴェネツィア支店 (Venezia della Banca Commerciale Italiana) の支店長 (Direttore) だったジュゼッペ・トエプリッツ (Giuseppe Toeplitz) である [*280]。そして、G・トエプリッツは、N・スパーダの構想する壮大な事業に投資し、その経済的効果は、期待をはるかに上回る結果になった [*281]。

　そして1906年、ジュゼッペ・ヴォルピ (Giuseppe Volpi) [*282] は、ホテル・ダニエリ (Hotel Danieli) やグランド・ホテル (Grand Hotel) を所有していたグループ会社 (The Venice Hotels Limited) [*283] と、N・スパーダによって設立されたリドホテル会社を統合し、「大ホテルイタリア会社 (Compagnia Italiana Grandi Alberghi (C.I.G.A.))」を設立した [*284]。大資本となったC.I.G.A.は、1907年に路面電車事業を開始し、大通りの道幅をさらに広げ、現在の幅28ｍの通りが実現した〈図153〉。

　1907年、ファヴォリータからホテル・エクセルシオールを越えた辺りまでの広大な区域が、軍事的な管轄から解放され、海水浴場への展開することが可能となった [*285]。

152 1935年　ホテル・デ・バン
1920年代後半に再建された。
A.S.C.V., Fondo Giacomelli, GN004129.

153 1909年ごろ　サンタ・マリア・エリザベッタ広場に接岸する蒸気船と路面電車
出典は図63と同じ

こうして1908年、ホテル・エクセルシオールが開業した〈図154〉。海に面してビザンティン様式の装飾が浜辺に彩りを添える。7月に行われた式典では、船によるパレードなどヴェネツィアらしいイベントも行われ、音楽や海上花火で夜通し盛り上がった。誕生したホテルは、ホテル・バウエル・グルンワルド（Holet Bauer-Grünwald）の創始者であるジョヴァンニ・サルディ（Giovanni Sardi）によって計画された [*286]。19世紀末に敷地を統合し、ヴェネツィア本島の大ホテルよりもはるかに規模の大きいホテルを実現したのである。建設されたホテルを見ると、ホテルから直接浜辺に降りられるようになっている〈図155〉。1900年に開業したホテル・デ・バンの場合、ホテルと浜辺の間に道路が走っており、海とのつながりが若干遮断されている。それに比べ、エクセルシオールはホテルのホールから直接浜辺へアクセスできるよう考えられており、海とのつながりがより強くなっている。というのも、この地域は、ホテル建設以前、ヴェネツィア市によるアドリア海沿岸の道路建設の予定地だったが、N・スパーダはその道路建設の変更を市に要求し、ホテルを実現したからである [*287]。現在のホテルを見ると、道路がホテルの西側にクランクしている。また、ラグーナから直接建物にアクセスできる専用の運河が掘削され、これまで島に建設されたホテルとは大きく異なる〈図156〉。船によるアクセスという、いかにもヴェネツィアらしい発想を可能にしたのは、おそらく、その後富裕層の間で流行するエンジン付きのモーターボートを想定してのことと考えられる〈図157〉。

　N・スパーダのこだわりは、アプローチの工夫以外にも見られる。ここで特記しておきたいことは、「海の衛生面」を考慮した点である。ヨーロッパで海水浴が流行していたこの時代、海際の施設はどこにでもあった。そうした施設の汚染水は海にそのまま垂れ流されるのが一般的だったという。当時、治療目的で海水浴していたにもかかわらず、実は、水質そのものに問題があったのである。そこでN・スパーダは、清潔な海水をめざして、排水溝の位置を検討し、最終的にクアットロ・フォンターネ地域の排水をすべてラグーナの方に注ぐよう工夫した。その結果、ホテルの前面に広がる海水は、汚水から完全に切り離され、透き通る水を実現し、「恵まれた環境で海水浴ができる、

ヨーロッパで唯一の海岸だ」と自負した [＊288]。この事例からN・スパーダの行った開発は単なるホテル建設というよりも、ホテルを拠点に島全体の整備を考えていたことがわかる。

　ホテル・エクセルシオールの完成に合わせて、路面電車の整備のほかに、ホテルのラグーナ側に公共の船乗り場が設置されるなど、交通網も整備された〈**図158**〉。このようにしてリドの風景は一変し、ヴェネツィアに最も近い近代都市ができ上がった。これは、イタリアのほかの都市で見られる市壁の外の新市街地と共通する現象である。

154 1910年　浜辺に面して立地するホテル・エクセルシオール
D. Resini (a cura di), *Tomaso Filippi fotografo: Venezia fra Ottocento e Novecento*, Venezia: Istituzioni di Ricovero e di Educazione, 2000.

155 ホテル・エクセルシオールの前面に広がる浜辺（口絵、図17）

156 運河と直接接続するホテル・エクセルシオール

157 1927年　ホテル・エクセルシオールの運河側。モーターボートが早くも普及している。
A.S.C.V., Fondo Giacomelli, GN001650.

ヴェネツィア本島—リド間の移動に関して、興味深いプロジェクトを紹介しておこう。1911年、ヴェネツィア市技術局長のダニエレ・ドンギ（Daniele Donghi）は、カステッロ地区のサンテレナとリドの間に、地下道もしくは地下鉄の建設計画を提案した。その後、N・スパーダが、サン・マルコ広場からジュデッカを経由し、エクセルシオールの周辺地区をトンネルで結ぶという計画を提案すると、D・ドンギはこの計画を後押しした。またD・ドンギはトンネル内に商店街も計画したが、この計画に民間企業は関心を示さなかった。もし、このトンネルが実現していたら、3分間という短い時間での移動が可能になっていたという[＊289]。

　この夢物語のような計画は、現在のラグーナの自然環境保護とはまったく違う方向に重きを置いていた。しかしこの計画は、当時のヴェネツィアの経済成長にとって、リドへの投資がどれほど重要だったかを証明している。また、イタリアのほかの都市では見られない、旧市街地と新市街地の接続をいかに円滑にするか、という問題への解決策でもある。逆にいえば、この地下道が実現しなかったことで、水上交通というヴェネツィアらしい手段を、より強化することにつながったともいえるのである。

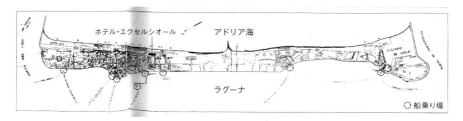

158 1930年代初頭の地図
ホテル・エクセルシオール周辺のラグーナ側に公共の桟橋が設置されているのがわかる。
Sergio Barizza (a cura di), *Il Casinò municipale di Venezia: Una storia degli anni '30*, Venezia : Arsenale, 1988に追記

1910〜1920年代の緑に囲まれた住宅開発

　1900年にサンタ・マリア・エリザベッタ大通りの両端に大ホテルが建つと、その数年後には、この通りを中心にホテルや別荘（villa）が建設されるようになる[＊290]〈図159〉。1908年の地図を見ると、大通りからホテル・デ・バンの間を中心にいくつもの建物が建設されており、この時期の別荘は贅沢な空間を求める富裕層によって建設されたと考えられる〈図160-162〉。その後、1927年の地図にはホテル・エクセルシオールの南側まで建物が並び、この20年の間に集中して建設されたことが読み取れる〈図160〉。これはヴェネツィア市によって行われた住宅政策によるものである。

　ヴェネツィアの人口は1868年に12万人、1881年に13.4万人、そして1901年には15.2万人と増加傾向にあった。工場や倉庫も増え、同時に本島内では庶民用の集合住宅が建設された。その際、採用されたのが、通気性を重視する独立型の集合住宅である。1893年にはヴェネツィア市が、健全で経済的な庶民住宅を建設することを定め、市の政策により住宅が建設された。実際に建設された集合住宅は、サン・ジョッベ地区（1904〜1905年、7棟）、サン・レオナルド地区（1904〜1906年、8棟）、ジュデッカ（1906〜1910、6棟）などヴェネツィ

159 サンタ・マリア・エリザベッタ大通り沿いに建つホテル・ヴィッラ・レジーナ
出典は図120と同じ

ア本島の周辺に多い [＊291]。そして1906年には、国際展示場にもなっていたジャルディーニのすぐ近くのサンテレナで集合住宅が計画され、豊かな緑に囲まれた住宅地として開発された。

　こうした住宅建設のラッシュが、リドにもやってきたのである。1907年、リドに住宅を建設する計画が持ち上がり、その対象地区がクアットロ・フォンターネ要塞からマラモッコの間だった。その当時、ヴェネツィア市は国が所有していた地区を市に譲り渡すよう提案し、その条件としてヴェネツィア本島の西端に位置するサンタ・マルタの倉庫群 (Magazzini Generali di Santa Marta) を国に渡すことで交渉を進めた。続いて、ヴェネツィア市は、新たな埋立地を個人に譲渡する計画を認めた。そして1区画を20に分け、ひとつの敷地が約1000m² となるように道路網を計画した。さらに、それぞれの敷地の4分の1を住居に、残りを緑地帯として緑に囲まれた住宅地を提案した [＊292]。これを「チッタ・ジャルディーノ (città-giardino)」という。ヴェネツィア本島では集合住宅の周辺に緑地帯を設ける程度だったが、この島は土地にゆとりがあることから、戸建て住宅の建設と緑地帯の併存が容易だったと考えられる。19

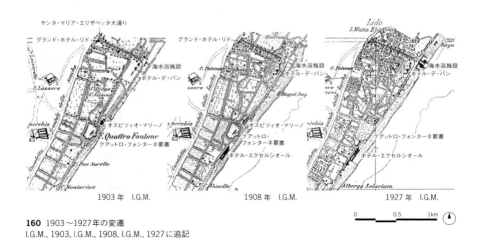

160 1903～1927年の変遷
I.G.M., 1903, I.G.M., 1908, I.G.M., 1927に追記

世紀後半、産業期の大都市であったイギリスやフランス、ドイツでは、裕福な中流階級や労働者階級のための住宅地がつくられるようになっていた。それは都市の周辺部や農村部に建設することで、個々の空間にゆとりを与え、生活環境をより向上させるという目的があった。その例としては、1880年代のオランダの資本家ファン・マルケン (van Marken) によって建設されたアグネタ・パーク〈図163〉やドイツのクルップ住宅地〈図164〉がある。両者は、敷地内に設けた緑地が重要な役割を示している住宅モデルである [*293]。リドは、こうした当時流行していた住宅地開発を受け入れる器として最適だった。

　チッタ・ジャルディーノは、まずホテル・エクセルシオールのラグーナ側の地区で実験的に行われた。この地区は、ヴェネツィア市がN・スパーダのホテル計画を認める一方で、ラグーナ側の地区をすべてヴェネツィア市に無償で譲渡するよう、N・スパーダに義務付けていた場所である [*294]。1911年、健全で経済的庶民用住宅委員会 (Commissione per le case sane, economiche e popolari (後のIACP)) が「チッタ・ジャルディーノ」の国際的な実験モデルとして、この地区を住宅地にすることを提案した [*295]。

161 ヴィッラ・ロマネッリ
(1906年、Domenico Rupolo 設計)
ネオビザンティン様式。

162 ヴィッラ・デッレ・パルメ
(1906-07年、Daniele Donghi 設計)

そして、C.I.G.A. は、自社の所有地で100棟の小別荘 (villino) の建設プロジェクトを実施するために、ホテル・デ・バンとオスピツィオ・マリーノ間の公共空間を自由に扱えるよう許可を求めた。1914年1月、C.I.G.A. は、その広大な所有地に40棟の小別荘を建設する選考会を公告した。その結果、質の高い92もの応募があったという [*296]。この時の審査員には、E・ソルジェルやN・スパーダがおり [*297]、20世紀初頭からリドの開発を進めてきた代表的な人物がこのプロジェクトの中心に関わっていたことがわかる。第一次世界大戦により、住宅開発は凍結したが、1922～1925年に集中的に建設された [*298]。この時開発された地区は1927年の地図から明らかである。

1922～1925年に建設された住宅地区では、現在のサンドロ・ガッロ通り (Via Sandro Gallo) とラグーナ間に位置し、グリッド状に敷地が分割され、均等な住宅配置になっている区画がある〈図165〉。ここは19世紀に造成された場所で、未開発地域だったため、合理的な敷地割が可能だったと考えられる。ここには「ドムス・ノストラ (Domus Nostra)」という国家公務員 (Cooperativa degli Impiegati dello Stato) 用に、70世帯、44棟が計画された〈図166〉。全住宅が緑に取り囲まれるように配置され、チッタ・ジャルディーノの典型的な構成となっている。ラグーナに沿った敷地は、直接運河にアクセスできるようになっており、ヴェネツィアらしさが見られる〈図167〉。このドムス・ノストラは新規開発であることから、理想の形が実現され、贅沢な空間となっている。また、運河沿いの湾曲した敷地にもチッタ・ジャルディーノの計画が採用された。ガッリーポリ通り (Via Gallipoli) に沿った区画では、鉄道員 (Cooperativa dei Ferrovieri) の住宅として、2階建ての住宅17棟、合計34世帯分が計画された [*299]。この一見難しそうな区画でも、ゆとりのある敷地割と、充分な緑地空間を設けることで、快適な空間を生み出している〈図168,169〉。そしてダルダネッリ通り (Via Dardanelli) とダルマツィア通り (Via Dalmazia) に挟まれた三角形の区画には、個性的で優雅な別荘が5軒建てられた。ダルダネッリ通りを挟んでこの敷地の向かい側には、1911～1912年に建設された別荘が4軒並んでおり、この辺りは浜辺からほど近いこと、古くからの土地で地盤が安定していることから、富裕層の別荘として人気が高かったと推測される。

163 1880年 デルフトのアグネタパーク
フランソワーズ・ショエ著、彦坂裕訳『近代都市──19世紀のプランニング』井上書院、1983年。

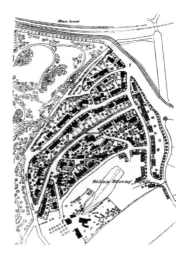

164 アテンホフのクルップ住宅地
出典は図163と同じ

165 1922〜1925年に建設されたチッタ・ジャルディーノ
(左) 1927年、(右) 2010年。航空写真から樹木囲まれた住宅が多いことに気付く。
(左) I.G.M., 1927 に追記
(右) ヴェネト州 (Regione del Veneto), Catalogo delle foto aeree.

このように、リドの住宅地開発にチッタ・ジャルディーノの計画が採用され、ヴェネツィア本島では難しかったゆとりのある快適な住環境が実現されたのである。また、ヴェネツィア市と C.I.G.A. が共動した住宅開発では、実際の住宅設計はヴェネツィア出身の建築家や技術者が手掛け、施主はヴェネツィア出身の中産階級だったという [*300]。ヴェネト―ビザンティン様式を解釈したリバティー（libertà）様式の特徴をもつクレスベル・ベルトラミ小別荘（villino Kresber Beltrami）などがその例である [*301]。高密なヴェネツィア本島からほど近いリドに別邸をもつことは、当時ひとつのステータスだったといえる。

　このような住宅地開発はサンタ・マリア・エリザベッタ大通りの北側でも行われた。この地域についても概観しておく。1914年、サンタ・マリア・エリザベッタ大通りとその北側に位置するファヴォリータ間の道路整備が認められた。この土地は 1904 年までアルメニア人のメキタル会が所有していたが、基盤を整備するために S.A.L.U.T.E. に買い取られた [*302]。1908 年と 1927 年の地図を比較すると、この間に宅地化されたことがわかる〈図170〉。1927 年の地図を見ると、均等な敷地割であることから、計画的な開発だったことは明らかである。現在の航空写真からは、こちらの地域でも住宅は緑で囲まれ、独立型の集合住宅であることがわかる。

　こうしてリドでは、風通しのよい快適な生活環境が実現された [*303] が、それは、単に時代の流れに沿う環境衛生への意識の高さだけでなく、N・スパーダ自身の考えでもあった。ホテル・エクセルシオールの排水溝を従来の海側ではなくラグーナ側に向け、清潔な海水を実現したことにも表れている。また、1914 年にはリドで大量発生する蚊の対策も行われた [*304]。衛生思想も加わり、リドはヴェネツィア本島の郊外の街としてイメージを一新していったのである。

166 ピラーノ通りに立地する国家公務員の住宅

167 ラグーナに面する国家公務員の住宅

168 運河に面して立地する鉄道員の住宅

169 ヴェネツィアン・ゴシックのような窓を施した鉄道組合員の住宅

170 1908〜2010年 サンタ・マリア・エリザベッタの北側の地区の変遷
（左）I.G.M., 1908に追記
（中）I.G.M., 1927に追記
（右）ヴェネト州 (Regione del Veneto), Catalogo delle foto aeree.

1930年代に確立されたエンターテイメント空間

　1857年の海水浴場の開設を皮切りに、リドは一気に発展を遂げる。19世紀末の海水浴ブーム、20世紀初頭の大ホテルの建設、そして快適な生活環境を保証した住宅地建設と次々と開発され、人口も増え、人気の場所となっていった。その背景には、産業の発展、とりわけマルゲーラ港一帯の工業による経済発展もあった。また、1928年には飛行場がサンタンドレアからサン・ニコロに移設され、ローマ、ブリンディシ、ミュンヘンそしてオーストリアの都市グラーツとを接続する国際的な窓口となる [＊305]。国内外から多くの人が訪れるようになり、ヴェネツィア本島とリドとを結ぶ水上バスも増便されていった。さらに、さまざまなイベントが開催され、観光業に、より一層力が注がれたのである。

　その例を見てみると、1926年、ホテル・エクセルシオールのアトリウムで開催されたダンスのイベントがある。そのほかにも、同ホテルのスケートリンクでのイベントがあげられる。また7月のレデントーレ祭では、同ホテルが開放された。さらにサン・マルコ水域に打ち上げられる花火を間近で見られるよう送迎のサービスも行われた。送迎用の運搬船（galleggiante）はライトやカラフルな風船で飾り付けられ、ダンスホールも設けられた。現在でも船の上で音楽を激しく奏で、ダンスを楽しみながら打ち上げ花火を待つ華やかな光景に出会う。また、1927年には、アメリカ、ドイツ、フランス、イタリアによる水上機（idrovolante）のスピード競技といった国際的なイベントが行われた [＊306]〈図171〉。1928年には同ホテルのテラスでファッションショーが〈図172〉、またある夜にはオーケストラによる演奏会が開催されるなど〈図173〉、大テラスを活用したイベントが数多く見られた。そしてこのころ、テニス好きのある公爵により、テニスコートが整備され、国際トーナメント試合が開催されたという。このように1920年代後半のリドでは、国内外からの訪問客を絶やさないよう、次々とイベントが繰り広げられた。

　イベントを多く開催することで、宿泊客により長く滞在し、余暇を楽しんでもらおうという傾向は、1930年代にピークを迎える。この時代を代表する

171 1927年　水上機国際大会
A.S.C.V., Fondo Giacomelli, GN001696.

172 1928年　ホテル・エクセルシオールのテラスで開催されたファッションショー
A.S.C.V., Fondo Giacomelli, GN001555.

173 1928年　ホテル・エクセルシオールのテラスで開催された野外オーケストラ
A.S.C.V., Fondo Giacomelli, GN001575.

人物に、C.I.G.A. の指揮を執っていた G・ヴォルピがいる。彼はマルゲーラ港のプロジェクトを成功させ、1925～1928年にはムッソリーニ政府の財務大臣を務めた。1934年には、ヒトラーやムッソリーニをアルベローニのゴルフ場でもてなしている。このゴルフ場は、アメリカの実業家ヘンリー・フォード (Henry Ford) の勧めを受け、G・ヴォルピがアルベローニ要塞をゴルフ場につくり変えたのである。このアルベローニ要塞はマラモッコ港の監視のために建設されていたが、この時は、軍事政権から許可を簡単に得ることができたという〈図174,175〉。当時のゴルフ場は、ヴェネト会社 (società veneta) の関係者や大ホテルの裕福な顧客にのみ開かれる独占的なクラブだった [*307]。かぎられた上流階級層だけを優遇する施設によって、この島全体の高級感もさらに高まった。

　リドを最も華やかに演出したイベントは、1932年に開催された映画祭である。C.I.G.A. が 25,000リラを出資し、ホテル・エクセルシオールの大テラスで映画が上映された。7ヵ国、25作品が上映され、これが国際映画祭の始まりとなった。このイベントは大成功し、経済効果に注目すると、同ホテルの従業員の雇用が 50％ 増加したという記録がある。その 2 年後、C.I.G.A. は融資を増やし、同ホテルの庭でイベントを開催し、大勢の人を呼び寄せた。1934年には国際演劇祭も開催された。そして1930年代、サンタ・マリア・エリザベッタ大通り付近に建設された遊園地も、同ホテルの集客を伸ばしたと考えられる [*308]。

　そんななか G・ヴォルピは、閉鎖された場所で危険な遊びを好む客のために、カジノの建設を考案した。この時、市政府は宗教的な面からヴェネツィア本島内ではカジノは営業したくないと考え、リドに許可を出した。また、1937年には、第5回映画祭を開催するために、G・ヴォルピは映画館の建設を決定した [*309]。カジノや映画館の建設場所には、当時売りに出されていたクアットロ・フォンターネ要塞の跡地が選ばれた。この要塞の近くには、16世紀に建設されたピザーニ家の別荘があり、そこではかつてカジノが行われていた。古くからあった娯楽や快楽の雰囲気が、20世紀に引き継がれたのである。

　クアットロ・フォンターネ要塞は、名前の通り 4 つの井戸の近くに、オース

トリア政府下で建設された要塞である。1830年の不動産台帳（カタスト・アウストリアコ）の地図から4つの井戸を避けるようにして建設されていることが読み取れる〈図176〉。1852年の地図では、4つの井戸のうちひとつが要塞の敷地内に含まれていることがわかる〈図177〉。この広大な場所にカジノと映画

174 2007年　アルベローニ要塞の遺構、堀

175 2007年　アルベローニ要塞の遺構、ゴルフ場

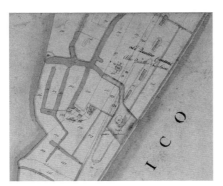

176 1830年　要塞と4つの井戸
Mappa del Catasto austriaco, Comune Censuario di Malamocco.

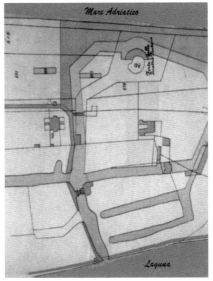

177 1852年　地図
井戸の1ヵ所がクアットロ・フォンターネ要塞の敷地内に位置している。
出典は図120と同じ

館が建設されることになった。当時の要塞については、1920年代の写真〈図178〉や建築家のエヴェリナ・ディドヴィッチ（Evelina Didovich）の研究により復元された図で確かめることができる〈図179〉。カジノの平面図の中央部分が、E・ディドヴィッチの図中のDにあたる防護砲台棟（Blockhouse casamattato）である〈図180〉。この防衛施設の構造をそのまま生かし、その上にカジノを建設し、地盤を3m上げ、道路の地下レベルには既存の構造も残された〈図181,182〉。

1937年のプロジェクト図から、海側に正面を向け、ラグーナ側では運河から直接カジノにアクセスできるよう計画されていることがわかる〈図183〉。これはホテル・エクセルシオールで採用された方法と同様である。1924年に設立されたモトスカーフォによる水上タクシー事業により、1930年代には水上タクシーの利用が富裕層の間では浸透していたと考えられる。そのため動線としては運河側を重要視し、道路側はアクセスというよりも広場として活用する社交性の高い場所という意識が強く感じられる。それは、カジノの正面に計画された噴水にも表れている〈図184,185〉。

完成した建物の正面には、ヴェネツィアでよく見られるビザンティン様式やゴシック様式とは違う、長方形の巨大なガラス窓と2本の円柱が施された〈図186〉。これは、ムッソリーニの求める古代ローマ性、モニュメンタリティ、イタリア性、雄大さを反映させた[*310]、ファシズム時代を象徴する建物そのものである[*311]。こうして、市営のカジノを建設し、エンターテインメント空間を確立することで、リドの近代化が押し進められた。

以上のように19世紀後半から20世紀前半を中心に、リドがどのような過程を経て形成されたのかを見てきた。一般に、現在のリドがこの時期、急速に完成されたように思われがちだが、実際にはそれ以前の土地所有や土地利用を基盤に開発が進められてきた。リドの開放的で楽しいイメージは、海水浴場開設をきっかけに始まったわけではなく、それ以前から、ヴェネツィア貴族たちが本土へ進出するのと同様、開放感を求めリドに別荘を構えていたのである。しかし、大きく異なるのは、活動拠点の場所である。18世紀までは、ラグーナ側に活動拠点を求めていたのに対し、海水浴場開設の19世紀後半

178 1920年代　クアットロ・フォンターネ要塞
出典は図120と同じ

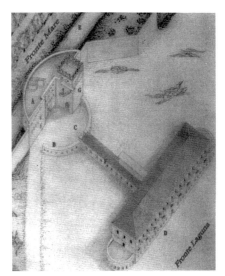

179 クアットロ・フォンターネ要塞の復元図
出典は図120と同じ

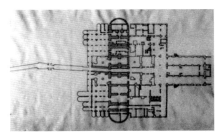

180 カジノの平面図
出典は図120と同じ

181 1937年5月8日　カジノの建設現場
要塞を一部活用している。
A.S.C.V., Fondo Giacomelli, GN004263.

182 1937年7月6日　カジノの建設現場
グランド・ラインを3m上げる。
A.S.C.V., Fondo Giacomelli, GN0010344.

183 1937年　カジノの計画図
A.S.C.V., Fondo Giacomelli, GN006825.

以降は、それまで目を向けられていなかったアドリア海側を新規開発し、展開していった。そこには、当時海水浴が西ヨーロッパ全体で流行していた影響が見てとれる。ヴェネツィア本島では、サン・マルコ水域に面して浴室やプールを含む巨大複合施設の計画があったが、防衛面からその計画は頓挫し、リドに計画が移された。ヴェネツィア本島では難しいプロジェクトを受け入れたリドは、当時の流行を取り入れていった。島内での馬車の走行に始まり、路面電車の開始、さらにはバスや自動車を受け入れ、本土と同じようなインフラが整備された。また、道路の両側に植栽のある大通りも実現した。この並木通り沿いには大ホテルも出現し、長期滞在を楽しむ富裕層により、リドは新たな時代を迎えた。そして、こうした開発の裏には、個人や民間企業の力が大きく働き、行政は少しばかりの援助を行った。その代表がG・ブゼット（通称フィゾラ）やN・スパーダらである。そうした彼らのイニシアチブによって、リドは革新的な発展を遂げた。

　その一方で、リドでは軍事的な整備も行われ、ヴェネツィアを防衛する役割も果たした。また、結核患者を収容するオスピツィオ・マリーノも建設された。第一次世界大戦後、軍事施設は縮小され、オスピツィオ・マリーノがサン・ニコロ方面に移転し、サンタ・マリア・エリザベッタ大通りからホテル・エクセルシオール間のエリアは再び歓楽的なイメージと開放感に包まれていった。とりわけ1920年代後半から1930年代には、本格的に政府が観光政策に乗り出し、文化的な活動に力を注いだ。また、政府と密接に結びついたG・ヴォルピが指揮を執るC.I.G.A.によって、数多くのイベントが開催され、楽しいイメージをつくり上げた。飛行場の立地、水上バス路線の増便により国内外から多くの人が訪れる場所に発展した。さらに市政府とC.I.G.A.によって、チッタ・ジャルディーノを採用した快適な住環境も整えられた。

　こうして、共和国時代の記憶を継承する宗教的空間、ユダヤ人墓地、マラモッコ、港を監視していた要塞、そして19世紀初頭の土地利用を引き継ぐ農地や水路など、リドはヴェネツィア本島を支える郊外のような役割を担いながら、観光面と住環境面で成功を収め、マルゲーラやメストレとは違う、本土側にはない環境をつくり出したのである。同時期に形成された西欧諸国

の海のリゾート地は、どれも鉄道の発展と結びついていた。だがこのリドは、本土から鉄道でヴェネツィアに入った後、船でラグーナを渡って到着するしかない。こうした異次元的な体験がまたリドを訪れる人の心を楽しませました。同時に、ヴェネツィアをさらにダイナミックな水都に発展させることにつながったのである。

184 1937年　カジノの計画図　鳥瞰図
A.S.C.V., Fondo Giacomelli, GN000340.

186 1938年7月　カジノの正面
A.S.C.V., Fondo Giacomelli, GN002962.

185 1937年　カジノの計画図　正面に噴水を設けている。
A.S.C.V., Fondo Giacomelli, GN006824.

5　ラグーナ周辺の開発

マルゲーラ港の開発

　次にラグーナの周縁部で行われた開発について見ていこう。第一次世界大戦中、ラグーナの西側ではバレーナ地帯の広がる自然豊かな場所にマルゲーラ港 (Porto Marghera) が建設された [*312]。このマルゲーラ港の誕生によって寄港する船が増加すると、鋼鉄、造船、金属加工、化学工業など、工業生産の活動も活発になり、ヴェネツィアの経済発展につながった。ヴェネツィアの発展を支えたマルゲーラ港の計画はどのようなものだったのだろうか。

　マルゲーラ港が建設される以前、ヴェネツィアの港湾はヴェネツィア本島の西側に位置した。共和国時代には、港機能がヴェネツィア本島内に分散していたが、近代化の流れを受け、1860年代にサン・バジリオ地区からサンタ・マルタ地区にかけて新たな港湾が整備され、港機能が集約された。この地区には次第に倉庫や工場などの産業施設が集まり、1890年代には、イタリアを代表する港湾都市ナポリとジェノヴァに次ぐ港となった [*313]。

　また新港湾（ヴェネツィア港）の開発に合わせて、トレポルティからサン・ニコロ間の潮流口をまとめるという、大規模な整備が行われた [*314]。1882～1910年、堤防の整備により、3つの潮流口がひとつにまとめられ、安定した航路を得た〈図187, 190〉。このように19世紀後半は港の発展に全力が注がれたのである。

　港湾は1880年に完成したが、早くも1925年には通航量が倍増すると考えられ、19世紀末には港湾エリア拡大の必要性が指摘されるようになった。

　1902年、ルチャーノ・ペティート (Luciano Petit) によってサン・ジュリアーノに港湾を新設する計画案が提出される [*315]〈図193〉。この計画にはサン・ニコロの正面からヴェネツィアの北側を通る運河の掘削が示され、サンタ・マルタに

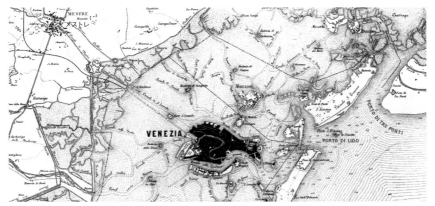

187 1869年

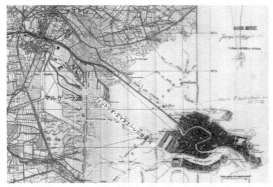

188 1927年　マルゲーラ港の埋め立て後、ジュデッカ運河からマルゲーラ港に運河が掘削され、広大な埋め立て地が誕生した。I.G.M., 1927 に追記

190 1910年　I.G.M., 1910 に追記

191 1927年　I.G.M., 1927 に追記

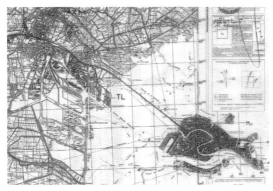

199 1940年　マルゲーラ港の広大な埋め立て、メストレの市街地化。I.G.M., 1940 に追記

192 1931年　I.G.M., 1931 に追記

353

ある港湾とは完全に切り離されていることがわかる。その翌1903年、今度はＵ字埠頭から西側に運河が掘削され、その延長上に港湾を新設する計画が持ち上がった。この場所はボッテニーゴと呼ばれ、現在のマルゲーラ港にあたる。この計画は1904年に土木局（Genio civile）によって改正案が提出される。

1905年、E・ルッツァット（E. Luzzatto）らにより、ヴェネツィア本島北西のカンナレージョ地区の沖に新たな港湾エリアを建設する計画が提案される [*316]〈図194〉。計画にはマラモッコ潮流口からリド潮流口までが図示されており、主要な島々と運河網も描かれ、当時の商船の重要な航路を表していると考えられる。この計画から、リド潮流口とムラーノを結ぶ運河が主要幹線路であることが読み取れる。また、サンタ・マルタの港湾との関係性は希薄だが、鉄道との接続に重きを置いていることがわかる。E・ルッツァットらの計画では、鉄道と接続するにはメストレへ向かう幹線路のサン・セコンド運河に橋を架ける必要性があり、舟運に障害を与える可能性があった。このことから、この計画は却下されたと考えられる。

1917年、アントニオ・サルヴァドーリ（Antonio Salvadori）によってボッテニーギの港湾計画が提出された [*317]〈図195〉。ここでは、ラグーナの西側の鉄道とブレンタ川間に新たな港湾・産業エリアが示され、広大な港を計画している。

1917年にA・サルヴァドーリは、もうひとつ計画を提案している〈図196〉。先ほどの計画とは反対の方向で、アドリア海側に港湾・産業エリアを計画し、サンタ・マルタ地区の港湾と切り離したかたちで考えられている。埠頭は墓地のサン・ミケーレに隣接し、国営造船所の北側に計画され、リド潮流口からすぐアクセスできるようになっている [*318]。また、ムラーノ、サンテラズモ、チェルトーザ、リドといった潮流口付近の島々に港湾・産業エリアを集めていることから、船輸送を主体とした意図が見える。線路は延長されているものの、鉄道輸送は重要視されていないように思われる。

このように、提案されたさまざまな計画は大きくふたつに分けられる。ヴェネツィア周辺に独立した島を埋め立てる案と本土側に設置する案である。結果的には、後者の案で進められる。その理由は、広大な土地を低コストで得られることや、鉄道との接続が容易であることが考えられる。また水道、ガス、

電気などのインフラ整備においても低コストで実現可能だったと推測される。

同年、G・ヴォルピのもと港湾新設の大プロジェクトが進められた。G・ヴォルピは、これまでヴェネツィアで行われていた単なる中継港ではなく、工場を設置した産業港としての新たな港の在り方をめざした [＊319]。

採用された1917年のコエン・カリ（Coen Cagli）の計画では、ラグーナの周縁に広がるバレーナ地帯に広大な港湾が描かれている。ジュデッカ運河から西に向けて一直線の運河が通され、その運河の突き当たりに埠頭が計画されている〈図197〉。サンタ・マルタ地区、サン・バジリオ地区の港湾と運河で接続され、リド潮流口から本土まで航路が延長された。これまでの埠頭より大規模なU字型埠頭がふたつあり、今後、船体の規模が拡大することも見込まれている。そして、鉄道の線路も港湾に延ばされている。ピアーヴェ川流域では、

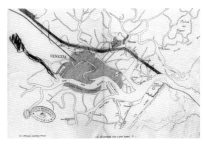

193 L・ペティートによる計画図
北（上）側の線は1902年 サン・ジュリアーノの港湾整備と運河掘削の計画。
南（下）側の線は1903年 ボッテニーギの港湾整備と運河掘削の計画図。
Guido Zucconi (a cura di), *La grande Venezia: Una metropoli incompiuta tra Otto e Novecento*, Venezia: Marsilio Editori, 2002.

194 1905年 E・ルッツァットらによる計画図
E. Luzzatto, L. Marangoni, M. Oreffice, *Progetto di massima per una nuova stazione marittima per la città di Venezia*, 1905. B.M.C.Ve, Op. P.D. gr. 1770 (prov. Luzzatto,Marangoni, Oreffice). Archivio Fotografico, neg. M 45929.

1914年に鉄道が開通し、木材輸送において河川輸送から鉄道輸送に切り替えられていったように、このころは鉄道の時代でもある。この計画でも、船と鉄道の接続を重要視していたことがうかがえる〈図198,199〉。

さらにC・カリの計画図には、港湾エリアに隣接して、住宅開発も示されている。その範囲は、当時のメストレの市街地よりも広く、単なる住宅開発というよりもひとつの町をつくろうとする意図が見受けられる[*320]。

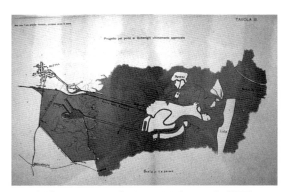

195 1917年 アントニオ・サルヴァドーリによるボッテニーギの計画図
B.M.C.Ve, Op.P.D.gr. 2214. Archivio Fotografico, neg.M 45934.

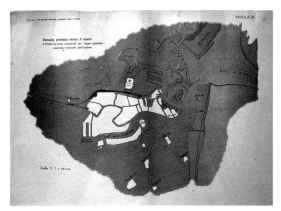

196 1917年 A・サルヴァドーリによる海に向いた計画図
B.M.C.Ve, Op.P.D.gr. 2214. Archivio Fotografico, neg. M 45935.

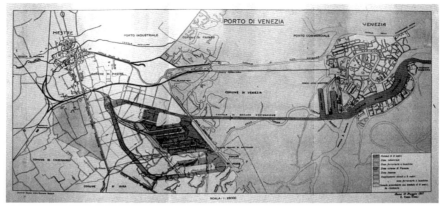

197 1917年　C・カリによる計画図
B.M.C.Ve, Op.P.D.gr. 2202. Archivio Fotografico, neg. M 45933.

198 1919年　マルゲーラ港開発以前
A.S.C.V., Fondo Giacomelli, GN000018.

199 1919年　マルゲーラ港
鉄道が敷かれる造船所(Cantiere NavaleBreda)の計画地
A.S.C.V., Fondo Giacomelli, GP000403.

200 1939年　マルゲーラ港
石炭の荷揚場、巨大設備で水―陸をつなぐ。
A.S.C.V., Fondo Giacomelli, GN007027.

このように、ヴェネツィアでは産業の拡大をラグーナの縁に求め、それらはアドリア海から最も遠いラグーナの奥に整備された。1919～1922年、ジュデッカ運河からマルゲーラ港までヴィットリオ・エマヌエレ3世運河が掘削される〈図187,188〉。リド潮流口からサン・マルコ前を通り、ジュデッカ運河を抜け、マルゲーラ港まで大型船が通航することになり、商船の航路はリド潮流口からマルゲーラ港まで延ばされた。1925年、マルゲーラ港のさらなる埋め立てが計画され [*321]、マルゲーラ工業地帯へと拡大する。1925～1939年、ヴェネツィア港の交通量は飛躍的に拡大し、工業製品の流通は著しく増加した [*322]。バレーナ地帯には工場や倉庫など、歴史地区とスケールの違う建物が建ち並び、煙や騒音などにより環境を劣悪化していった〈図200,201〉。1960年代にはサンタ・マルタ地区、サン・バジリオ地区にあった工場もマルゲーラ工業地帯に移転し、ヴェネツィアの都市と商業港は完全に切り離されていった。

　マルゲーラ港の開発は、ヴェネツィアの都市を守るために必要だったと考えられる。しかし、拡大する産業港によってラグーナ内の環境を大きく変化させることにつながった〈図202〉。

自動車道路の整備とその影響

　第一次世界大戦後、1920年代になると先進国では自動車、バス、バイク、タクシー、電車、トロリーバスといった乗り物が一般に利用されるようになった。1920年以前は長距離においては道路ではなく鉄道に頼っていた。道路は自動車に対応したものではなく、馬や馬車の走行を想定したものだった。1920年代はじめに道路整備が始められ、アスファルトが道路の舗装材として使われるようになった。イタリアも影響を受け、ヴェネツィアの本土側では自動車道路（アウトストラーダ）の整備が進んだ。

　プンタ・サッビオーニでは、1882～1910年に堤防が整備された後、1927

201 マルゲーラ工業地帯

202 マルゲーラ工業地帯

年までに広大な敷地が埋め立てられ、1931年までには道路整備が進められている〈**図190-192**〉。その間の1929年に、サン・ドナ―カーヴァズッケリーナ（現在のイエーゾロ）―プンタ・サッビオーニ間の陸上バスの運行が始まった。その一方で、ヴェネツィア―カーヴァズッケリーナ間の水上バスの運航が廃止され、ヴェネツィアのサン・ザッカリアとプンタ・サッビオーニを結ぶ水上バスの運航が開始された [*323]。この時代、本土では水上交通から陸上交通に切り替わるなか、ラグーナ内では、水上交通を充実させた。

　また自動車道路整備により、1933年にヴェネツィアと本土は道路橋で接続された。この道路橋の建設により、ヴェネツィア近郊のメストレは大きな変化を遂げた。1923年の県と市の整備法により、メストレは1926年からヴェネツィア市に属した。この時代、「大ヴェネツィア（Grande Venezia）」を掲げ、マルゲーラ港の工業地帯やメストレの居住地を含めて、ヴェネツィア市を広げる動きがあった [*324]。1934年には、「新ヴェネツィア」と題して、ラグーナ際に位置するサン・ジュリアーノ地区を開発する目的で、メストレ調整計画の国際コンペが行われた。1937年にE・ミオッツィ指導のもと、メストレとマルゲーラで居住地域拡張および開発計画が進められた。この住宅開発により、ヴェネツィア本島からメストレに多くの人が移住していった [*325]。ヴェネツィア本島は家賃が高く、住環境が悪いため、家賃の安い新しい住宅に魅力を感じたと想像される。

　レオナルド・ベネーヴォロ（Leonardo Benevolo）により、メストレとマルゲーラの発展段階が研究されている [*326]〈**図203,204**〉。それによると、メストレで1910年までに市街化されている地域は、旧市街とサルソ運河（Canale Salso）沿いである。サルソ運河はヴェネツィアとメストレを結ぶ重要な運河だったことから、工場や倉庫の並ぶ地域となったと考えられる。1927年までにその地域と鉄道駅の間で宅地化が始まっている。このころ、マルゲーラ港の周辺でも住宅が広がっている。そして、1927～1940年に広大な土地で住宅開発が進められたのは〈**図188,189**〉。

　このように、ヴェネツィアはラグーナの周辺を開発することで、通勤・通学圏、生活圏を拡大し、歴史地区であるヴェネツィアを維持してきた。

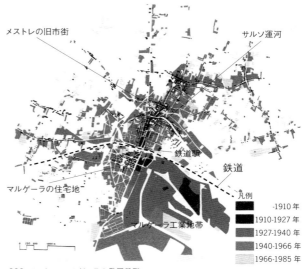

203 メストレ、マルゲーラの発展段階
Leonardo Benevolo (a cura di), *Venezia: Il nuovo piano urbanistico*, Bari: Laterza, 1996 に追記

204 メストレの市街地

6　ヴァッレ・ダ・ペスカ

　ラグーナを理解するうえで重要な場所がもうひとつある。それはヴァッレ・ダ・ペスカという魚を養殖する場所である。「ヴァッレ」は「渓谷、流域」のような意味もあるが、ここでは「潟、沼地」を意味する。「ペスカ」は「魚」を意味し、ヴァッレ・ダ・ペスカで養魚場と訳される。このヴァッレ・ダ・ペスカには鳥も多く集まるため、狩りの場としても利用されてきた。

　ヴァッレ・ダ・ペスカは、ラグーナの端のちょうど水面から陸地へと変わる境目に位置する〈図205〉。北ラグーナと南ラグーナにそれぞれあり、特徴的な風景をつくり出している。上空から見ると、その独特な地形に目を奪われる。

　南ラグーナに位置するヴァッレ・ザッパ（Valle Zappa）には、カゾーネと呼ばれる、建物付近に規則的に並ぶ縞状の緑地と不規則に並ぶ迷路状の緑地がある〈図206〉。この地形は大きな水面のなかに個性的な模様をつくりだし、一種の芸術作品のようにも見える。ヴァッレ・コンタリーナ（Valle Contarina）、ヴァッレ・デッレ・アヴェルト（Vale dell'Averto）では、櫛形を組み合わせたような地形がつくられている〈図207〉。この緑地は冬になると草木が枯れ、夏場とはまた違う印象を与える。

　北ラグーナに位置するヴァッレ・ペリニ（Valle Perini）では、建物の近くに丸みを帯びた生簀のようなコンクリート造の構造を確認することができる〈図208〉。ヴァッレとバレーナの境目にはしっかりとした護岸があり、低木が植えられている。リオ・ピッコロ周辺にもヴァッレ・ダ・ペスカが集中している〈図209〉。農地のなかに櫛形に水路が入り込んでいる様子も見られる。このようにヴァッレ・ダ・ペスカといってもさまざまな風景があることがわかる。ここでは、こうしたヴァッレ・ダ・ペスカについて掘り下げたい。とりわけ歴史のなかで大きな変化を示した、南ラグーナについて見ていく。

　既往研究ではアントニオ・ファブリス（Antonio Fabris）とジャンパオロ・ラッロ

(Giampaolo Rallo)の研究があげられる。本書ではこのふたりの研究を基本とし、地図を用いながら歴史的変化を描いてみたい。A・ファブリスの *Valle Figheri*（『ヴァッレ・フィゲーリ』）から現在のような幾何学的な形になる以前のヴァッレ・ダ・ペスカについて把握する[*327]。この研究は公証人の文書を丁寧に追い、所有者の変遷を明らかにしている[*328]。G・ラッロはヴァッレとラグーナのテリトーリオ博物館の館長であり、ヴァッレを文化的に再評価する人物

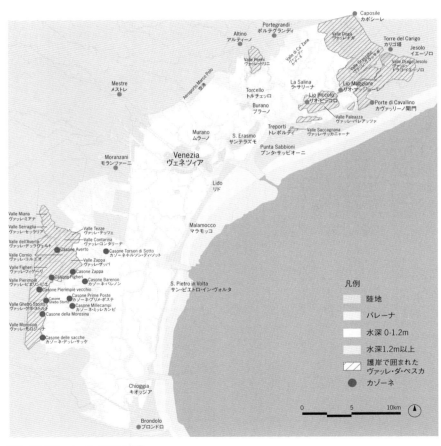

205 おもなヴァッレ・ダ・ペスカの位置

のひとりである。博物館にはヴァッレ・ダ・ペスカで使用していた道具や出土品のほかに、狩りで使うおとりのコレクションなどが展示されている。ここでは、G・ラッロの研究から19世紀以後、現在に通じるヴァッレ・ダ・ペスカの構造を把握し [＊329]、さらに現地調査で得られた情報を加え、具体的な利用についても見ていきたい。

206 ヴァッレ・ザッパ (6月)

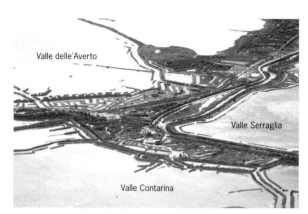
207 ヴァッレ・コンタリーナ周辺 (12月)

208 ヴァッレ・ペリニ (5月)

209 リオ・ピッコロ周辺 (6月)

ヴァッレ・ダ・ペスカの位置の変遷

ヴァッレ・ダ・ペスカの歴史は古く、すでに514年のカッシオドロ（Cassiodoro）が海事行政官に宛てた書簡でも言及されている[*330]。またラグーナの特徴的な養魚場を指す言葉として「ペスカリア（pescaria）」、「ピシーナ（piscina）」、「ヴァッレ（valle）」が使われてきたことが指摘されている[*331]。「ペスカリア」はヴェネツィア方言で「魚市場、魚屋」を指す言葉として現在も使われている[*332]。「ピシーナ」は沼や水溜りのような場所を指し、養魚場や泳ぐ場所として使われていた。現在もヴェネツィアの通り名にその名残りが見られる。

ヴァッレの語源ははっきりせず、ラテン語の「ヴァッリス（vallis）」あるいは「ヴァッルム（vallum）」という囲い込む装置に由来するといわれている。史料としては11世紀に遡ることができる。それは、魚を捕ることや狩りについて書かれた修道院の権利に関する史料である[*333]。

このころ、南ラグーナは現在よりもっと狭かったといわれている。それを示すものとして、1200年にパドヴァとキオッジアによるペッタ・ディ・ボー（Petta di Bò）の肥沃な牧草地の獲得争いの記録がある[*334]。ペッタ・ディ・ボーは、現在のカゾーネ・ペッタ・ディ・ボーの付近だと推測され、この記録は、この辺りが陸地だったことを示している。同時代、カ・マンツォ（Ca' Manzo）ではワインがつくられており、キオッジアの住民からヴェネツィアの総督にこのワインが贈られ、共和国内で最も優れたワインとして称賛されたという[*335]。このカ・マンツォはカゾーネ・ペッタ・ディ・ボーの南に位置するバレーナの地名として現在も残っているが、かつてはブドウ畑のある陸地だったと想像される。

11〜14世紀の史料を参照してE・カナルによって作成されたラグーナの図は、現在のマルゲーラ工業地帯からペッタ・ディ・ボーの辺りまでバレーナ地帯が広がっていたという仮説にもとづく復元図である〈図210〉。またペッタ・ディ・ボーから南側には陸地が広がっていたと考えられている[*336]。これはひとつの仮説ではあるが、ラグーナの地形が今とはまったく違っていたことを示している。

13世紀、現在のヴァッレ・テッツェ [*337]、ヴァッレ・コンタリーナ、ヴァッレ・コルニオ [*338] 周辺はパドヴァの所有だった [*339]。この時代、南ラグーナの本土側はパドヴァに管轄されており、この辺りまで支配が及んでいたことを示している。ヴェネツィアとの境界はガオルナ運河（Canale della Gaorna）、ショッコ運河（Canale della Sciocco）とされているが、当時と今とでは流路がかなり違うことから、正確な線引きは難しい〈図211〉。また、ラグーナを監視するために、パドヴァはクラーノ塔（Torre del Curano）を建設した。この塔1258年にはすでに存在していたことがわかっており、現在のカゾーネ・テッツェ（Casone Tezze）の辺りだといわれている [*340]。13世紀後半、パドヴァの司教であるジョヴァンニ・フォルザテ（Giovanni Forzatè）がこの周辺を所有した [*341]。1405年、パドヴァがヴェネツィア共和国下に置かれた後もフォルザテ家に所有されていたが、15世紀、跡継ぎがいなかったため、ヴェネツィア共和国の所有となった [*342]。

　16世紀になるとラグーナの詳細な地図が登場し、島や家の位置を知ることができる。1556年の地図からペッタ・ディ・ボーの位置が確認でき、島の上に家が描かれている〈図212〉。この辺りはバレーナ地帯であることが読み取れる。

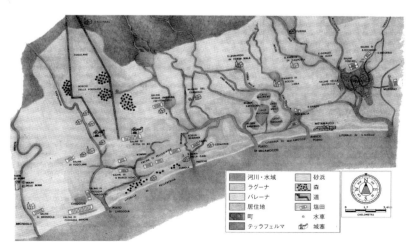

210　11〜14世紀におけるラグーナの想像復元図
出典は図5と同じ

一方、カ・マンツォの周辺はまだ陸地だったことがわかる。ここには建物が数軒立地している。また現在のヴァッレ・テッツェ、ヴァッレ・コンタリーナ、ヴァッレ・コルニオ周辺は陸地もしくは沼地で、現在のようにつねに水面の広がる地域ではないことが読み取れる。

　1556年の地図を見ると、ミリソン（Milison）、セッテ・モルティ（Sette Morti）、ペッタ・ディ・ボーの辺りから下側に水面が広がっている。その水面には島々が浮かび、名前も記載されている［＊343］。この広い水面の部分を「ラグーナ・ヴィーヴァ（laguna viva）」（生きているラグーナ）と呼び、良好な水循環だった。一方、

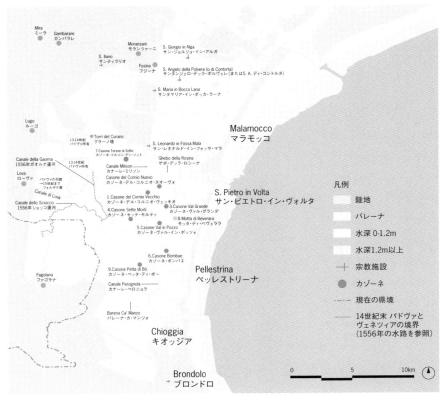

211 おもな地名
図中の番号は1556年の地図と表に対応する。

本土側のバレーナ地帯の広がる方を「ラグーナ・モルタ (laguna morta)」(死んでいるラグーナ) と呼び、水循環があまりよくなかった。

　この時代、ヴァッレ・ダ・ペスカはおもにラグーナ・ヴィーヴァの方に位置していた。1540年のC・サッバディーノによる記録では、ヴァッレ・ダ・ペスカは61もあったという。そのうち27が閉じたタイプの「セラーデ (serade)」で、残りの34が開いたタイプの「アペルテ (aperte)」だった [＊344]〈図212〉。アペルテは杭を用いないで、泥のなかに置いた低い柵でできている。

　1556年の地図では、マラモッコ潮流口からキオッジアにかけてヴァッレ・ダ・ペスカが集中し、閉じたタイプの「セラーデ」は地図の上側にある傾向を指摘できる。

　1574年の絵地図には、島の上に建物と、ジグザグの線が描かれ、「ヴァッレ (valle)」の名前も記載されている。この絵地図からもミリソン、コルニオ、カネオ・グロッソ (Caneo Grosso)、ロシーナ (Rosina) [＊345] の位置を知ることができる〈図213〉。またジグザグの線は魚を捕るための仕掛けを示しており、ヴァッレ・ダ・ペスカの境界線もわかる。ミリソンは2ヵ所あり、区別するために、本土に近い方、つまり絵地図の上側を「ソプラ (sopra)」と呼び、アドリア海に近い方の下側を「ソット (sotto)」と呼ぶ。1540年のC・サッバディーノの記録によると、絵地図の上側の「ミリソン・ディ・ソプラ」は「セラーデ」のタイプで、「ミリソン・ディ・ソット」は「アペルテ」のタイプであり [＊346]、立地の条件から仕掛けを使い分けていることがわかる。

　16世紀に行われていた仕掛けの構造を具体的に示した絵図によると、杭や葦で編まれた柵をジグザグに配置し、その先端部分に網を仕掛けて、魚を捕る方法だったことがわかる〈図214〉。

　この時代の魚獲り手法はきわめて原始的で、魚の習性を巧みに活かしていた。春先になると海流に乗ってアドリア海のさまざまな魚の稚魚がラグーナに入ってくる。そのまま稚魚は秋までラグーナで成長し、海に戻っていく。しかし、木杭もしくは葦で編まれた柵の間からヴァッレ・ダ・ペスカに入った魚は、その仕掛けから抜けられないようになっており、そのなかで成長する。仕掛けは7〜11月に設けられることが許されていた [＊347]。この手法は、海

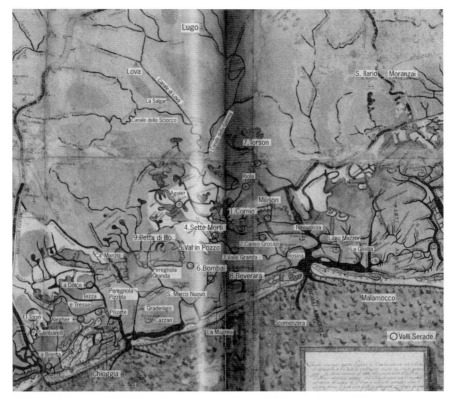

閉じたタイプのヴァッレ・ダ・ペスカ (Valli Serade)
南ラグーナ
1.Cornio, 2.Caneo Grosso, 3.Valle Granda, 4. Sette Morti, 5.Val in Pozzo, 6. Bombai, 7. Torson, Milison di sopra, Riola, Pomodoro, Aguier, Petta di Bò in Sacha, Pisorte, Canal de Leseo, La Dolce, Alegher, La Brenta, La Cona, Becho Grando, Becho Pizzolo, el Torto, La Proa.

北ラグーナ
Drago Jesulo, Ca' Zan, Dogado, Sagagnana, Palassa.

開いたタイプのヴァッレ・ダ・ペスカ (Valli Aperte)
南ラグーナ
8.Beverara, 9. Petta di Bò de Soto, Milison di Sotto, Navagiosa, Casoneto, Rosina, Scomenzera, La Magrea, S. Marco Nuovo, Peregnola Granda, Peregnola Pizzola, Cazzacan, La Baessa, Gradenigo, Il Bossolo, La Cheba, Lago Mazzor, Poco Pesse, Tezza, Bollegnola, Le Tresse, Gambarelli, Trillera, La Brazagola.

北ラグーナ
Cavo della Taità, Caorlini, S. Lorenzo, Rozza, Scanello, Canal di Bari, Sette Saleri, Lio Pizzolo, La Cona.

212 1556年　南ラグーナのヴァッレ・ダ・ペスカの位置とおもな地名
Paolo Rosa Salva, Sergio Sartori, *Laguna e pesca: storia, tradizioni e prospettive*, Venezia: Arsenale, 1979 をもとに、1540年のおもなヴァッレ・ダ・ペスカの位置を1556年の地図に図示
1695年　A・ミノレッリによる図（1556年に C・サッバディーノが作成した図の複製）
A.S.Ve, *S.E.A.*, Disegni, *Laguna*, dis. 13. に追記
（口絵、図5）

の入口により近いところで魚を捕獲するのが最適である。そのため、ヴァッレ・ダ・ペスカの立地も海により近い、ラグーナ・ヴィーヴァに集中していたと推測される。ヴェネツィアを支えてきた背景のひとつには、こうした安定した魚の収穫もあげられる。

しかし、61 ものヴァッレ・ダ・ペスカを数えたが、16世紀にはヴァッレ・ダ・ペスカを壊す動きもあった。その対象は、町やマラモッコ運河に近いヴァッレ・ダ・ペスカだった。実際に壊されたものは、ミリソン、ナヴァジオザ (Navagiosa)、ロシーナ (1559年)、キオッジアの近くにあるアセド (Asedo、1574年) である。それと同時に新たな境界が設けられた。またペッタ・ディ・ボーのような周辺の場所は、囲い込む仕掛けの使用が認められ、1593年には公共の運河を借りることを認められた [＊348]。

このような動きの背景には、ラグーナの水環境に関心が高かったことが影響している。

1501年、水循環を管理する体制を強めるために水利行政局が設置され、ラグーナのあらゆる事柄を監視した。この機関は後のマジストラート・アッレ・アックエ (magistrato alle acque) にあたる。

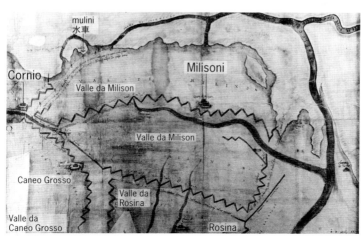

213 1574年　ヴァッレ・ダ・ペスカの位置
ラグーナ内に水車があったこともわかる。
A.S.Ve, *S.E.A.*, Disegni, *Laguna*, dis. 11 に追記

1507年には、川から運ばれてくる土砂の堆積を防ぐ目的で、ブレンタ川の河口をヴェネツィア本島から遠ざける大規模な工事が行われた。また1540年には、さらに遠い、キオッジアの南側にブレンタ川の河口を移している。こうした大事業が行われていた時代、ヴァッレ・ダ・ペスカの柵の囲い込みも制限されたのである。
　16世紀は、水の管理に関する技術的、政治的大論争の世紀でもあった。
　C・サッバディーノとアルヴィーゼ・コルナーロ（Alvise Cornaro）の論争は有名である。キオッジア出身の水利専門家であるC・サッバディーノは、ラグーナの水循環を重要視し、ラグーナの水面がより広く、より深い運河になることを求めた。水循環を改善することで、都市の浄化を助けると考えたためである。また大型船の航行を可能にすることで、港の発展にも役に立つというものだった。つまり、ラグーナ・モルタにも水を巡らせ、水面の面積を広げることを意味した。河川による土砂の堆積を防ぐため、ブレンタ川の河口を付け替える計画もこれにもとづくものである。そしてすべての杭や柵を壊すことをめざしていたという [*349]。

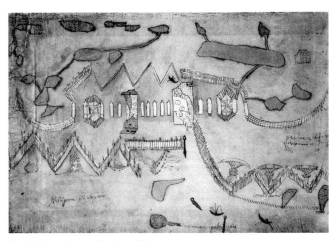

214 16世紀　ヴァッレ・ダ・ペスカの絵図
A.S.Ve, *Misc. Mappe*, dis. 461.

その一方で、A・コルナーロのように、埋め立てを進める考えもあった。人口が増えつつあるこの時代、沼地や湿地を開拓し、農業生産を上げることが目的だったが、その埋め立てがマラリアを退治するのに役に立つと思われていた。マラリアは水の多いところで発生する典型的な病気である［*350］。

最終的に、C・サッバディーノの考えが採用された。水面を広げることは軍事的な面でも理に適っていたと指摘されている。運河網の広がるラグーナは、敵の侵入をより難しくさせると捉えられたのである［*351］。

1610年、ブレンタ川の旧本流沿いのミーラから分岐させたヌオヴィッシモ運河の掘削により、ラグーナと本土との境界線が確定した。この運河ができたことにより、これまで蛙地もしくは沼地だった現在のヴァッレ・モロジーナや、ヴァッレ・ピエリンピエ（Pierimpiè）周辺もラグーナに属することが決定した［*352］。

この運河の掘削をきっかけに、水循環の悪いラグーナ・モルタにもヴァッレ・ダ・ペスカをつくる動きが見られるようになる。それは1662年、杭を打ち込んで囲うタイプの「セラーデ」の許可に関する史料から読み取れる。

1662年に囲い込む許可が下りたヴァッレ・ダ・ペスカを次にあげる［*353］。

南ラグーナでは、ブレンタ（Brenta）、インフェルノ（Inferno）、モラロ（Moraro）、ヴァル・ディ・メッツォ（Val di Mezzo）、ポッツェガト（Pozzegato）、アセオ（Aseo）、ピッゾルタ・ディ・ソプラ（Pissorta di Sopra）、ヴァッロン（Vallon）、ラゴン（Lagon）、サッカ・グランデ（Sacca Grande）、サッカ・ピッコラ（Sacca Piccola）、モロジーナ（Morsine）、ピエリンピエ（Pierimpiè）である。

北ラグーナでは、ドラゴイエーゾロ（Dragojesolo）、カ・ザーネ（Ca' Zane）、ドガード（Dogado）、サッカニャーナ（Saccagnana）、サッケッタ（Sacchetta）、パレアッサ（Paleassa）、カヴァッリーノ（Cavallino）、グラッサボ（Grassabò）である［*354］。

1540年の状況と比較すると、セッテ・モルティの上側にあたるラグーナ・モルタの方に新たな分布が見られる。また、1655年の地図に1662年の上記の情報を重ねると、モルシネ（Morsine）、ピエリンピエ（Pierimpiè）がこの間に増えていることが読み取れる〈図215〉。

この許可の背景には、ヴァッレ・ダ・ペスカを閉じてもよいのかどうかとい

う議論が繰り広げられていた。1661年に元老院は、ヴァッレ・ダ・ペスカを開くよう規定するが、1662年には専門家が技術的・水理学的視点から開くことに反対した[*355]。このころ、引き潮の力により、ラグーナ内の土が運ばれ、マラモッコ潮流口には大きな州が形成された。これは、ヴァッレ・ダ・ペスカを開くことで、ラグーナのバランスが崩れることを意味した。その結果、次第にヴァッレ・ダ・ペスカを閉じる方向に向かうのである[*356]。つまり、杭で囲む閉じたタイプの「セラーデ」が推奨されていった。

「セラーデ」を選んだ理由として、次のようなことが推測される。ヌオヴィッシモ運河を掘削し、ブレンタ川の本流をラグーナの外に移した結果、南ラグーナ内の土砂の堆積が減った。一方で、波による浸食作用により土地が減り、

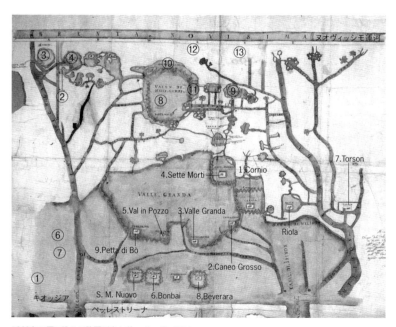

1662年に囲い込みの許可が出たヴァッレ・ダ・ペスカ
① Brenta ② Inferno ③ Moraro ④ Val di Mezzo ⑤ Pozzegato ⑥ Aseo ⑦ Pissorta di Sopra ⑧ Vallon ⑨ Lagon ⑩ Sacca Grande ⑪ Sacca Piccola ⑫ Morsine ⑬ Pierimpiè

215 1655年 南ラグーナの地図
1〜9のヴァッレ・ダ・ペスカは1556年の地図と表1に対応する。
A.S.Ve, *S.E.A.*, *Laguna*, dis. 45に追記
(口絵、図7)

引き潮により、さらにラグーナ内の土砂が海へ流出した。そして、徐々にラグーナの水面が広がり、ラグーナのバランスが失われる。そのためヴァッレ・ダ・ペスカを閉じた方が、つねに護岸のある状況が生まれ、ラグーナの水面を安定させると考えられたのではないだろうか。

その一方で、ラグーナ・ヴィーヴァにあったコルニオは、1662年に禁止され、壊された[*357]。トルソン・ディ・ソット (Torson di Sotto)、トルソン・ディ・ソプラ (Valle di Torson di Sopra)、リオラ (Riola) は、1662年にはすでに壊されていた[*358]。

18世紀になると、ラグーナ・モルタに位置するフィゲーリ (Figheri、1701年)[*359]、ザッパ (Zappa、1707年)、アヴェルト (Averto、1706年)、コルニオ・スーペリオーレ (Cornio Superiore、1707年) でも水面を囲い込むための申請が政府に提出された[*360]。1762年の地図から、これらの位置を確認することができる〈図216〉。

こうして、現在見られるようなラグーナ・モルタの方にヴァッレ・ダ・ペスカが徐々に展開していった。ラグーナ・ヴィーヴァとモルタの両方に位置する状態は、少なくとも1844年まで続く〈表1〉。

1797年のヴェネツィア共和国崩壊とともに、土地の所有権はヴェネツィア貴族から中産階級に移った。共和国崩壊後もヴァッレ・ダ・ペスカが使われ続けた背景には、中産階級の人たちがヴァッレ・ダ・ペスカのもつ大きな可能性に目を付けたことが指摘されている。新しい水の文化を生み出すことを考えたという[*361]。

その転機は、1848〜1849年に訪れる。この時期は、オーストリア支配下のなかでわずか1年だけヴェネツィアを奪還した年であった。この年、ヴェネツィア本島は、オーストリア軍から奪還していたが、ラグーナはオーストリア軍に包囲されていた。包囲しているオーストリアの軍隊がヴァッレ・フィゲーリとピエリンピエを占領し、船を取り上げ、住宅、倉庫、艇庫 (cavana) に火をつけた。また囲いを壊し、漁業に必要なすべてのものをずたずたにしたのだった。これはヴェネツィアへの食料供給を妨げるためであった。この大被害をきっかけに、ヴァッレ・ダ・ペスカは新たな展開を見せるのである[*362]。

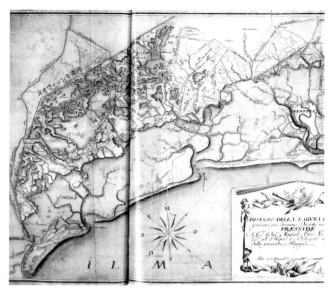

216 1762年　南ラグーナの地図
A.S.Ve, *S.E.A.*, Disegni, *Laguna*, dis. 167 に追記
（口絵、図6）

表1 1843〜1970年代　ヴァッレ・ダ・ペスカのタイプ
Paolo Rosa Salva, Sergio Sartori, *Laguna e pesca: storia, tradizioni e prospettive*, Venezia: Arsenale, 1979 をもとに作成

南ラグーナ	1843-1844年	1848年	1897-1901年	1970年代
1. Cornio Fuori	a. o p.			
2. Caneo Grosso	a. o p.			
3. Valgrande	a. o p.			
4. Sette Morti	a. o p.			
5. In Pozzo	a. o p.			
6. Bombae	a. o p.			
7. Torson di Sotto	a. o p.			
8. Beverara	a. o p.			
9. Petta di Bò	a. o p.			
10. Zappa	arelle	arelle	arelle	argi.
11. Contarina	semi.	semi.	semi.	argi.
12. Averto	semi.	semi.	semi.	argi.
13. Cornio	semi.	semi.	semi.	argi.
14. Figheri	semi.	semi.	semi.	argi.
15. Pierimpiè	semi.	semi.	semi.	argi.
16. Ghebbo Storto	semi.	semi.	semi.	argi.
17. Serraglia	argi.	semi.	semi.	argi.
18. Morosina	argi.	argi.	argi.	argi.
19. Le Buse del Prete	arelle	semi.	arelle	
20. La Sora	arelle	semi.	semi.	
21. De Bon	arelle	semi.	-	
22. Rivola o Barenon	arelle	semi.	semi.	
23. Millecampi	semi.	semi.	semi.	
24. Battioro	arelle	arelle	arelle	
25. Torson di Sopra	arelle	arelle	arelle	

北ラグーナ	1843-1844年	1848年	1897-1901年	1970年代
26. Drago Jesolo	argi.	argi.	argi.	argi.
27. Ca' Zane	semi.	semi.	semi.	
28. Dogà	semi.	semi.	semi.	argi.
29. Saccagnana	argi.	argi.	argi.	argi.
30. Lago Novo	argi.	semi.	argi.	argi.
31. Sacchetta	argi.	semi.	argi.	argi.
32. Baroncolo	argi.	argi.	argi.	
33. Sparesera	argi.	argi.	argi.	
34. Mesola	semi.	semi.	semi.	
35. Olivera	argi.	argi.	argi.	argi.
36. Paleazza	argi.	semi.	argi.	argi.
37. Falconera	argi.	semi.	argi.	argi.
38. Leona	argi.	semi.	argi.	argi.
39. Cavallino	argi.	semi.	argi.	argi.
40. Baseggia	argi.	semi.	argi.	argi.
41. Formenti o Caligo	argi.	argi.	argi.	
42. Grassabò	argi.	semi.	semi.	argi.
43. Fosse		argi.	argi.	
44. Lanzoni		argi.		
45. Lio Maggiore				argi.
46. La Cura				argi.
47. S. Cristina				argi.

a. o p. = valle aperta o ostriche　開いたヴァッレ・ダ・ペスカまたは牡蠣養殖
arelle = valle a serraglia　柵に囲まれたヴァッレ・ダ・ペスカ
semi. = valle semiarginata　半分閉じたヴァッレ・ダ・ペスカ
argi. = valle arginata　閉じたヴァッレ・ダ・ペスカ

その立役者となったのが技師のジュスティニアノ・ブッロ（Giustiniano Bullo）である。ブッロ家はキオッジアの出身で、1776年にヴァッレ・フィゲーリの財産目録を作成していた。1779年にはヴァッレ・ザッパとピエリンピエの賃貸人でもあった。オーストリア軍が去った後、1850年ごろ、ブッロ家はヴァッレ・ピエリンピエの全体を取得した。またヴァッレ・フィゲーリも所有し、部分的に賃貸していた。この時代、ヴァッレ・ダ・ペスカは荒れ果てた状態で、生産性もなく、多くの人が手放していった。G・ブッロは、ヴァッレ・ダ・ペスカのこの悲惨な状況を説明し、ほかの共同所有者にヴァッレ・ダ・ペスカの再建を働きかけ、私財を投じて経営に力を注いだ [*363]。

　このころは、中産階級による事業家が目立つ時期でもある。ヴェネツィア本島では、パラッツォを転用したホテルがカナル・グランデ沿いに登場したり、リドでは海水浴場が開設したり、新たな時代の幕開けでもあった。鉄道の開通に始まり、工業生産の活発な時期でもあった。こうした背景のなかで、G・ブッロは先進的なモデルをつくりだしたのである。次に新たに開発されたヴァッレ・ダ・ペスカの構造を次に見ていこう。

19世紀に登場したヴァッレ・ダ・ペスカの構造

　1880年、G・ブッロはヴァッレ・ダ・ペスカを運河で取り囲み、そのなかに、魚が冬を過ごすための「ペスキエーラ（peschiera）」を開発した [*364]。1891年には、G・ブッロによりヴァッレ・ダ・ペスカの構造が研究され、次のように分類された。開いたタイプ、柵で囲まれたタイプ、半分閉じたタイプ、閉じたタイプである〈**図217-219**〉。

　1892年、G・ブッロはこの研究をもとに、ブッロ家の所有であるピエリンピエで新たにペスキエーラのシステムを開発した。このシステムは魚の養殖において革新的な技術とされ、1902年には国際的に知られるようになった [*365]。現在のヴァッレ・ダ・ペスカの風景を特徴づけているのは、このペスキエーラ

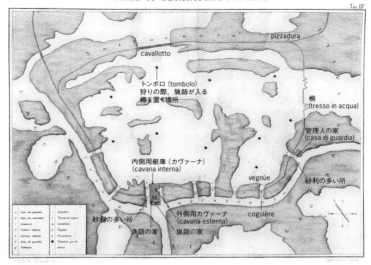

217 開いたタイプ
B.M.C.Ve, Op. P.D. in foglio 318. Archivio Fotografico, neg. M 45916 に追記

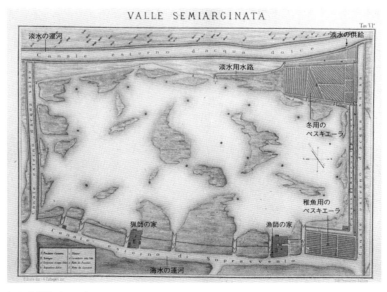

218 半分閉じたタイプ
B.M.C.Ve, Op. P.D. in foglio 318. Archivio Fotografico, neg. M 45916 に追記

である。

　G・ブッロは、閉じたタイプをヴァッレ・ダ・ペスカのモデルにしていることから、閉じたタイプを推奨していたと思われる。このモデルをもとにヴァッレ・ダ・ペスカの構造について具体的に見ていきたい[＊366]。

　ヴァッレ・ダ・ペスカは淡水の運河と海水の運河に挟まれている〈図219〉。これはヌオヴィッシモ運河近くに位置するヴァッレ・ピエリンピエやその周辺をモデルに行われたスタディだと考えられる。このモデルは護岸を築き、完全に閉じられたタイプである。淡水の運河と海水の運河に設置された水門を介して水を調整できるようになっている。これは運河から引いた淡水とラグーナの海水を利用してヴァッレ・ダ・ペスカ内の水温や塩分濃度を調整する仕組みである。この水門を「キアヴィカ (chiavica)」という。この水門を開けることで、ラグーナから魚が入ってくるが、一度入ると、抜け出せない仕掛けに

A : mitilicoltura	イガイ養殖	
B : ostreario per la propagazione	牡蠣養殖	採苗用
C : ostreario per l'allevamento	牡蠣養殖	育成用
D : baicolera	ペスキエーラ	スズキ用
E : peschiere conserve	ペスキエーラ	冬用
F : seràgio	ペスキエーラ	稚魚用
a : motta dei pescatori	漁師の家	
b : motta dei cacciatori	猟師の家	
c : case di guardia	管理人の家	
d : chiavica d'acqua salsa	海水用水門	
e : chiavica d'acqua dolce	淡水用水門	
f : sassaia	砂利の多い所	

220 魚を集める仕掛け
B.M.C.Ve, Op. P.D. in foglio 318. Archivio Fotografico, neg. M 45916 に追記

219 1891年　G・ブッロによるヴァッレ・ダ・ペスカのモデル
B.M.C.Ve, Op. P.D. in foglio 318. Archivio Fotografico, neg. M 45916 に追記
（口絵、図8）

なっている〈図220〉。海で捕ってきた魚をこの水面に入れる場合もある。また業者から稚魚を購入し、このなかで養殖する。最近では、魚が自然に水門から入ってくることが少ないため、業者から稚魚を購入して養殖する割合の方が多いという[*367]。またこの作業は春に行われる〈図221〉。

「セラージオ (seràgio)」と呼ばれる稚魚の成長用の場所がある。業者を通して購入した稚魚を塩分濃度と酸素量が管理されているセラージオに入れ、少なくとも2ヵ月はこのなかで水温などの環境に慣れさせる。そして充分な大きさになると、広い水面に移される。

秋の終わりごろ、広い水面で自由に泳いでいる魚が「ラヴォリエリ (lavorieri)」に集められる〈図220〉。冷たい水が流れる淡水の運河からヴァッレ・ダ・ペスカに水が入れられる。この時期、魚は水温の高い方に移動する習性があるため、自然と海水の運河のより水温の高い方に魚が集まる。集まった魚は捕獲され、選別される。充分な大きさの魚は市場へ、一定の規格に満たない魚は冬用のペスキエーラに移される[*368]。

市場用の大きさになるまでには通常2〜3年、ウナギは特別で7〜8年か

221 5月に行われる稚魚の放流（陣内秀信撮影）

かるといわれている [*369]。ウナギの稚魚はアドリア海からラグーナに入り、成長するまでずっとラグーナで過ごし、成熟した後、海へ戻る。アドリア海では成長しない魚であるが、ウナギは古くからヴェネツィアでも食されていた。クリスマスに人のもてなしに振る舞われていたことから、貴重な魚だったと想像される。

　冬用のペスキエーラの人工的な造形が、現在のラグーナに個性的な風景をつくり出している〈図222〉。それぞれのペスキエーラで緑地の帯が少しずつ違っているのは、もともとのラグーナの自然条件に合わせてつくられているからだろう。また魚の種類によっても工夫されていると推測される。冬の風から水面を守るために、護岸には防風林も植えられた。さらにこのペスキエーラは水深が深く、冬の寒い時期でも魚が過ごせるようになっている。冬場にはこのペスキエーラに淡水を流し、水面を凍らせて寒さから守るのだという。そして春になると、冬のペスキエーラから広い水面に移される。

　現在、ペスキエーラには鳥が魚を獲らないよう、網を張るなどの取り組みもある〈図223〉。ヴァッレ・ダ・ペスカはバレーナ地帯に位置することから、もともと自然豊かで動植物の生息しやすい環境であるが、魚の養殖により、それをめがけて鳥も多く集まる。そのため、狩りの場としても重要視されてきた。狩りについては後に少し触れたい。

　このように、現在はG・ブッロの開発したヴァッレ・ダ・ペスカを基本に展開されている〈表1〉。

　以上見てきたようにヴァッレ・ダ・ペスカのおかげで、ヴェネツィアに食料が安定して届けられ、飢饉などの緊急時にも充分な魚を保管する役割を担ってきた。ヴァッレ・ダ・ペスカはヴェネツィアを支えてきたのである。現在は、ヴェネツィアのラグーナ以外から低価格の魚が大量に運ばれるようになり、ヴァッレ・ダ・ペスカで養殖を続けるのはかなり厳しい状態である [*370]。数は激減し、廃墟となっているところもある。しかし、最近ようやくヴァッレ・ダ・ペスカに光が当たり始め、観光のひとつとして見直す動きもある。ヴァッレ・ダ・ペスカ内やその周辺でサイクリングを楽しむイベントも行われ、自然環境の再評価が高まりつつある。

222 ヴァッレ・ザッパのペスキエーラ

223 鳥から魚を守る網

カゾーネ

最後にヴァッレ・ダ・ペスカのなかにある住宅を取り上げたい。住宅はカゾーネと呼ばれ、茅葺の素朴な家だった。大きな屋根をもち、ラグーナを代表する風景である。17、18世紀の地図を見ると、茅葺屋根の建物がわかるような描かれ方をしている〈図224〉。現在シーレ川の上流に位置するチェルヴァーラ湿原の自然公園内に再現されたものがある。また、ヴェネツィアの北にあるラグーナに位置するカオルレでも見ることができ、観光のひとつとして注目されている〈図225〉。茅葺は維持が難しいため、何十年かに一度建て替えられる。カオルレの場合、その技術がまだ伝承されているのである。

南ラグーナのヴァッレ・ダ・ペスカは島の上にカゾーネが立地し、船でのみアクセス可能だった。今でもその遺構をいくつか見ることができる。崩壊も激しい状態ではあるが、それがまた歴史の積み重なりを感じさせる〈図226, 227〉。ヌオヴィッシモ運河の掘削後、17世紀後半になると、運河に近いラグーナ・モルタの方にもヴァッレ・ダ・ペスカが現れ始める。18世紀には、現在見ることができる位置にカゾーネが立地し、陸からのアクセスも可能となった。

この変化は、ヴァッレ・ダ・ペスカの位置の変化に対応しているだけでなく、その用途自体にも関係している。ヴァッレ・ダ・ペスカは、魚の養殖と同時に狩りの場でもあった。そのため「ヴァッレ・ダ・カッチャ」とも呼ばれ、狩りのヴァッレを意味した [*371]。所有者の貴族は、ヴァッレ・ダ・ペスカで狩りを

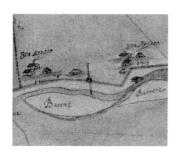

224 1552年　サンテラズモのカゾーネ
A.S.Ve, *S.E.A.*, Disegni, *Lidi*, dis. 3.

225 カオルレ　茅葺のカゾーネ

楽しんだのである[*372]。その様子は15世紀末のV・カルパッチョの絵にも描かれている。ヴァッレ・ダ・ペスカのなかでは、関係者以外は狩りをすることができない。そのため、一般的にはヴァッレ・ダ・ペスカに集まる鳥を狙って、その周辺で陣取り合戦が行われるという。

19世紀になると、ヴァッレ・ダ・ペスカに隣接する陸地部分に狩り用のカゾーネが建てられるようになる。カゾーネ・デッレ・サッケは狩り用の住宅として1874年に建てられた〈図228〉。おもにパドヴァから狩りをしに訪れた人たちが使用した[*373]。

さらに個性的な建物も登場する。1925年に建設されたカゾーネ・ザッパはラグーナにアクセントを与える独特な雰囲気をもつ〈図229〉。ここには狩り用の塔も建設されて、現在、ロンカナート(Roncanato)というスーツケースの会社が所有している。400haの敷地のうち狩猟用が200ha、自然地帯が200haという[*374]。共和国時代から続く、貴族の娯楽である狩りが現在もなお行われている。それはまた、都市の喧騒から逃れ、田園やラグーナに解放感を求めた貴族の歴史とも共通する。自然のなかに身をおいて、リフレッシュする空間としてヴァッレ・ダ・ペスカが活用され続けている。さらに、こうしたヴァッレ・ダ・ペスカ全体を所有することで、ラグーナの自然環境を維持することにつながっているといえる。

北ラグーナでは16世紀から続くヴァッレ・ダ・ペスカも現存する[*375]。それはかつて政府が所有していたため、よい状態が維持できたと考えられる。

226 カゾーネ・トルソン・ディ・ソット

227 カゾーネ・ミッレ・カンピ

現在は企業や個人が所有しており[*376]、それを維持できる資産家の存在も重要だといえよう。

　以上、ヴェネツィアの発展を支え続けてきたラグーナについて、ヴェネツィアとの関係のなかでどのような役割を担ってきたのかを見てきた。ラグーナは古来より食料供給の面からヴェネツィアの生活を支え続け、また、精神面でも水との深いつながりがある。一方で、つねに変化するラグーナの水環境と共生し、それを制御するためにヴェネツィアは絶え間ない努力を続けてきた。そうした努力のもとで、安定した水環境を維持してきたのである。そしてラグーナは、厄介な施設を受け入れる機能もあれば、都市の日常を脱してリフレッシュする役割ももち続けてきた。近代化の波を受けながらも、さまざまな機能を受け入れるラグーナの懐の深さがヴェネツィアの都市空間を支え、発展し続けることを可能にしたといえる。こうしたヴェネツィアの歴史において、人々はラグーナの自然環境を巧みに管理し、それと同時に都市の経済成長を遂げてきた。永続的な人々の努力の軌跡が、現在のラグーナ環境をつくりだしているのである。

228 カゾーネ・デッレ・サッケ (1874年)

229 カゾーネ・ザッパ (1925年)

注
参考資料
収録図版に関して

南ラグーナに位置するヴァッレ・ザッパ

注

序章　研究の目的と方法

1　ヴェネツィア研究の系譜と課題

*1　ヴェネツィアの形成・発展を支えた後背地としての周辺地域はラグーナ（潟）とテッラフェルマ（本土）が重要である。筆者は学位論文でこれらふたつのテリトーリオ（地域）を論じた。テッラフェルマに関しては樋渡彩、法政大学陣内秀信研究室編『ヴェネツィアのテリトーリオ――水の都を支える流域の文化』（鹿島出版会、2016年）で出版されているため、テッラフェルマについては、こちらを参照されたい。
*2　Donatella Calabi, Paolo Morachiello, *Rialto: le fabbriche e il ponte, 1514-1591*, Torino: Giulio Einaudi, 1987.
*3　Ennio Concina (a cura di), *Il Canal Grande nelle vedute del 'Prospectus Magni Canalis Venetiarum', disegnate e incise da Antonio Visentini dai dipinti del Canaletto*, Milano: Il polifilo, 1988 や Ennio Concina, *Venezia nell'età moderna: struttura e funzioni*, Venezia: Marsilio Editori, 1989 などがある。
*4　陣内秀信『ヴェネツィア――水上の迷宮都市』（講談社、1992年）や同『イタリア海洋都市の精神』（興亡の世界史、第8巻、講談社、2008年）などがある。
*5　M. Isnenghi, S. J. Woolf, *Storia di Venezia: l'Ottocento e il Novecento*, Roma: Istituto della Enciclopedia italiana, 2002.
*6　Giandomenico Romanelli, *Venezia Ottocento: materiali per una storia architettonica e urbanistica della città nel secolo 19.*, Roma: Officina, 1977 や、Giandomenico Romanelli (a cura di), *Venezia Ottocento: l'architettura, l'urbanistica*, Venezia: Albrizzi, 1988 などがある。
*7　Guido Zucconi (a cura di), *la grande Venezia: una metropoli incompiuta tra Otto e Novecento*, Venezia: Marsilio Editori, 2002.
*8　Eugenio Miozzi, *Venezia nei secoli: Il salvamento*, vol. 4, Venezia: Casa editrice Libeccio, 1969.
*9　Guglielmo Zanelli, *Traghetti veneziani: la gondola al servizio della città*, Venezia: Il cardo, 1997.
*10　アレッサンドロ・マルツォ・マーニョ著、和栗珠里訳『ゴンドラの文化史――運河をとおしてみるヴェネツィア』、白水社、2010年。
*11　Gilberto Penzo, *Vaporetti: un secolo di trasporto pubblico nella laguna di Venezia*, Sottomarina: Il Leggio, 2004.
*12　Francesco Ogliari, Achille Rastelli, *Navi in città: storia del trasporto urbano nella Laguna veneta e nel circostante territorio*, Milano: Cavallotti, 1988.
*13　陣内秀信『ヴェネツィア――都市のコンテクストを読む』鹿島出版会、1986年。
*14　Eugenio Miozzi, *Venezia nei secoli: La città*, vol. 1, Venezia: Casa editrice Libeccio, 1957.
*15　水の視点からヴェネツィアを捉えたものでは、アントニオ・サルヴァドーリによる *Civiltà di Venezia* (Guido Perocco, Antonio Salvadori, vol. 1, Venezia: Stamperia di Venezia, 1973) がある。同書は、中世に形成されたヴェネツィア独特の都市を構成する橋、街路、広場、運河沿いの階段などあらゆる要素を取り上げ、それぞれを比較し、分類しながら、この水の都を形態学的に理解している。しかし、まだ水の視点から都市形成史を扱う研究までには発展していない。都市計画の専門家であるフランコ・マンクーゾがこの書を引用し、ヴェネツィアの都市空間を解読した *Venezia e una città: come e stata costruita e come vive* (Franco Mancuso, Venezia: Corte del Fontego, 2009) をまとめた。このなかで運河と建物、道、広場などとの関係が考察されている。
*16　ラグーナに関する研究としては、共和国時代の治水に関する記録書 (Giuseppe Pavanello (a cura di), Marco Cornaro, *Scritture sulla Laguna, in Antichi scrittori di idraulica veneta*, vol. 1, Venezia: Premiate Officine Grafiche C. Ferrari, 1919 など) があり、たびたび再評価されてきたが、実際にはラグーナ内で広大な埋め立てが行われていた。
*17　水の自然環境の生態系に関する分野から研究が進められ、自然保護区域が定められるなど、ラグーナの保全再生についての実践と結びついた成果が多く発表された。2006年に出版された *Atlante della*

laguna: Venezia tra terra e mare (『ラグーナ図集——陸と海の間のヴェネツィア』Stefano Guerzoni, Davide Tagliapietra (a cura di), Venezia: Marsilio Editori, 2006) は、地理領域、生物領域、人間領域、保護領域、総合分析で構成され、ラグーナ環境を広範囲な視点で捉えていることも注目される。

*18 Pasquale Ventrice (a cura di), *Antichi scrittori di idraulica veneta: Marco Antonio Cornaro, Dialogo sulla Laguna, con quello che si ricerca per la sua laguna conservatione*, vol. 5, Venezia: Tipoffset Gasparoni, 1988 ほか。

*19 本土からラグーナへ注ぎ込む河川の付け替えと、ラグーナの埋め立てに関する変遷を図示した研究として Vito Favero, Riccardo Parolini, Mario Scattolin (a cura di), *Morfologia storica della laguna di Venezia*, Venezia: Arsenale, 1988 がある。また水循環を良好にして、アックア・アルタを引き起こしにくくするために浚渫の必要性を示唆する研究として Gianpietro Zucchetta, *I rii di Venezia: la storia degli ultimi tre secoli*, Venezia: Helvetia, 1985 などがある。

*20 Donatella Calabi, Ludovica Galeazzo (a cura di), *Acqua e cibo a Venezia: storie della laguna e della città*, Venezia: Marsilio Editori, 2015. これは「ヴェネツィアの水と食」をテーマにした展覧会（2015年9月26日〜2016年2月14日開催、ドゥカーレ宮殿）の図録集である。

*21 Ernesto Canal, *Archeologia della laguna di Venezia*, Sommacampagna: Cierre edizioni, 2013.

2 本書の構成と研究の方法

*22 第1章は、ヴェネツィアの水都の視点からの研究に関する動向を整理し、分析・考察した次の論文にもとづくものである。樋渡彩「水都ヴェネツィア研究史」『水都学Ⅰ』陣内秀信、高村雅彦編、法政大学出版局、2013年、pp. 95-135。

*23 第2章「1 ヤコポ・デ・バルバリによる鳥瞰図から読む水都ヴェネツィアの空間構造」は、樋渡彩「一五世紀末ヤコポ・デ・バルバリによる鳥瞰図」（陣内秀信、高村雅彦編『水都学Ⅰ』法政大学出版局、2013年、pp. 69-93) をもとに、加筆・修正したものである。

*24 1797年、フランス軍の占領によりヴェネツィアは共和国時代を終えると、その後、オーストリア（1798-1805年）、フランス（1806-1814年）、オーストリア（1815-1848）、（共和国樹立、1848-1849年）、オーストリア（1849-1866年）と政権が交代した。フランス政府下では、中世初期以来存続してきた教区を72から40に再編成し、コミュニティの生活圏に変化をもたらしたことが知られている。また、これまで教会堂や広場の片隅に埋葬され、都市内に分散していた墓地も整備された。ヴェネツィア本島の北側に浮かぶサン・ミケーレに共同墓地が整備され、そこに集められたのである。

*25 第2章「3 近代化による都市発展と舟運が果たした役割」は、樋渡彩「近代ヴェネツィアにおける都市発展と舟運が果たした役割」（『地中海学研究』vol.XXXV、地中海学会、2012年、pp.169-192) をもとに、加筆・修正したものである。本書では、ヴェネツィア共和国時代につくられた構造を「港」とし、19世紀後半に建設された埠頭を配する構造を「港湾」と定義する。

*26 第2章「4 19世紀ヴェネツィアのフローティング水浴施設」は、樋渡彩「19世紀ヴェネツィアのフローティング水浴施設に関する考察」（『2013年度日本建築学会大会（北海道）学術講演梗概集』2013年、pp. 491-492) をもとに、加筆・修正したものである。

*27 第2章「5 水辺に立地したホテルと水上テラスの建設」は、次の論文を加筆・修正したものである。樋渡彩「ヴェネツィアの水辺に立地したホテルと水上テラスの建設に関する研究」『日本建築学会計画系論文集』vol. 80、No. 709、2015年3月、pp. 755-764。

*28 第3章「6 近代港湾の誕生から再生」は、樋渡彩「ヴェネツィア——近代港湾の誕生から再生」（『港湾』vol.87、社団法人港湾協会、2010年、pp. 36-37) をもとに、大幅に加筆・修正したものである。

第1章 水都ヴェネツィア研究史

1 ヴェネツィアの建築史・都市史

*1 本章はヴェネツィアの水都の視点からの研究に関する動向を整理し、分析・考察した次の論文にもとづく。樋渡彩「水都ヴェネツィア研究史」陣内秀信、高村雅彦編『水都学Ｉ』法政大学出版局、2013年、pp. 98-135。

*2 Egle Renata Trincanato, *Venezia Minore*, Milano: Edizioni del Milione, 1948. 2007年にはＥ・Ｒ・トリンカナート生誕100周年記念としてシンポジウムやオリジナル図面の展覧会が開催され、研究の再評価が行われた。またＥ・Ｒ・トリンカナートの親族らによって *Venezia Minore* が再版された（Corrado Balistreri Trincanato, Emiliano Balistreri, Dario Zanverdiani (a cura di), *Venezia minore*, Sommacampagna: Cierre edizioni, 2008)。

*3 陣内秀信『イタリア都市再生の論理』鹿島出版会、1978年、p. 156。

*4 Eugenio Miozzi, *Venezia nei secoli: La città*, vol. 1, Venezia: Casa editrice Libeccio, 1957.

*5 陣内秀信『イタリア都市再生の論理』、前掲、p. 27。

*6 ティポロジア（類型的研究）とは、対象となる単体の構造を比較分類し、相互の関係から類型（tipo）を抽出し、その成立について研究することである。都市が相手の場合、建築が単体を構成することから建築類型(tipo edilizio)が抽出される。この建築類型の成立、変化を解明するのが建築類型学（tipologia edilizia）であり、ティポロジアと略して使われることも多い。陣内秀信『都市を読む＊イタリア』法政大学出版局、1988年、p. 26。

*7 同前書、p. 3。

*8 Saverio Muratori, *Studi per una operante storia urbana di Venezia*, Roma: Istituto poligrafico dello Stato, 1960.

*9 陣内秀信『イタリア都市再生の論理』、前掲、p. 29。

*10 Paolo Maretto, *L'edilizia gotica veneziana*, Roma: Istituto poligrafico dello Stato, 1960.

*11 陣内秀信『イタリア都市再生の論理』、前掲、p. 46。

*12 Egle Renata Trincanato, "Venezia nella storia urbana", *urbanistica*, n.52, 1968, pp.7-69; Egle Renata Trincanato, "Sintesi strutturale di Venezia storica", *ibid*., pp. 70-80.

*13 Egle Renata Trincanato, *Venise au fil du temps: atlas historique d'urbanisme et d'architecture*, Paris: Joël Cuénot, 1971.

*14 Giocondo Cassini, *Piante e vedute prospettiche di Venezia: 1479-1855*, Venezia: Stamperia di Venezia, 1971.

*15 陣内秀信『ヴェネツィア——都市のコンテクストを読む』鹿島出版会、1986年、pp. 19-88。

*16 Paolo Maretto, *La casa veneziana nella storia della città: dalle origini all'Ottocento*, Venezia: Marsilio Editori, 1986.

*17 Giuseppe Cristinelli, *Cannaregio: un sestiere di Venezia: la forma urbana, l'assetto edilizio, le architetture*, Roma: Officina, 1987.

*18 Renzo Ravagnan, *Le case la città: L'attività ediiizia a Chioggia tra Ottocento e Novecento*, Sottomarina: Il leggio, 1991.

*19 Giorgio Gianighian, Paola Pavanini (a cura di), *Dietro i palazzi: tre secoli di architettura minore a Venezia: 1492-1803*, Venezia: Arsenale, 1984.

*20 Giannina Piamonte, *Venezia vista dall'acqua*, Venezia: Stamperia di Venezia, 1968.

*21 Guido Perocco, Antonio Salvadori, *Civiltà di Venezia*, vol. 1, Venezia: Stamperia di Venezia, 1973, vol. 2, Il Rinascimento (1976), vol. 3, L'età moderna (1976) の3巻組である。

*22 Giocondo Cassini, *Piante e vedute prospettiche di Venezia: 1479-1855*, Venezia: Stamperia di Venezia, 1971. この地図集は1982年に再版された。コッレール博物館所蔵の地図集も出版された。Giandomenico Romanelli, Biadene Susanna (a cura di), *Venezia: piante e vedute: catalogo del fondo cartografico a stampa*, Venezia: Stamperia di Venezia, 1982.

*23 Italo Pavanello (a cura di), *I catasti storici di Venezia: 1808-1913*, Roma: Officina, 1981. 同じシリーズでパドヴァが早く出版されている。Italo Pavanello, *I catasti storici di Padova, 1810-1889*, Roma: Officina,

1977.

*24 *Catasto napoleonico: mappa della città di Venezia*, Venezia: Marsilio Editori, 1988. トレヴィーゾのカタスト・ナポレオニコは 1990 年に出版される（*Catasto napoleonico, mappa della città di Treviso*, Venezia: Marsilio Editori, 1990）。

*25 Giandomenico Romanelli, *Planimetria della città di Venezia: edita nel 1846 da Bernardo e Gaetano Combatti*, Treviso: Vianello libri, 1987.

*26 Edoardo Salzano (a cura di), *Atlante di Venezia: La forma della città in scala 1à1000 nel fotopiano e nella carta numerica*, Venezia: Marsilio Editori, 1989. ヴェネトの町の航空写真集は 2 年後に出版されている（Franco Posocco, *Atlante del Veneto: la forma degli insediamenti urbani di antica origine nella rappresentazione fotografica e cartografica*, Venezia: Marsilio Editori, 1991）。

*27 Francesco Guerra, Marisa Scarso (a cura di), *Atlante di Venezia 1911-1982*, Venezia: Marsilio Editori, 1999.

*28 Katharine Baetjer, J. G. Links, Canaletto, *The Metropolitan Museum of Art*, New York 1989 が充実している。クリストファー・ベイカー著、日本では、越川倫明、新田建示訳『カナレット』（西村書店、2001 年）がカナレットの作品を紹介している。ほかには、版画で表現されたものがある。Giandomenico Romanelli (introduzione), *Le prospettive di Venezia dipinte da Canaletto e incise da Antonio Visentini*, Ponzano: Vianello libri, 1984.

*29 小澤京子「都市の『語り』と『偏り』――カナレットのヴェネツィア表象にみる都市改変の原理」『都市の解剖学』ありな書房、2011 年、pp. 35-58。萩島哲『カナレットの景観デザイン――新たなるヴェネツィア発見の旅』（技報堂出版、2010 年）では、どの場所から描かれたのかそれぞれの絵を詳細に分析している。

*30 *Il Canal Grande di Venezia descritto da Antonio Quadri e rappresentato in 60 tavole rilevate ed incise da Dioniso Moretti*, Pordenone: Grafiche Editoriali Artistiche Pordenonesi Spa, 1981.

*31 Italo Zannier, *Venezia, archivio Naya*, Venezia: O. Bohm, 1981.

*32 Luciano Filippi, *Vecchie Immagini di Venezia*, 1-3 vol., Venezia: Filippi, 1991-1993. T・フィリッピの写真はすでに 1966 年に一部紹介されていた。Lino Moretti (a cura di), *Vecchie immagini di Venezia*, Venezia: Filippi, 1966.

*33 Daniele Resini, *Venezia Novecento: Reale fotografia Giacomelli*, Milano: Skira, 1998.

*34 樋渡彩「ヴェネツィアの水辺に立地したホテルと水上テラスの建設に関する研究」『日本建築学会計画系論文集』Vol. 80、No.709、2015 年 3 月、pp. 755-763。

*35 Tito Talamini, *Il Canal Grande: il rilievo*, Sala Bolognese: Arnaldo Forni, 1990. 日本においては、陣内秀信編『イタリアの水辺風景』（プロセスアーキテクチュア、1993 年）に紹介されている。

*36 Umberto Franzoi, Mark Smith, *The Grand Canal*, Venezia: Arsenale, 1993.

*37 ウンベルト・フランツォイ著、マーク・スミス写真、中山悦子訳『ヴェネツィア 大運河』洋泉社、1994 年。

*38 会議、Il rilievo laser scanning per l'architettura e la città、ヴェネツィア、2011 年 12 月 1、2 日開催。

2　ヴェネツィア研究の発展　水都への関心

*39 陣内秀信『イタリア海洋都市の精神』興亡の世界史、第 8 巻、講談社、2008 年、pp. 32-34。

*40 同前書、pp. 34-35。

*41 陣内秀信『ヴェネツィア――水上の迷宮都市』講談社、1992 年、pp. 6-7。

*42 陣内秀信『イタリア海洋都市の精神』、前掲、pp. 14-15。

*43 Donatella Calabi, "Magazzini, fondaci, dogane", Alberto Tenenti, Ugo Tucci (a cura di), *Storia di Venezia: il Mare*, vol. 12, Roma: Istituto della Enciclopedia italiana, 1991, pp. 761-818.

*44 D・カラビは日本で講演しており、その発表内容は次のなかで紹介されている。ドナテッラ・カラビ「ヴェネツィアにおける 15 世紀以降のエコロジカル・システム」法政大学大学院エコ地域デザイン研究所編『エコロジーと歴史にもとづく地域デザイン』学芸出版社、2004 年、pp. 16-24（講演自体は 2003 年）。ドナテッラ・カラビ「中継貿易都市ヴェネツィア――その社会経済と空間の特質」法政大学大学院エコ地域デザイン研究所編『地中海世界の水の文化――海と川から見る都市空間』法政大学大学院エコ地域デ

ザイン研究所、2006年、pp. 27-35(講演自体は 2004年)。
* 45　Donatella Calabi, Paolo Morachiel o, *Rialto: le fabbriche e il ponte, 1514-1591*, Torino: Giulio Einaudi, 1987.
* 46　陣内秀信『ヴェネツィア——水上の迷宮都市』、前掲、pp. 7-8。
* 47　Ennio Concina, Ugo Camerino, Donatella Calabi, *La città degli ebrei: il ghetto di Venezia: architettura e urbanistica*, Venezia: Albrizzi, 1991. ゲットーの研究ではジャコモ・カルレットの研究が早く、18世紀のカタストを丁寧に追い、当時の用途を明らかにしている。Giacomo Carletto, *Il ghetto veneziano nel '700 attraverso i catastici*, Roma: Carucci, 1981.
* 48　E・コンチナの研究では商館を取り上げながら、東方諸国、ヴェネツィアそしてドイツの建築や商業にも触れた書がある。Ennio Concina, *Fondaci: architettura, arte e mercatura tra Levante, Venezia e Alemagna*, Venezia: Marsilio Editori, 1997. 外国人居留地に関する研究では、D・カラビの次のような研究がある。Donatella Calabi, "Gli stranieri e la città", Alberto Tenenti, Ugo Tucci (a cura di), *Storia di Venezia: Il rinascimento società ed economia*, vol. 5, Roma: Istituto della Enciclopedia italiana, 1996, pp. 913-946. ドナテッラ・カラビ「ユダヤ人の都市——ヴェネツィアのゲットーをめぐる考察」陣内秀信、福井憲彦編『都市の破壊と再生——場の遺伝子を解読する』相模書房、2000年、pp. 161-181。
* 49　陣内秀信『イタリア海洋都市の精神』、前掲、pp. 73-74。
* 50　陣内秀信「ヴェネツィア庶民の生活空間——16世紀を中心として」『社会史研究3』日本エディタースクール出版部、1983年、pp. 129-193。
* 51　陣内秀信「水都ヴェネツィアの空間構造——ハードとソフトの両面から」『史潮』(新28号、弘文堂、1990年5月、pp. 44-59。
* 52　Frederic Chapin Lane, *Venice: a maritime republic*, London: Johns Hopkins University Press, 1973.
* 53　日本においては、齋藤寛海『中世後期イタリアの商業と都市』(知泉書館、2002年)でF・C・レーンの研究が紹介されている。また、アルセナーレに関する代表的な研究書として Romano Chirivi, *L'Arsenale di Venezia: storia e obiettivi di un piano*, Venezia: Marsilio Editori, 1976 もあげられる。
* 54　Giorgio Bellavitis, *L'Arsenale di Venezia: storia di una grande struttura urbana*, Venezia: Marsilio Editori, 1983. G・ベッラヴィティスが死去した2009年再版される。Giorgio Bellavitis, *L'Arsenale di Venezia: storia di una grande struttura urbana*, Venezia: Cicero, 2009.
* 55　Ennio Concina, *L'Arsenale della Repubblica di Venezia*, Milano: Electa, 1984. 2006年に再版される。
* 56　Ambra Dina (a cura di), *La rinascita dell'Arsenale: la fabbrica che si trasforma*, Venezia: Marsilio Editori, 2004.
* 57　陣内秀信『ヴェネツィア——水上の迷宮都市』、前掲、p. 236。
* 58　Ennio Concina, *Venezia nell'età moderna: struttura e funzioni*, Venezia: Marsilio Editori, 1989.
* 59　Massimo Costantini, *L'acqua di Venezia: l'approvvigionamento idrico della Serenissima*, Venezia: Arsenale, 1984.
* 60　陣内秀信『ヴェネツィア——水上の迷宮都市』、前掲、pp. 142-143。
* 61　Alberto Rizzi, *Vere da pozzo di Venezia: i puteali pubblici di Venezia e della sua laguna*, Venezia: La Stamperia di Venezia, 1981.
* 62　http://mapserver.iuav.it/website/rilievi_ve/viewer.htm からオンライン上で貯水槽の場所と状態を知ることができる。
* 63　1989年の立ち上げシンポジウムでは、科学的、技術的、社会経済的、政治的な視点から世界のさまざまな水の都市が抱える問題点や再生事例などが取り上げられ、報告された。Rinio Bruttomesso, Impact of sea level rise on cities and regions: proceedings of the First international meeting Cities on water: Venice, December 11-13 1989, Venezia: Marsilio Editori, 1991 (水都国際センターの立ち上げシンポジウム報告書)。
* 64　AA.VV., *Venezia città industriale: gli insediamenti produttivi del 19. Secolo*, Venezia: Marsilio Editori, 1980.
* 65　Franco Mancuso (a cura di), *Archeologia industriale del Veneto*, Venezia: Giunta regionale del Veneto, 1990.
* 66　Istituto Universitario di Arch tettura di Venezia, *Concorso di progettazione per una nuova sede IUAV nell'area dei Magazzini Frigorifer: a San Basilio*, Venezia: IUAV di Venezia, 1997. 2006年には、近代遺産である倉庫4棟のうち2棟がヴェネツィア建築大学、2008年にはもう1棟の倉庫がヴェネツィア大学の校舎に転用された。
* 67　Guido Zucconi (a cura di), *La grande Venezia: una metropoli incompiuta tra Otto e Novecento*, Venezia:

Marsilio Editori, 2002. マルゲーラ工業地帯やローマ広場の計画のような大規模開発に関する研究もまとめられている。
* 68 港湾の計画史に関する研究では、19世紀全般の計画史を扱ったジャンドメニコ・ロマネッリによる『19世紀のヴェネツィア』がくわしく、掲載図版も多い。Giandomenico Romanelli, *Venezia Ottocento: materiali per una storia architettonica e urbanistica della città nel secolo 19.*, Roma: Officina, 1977. Giandomenico Romanelli, *Venezia Ottocento: l'architettura, l'urbanistica*, Venezia: Albrizzi, 1988にもプロジェクトが取り上げられている。
* 69 Franco Mancuso, *Venezia e una città: come e stata costruita e come vive*, Venezia: Corte del Fontego, 2009. 2015年には、本書の内容をさらに充実させ、カラー図版も多く掲載された書籍がフランスで出版された。Franco Mancuso, *Venice est une ville*, Paris: Editions de la revue Conférence, 2015.
* 70 Guido Perocco, Antonio Salvadori, *Civiltà di Venezia*, vol. 1, Venezia: Stamperia di Venezia, 1973.
* 71 Giorgio Gianighian, Paola Pavanini, *Venezia come*, Venezia: Venezia Gambier & Keller, 2010.

3　ヴェネツィアの都市とラグーナの環境維持と保全

* 72 Eugenio Miozzi, *Venezia nei secoli: Il salvamento*, vol. 4, Venezia: Casa editrice Libeccio, 1969.
* 73 陣内秀信、樋渡彩「水の都ヴェネツィアの危機」『21世紀の環境とエネルギーを考える』時事通信社、2009年、p. 39.
* 74 Gianpietro Zucchetta, *I rii di Venezia: la storia degli ultimi tre secoli*, Venezia: Helvetia, 1985.
* 75 Nelli-Elena Vanzan Marchini, *Venezia da laguna a città*, Venezia: Arsenale, 1985.
* 76 Gianpietro Zucchetta, *Una fognatura per Venezia: storia di due secoli di progetti*, Venezia: Istituto Veneto di Scienze Lettere ed Arti i, 1986.
* 77 Gianpietro Zucchetta, *Un'altra Venezia: immagini e storia degli antichi canali scomparsi*, Venezia: UNESCO, 1995. この研究にもとづく現状調査の成果として、石渡雄士「水辺都市ヴェネツィアが失った運河に関する研究──運河から路地へ、近代の論理とその空間」(法政大学大学院修士学位論文、2004年) がある。
* 78 Gianpietro Zucchetta, *Venezia e i suoi canali*, Venezia: Marsilio Editori, 1998.
* 79 Gianpietro Zucchetta, *Storia dell'acqua alta a Venezia: dal Medioevo all'Ottocento*, Venezia: Marsilio Editori, 2000.
* 80 各橋の技術的、歴史的解説に加え、図面が豊富に掲載されており、橋の辞書というべき名著である。Gianpietro Zucchetta, *Venezia ponte per ponte: vita, morte e miracoli, dei 443 manufatti che attraversano i canali della città*, Venezia: Stamperia di Venezia, 1992.
* 81 Giovanni Battista Stefinlongo, *Pali e palificazioni della laguna di Venezia*, Sottomarina: Il leggio, 1994.
* 82 Giovanni Battista Stefinlongo, *Per i luoghi della memoria: i giardini, i parchi, l'architettura del paesaggio ed altre cose per la conservazione di Venezia e della sua Laguna*, Roma: Viella, 2000.
* 83 中山エツコ「ヴェネツィア特別法のゆくえ──世界遺産の町を維持するために」『CRONACA』、2006年10月、p. 6.
* 84 Giovanni Caniato (a cura di), *Venezia la città dei rii*, Sommacampagna: Cierre edizioni, 1999.
* 85 Franca Cosmai, Stefano Sorteni (a cura di), *L'ingegneria civile a Venezia: istituzioni, uomini, professioni da Napoleone al fascismo*, Venezia: Marsilio Editori, 2001.
* 86 Elia Barbiani (a cura di), *Cantiere Venezia: piani, progetti, realizzazioni, imprese*, Venezia: Marsilio Editori, 2002. エリア・バルビアーニは建築家で住宅、交通、領域調整 (asetto del territorio)、ヴェネツィア特別法に関する研究者である。代表的な著書として Elia Barbiani (a cura di), *Edilizia popolare a Venezia: storia, politiche, realizzazioni dell'Istituto autonomo per le case popolari della provincia di Venezia*, Milano: Electa, 1983 がある。
* 87 Insula, *Venezia manutenzione urbana, Insula: 10 anni di lavori per la città*, Treviso: Grafiche Vianello, 2007.
* 88 Stefano Zaggia (a cura di), *Fare la città: Salvaguardia e manutenzione urbana a Venezia in età moderna*, Milano: Mondadori, 2006.

* 89　Andrea Da Mosto, *L'Archivio di Stato di Venezia: indice generale, storico, descrittivo ed analitico*, Roma: Biblioteca d'arte, 1937, p. 155.
* 90　ピエロ・ベヴィラクワ著、北村暁夫訳『ヴェネツィアと水——環境と人間の歴史』岩波書店、2008年、p. 86。
* 91　Giuseppe Pavanello (a cura di), *Marco Cornaro, Scritture sulla Laguna, in Antichi scrittori di idraulica veneta*, vol. 1, Venezia: Premiate Officine Grafiche C. Ferrari, 1919.
* 92　Roberto Cessi (a cura di), *Cristoforo Sabbadino, Discorsi sopra la laguna, in Antichi scrittori di idraulica veneta*, vol. 2.1, Venezia: Premiate Officine Grafiche C. Ferrari, 1930.
シリーズには、次の3冊がある。
Arnaldo Segarizzi (a cura di), *Andrea Marini, Discorso sopra l'aere di Venezia e Discorso sopra la laguna di Venezia, in Antichi scrittori di idraulica veneta*, vol. 4, Venezia: Premiate Officine Grafiche C. Ferrari, 1923.
Roberto Cessi (a cura di), *Alvise Cornaro, Cristoforo Sabbadino, Scritture sopra la laguna, in Antichi scrittori di idrulica veneta*, vol. 2.2, Venezia: Premiate Officine Grafiche C. Ferrari, 1941.
Roberto Cessi, Nicolò Spada (a cura di), *La difesa idraulica della laguna veneta nel sec. 16.: relazione dei periti, in Antichi scrittori di idraulica veneta*, vol. 3, Venezia: Premiate Officine Grafiche C. Ferrari, 1952.
* 93　A・ルスコーニ、実験的水力学の専門家。トレントの土木課とヴェネツィアのマジストラート・アッレ・アックエの職員を経て、1999年からヴェネツィア北アドリア海の河川水源局（Autorità di bacino dei fiumi dell'Alto Adriatico di Venezia）の事務局長。
* 94　パスクアーレ・ヴェントリーチェ（Pasquale Ventrice）、自然科学技術史の専門家。
* 95　渡辺真弓『パラーディオの時代のヴェネツィア』中央公論美術出版、2009年、pp. 176-187。
* 96　1981年に京都で行われた講演をもとに書かれた論文が雑誌に掲載されている。マンフレード・タフーリ、須賀敦子訳「コルナーロとパラディオとカナル・グランデ」『a+u』1981年、pp. 3-26.
* 97　Manfredo Tafuri, *Venezia e il Rinascimento*, Tolino: Giulio Einaudi, 1985.
* 98　C・サッバディーノやM・コルナーロを引用しながら、ヴェネツィア共和国の治水に関する研究として Gaetano Cozzi, "Il controllo delle acque", Gino Benzoni, Gaetano Cozzi (a cura di), *Storia di Venezia*, vol. 7, Roma: Istituto della Enciclopedia italiana, 1997, pp. 479-508 もあげられる。
* 99　Cristina Nasci, *Laguna tra fiumi e mare*, Venezia: Filippie, 1982.
* 100　Vito Favero, Riccardo Parolini, Mario Scattolin (a cura di), *Morfologia storica della laguna di Venezia*, Venezia: Arsenale, 1988.
* 101　Piero Bevilacqua, *Venezia e le acque: una metafora planetaria*, Roma: Donzelli, 1995. 日本では、ピエロ・ベヴィラクワ著、北村暁夫訳『ヴェネツィアと水——環境と人間の歴史』（岩波書店、2008年）として刊行されている。
* 102　Antonio Rusconi, Pasquale Ventrice, *Magistrato alle acque: Lineamenti di storia del governo delle acque venete*, Roma: Dei, 2001.
* 103　2001年11月8〜10日ヴェネツィアで開催、Convegno, Il governo delle acque, promosso in occasione del V centenario dell'istituzione del Magistrato alle Acque di Venezia, dall'Istituto Veneto di Scienze, Lettere ed Arti, Venezia 8-10 novembre 2001.
* 104　Maria Francesca Tiepolo, Franco Rossi (a cura di), *Il governo delle acque*, Venezia: Istituto Veneto di Scienze Lettere ed Arti, 2008.
* 105　Gudio Zucconi, "L'amministrazicne delle acque nel veneto austriaco, 1813-1866", T. M. Francesca, R. Franco (a cura di), *Il governo delle acque*, Venezia: Istituto Veneto di Scienze Lettere ed Arti, 2008, pp. 153-169.
* 106　Claudio Daeti, "Il Magistrato alle Acque: gli ultimi 100 anni", T. M. Francesca, R. Franco (a cura di), *Il governo delle acque*, Venezia: Istituto Veneto di Scienze Lettere ed Arti, 2008, pp. 213-225.
* 107　もともとのラグーナの様子、アックア・アルタの原因と対策事業を取り上げ、写真と挿絵で解説する著作として、環境技術の視点から編集された Caroline Fletcher, Jane Da Mosto, *La scienza per Venezia: recupero e salvaguardia della città e della laguna*, Torino: Allemandi, 2004 がある。
* 108　Stefano Guerzoni, Davide Tagliapietra (a cura di), *Atlante della laguna: Venezia tra terra e mare*, Venezia: Marsilio Editori, 2006.
* 109　G. Buffa, L. Filesi, U. Gamper, G. Sburlino, "Qualità e grado di conservazione del paesaggio vegetale del

litorale sabbioso del Veneto (Italia settentrionale)", *Fitosociologia*, vol. 44, 2007.

4　ラグーナに関する研究　ラグーナに浮かぶ島々

*110　陣内秀信『ヴェネツィア——水上の迷宮都市』、前掲、pp. 34-36.
*111　F. Brown Horatoi, *Life on The Lagoons*, London: Ricingtons, 1900.
*112　Mostra storica della laguna veneta: Venezia, Palazzo Grassi, 11 luglio-27 settembre 1970, Venezia: Stamperia di Venezia, 1970.
*113　Giannina Piamonte, *Litorali ed isole: guida alla laguna veneta*, Venezia: Filippie, 1975.
*114　Giorgio e Maurizio Crovato, *Isole abbandonate della Laguna: com'erano e come sono*, Padova: Liviana, 1978.
*115　Giovanni Caniato, Eugenio Turri, Michele Zanetti (a cura di), *La Laguna di Venezia*, Sommacampagna: Cierre edizioni, 1995.
*116　Gianfranco Vianello, *Racconti di un pescatore: la laguna di venezia prima dell'inquinamento*, Venezia: Filippie, 1993.
*117　*Meridiani, laguna veneta*, n.172, Milano: Editoriale Domus, 2008.

5　ヴェネトに関する研究

*118　イタリアの保存再生の動きを日本に紹介する、パオラ・E・ファリーニ著、植田曉編『造景別冊1　イタリアの都市再生』(建築資料研究社、1998年) がある。また、植田曉は「戦後イタリア都市計画による農業地域とその景観の保存活用に関する通時的研究」(『日本建築学会計画系論文集』Vol.81、No.719、2016年1月、pp. 237-247) のなかで、テリトーリオやパエザッジョが都市計画のなかでどのように結びつき発展してきたのかを論じている。景観法に関しては、宗田好史『にぎわいを呼ぶイタリアのまちづくり——歴史的景観の再生と商業政策』(学芸出版社、2000年) でも取り上げられている。
*119　Franco Mancuso, Alberto Mioni (a cura di), *I centri storici del Veneto*, Milano: Silvana, 1979. 1977年に出版されたトスカーナ州と同じシリーズである。Carlo Cresti (a cura di), *I centri storici della Toscana*, Milano: Silvana, 1977.
*120　陣内秀信『ヴェネツィア——水上の迷宮都市』、前掲、pp. 269-270。近世史学から描かれた、ヴェネトの農業用水の開拓に関する研究がある。Salvatore Ciriacono, *Acque e agricoltura: Venezia, l'Olanda e la bonifica europea in età moderna*, Milano: F. Angeli, 1994.
*121　飛ヶ谷潤一郎「イタリア・ルネサンス建築史——建築書やオーダーに関する研究を中心に」(『建築史学』第55号、2010年、pp. 88-91) に紹介された。
*122　Ennio Concina (a cura di), *Ville, giardini e paesaggi del Veneto: nelle incisioni dell'opera di Johann Christoph Volkamer con la descrizione del lago di Garda e del monte Baldo*, Milano: Il polifilo, 1979.
*123　Giuseppe Bruno, *Il Sile: immagine di un fiume*, Verona: Biblos Edizioni, 1982.
*124　Dino Coltro, *Mondo contadino: Società e riti agrari del lunario veneto*, Venezia: Arsenale, 1982.
*125　Bruno Dolcetta (a cura di), *Paesaggio veneto*, Venezia: Italo Zannier, 1984.
*126　シーレ川に関する研究では、Mauro Pitteri, *Segar le Acque: Quinto e Santa Cristina al Tiveron storia e cultura di due villaggi ai bordi del Sile*, Dosson: Zappelli, 1984 と Mauro Pitteri, *I mulini del Sile: Quinto, Santa Cristina al Tiveron e altri centri molitori attraverso la storia di un fiume*, Battaglia Terme: La Galiverna, 1988 があげられる。
*127　Camillo Pavan, *Sile: alla scoperta del fiume, immagini, storia, itinerari*, Treviso: Camillo Pavan, 1989.
*128　G. Caniato, et al. (a cura di), *La Laguna di Venezia*, op.cit.
*129　Giovanni Caniato, Aldino Bondesan, Francesco Vallerani, Michele Zanetti (a cura di), *Il Sile*,

Sommacampagna: Cierre edizioni, 1998.
* 130　Morena Abiti (a cura di), *Il gioco del Sile: Alla scoperta del fiume*, Treviso: Grafiche Antiga Cornuda, 1999.
* 131　Giovanni Zanetti, *Andar per acque da Padova ai Colli Euganei lungo I navigli*, Padova: il Prato, 2002.
* 132　Davide Paolini, Giancarlo Saran, *Il gastronauta nel Veneto*, Faenza: gruppo 24 ore, 2010.
* 133　日本では、陣内秀信編『プロセスアーキテクチュア　ヴェネト――イタリア人のライフスタイル』（第109号、プロセスアーキテクチュア、1993年4月）がある。

6　舟運に関する研究

* 134　A. Moschini, *Importanza economica della navigazione interna fra Milano e Venezia*, Milano: Tipgrafia e litografia degli engegneri, 1903.
* 135　M. M. Nani, *La navigazione interna nell'altra Italia*, Venezia: Istituti veneto di arti grafiche, 1907.
* 136　Giovanni Marangoni, *Gondola e gondolieri: de qua e de la de l'acqua*, Venezia: Filippie, 1970.
* 137　近年ではゴンドラにまつわる出来事を描いた、Alessandro Marzo Magno, *La carrozza di Venezia Storia della gondola*, Venezia: Mare di Carta, 2008 があり、アレッサンドロ・マルツォ・マーニョ著、和栗珠里訳『ゴンドラの文化史――運河をとおして見るヴェネツィア』（白水社、2010年）に翻訳されている。
* 138　Giorgio e Maurizio Crovato, L. Divari, *Barche della laguna veneta*, Venezia: Arsenale, 1980.
* 139　Frederic C. Lane, *Le navi di Venezia: fra I secoli XIII e XVI*, Torino: Giulio Einaudi, 1983.
* 140　*Barche Veneziane: Catalogo illustrato dei piani di costruzione*, Sottomarina: Il leggio, 1996 や *La gondola: Storia, progettazione e costruzione della più straordinaria imbarcazione tradizionale di Venezia, Istituzione per la conservazione della gondola e la tutela del gondoliere*, Sottomarina: Il leggio, 1999 がある。
* 141　Gilberto Penzo, *Vaporetti: un secolo di trasporto pubblico nella laguna di Venezia*, Sottomarina: Il Leggio, 2004.
* 142　Francesco Ogliari, Achille Rastelli, *Navi in città: storia del trasporto urbano nella Laguna veneta e nel circostante territorio*, Milano: Cavallotti, 1988.
* 143　Guglielmo Zanelli, *Traghetti veneziani: La gondola al servizio della città*, Venezia: Il cardo, 1997.
* 144　Michele A. Cortelazzo (presentazione), *Canali e Burci*, Battaglia Terme: La Galiverna, 1981.
* 145　C. Pavan, *Sile: alla scoperta del fiume, immagini, storia, itinerari*, op.cit.
* 146　Giovanni Caniato (a cura di), *La via del fiume dalle Dolomiti a Venezia*, Sommacampagna: Cierre edizioni, 1993.
* 147　Raffaello Vergani, "Le vie dei metalli", Donato Gallo, Flaviano Rossetto (a cura di), *Per terre e per acque: vie di comunicazione nel Veneto dal medioevo alla prima eta moderna: atti del convegno: Castello di Monselice, 16 dicembre 2001*, Padova: Il Poligrafo, 2003, pp. 299-318.
* 148　樋渡彩、法政大学陣内秀信研究室編『ヴェネツィアのテリトーリオ――水の都を支える流域の文化』（鹿島出版会、2016年）では、シーレ川、ピアーヴェ川、ブレンタ川に光をあて、舟運、筏による木材輸送、水車を用いた種々の産業など、川と流域が果たした多様な役割を検証した。そしてヴェネツィアとの相互の密接な関係を描き、ヴェネツィアの建設活動と市民の暮らしを支えた背景を解読した。これは、地域形成史における新たな視点である。

第2章　水都ヴェネツィアの近代化

1　ヤコポ・デ・バルバリの鳥瞰図から読む水都ヴェネツィアの空間構造

*1　知られているのは、ニュルンベルク生まれでヴェネツィアに居住していた商人アントン・コルブが（Anton Kolb）、1500年の10月に地図に関する4年間の出版権と輸出税の免税権をヴェネツィア政府へ請願した記録にかかわるものである。この記録から、制作に3年間が費やされ、デ・バルバリが1497〜1500年にヴェネツィアで活動していたことがわかる。佐々木千佳、芳賀京子編『都市を描く——東西文化にみる地図と景観図』東北大学出版会、2010年、p. 137。Ferrari Simone, *Jacopo de' Barbari: un protagonista del Rinascimento tra Venezia e Dürer*, Milano: B. Mondadori, 2006, p. 151.
*2　Corrado Balistreri Trincanato, Emiliano Balistreri, Dario Zanverdiani et al., *Venezia città Mirabile: Guida alla Veduta Prospettica di Jacopo de' Barbari*, Sommacampagna: Cierre edizioni, 2009, p. 13.
*3　陣内秀信「イタリアの都市図における表現法の変遷」『都市図研究報告書』東京大学工学部（科研費報告書）、1987年、p. 99。
*4　同前論文、p. 101。
*5　同前論文、p. 105。
*6　佐々木千佳、芳賀京子編、前掲書、p. 140。
*7　内部には、総督の私的、公的住まい、政府機関、議場などの機能がある。奥行き54m、幅25m、高さ15.4mの大会議の間では、総督選挙などが行われた。
*8　Giandomenico Romanelli, Susanna Biadene, Camillo Tonini (a cura di), *A volo d'uccello: Jacopo de' Barbari e le rappresentazioni di città nell'Europa del Rinascimento*, Venezia: Arsenale, 1999, pp. 95-97では、デ・バルバリの鳥瞰図にポイントを打ち、現在の航空写真に合わせてこの鳥瞰図のゆがみを検証しているが、ここでは、現在の航空写真にポイントをうち、デ・バルバリの鳥瞰図に合わせて画像処理し、検証する。
*9　現在、この航路は手漕ぎ専用運河として指定されており、モーターボートは航行できない。
*10　最初の橋は12世紀の後半にでき、1264年にはしっかりした木造橋に架け替えられた。1514年のリアルト地区の大火のあと、石橋に架け替えられた。陣内秀信『迷宮都市ヴェネツィアを歩く』角川書店、2004年、p. 151。
*11　C. Balistreri Trincanato, E. Balistreri, D. Zanverdiani et al., *op.cit.*, p. 310.
*12　*Ibid.*, p. 310.
*13　*Ibid.*, p. 322.
*14　もともと広場として築かれたのではなく、島の上の集落に接した空地（農地）にすぎなかったことが知られる。陣内秀信『ヴェネツィア——都市のコンテクストを読む』鹿島出版会、1986年、p. 165。
*15　同前書、p. 144。
*16　立地はリアルト橋方面からのメルチェリア通りとの関係で自動的に決まったものだと考えられている。同前書、p. 191。
*17　ルカ・コルフェライ著、中山悦子訳『図説ヴェネツィア——「水の都」歴史散歩』河出書房新社、1996年、p. 39。
*18　C. Balistreri Trincanato, E. Balistreri, D. Zanverdiani et al., *op.cit.*, p. 61.
*19　*Ibid.*, p. 115.
*20　アントニオ・サルヴァドーリ著、陣内秀信、陣内美子訳『建築ガイド4——ヴェネツィア』丸善、1992年、p. 37。
*21　同前書、p. 57。
*22　Marcello Brusegan, *I palazzi di Venezia*, Roma: Newton Compton Editori, 2007, p. 182.
*23　Umberto Franzoi, *Palazzi e Chiese lungo il Canal Grande a Venezia*, Mestre: Storti Edizioni, 1987, p. 104.
*24　*Il Canal Grande di Venezia descritto da Antonio Quadri e rappresentato in 60 tavole rilevate ed incise da Dioniso Moretti*, Treviso: Vianello libri, 1981.
*25　G. Paolo Nadali, Renzo Vianello, *Calli, campielli e canali: guida di Venezia e delle sue isole*, Venezia: Helvetia, 1989, p. 108.
*26　Umberto Franzoi, Mark Smith, *The Grand Canal*, Venezia: Arsenale, 1993, pp. 296-297.

*27 陣内秀信『迷宮都市ヴェネツィアを歩く』、前掲、p. 246。
*28 Guglielmo Zanelli, *Traghetti veneziani: La gondola al servizio della città*, Venezia: Cicero editore, 1997, p. 81.
*29 *Ibid.*
*30 *Ibid.* ゴンドラについては、アレッサンドロ・マルツォ・マーニョ著、和栗珠里訳『ゴンドラの文化史――運河をとおして見るヴェネツィア』（白水社、2010年）にくわしく取り上げられている。1697年のトラゲットについては第3節で取り上げる。
*31 Ennio Concina, *Venezia nell'età moderna: sturttura e funzioni*, Venezia, 1989.
*32 C. Balistreri Trincanato, E. Balistreri, D. Zanverdiani et al., *op.cit.*, p. 345.
*33 *Ibid.*, p. 161.

2　19世紀の歩行空間の整備

*34 G. Caniato, F. Carrera, V. Giannotti et al. (a cura di), *Venezia la città dei rii*, Sommacampagna: Cierre edizioni, 1999, p. 440.
*35 Gianpietro Zucchetta, *Un'altra Venezia: Immagini e storia degli antichi canali scomparsi*, Venezia: UNESCO, 1995, pp. 344-345.
*36 *Ibid*, p. 213.
*37 1867年の計画段階では、サンティ・アポストリを超え、サン・ジョバンニ・グリゾストモまでを整備する大規模な道路計画であった。Giandomenico Romanelli, *Venezia Ottocento: l'architettura, l'urbanistica*, Venezia: Albrizzi, 1988, p. 414.
*38 ヴェネツィア市文書館（Archivio Strico Comunale di Venezia、以下 A.S.C.V. と略す）、1921-1925, IX/2/7.
*39 G. Zucchetta, *Un'altra Venezia: Immagini e storia degli antichi canali scomparsi*, op.cit., p. 337.
*40 2008年に4本目の橋である憲法橋（Ponte della Costituzione）が架けられるまでの150年間、カナル・グランデ上には3本しか橋がなかった
*41 この計画には、魚市場用にリアルト・エリアのカナル・グランデ沿いに新たな道を建設することも含まれていた。歩行空間を充実させようとした例である。G. Romanelli, *Venezia Ottocento: l'architettura, l'urbanistica*, op.cit., pp. 204-205.
*42 ペストの終焉を感謝し、聖母マリアに捧げられたラ・サルーテ（S. Maria della Salute）教会の祭り。健康と幸福を求めて参拝する。陣内秀信『ヴェネツィア――水上の迷宮都市』講談社、1992年、pp. 223-224。
*43 G. Romanelli, *Venezia Ottocento: l'architettura, l'urbanistica*, op.cit., pp. 218-219.
*44 ネヴィル社（Enrico Gilberto Neville e C.）は1853年に創業し、現在のフラーリ教会の西側に機械鋳造工場を建設した。現在、工場の跡地にはフォンデリア（fonderia）通りが通っている。フォンデリアは鋳造場を意味する。Comune di Venezia, *Venezia città industriale: gli insediamenti produttivi del 19 secolo*, Venezia: Marsilio Editori, 1980, p. 72.

3　近代化による都市発展と舟運が果たした役割

*45 陣内秀信『ヴェネツィア――水上の迷宮都市』前掲、p. 29。
*46 検疫をする島のひとつにヴェネツィアの南側に位置するラッザレット・ヴェッキオがある。この島には、1249年教会が設立され、1423年、伝染病患者への食事、医薬品、医療を提供する病院が置かれた。また、1468年にはラッザレット・ヌオーヴォに新たな収容施設が置かれ、これらの島では、ヴェネツィアに届く商品、輸送者の検疫検査が行われた。ここではヴェネツィアの都市に入る前に、船乗りたちは疫病の潜伏期間である、40日の間、強制的に収容されていた。両者の島については、第3章で論じる。
*47 陣内秀信『ヴェネツィア――水上の迷宮都市』、前掲、p. 87。またヴェネツィアから出る際も関税が

かかる商品もあった。
* 48　D. Calabi, "Magazzini, fondaci, dogane", A. Tenenti e U. Tucci (a cura di), *Storia di Venezia: Il Mare*, vol 12, Roma 1991, p. 793.
* 49　陣内秀信、『ヴェネツィア――水上の迷宮都市』前掲、pp. 88-90.
* 50　ワイン（vin）の地名は4ヵ所残っており、税の徴収を行っていた岸はこの2ヵ所である。R. Yugami, Il dazio del vino a Treviso e Venezia nel Seicento, la tesi di laurea dell'Università Ca' Foscari di Venezia, Venezia 2007, relatore Giuseppe Del Torre, p. 47.
* 51　河岸の荷揚げに関しては、商品によって管理する行政官が時代で変化し、また行政官の種類も多いことから、各々の商品をどの時代にどの場所で荷揚げし、監理していたのかを正確に把握するのは多大な注意を要し、非常に複雑な研究となる。情報提供、湯上良。
* 52　齊藤寛海「ヴェネツィアの外来者」歴史学研究会、深沢克己編『港町のトポグラフィ』青木書店、2006年、p. 274。
* 53　E. Concina, *op.cit.*, tavola IX, X.
* 54　陣内秀信『迷宮都市ヴェネツィアを歩く』角川書店、2004、p. 209.
* 55　Pianta topografica dela città edita da Vincenzo Coronelli, venezia, 1697.
* 56　渡し舟（トラゲット）のマリエゴラ（mariegola）という乗り場、営業時間、管轄権などが書かれた規約書をまとめた研究である。Guglielmo Zanelli, *Traghetti veneziani: La gondola al servizio della città*, Venezia: Il cardo, 1997.
* 57　*Ibid.*, p. 81.
* 58　たとえば、フェッラーラやボローニャへ行くトラゲットの乗り場は、フェッラーラの郵便関係の施設（casa della Posta di Ferrara）のある、リーヴァ・デル・カルボン沿いにあった。Giovanni Caniato, Eugenio Turri, Michele Zanetti (a cura di), *La Laguna di Venezia*, Sommacampagna: Cierre edizioni, 1995, p. 274.
* 59　パドヴァ行きのブルキオ（burchio）という舟で、朝リアルトを出発する。贅沢な舟では、荷物置き場があり、使用人がいた。8人の漕ぎ手でフジーナに着き、そこからは馬に引っ張られながら時速3マイルで旧ブレンタ川を上る。ミーラ（Mira）の閘門に着くと、川のレベル差が同じになるのを待ち、乗客は舟から降り、散歩をして、昼食をとり、再び舟に乗り、川を上る。ストラの閘門では、オステリアでパドヴァ産のワインを楽しむ。そして舟は再び出発し、ようやくパドヴァの東に位置するポルタ・ポルテッロに到着する。8時間の舟旅である。この事業はパドヴァの船乗り組合（Fraglia dei barcaioli del Portello）によって行われていた。Francesco Ogliari, Achille Rastelli, *Navi in città: storia del trasporto urbano nella Laguna veneta e nel circostante territorio*, Milano: Cavallotti, 1988, p.12.
* 60　樋渡彩「近代ヴェネツイアにおける都市発展と舟運が果たした役割」『地中海学研究』（地中海学会、2012年)、XXXV、p. 173では分散型港湾構造と定義したが、本書では、ヴェネツィア共和国時代につくられた構造を「港」とし、19世紀後半に建設された埠頭を配する構造を「港湾」と定義していることから、「分散型の港構造」とした。
* 61　Laura Facchinelli, *Il ponte ferroviario in laguna*, Spinea: Muotigraf, 1987, p. 17.
　　　鉄道計画に関しては、本書で詳細に論じられている。
* 62　*Ibid.*, p. 23.
* 63　*Ibid.*, p. 51.
* 64　*Ibid.*, p. 52.
* 65　T. Viero, *Nuova pianta iconografica dell'inclita città di Venezia*, 1798.
* 66　ベニテンティの停留所は1842年12月から鉄道が開通する1846年1月までオムニバスが接岸した。L. Facchinelli, *op.cit.*, pp. 171-172.
* 67　ベニテンティからヴェネツィアの中心部までの運賃は40セント、サン・ジョルジョ・マッジョーレ、サン・ピエトロ（カステッロ地区）、ジュデッカといった遠距離は100セントであった。乗員数はゴンドラ4人まで、屋根付き舟12人、そのほかは6人までである。*Ibid.*, p. 171.
　　　ちなみにこのころのヴェネツィア―メストレ間の舟輸送の運賃は次のように決められていた。
　　　1813年1月、ヴェネツィア市長のピエトロ・グラデニーゴ（Pietro Gradenigo）によって公布された航行に関する規定によると、次のように規定されている。12人乗りゴンドラでふたりの漕ぎ手の場合、ひとり当たり0.25リラ。12人乗りゴンドラでふたりの漕ぎ手をひとりで利用する場合、2.25リラ。12人乗

りゴンドラで4人の漕ぎ手をひとりで利用する場合、5.00リラ。4人乗りゴンドラの場合、ひとり当たり2.00リラ。12人乗りバッテッロ (battello) でふたりの漕ぎ手の場合、ひとり当たり0.20リラ。12人乗りバッテッロで4人の漕ぎ手の場合、ひとり当たり3.50リラ。6人乗りバッテッロでふたりの漕ぎ手の場合、ひとり当たり1.20リラ。F. Ogliari, A. Rastelli, *op.cit.*, p. 26.

4人乗り、6人乗り、12人乗りの舟はこのオムニバスと共通している。30年の開きがあるので、相場は変わっていると思われるが、おそらくオムニバスの料金設定も舟の種類によって違っていたと推測される。

*68 料金はどの停留所で降りても20オーストリア・セントに固定されていた。L. Facchinelli, *op.cit.*, p. 172.

*69 1851年5月28日、スウェーデン人テオドロ・ハッセルクィスト (Teodoro Hasselquist) がヴェネツィア市からサン・ロッコでの鋳造の許可を得て、わずか2馬力のベルギー製蒸気ボイラーの製造を成功させた。T・ハッセルクィストは10月22日まで事業を続けたが、6年後の1857年10月、A・ネヴィルに会社を譲った。ネヴィル社は鉄橋製造、水道管製造を行い、男性67人、14歳以下の20人を含む従業員を雇うほど栄えた。そして1868年、T・ハッセルクィストはヴェネツィアに戻り、新時代の風潮を感じ、ネヴィル社と一緒に、60人収容できる回転軸タイプの蒸気船 (Principe Umberto号) と、80人収容できる、スクリュータイプの蒸気船 (San Marco号) を造船した。さらにスクリュータイプで200人乗りのElida号と100人乗りのSile号が造船され、カーヴァズッケリーナ、ペレストリーナ、キオッジアの航路に使用された。F. Ogliari, A. Rastelli, *op.cit.*, pp. 124-125.

*70 F. Ogliari, A. Rastelli, *op.cit.*, p. 104.

*71 1857年のリド海水浴場開設時には、ヴェネツィア本島とリドを結ぶ手漕ぎ舟による輸送事業が行われていた。新聞、ガゼッタ (Gazetta)、1857年6月27日。軍事用の蒸気船がヴェネツィア本島とリドを結ぶ路線に譲渡され、1858年にリドの海水浴客用として運航を開始している。A.S.C.V., 1855-59, IX/10/8.

*72 F. Ogliari, A. Rastelli, *op.cit.*, p. 142.

*73 1881年4月には、ゴンドリエーレ450人、バテッロ (小舟) 175人、リド、ムラーノ、サン・ジョルジョ・マッジョーレ、ジュデッカを結ぶトラゲットがあった。G. Zanelli, *op.cit.*, p. 34.

*74 A・フィネッラはヴェネツィアにほれ込み、しばしばヴェネツィアにも住んだという。F. Ogliari, A. Rastelli, *op.cit.*, p. 148.

*75 1879年、ヴェネツィア県知事ソルマニ・モレッティ (Sormani Moretti) から《Hirondelles》とセーヌ川の《Bateaux mouches》のタイプでの蒸気船運営事業の許可を得た。1881年4月24日の勅令で公共事業省はヴェネツィア汽船会社に事業を許可した。F. Ogliari, A. Rastelli, *op.cit.*, p. 148.

*76 L. Facchinelli, *op.cit.*, p. 200.

*77 第1号ヴァポレットは、定員数130人、積載量38t、長さ20.8m、幅3.6m、喫水1.70mであった。Gilberto Penzo, *Vaporetti: un secolo di trasporto pubblico nella laguna di Venezia*, Sottomarina: Il Leggio, 2004, p. 45.

試運転は6月から行われていた。10月20日から2番線は鉄道駅-Calle Vallaresso間、3番線はCalle Vallaresso–Giardini間の運航をした。F. Ogliari, A. Rastelli, *op.cit.*, p. 152.

*78 G. Zanelli, *op.cit.*, p. 34.

*79 フォンダメンテ・ノーヴェ (Fondamente Nove) は16世紀に整備されたフォンダメンタである。ノーヴォ (Novo) はヴェネツィア方言で新しい (ヌオーヴォ、nuovo) という意味である。ヴェネツィアの地名は現在でも方言で呼ばれることが多く、水上バスの停留所名ではフォンダメンテ・ノーヴェが採用されている。ほかにも19世紀に整備された街路のストラーダ・ノーヴァ (Strada Nova)、20世紀に掘削された運河のリオ・ノーヴォ (Rio Novo) などがある。

*80 F. Ogliari, A. Rastelli, *op.cit.*, p. 152.

*81 *Ibid.*, p. 157.

*82 *Ibid.*, p. 161.

*83 *Ibid.*, p. 164.

*84 *Ibid.*, p. 166.

*85 Luigi Querci, *Nuova pianta di Venezia*, 1887.

*86 1800年の検疫法の料金に関する史料から次のようなシステムであることが推測できる。

まず、ラグーナに入った商船は、寄港する場所が定められており、フィゾロ (Fisolo)、スピニオン (Spignon)、

サン・ピエトロ・イン・ヴォルタ（San Pietro in Volta）、ポヴェリァ（Poveglia）の島々やオルファノ運河（Canal Orfano）に寄港する。乗組員は下船し、積み替え可能な商品は別の船に移される。そして、乗組員と商品はラッザレット・ヴェッキオまたはラッザレット・ヌオーヴォで検疫を受ける。その際に定められた輸送料を支払う。たとえばポヴェリアからラッザレット・ヴェッキオへの移動は 7 リラかかる。商船も検疫が必要なため、各寄港地からラッザレット・ヴェッキオまたはラッザレット・ヌオーヴォに移動させられる。また商船の種類によってはポヴェリァ（Poveglia）もしくはオルファノ運河で検疫を受けるものもある。検疫を受けた後、税関で検疫検査証明を提出し、各倉庫や本土などの次の目的地に運ばれる。

疫検査を受ける対象に関して、1800年5月31日の規定は、「1000点以上の商品を積んだ舷側の長い商船（bastimento）、一部の地域を除き、レバントを越える場所から来たあらゆる商船」と定めている。1000点以上の商品でも検疫を受ける必要のない商品は、次のようなものがある。イストリア産とダルマツィア産の塩、ワインもしくはそのほかの食料、炭（carbone）、薪、板材（tavole）、カシ材（roveri）、牛肉、ポルチーニ、石（scaglia、石灰質および粘土に富む岩石）、金属（saldame）、石（pietre）、瓦（coppi）。Nelli-Elena Vanzan Marchini (a cura di), *Le leggi di sanità della Repubblica di Venezia*, vol.4, Treviso: Canova, 2003, pp. 220-225.

*87　このヴェネツィア港は、パダナ平野全体と南ドイツに開かれた。R. Baiocco, G. Ernesti, R. Pavia et al., *Venezia: Guida al porto*, Venezia: Marsilio Editori, Autorità portuale di Venezia, 2001, p. 16.
　　　港湾計画に関しては、本書が詳しく、どのような港湾機能を設置したのか具体的に知ることがきる。

*88　Allegoria e topografia del porto franco di Venezia stabilito da S.M.I.R.A. Francesco primo il 20 febbraio 1829 attivato al primo febbraio 1830, Venezia, 1830.

*89　ブルキオは櫂や帆で動く平底の運搬船、ペアータ（peata）は荷物運搬用平底の帆船である。

*90　1842年マルゲーラ―パドヴァ開通。1846年パドヴァ―ヴィチェンツァ開通。1849年ヴィチェンツァ―ヴェローナ開通。1851年ヴェローナ―マントヴァ、メストレ―トレヴィーゾ開通。1857年ヴェネツィア―ミラノ開通。1861年から1866年は次が接続される。ヴェネツィア―ボローニャ、トレヴィーゾ―ウーディネ、ヴェローナ―トレント開通。
　　　R. Baiocco et al., *op.cit.*, p. 18.

*91　Guido Zucconi (a cura di), *La grande Venezia: una metropoli incompiuta tra Otto e Novecento*, Venezia: Marsilio Editori, 2002, p. 23.

*92　Massimo Costantini, *Porto navi e traffici a Venezia 1700-2000*, Venezia: Marsilio Editori, 2004, p. 102.

*93　R. Baiocco et al., *op.cit.*, p. 20.

*94　Comune di Venezia, *Venezia città industriale: gli insediamenti produttivi del 19 secolo*, op.cit., pp. 64-123.

*95　1890年1月1日、A・フィネッラが経営していた船会社はラグーナの路線を担っていた船会社（Società Veneta di Navigazione a Vapore Lagunare、略称 S.V.N.V.L.）に引き継がれ、ヴェネツィアの都市内や周辺島々をつなぐ全ラグーナの路線は統一された。同年の1月4日、ザッテレ―ジュデッカ間の路線は開始された。F. Ogliari, A. Rastelli, *op.cit.*, p. 177.

*96　*Ibid.*, p. 183.

*97　男性204人、女性660人、6～12歳の少女55人。Comune di Venezia, *Venezia città industriale: gli insediamenti produttivi del 19 secolo*, op.cit., p. 78.

*98　F. Ogliari, A. Rastelli, *op.cit.*, p. 218.

*99　1903年、ヴェネツィア市と S.V.N.V.L. との契約期限が切れ、カナル・グランデ線とリド線を市が引き継いだ。1904年、内部航行公社（Azienda Comunale Navigazione Interna、略称 A.C.N.I.）が設立された。

*100　Sergio Romano, *Giuseppe Volpi*, Venezia: Marsilio Editori, 1997.

*101　Franca Cosmai, Stefano Sorteni (a cura di), *L'ingegneria civile a Venezia: istituzioni, uomini, professioni da Napoleone al fascismo*, Venezia: Marsilio Editori, 2001, p. 110.

*102　斧の柄に棒の束を縛り付けた古代ローマの公的権力の表徴がファシズムのシンボルとなり、その呼び名であるファッショ・リットリオ（Fascio littorio）の名前をとってリットリオ橋と名付けられた。現在はリベルタ橋と呼ばれる。

*103　ブレーシア出身、1889年9月16日～1979年4月10日。ヴェネツィアで死去。F. Cosmai, S. Sorteni (a cura di), *op.cit.*, p. 109.
　　　ボローニャで学び、1912年、首席で Ingegneria civile を卒業。1912年12月、国の土木局（Corpo relae

del genio civile del) の技術生徒に任命。1914年リビアに召集され、トリポリ (Tripoli) の調整計画 (Piano regolatore) を行った。この時、植民地の様々な道路を建設している。第一次世界大戦後、ベッルーノで土木局 (Genio civile) に就任し、戦時中に破壊されたベッルーノ県の橋を再建する任務を負った。当時、橋の再建はコンクリート造を推進する傾向にあった。1920年代、ヴェネト州の道路、橋の計画の多くが E・ミオッツィのもとで行われた。Givanni Distefano, Leopoldo Pitragnoli (a cura di), *Profili veneziani del Novecento*, Venezia: Supernova Edizioni, 1999.

* 104 F. Cosmai, S. Sorteni (a cura di), *op.cit.*, p. 113.
* 105 G. Zucconi (a cura di), *op.cit.*, p. 82.
* 106 1840年のオーストリアのカタストでは菜園 (Orto) が広がっている。*Catasto austriaco, sommarione, Città di Venezia, Sestiere di S.Croce*, mappale nn. 6-59.
* 107 Gianpietro Zucchetta, *I rii di Venezia: la storia degli ultimi tre secoli*, Venezia: Helvetia, 1985, p. 56.
* 108 G. Caniato et al. (a cura di), *Venezia la città dei rii*, op.cit., pp. 147-148.
* 109 *Catasto austriaco, sommarione, Città di Venezia, Sestiere di Dorsoduro*, mappale nn. 530-535。リオ・ノーヴォの計画地は *Ibid.*, nn. 530, 531 である。
* 110 *Ibid.*, nn. 451, 526-529.
* 111 *Ibid.*, nn. 524, 525.
* 112 G. Caniato et al. (a cura di), *Venezia la città dei rii*, op.cit., p. 457.
* 113 F. Cosmai, S. Sorteni (a cura di), *op.cit.*, p. 114.
* 114 1931年、鉄製のアカデミア橋は壊され、木造の弧を描く仮橋が建設された。この橋のコンペ中に、仮橋はヴェネツィアの歴史的な木造の橋であったリアルト橋を思い起こさせる橋として、市民の間で確実な評価を得ていたのである。アカデミア橋は仮橋のまま1933年に開通した。現在は鉄で補強されている。続いて鉄道駅の正面に架かるスカルツィ橋が石造で1934年に架け替えられた。
* 115 Eugenio Miozzi, *Progetto di massima per il Piano di risanamento di Venezia insulare: relazione*, Venezia: Comune di Venezia, Direzione generale dei servizi tecnici, 1939.
* 116 Eugenio Miozzi, *Progetto esecutivo delle demolizioni e ricostruzioni: Allargamento Rio di Noale, Planimetria*, Venezia: Comune di Venezia, Direzione lavori e servizi pubblici, dicembre 1939. ヴェネツィア建築大学（以下、I.U.A.V. と略す）, Archivio Progetti, Eugenio Miozzi/05.
* 117 G. Caniato et al. (a cura di), *Venezia la città dei rii*, op.cit., pp. 147-148.
* 118 1907年にディーゼルエンジンが登場し、商船と軍艦に使用された。乗客輸送での使用は1920年代からはじまり、カナル・グランデの路線では1930年にはじまった。G. Penzo, *op.cit.*, p. 250.
* 119 1933年製造、68馬力。*Ibid.*, p. 187.
* 120 *Ibid.*, p. 222.
* 121 ヴェネツィアでは複雑な運河網にヒエラルキーを付け、環状航路と接続航路にタイプ分けした交通システムをもとに水上交通の循環計画を行っている。
* 122 G. Zanelli, *op.cit.*, p. 34.
* 123 G. Caniato et al. (a cura di), *Venezia la città dei rii*, op.cit., p. 153.
* 124 F. Ogliari, A. Rastelli, *op.cit.*, p. 212.
* 125 1905年の乗客数は、普通運賃の乗客数が7,310,572人、割引運賃の乗客数が416,382人、運賃免除の乗客数が785,332人であった。*Ibid.*, p. 222.
* 126 *Ibid.*, p. 224.
  そのほか、1905年、A.C.N.I.は初冬に発生する濃霧によってしばしば問題になる、フォンダメンテ・ノーヴェーサン・ミケーレームラーノ間の路線を開通している。11月30日からムラーノで濃霧中でも船の接岸を可能にするため、鐘で合図するポントニエレ (pontoniere) と呼ばれる従業員を配置した。*Ibid.*, p. 220. 1911年には、サンテレナに照明が設置され、夜便の安全を保証した。照明の設置により、濃霧中でも役立った。*Ibid.*, p. 226.
* 127 1930年、S.V.N.V.L.の路線はA.C.N.I.に譲渡され、ラグーナすべての運営、会社、浮き桟橋、船舶が引き継がれた。またS.V.N.V.L.の全職員がA.C.N.I.に雇用された。S.V.N.V.L.の次の路線が残っていた。ヴェネツィアーキオッジァ間、ヴェネツィアーブラーノ間、ヴェネツィアーサン・ジュリアーノ間。*Ibid.*, p.326.
* 128 *Ibid.*

4 19世紀のフローティング水浴施設

* 129　1808年、ジャンナントニオ・セルヴァ (Giannantonio Selva) の計画において、「ラグーナの水流が良く水深のあるところで、突き出た場所に水浴 (bagni salsi) に使用する施設を置く」ことが記載されている。また、「健康に良い施設」であることを付け加えている。A.S.C.V., 1807 Giardini Pubblici a Castello I, prot. 4769, 05 maggio 1808.
* 130　A.S.C.V., 1822, Sanità, prot. 13195.
* 131　A.S.C.V., 1833, Sanità, prot. 9201.
* 132　Andrea Zannini, "La costruzione della città turistica," Mario Isnenghi, Stuart J. Woolf (a cura di), *Storia di Venezia: L'Ottocento e il Novecento*, Roma: Istituto della Enciclopedia italiana, 2002, p. 1125.
* 133　Nelli-Elena Vanzan Marchini, *Venezia I piaceri dell'acqua*, Venezia: Arsenale, 1997, p. 54.
* 134　*Bagni galleggianti in Venezia privilegiati da S. M. L'Imperatore e Re Francesco I premiati dal R. Istituto Italiano, estratto da Supplemento del Nuovo Dizionario tecnologico*, Venezia 1845, p. V.
* 135　この施設はアルセナーレで解体され、保管されていた。*Ibid.*, p. VI.
* 136　*Ibid.*, pp. IV- V.
* 137　N. Vanzan Marchini, *Venezia I piaceri dell'acqua*, op.cit., p. 61.
* 138　1843年、T・リーマ医師の死後、市民病院でT・リーマ医師の弟子であるピエトロ・ベルトイア (Pietro Bertoia)、マルコ・モリン (Marco Molin) とジャンバッティスタ・ランタナ (Giambattista Lantana) に引き継がれた。N. Vanzan Marchini, *Venezia I piaceri dell'acqua*, op.cit., p. 57.
　1858年はサン・マルコ小広場とワイン橋 (Ponte del vino) の間のサン・マルコ水域で実施されていた。その時の使用料金は次のようになっている。男性用共通の水槽での水浴は1回1.15リラ、6回6リラ、12回12リラ、実施期間中 (5月29日〜8月31日) のパス30リラ。小さい部屋での水浴は1回1.65リラ、6回8.40リラ、12回16.80リラ。温かい海水浴は1回2リラ、6回10リラ、12回19リラ。温かい海水と淡水の混合浴は1回2.1リラ、6回11リラ、12回21リラ。女性用共通の水槽での水浴は1回1.6リラ、6回8.10リラ、12回16.20リラ、実施期間中 (5月29日〜8月31日) のパス48リラ。シレナの使用は1回3.75リラ、6回17.50リラ、12回35リラ。*Guida ai bagni di Venezia con relative tariff, indicazioni di alberghi, alologgi ecc.*, Venezia 1858, p. 19.
* 139　*Bagni galleggianti in Venezia privilegiati da S. M. L'Imperatore e Re Francesco I premiati dal R. Istituto Italiano, estratto da Supplemento del Nuovo Dizionario tecnologico*, op.cit., pp. VI-VII.
* 140　N. Vanzan Marchini, *Venezia I piaceri dell'acqua*, op.cit., p. 59.
* 141　*Bagni galleggianti in Venezia privilegiati da S. M. L'Imperatore e Re Francesco I premiati dal R. Istituto Italiano, estratto da Supplemento del Nuovo Dizionario tecnologico*, op.cit., p. VII.
* 142　*Ibid*.
* 143　*Ibid*.
* 144　*Ibid.*, p. VIII.

5 水辺に立地したホテルと水上テラスの建設

* 145　陣内秀信『ヴェネツィア――都市のコンテクストを読む』前掲、p. 91。
* 146　大型の商船はサン・マルコ水域で停泊し、小舟に荷を積み替え、カナル・グランデや都市内を航行し、目的地へ荷を運ぶ。また、本土やラグーナ内から来る中型帆船もカナル・グランデを航行し、リアルト周辺で荷を降ろすため、港の機能は続いている。
* 147　陣内秀信『ヴェネツィア――都市のコンテクストを読む』、前掲、p. 160。
* 148　陣内秀信『ヴェネツィア――水上の迷宮都市』前掲、p. 212。
* 149　A. Zannini, "La costruzione della città turistica," M. Isnenghi, S. J. Woolf (a cura di), *op.cit.*, pp. 1123-1149. 18世紀末には、ヴェネツィアもグランドツアーの影響を受けており、当時の宿泊施設は上流階級による長期滞在に利用されていると考えられる。19世紀以降のホテルに関しては、地図に記載された「主要

なホテル」や水浴案内に掲載されたホテルを扱い、上流階級を相手にしていると考えられる宿泊施設に注目し、比較検証を行った。
* 150　河村英和「19世紀から20世紀初頭におけるヴェネツィアのホテル建築の変遷について──ヴェネト・ビザンチン様式の歴史的パラッツォ転用からグランドホテル様式建設まで」、『日本建築学会計画系論文集』Vol. 73, No. 629、2008年7月, p. 1638. マルセイユ家は19世紀初頭、パラッツォ・デイ・コンタリーニ・デル・ボーボロでホテル（Albergo del Maltese）を開業していた。Elena Pradella, *Pianeta Venezia sette secoli per l'ospitalità*, Venezia: Grafiche Veneziane, 1997, p. 59.
* 151　*Catasto napoleonico, sommarione, Città di Venezia*, mappale nn. 991, 992, 993.
* 152　*Catasto austriaco, sommarione, Città di Venezia, Sestiere di San Marco*, mappale nn. 3166, 3143.
* 153　*Ibid.*, mappale nn. 3139, 3140, 3141, 3142.
* 154　E. Pradella, *op.cit.*, p. 111.
* 155　*Catasto austriaco, sommarione, Città di Venezia, Sestiere di San Marco*, mappale n. 2800.
* 156　Imperatore d'Austria とも呼ばれた。パラッツォ・グラッシに隣接して、大浴場（grande stabilimento di bagni）がある。1850～1857年のホテルのオーナーはA・バルベージ（Barbesi）である。1858～1866年は、カ・ロレダンでホテル・ドゥ・ラ・ヴィルを営業し、1858年のホテルのオーナーはA・バルベージである。1866年にM・バウエル（Bauer）がこのホテルを所有した。E. Pradella, *op.cit.*, pp. 51-52. そして1868年からカ・ロレダンはヴェネツィア市の所有で現在に至る。バルベージは1868年、サンタ・マリア・デッラ・サルーテ教会の対岸のカナル・グランデ沿いにホテル・バルベージ（Hotel Barbesi）を開業した。E. Pradella, *op.cit.*, p. 36.
* 157　C. Seingruber, *op.cit.*
* 158　F. Da Camino, *Venezia e I suoi bagni*, Venezia, 1858.
* 159　新聞、Gazetta, 1869.
* 160　1808～1811年の不動産台帳からリドットを把握することができる。*Catasto napoleonico, sommarione, Città di Venezia*, mappale nn.1026, 1027. この周辺の多くの建物は1階を商店、2階以上を住宅として利用されている。そのなかには、カフェもあったことが把握できる。*Ibid.*, n.1026. ロカンダという宿屋もあったことから、19世紀初頭には人の集まる場所であったと想像される。*Ibid.*, n.1034, secondo e terzo piano. 現在ホテルのある、カナル・グランデに面し、ヴァッラレッソ通りに沿った建物はエリッツォ（Erizzo）の所有であることがわかる。*Ibid.*, nn.1037, 1038, 1041.
1828年の立面図から、カナル・グランデに沿った建物は現在と違うことが確認できる。*Il Canal Grande di Venezia descritto da Antonio Quadri e rappresentato in 60 tavole rilevate ed incise da Dioniso Moretti*, op.cit. ヴァッラレッソ通りとリドット通りの間には3棟建っている。中央に位置する3階建ての建物にはトンネル状の道があり、カナル・グランデから中庭に入るようになっている。カナル・グランデには大きな階段を配しており、1838～1842年作成の不動産台帳の地図にもはっきりと描かれている。1828年の立面図から、1808～1811年の不動産台帳と同様に、カナル・グランデに面し、ヴァッラレッソ通りに沿った建物はエリッツォの所有であることがわかる。
1838～1842年作成の不動産台帳を見ると、1808年の時よりリドットが広がっている。*Catasto austoriaco, sommarione, Città di Venezia, Sestiere di S. Marco*, mappale n. 3167-3173. またこの周辺の建物の用途は、19世紀初頭と同様に1階が商店、2階以上が住宅となっているところが多い。そしてリドット通りにトラゲットがあったことも読み取れ、人の往来が激しかったと推測される。カナル・グランデに面し、ヴァッラレッソ通りに沿った建物はこの時期もなおエリッツォの所有であることがわかる。*Ibid.*, n. 3193. また地図上でn. 3193の建物に隣接するカナル・グランデ沿いの建物もエリッツォの所有である。*Ibid.*, n. 3167. この期間にエリッツォが隣接する建物も所有したことが把握できる。
1846年コンバッティ作成の詳細地図にリドットが示されているが、ホテル・モナコは確認できない。Giandomenico Romanelli, *Planimetria della città di Venezia: edita nel 1846 da Bernardo e Gaetano Combatti*, Treviso: Vianello libri, 1987.（1846～1847年コンバッティ作成の詳細地図。1847年に出版、1855～1856年に改訂）
1869年の地図（Carlo Bianchi, *Nuova pianta di Venezia: sul rapporto di 1 a 6000: pubblicata nel 1869 dall'editore litografo Carlo Bianchi Venezia, Piazza S. Marco N. 90, 91*, Venezia, 1869）では、記号が現在と違う建物に振ってあるが、1887年の地図（Luigi Querci, *Nuova pianta di Venezia*, Venezia, 1887）では、現在と同じ建

物に記号が記載されている。

*161 イヴァンチヒ（Ivancich）家はダルマチア人の舟輸送で財を成した有力家であったが、ヴェネツィア共和国崩壊後は新たな事業を模索した。蒸気船の出現により、アドリア海で使う帆船を手放した。その後、ヴェネツィアに移住し、不動産業で成功を納め、後にホテル・ニューヨークを創業する。19世紀末、パラッツォ・フェッロと隣接するパラッツォ・フィーニの建物を統合し、ホテルに適した構造に改築した。そして、1972年にイヴァンチヒ家がこの建物を売る時までホテルが続けられた。Elena Bassi et al., *Palazzo Ferro Fini: La storia, l'architettura, il restauro*, Venezia: Albrizzi, 1989.

*162 *Emporium: rivista mensile illustrata d'arte, letteratura, scienze e varietà*, Bergamo: Istituto italiano di arti grafiche, Vol.III, N.13, gennaio 1896.

*163 ヴェネツィア建築大学（以下、I.U.A.V.と略す）Archivio Progetti, Hotel Bauer-Grünwald, 1898, Collocazione: Cartella 11, Scatola 2, Segnatura: Sardi 3. Giovanni-foto/1/01.

*164 E. Pradella, *op.cit*., p. 45.

*165 市議会録、*Sunto storico alfabetico e cronologico delle deliberazioni emesse dal consiglio municipale di Venezia dal 1808 a tutto il 1866 premessivi alcuni ragguagli documentati sulla caduta della Repubblica e sulle discipline civili e amministrative attuate dal 1798 a tutto il 1807*, Venezia 1871, p.429, 29 agosto 1853.

*166 Giandomenico Romanelli (a cura di), *Venezia Ottocento: l'architettura, l'urbanistica*, Venezia: Albrizzi, 1988, p. 328.

*167 *Ibid*., p. 329.

*168 A.S.C.V., 1850-54, IX/3/23.

*169 海特有の気候と海水の効能を支持するG・ナミアス医師は、海水浴（climatico-balneare）治療の視点から、リドでプロジェクトを進めるよう強く主張した。N. Vanzan Marchini, *Venezia I piaceri dell'acqua*, op.cit., p. 67.
A・サグレードを中心に、財政効果のある展覧会の重要性、独占体制にならないような適性事業、モニュメント的で装飾的特徴の重要性なども主張された。G. Romanelli, *Venezia Ottocento: l'architettura, l'urbanistica*, op.cit., p. 329.

*170 *Ibid*., p. 332.

*171 市議会録、*Sunto storico alfabetico e cronologico delle deliberazioni emesse dal consiglio municipale di Venezia dal 1808 a tutto il 1866 premessivi alcuni ragguagli documentati sulla caduta della Repubblica e sulle discipline civili e amministrative attuate dal 1798 a tutto il 1807*, op.cit., p. 429, 29 agosto 1853.

*172 G. Romanelli, *Venezia Ottocento: l'architettura, l'urbanistica*, op.cit., p. 332.

*173 N. Vanzan Marchini, *Venezia I piaceri dell'acqua*, op.cit., p. 71.

*174 広告には、リーヴァ・デリ・スキアヴォーニのカフェ・ブリジャッコの正面にある停留所からリドの停留所までをヴァポレットで輸送することが記載されている。A.S.C.V., 1865-69, XI/8/11.

*175 Lino Moretti, *Vecchie immagini di Venezia*, Venezia: Filippi, 1966, p. 25.

*176 Alberto Cosulich, *Viaggi e turismo a Venezia dal 1500 al 1900*, Venezia: I sette, 1990, p. 123.

*177 1869年の地図（Carlo Bianchi, *op.cit*.）には、Sandwirt と記載されている。

*178 市によって開始された事業であったが、港湾事業と認められ、事業は国に引き継がれた。F. Cosmai, S. Sorteni (a cura di), *op.cit*., p. 118.
1838～1842年作成の不動産台帳を見ると、サン・マルコ水域に面して、スクエーロや倉庫が多く存在していたことが確認でき、埋め立てられる以前まで同じような土地利用や建物用途が続いていたと推測される。スクエーロ（squero）は *Catasto austoriaco, sommarione, Città di Venezia, Sestiere di Castello*, mappale nn. 3022, 3045, 3046, 3066, 3142, 3143, 3145。倉庫（magazino）は *Ibid*., nn. 3020, 3021, 3029, 3030, 3031。資材置場（deposito）は *Ibid*., nn. 3018, 3033, 3067, 3105である。

*179 A.S.C.V., Fondo Giacomelli, GN000808.

*180 A.S.C.V., 1915-20, X/2/2.

*181 *Ibid*.

*182 I.U.A.V., Archivio Progetti, Pianta parziale dell'ammezzato il piano terra dell'hotel Europa: Venezia, segnatura: 2 dis/1/027.

*183 A.S.C.V., Fondo Giacomelli, GN006292.

*184　I.U.A.V., Archivio Progetti, Progetto di allargamento e ricostruzione dell'albergo Bauer-Grünwald, 20 aprile 1925, Collocazione: D-12/4, Segnatura: Sardi 6. Prudente-dis/03.

*185　E. Bassi et al., *op.cit.*, p. 105.

*186　A.S.C.V., 1909, X/2/2, N. 68583.

*187　グランド・ホテルの所有者のC.I.G.A. は、グループ会社でホテル・ダニエリ、ヴィットリア (Vittoria)、リドホテル会社 (Compagnia alberghi lido)、リド海水浴社 (Società bagni lido) の統合で設立された。

*188　A.S.C.V., 1909, X/2/2, N. 68583.

*189　A. Cosulich, *op.cit.*, p. 116.

*190　1933年の写真 (A.S.C.V., Fondo Giacomelli, GN003602) には張り出したテラスにテントが張られており、遠景のため、テラスにレストランの席が設けられているかどうかの確認は難しい。1935年の写真 (A.S.C.V., Fondo Giacomelli, GN001799, GN001800, GN001900) からはテラスに椅子しか設けられておらず、レストランの席のような利用は見受けられない。1936年の写真 (A.S.C.V., Fondo Giacomelli, GN003603) からレストランの席のようなものが確認できる。

*191　A.S.C.V., Fondo Giacomelli, GN001815.

*192　A.S.C.V., 1936, X/7/2, prot. 74900/36.

*193　A.S.C.V., 1931-35, X/8/3.

*194　A.S.C.V., 1915-20, X/2/2 の一連の史料のなかのN.33096/1239の史料、1917年7月20日の申請書には、次のように記載されており、バッラトイオの拡張計画であることがわかる。
Oggetto: modificazione del ampliamento ballattoia sul Canal Grande
史料にはバッラトイア (ballattoia) と記載されている。

*195　A.S.C.V., 1931-35, X/8/3.

*196　1924年にモーター付きの水上タクシー事業がはじまると、それまでの手漕ぎ舟の数は激減する。この影響を受け、1920年代後半には新たな桟橋がカナル・グランデ内に建設される傾向が見られる。1927年、公共事業省 (Ministero de LL.PP.) による桟橋計画では、リアルト橋近くのリーヴァ・デル・ヴィンで、水管理局 (Magistrato alle Acque) と土木局 (Genio Civile) 専用の桟橋が計画される。翌年の1928年にはこの桟橋にモトスカーフォが接岸する権利が認められる。1929年には、リーヴァ・デッローリオの桟橋、ヴァッラレッソ通りの桟橋、市役所専用のサン・ヴィオの桟橋が建設され、モーターボートを接岸する許可が港湾監督事務所 (Capitaneria di Porto) から発行される。A.S.C.V., 1926-1930, XI/7/11.

*197　1922年、映画館改修計画。A.S.C.V., 1921-25, IX/2/1.

*198　1926年、ヴァッラレッソ通り沿いの改修計画。A.S.C.V., 1926-30, IX/2/1.

*199　A.S.C.V., Fondo Giacomelli, GN000874.

*200　A.S.C.V., Fondo Giacomelli, GN007834.

*201　この時のカフェ・ローマの所有者はアンジェロ・パヴォレド (Angelo Povoledo)。A.S.C.V., 1930, busta 1622, prot. 76065.

*202　A.S.C.V., Fondo Giacomelli, GN000658.

*203　Ufficio Tecnico sezione edilizia, anno 1957, S. Marco, prot. 25473.

*204　E. Bassi et al., *op.cit.*, p. 116.

*205　A.S.C.V., Fondo Giacomelli, GN008086.

*206　1869年には浴室を備えるホテルとして地図に記載されていたペンション・スイス (Pension Suiss) で、1924年の改修計画ではホテル・レジーナと記載されていた。A.S.C.V., 1921-25, IX/2/1, prot. 61419.

*207　A.S.C.V., Fondo Giacomelli, GN000835.

*208　A.S.C.V., Fondo Giacomelli, GN006155.

*209　パラッツォ・ティエポロは1868年に、ホテル・バルベージが創業。その後、1881年に、バルベージからブリタンニア (Britannia) に改名する。1938年、C.I.G.A. に所有され、エウロパ・アンド・ブリタンニア (Europa & Britannia) に改名。1953年の史料にはホテル・エウロパと記載されている。1976年、隣接しているホテル・レジーナと統合され、エウロパ・アンド・レジーナ (Europa & Regina) に改名された。1998年から Starwood Hotels & Resorts の一部になり、2000年3月からウエスティン・グループに入り、現在は The Westin Europa & Regina である。

*210　ジュゼッペ・ムッツィ (Giuseppe Muzzi) 設計、所有者C.I.G.A。A.S.C.V., 1953, X/7/2, prot. 10767/54.

*211 A.S.C.V., 1955, X/7/2, prot. 21418/55.
*212 1950年ごろのリアルト橋の写真からリーヴァ・デル・ヴィンにレストランのテラス席を確認できる。A.S.C.V., Fondo Giacomelli, GN007796.

6 近代港湾の誕生から再生

*213 Gabriele Mazzucco (a cura di), *Monasteri benedettini nella laguna veneziana: catalogo di mostra*, Venezia: Arsenale, 1983, p. 93.
*214 Matteo Pagan, Venetia, 1559. ベルリン、Staatliche Museen.
*215 *Mappa del Catasto austriaco, Città di Venezia, Sestiere di Dorsoduro*.
*216 L. Moretti , *op.cit*., p. 81.
*217 Italo Zannier, *Venezia, archivio Naya*, Venezia: O. Bohm, 1981, p. 105. この写真には、座礁した帆船が映っており、この辺りには浅瀬が広がっていたことがわかる。
*218 埠頭の使用開始と同年、1885年にマガッツィーニ・ジェネラリの建設がはじまった。1882年のフォルチェッリーニ (Forcellini) による計画である。事務所と倉庫を配置した。1895年、ジュデッカ運河に沿って平行の軸線の強い、5つの施設が完成した。R. Baiocco et al., *op.cit*., p. 91.
*219 G. Zucconi (a cura di), *op.cit*, pp. 183-185.
*220 1867年にジョルジョ・フェレッティ (Giorgio Feletti) は、船を引き揚げる大型船台を建設する場所として、無料で30年間サッカ・ディ・サンタ・マルタを使用できるよう、ヴェネツィア市に申請した。新港湾整備との相互関係を評価するため、委員会が立ち上げられたのである。1868年1月10日、市はこの地域を譲る約束をしたが、期限内の建設は難しく、計画は断念された。Comune di Venezia, *Venezia città industriale: gli insediamenti produttivi del 19 secolo*, op.cit., p. 76.
*221 *Ibid*., p. 78.
*222 使用された企業名がつけられた。
*223 クリスチャン・ベック著、仙北谷茅戸訳『ヴェネツィア史』白水社、2000年、p. 148。
*224 石油タンクはすでに1926年にはマルゲーラ港に移されていた。アメリカのイタロ (Italo) 社で事業され、建設された潤滑油保管所 (Deposito degli Oli lubrificanti) と石油タンク (Cisteroni del pertolio) である。引火性素材のタンクが都市に近すぎたため1926年に撤去され、マルゲーラ港の石油地帯へも移された。
*225 間瀬雅彦「戦後ヴェネツィア建築における意匠的傾向について——戦後イタリア建築に関する研究その1」『金城学院大学論文集』No.39、2000年、p. 23。
*226 I.U.A.V., *Concorso di progettazione per una nuova sede IUAV nell'area dei Magazzini Frigoriferi a San Basilio*, Mestre: Cetid, 1997, p. 9.
*227 1924〜1931年に家が建てられた。最初に、スコメンツェラ運河の方に鉄道員の家が建てられ、住居と仕事場が近接するという利便性が提供された。1926年、綿紡績工場と低所得住居自立団体の協定によって、綿紡績工場の労働者を受け入れる住宅が建てられた。R. Baiocco et al., *op.cit*., p. 93.
*228 陣内秀信、樋渡彩「祝祭性豊かな歴史都市空間」横浜国立大学大学院・建築都市スクール"Y-GSA"編『チッタ・ウニカ——文化を仕掛ける都市ヴェネツィアに学ぶ』鹿島出版会、2014年、pp. 43-66。

第 3 章　ラグーナの空間変遷史

1　ラグーナの水環境

*1　ヴェネツィアに市壁はなかったが、ラグーナとアドリア海をつなぐ各潮流口には要塞があり、アドリア海からラグーナに入ってくる船を監視していた。そのなかでもサン・マルコ水域に通じる潮流口に位置するサン・ニコロ要塞とその向かいのサンタンドレア要塞には鎖がつながれていた時期もあった。カンブレー同盟軍との戦いに敗れ、ラグーナをより一層軍事的に強化する方向へ変わった。その際、マラモッコ潮流口の防御として八角形の島（Ottagono degli Alberoni と Ottagono di San Pietro）の要塞が築かれた。キオッジア潮流口にも八角形の島（Ottagono Ca' Roman）に要塞が築かれた。1104 年には、ヴェネツィアのカステッロ地区にアルセナーレという国営造船所が建設され、ヴェネツィアが海軍に力を入れていたことは知られている。ここでは大型のガレー船が建造され、様々な戦いで使用されている。国内外から多くの建材が届けられ、職人も大勢いた。Ennio Concina, "La fortificazioni lagunari fra il tardo Medioevo e il secolo XIX," Giovanni Caniato, Eugenio Turri, Michele Zanetti (a cura di), *La laguna di venezia*, Sommacampagna: Cierre edizioni, 1995, pp. 249-269.

*2　Ernesto Canal, *Archeologia della laguna di Venezia 1960-2010* Sommacampagna: Cierre edizioni, 2013.

*3　Ottagono abbandonato di Malamocco. *Ibid*., p. 147.

*4　一般的にラグーナの歴史は、西ゴート族やフン族などの侵入の際、一時的な避難場所として利用されたところから始まり、6 世紀のランゴバルド族の侵入の際、大陸から多くの人がラグーナに移住したとされている。また、ヴェネツィア共和国の建国は 421 年 3 月 25 日と定めているが、考古学の調査・研究では、それよりもずっと以前からラグーナ内には生活圏があったことが証明されている。古代からラグーナに生活圏があったという説については、ウラディミロ・ドリーゴ (Wladimiro Dorigo) も指摘しており、ラグーナに古代の農業の区画割りがなされていたという。Wladimiro Dorigo, *Venezia Origini*, Milano: Electa, 1983.

*5　2015 年 9 月 26 日〜2016 年 2 月 14 日にヴェネツィアのパラッツォ・ドゥカーレで開催された Acqua e Cibo a Venezia: Storie della laguna e della città. 展覧会のカタログは Donatella Calabi, Ludovica Galeazzo, *Acqua e Cibo a Venezia: Storie della laguna e della città*, Venezia: Marsilio, 2015 である。

*6　キオッジアはイタリアの漁港で第 2 位の漁獲量、アサリの漁獲量はイタリアで第 1 位と地元の人は誇る。漁船の種類には引き網船、トロール船、定置網船などがある。1995 年の船の数は引き網船 500 隻、トロール船 96 隻、定置網船 140 隻を数え、ラグーナのほかの町に比べ圧倒的な数である。Mario Isnenghi (a cura di), *Il Novecento*, Roma: Istituto della Enciclopedia Italiana, 2002, p. 2383, Tav. 5.
キオッジアでは、1998 年からブラゴッツォという伝統的な漁師舟を使ってラグーナを周遊する観光が行われている。これはペスカトゥリズモという漁師による観光である。www.giteinlaguna.com
2008 年 7 月に行われた魚祭り (Sagra del Pesce) ではキオッジア市の協力のもと、無料の観光船によるキオッジア周遊のサービスが提供された。

*7　広場は、畑や野原を意味する「カンポ」という単語が使われている。陣内秀信『ヴェネツィア水上の迷宮都市』講談社、1992 年、p. 138。
15 世紀末のデ・バルバリの鳥瞰図には、カステッロ地区の端にあるサンテレナや、カンナレージョ地区の端の方に菜園が描かれている。

*8　リアルト市場には、サンテラズモ、マッツォルボ、マラモッコ、キオッジア、リドから野菜売りが来ていた。Donatella Calabi, Paolo Morachiello, *Rialto: le fabbriche e il Ponte 1514-1591*, Giulio Einaudi editore, Torino 1987, p. 129.

*9　1552 年の地図には敷地境界線と建物が描かれている。国立ヴェネツィア文書館（以下 A.S.Ve. と略す）, *Savi ed esecutori alle acque*（以下 *S.E.A.* と略す）, Disegni, Lidi, dis.3.
1552 年の土地所有者は宗教関係や有力家の S. Zaccaria, Calbo, Bon, Barbaro, Centani, Tron, Minotto, Gritti, Campanato, Premarin である。Davide Busato, *Metamorfogi di un litorale: Origine e sviluppo dell'isola di Sant'Erasmo nella laguna di Venezia*, Venezia: Marsilio Editori, 2006, fig. 25.

*10　アグリトゥリズモ (La Barena Azienda Agrituristica) のオーナーである M 氏からのヒアリングによる。

*11　1980 年代、M 氏の父親の代では、メストレ、トレヴィーゾ、さらにトリエステまでトラック輸送をす

るほど農業経営は順調であった。1993年、ここで採れる野菜を使ってレストランを開始し、2010年からは宿泊施設も始めた。10年来の構想がようやく実現したという。

* 12 かつてヴェネツィア貴族たちにとって、ヴァッレ・ダ・ペスカは、会話や狩りをするための喜ばしい場所だったことが書かれている。また男女で過ごすにもラグーナは格好の場所だった。Antonio Fabris, *Valle Figheri, Storia di una valle salsa da pesca della laguna veneta*, Venezia: Filippi ediore, 1991, p. 18.
* 13 Giannina Piamonte, *Litorali ed Isole: Fuida della Laguna* Veneta, Venezia: Filippi editore, 1975, p. 99.
* 14 Archeo Venezia, *Poveglia, Il lazzaretto Nuovissimo*, Quarto d'Altino: Arti Frafiche Venete, 2014.
* 15 *Ibid*.
* 16 ピエロ・ベヴィラックワ著、北村暁夫訳『ヴェネツィアと水——環境と人間の歴史』岩波書店、2008年、pp. 43-44。
* 17 Istituto geografico militare, 1897.
* 18 G. Piamonte, *op.cit*., p. 61.
* 19 A.S.Ve., *S.E.A.*, Lidi 63.
* 20 ジャーレ通りにあるアグリトゥリズモ（Ai Tigli）を経営するルアナ・ビアジオロ（Luana Biasiolo）氏からのヒアリングによる。
* 21 ピエロ・ベヴィラックワ、前掲書、pp. 45-46。
* 22 G. Piamonte, *op.cit*., p. 61.
* 23 D. Busato, *op.cit*., fig. 24. 現地調査では水車の跡が見受けられなかった。
* 24 ピエロ・ベヴィラックワ、前掲書、pp. 45-46。
* 25 陣内秀信『ヴェネツィア水上の迷宮都市』、前掲、p. 54。
* 26 同前。

2　アックア・アルタの歴史と対策

* 27 樋渡彩「水都ヴェネツィアの戦い——アックア・アルタの歴史と対策」『危機に際しての都市の衰退と再生に関する国際比較［若手奨励］特別研究委員会報告書』（日本建築学会、2015年）、pp. 67-72 をもとに加筆・修正したものである。また、樋渡彩＋法政大学陣内秀信研究室編『ヴェネツィアのテリトーリオ——水の都を支える流域の文化』（鹿島出版会、2016年）に一部掲載されている。
* 28 Gianpietro Zucchetta, *Storia dell'acqua alta a Venezia dal Medioevo all'Ottocento*, Venezia: Marsilio Editori, 2000.
* 29 Piero Bevilacqua, *Venezia e le acque: una metafora planetaria*, Roma: Donzelli Editore, 1995.
* 30 Davide Battistin, Paolo Canestrelli, *1872-2004 La serie storia delle maree a Venezia*, Venezia: Centro Previsioni e Segnalazioni Maree, 2006.
* 31 G・チェッコーニ、シンポジウム「海抜ゼロメートル世界都市サミット」、2008年12月開催。
* 32 D. Battistin, P. Canestrelli, *op.cit*.
* 33 陣内秀信「水とともに生きるヴェネツィア」『都市問題研究』都市問題研究会、1989年8月。
* 34 題名は L'acqua alta, ovvero le nozze in casa dell'Avaro である。
* 35 G. Zucchetta, *op.cit*.
* 36 陣内秀信「水とともに生きるヴェネツィア」、前掲。
* 37 Vito Favero, Riccardo Parolini, Mario Scattolin (a cura di), *Morfologia storica della Laguna di Venezia*, Venezia: Arsenale, 1988.
* 38 陣内秀信「水とともに生きるヴェネツィア」、前掲。
* 39 ピエロ・ベヴィラックワ著、北村暁夫訳『ヴェネツィアと水——環境と人間の歴史』岩波書店、2008年、p. 11。
* 40 陣内秀信「水とともに生きるヴェネツィア」、前掲。
* 41 木造のパラーダは、監視の行き届かない夜中や時化の際に、木材や釘を盗まれるという人的被害にもよくあった。ピエロ・ベヴィラックワ、前掲書、p. 13。

*42　AA.VV., *Murazzi: Le muraglie della paura*, Venezia: Consorzio Venezia Nuova, 1999, p. 103.

*43　ピエロ・ベヴィラックワ、前掲書、p. 14。

*44　その背景には、森林を再生産する前に使い果たしてしまったこと、森林を農地に転用していったことが指摘されている。同前書、p. 77。

*45　G. Zucchetta, *Storia dell'acqua alta a Venezia dal Medioevo all'Ottocento*, op.cit., p. 49.

*46　柵を工場で大量生産することが可能になったことにより、従来の木材でつくられていた柵を使用する必要がなくなると、木材の大量供給の必要性がなくなった。その結果、本土の森を管理する必要性も低くなったのである。ピエロ・ベヴィラックワ、前掲書、p. 78。

*47　1878年に出版された17世紀からの堤防の断面と1740年から1782年にかけて建設された堤防の断面図。profili delle difese litorali e dei murazzi dal secolo 17. al 1820, A.S.Ve., *S.E.A.*, Miscellanea Codici, Serie I, Storia Veneta, n. 139.

*48　近年では、衛生史の立場からもヴェネツィア共和国時代の浚渫事業に関する研究が進んでおり、その代表としてNelli-Elena Vanzan Marchini, *Venezia da laguna a città*, Venezia: Arsenale, 1985 があげられる。

*49　Gianpietro Zucchetta, *I rii di Venezia: la storia degli ultimi tre secoli*, Venezia: Helvetia, 1985.

*50　樋渡彩「水都ヴェネツィア研究史」陣内秀信、高村雅彦編『水都学I』法政大学出版局、2013年。

*51　陣内秀信、樋渡彩「水の都ヴェネツィアの危機」『21世紀の環境とエネルギーを考える』時事通信社、2009年。

*52　Stefano Guerzoni, Davide Tagliapietra (a cura di), *Atlante della laguna Venezia: tra terra e mare*, Venezia: Marsilio Editori, 2006.

*53　1968年にヴェネツィア市は、最初の高潮観測および予報のオフィスを設け、1980年に潮位観測予報センターを設立した。現在、潮位を予測しアックア・アルタを予報するサービスも行っている。

3　ラグーナに浮かぶ島々の役割

*54　19世紀末から20世紀初頭の代表する写真家であるカルロ・ナヤ（Carlo Naya）、トマゾ・フィリッピ（Tomaso Filippi）などに撮影されている。

*55　Gabriele Mazzucco (a cura di), *Monasteri benedettini nella laguna veneziana: catalogo di mostra*, Venezia: Arsenale, 1983.

*56　G. Mazzucco (a cura di), *op.cit.*, p. 5.

*57　G. Piamonte, *op.cit.*, p. 99.

*58　次のような事例がある。サン・クレメンテでは、1146年、ピエトロ・ガッティレッソ（Pietro Gattilesso）が巡礼者用の宿泊施設を建設し、建物はグラードの総大司教に管轄された。1160年ごろ、宿泊施設が修道院に転用され、サンタゴスティーノ（S. Agostino）のカノニチ・レゴラリ（Canonici Regolari）の管轄になった。1645年、ベネディクト会から派生したカマルドリ会が島を獲得している（*Ibid.*, pp. 111-113.）。ラザレット・ヴェッキオでは、1249年、アウグスティノ隠修士会によって巡礼者のために宿泊施設が建設された（*Ibid.*, p. 135.）。ラ・グラッツィアでは1264年、宿泊施設が建設され、聖地に向かう巡礼者を受け入れる場所にあてられた。その後、ベネディクト会が宿泊施設を修道院に転用した（*Ibid.*, pp. 108-109.）。

*59　G. Piamonte, *op.cit.*, p. 60.

*60　*Ibid.*, p. 92. アルチューロ・コラムッシ（Arturo Colamussi）によると、ベネディクト会が来る以前、サンタ・クリスティーナを崇拝する教会があったとされている。Arturo Colamussi, *Isole della Laguna di Venezia: Guida Aerofotografica*, Ferrara: Editore Endeavour, 2007, p. 52.

*61　マルコンテンタとガンバラレの間付近に位置するドガレット（Dogaletto）の周辺にサンティ・イラリオ・ベネデット（S.S. Irario e Benedetto）修道院を建設する。

*62　この時期、オットーネ3世（Ottone III）と総督ピエトロ・オルセオロ2世（Pietro Orseolo II、991-1009年）の間で、修道院で行われた秘密の重要な談話が記録されている。G. Piamonte, *op.cit.*, p. 92.

*63　修道院はヴェネツィアのS. Maria dell'Umiltà である。*Ibid.*, pp. 92-93.

*64 *Ibid.*, p. 93.
*65 建築家はテマンツァの叔父にあたるジョヴァンニ・スカルファロット（Giovanni Scalfarotto）である。*Ibid.*, p. 94.
*66 *Ibid.*, p. 59.
*67 *Ibid.*
*68 アルヴィーゼ・ゾルジ著、金原由紀子、米倉立子、松下真記訳『ヴェネツィア歴史図鑑――都市・共和国・帝国：697〜1797年』東洋書林、2005年、p. 262。
*69 G. Piamonte, *op.cit.*, p. 59.
*70 サンタ・クリスティーナの東側に、現在チェントレガ（Centrega）と呼ばれる湿原がある。ここには、チェントラニカ（Centranica）という島があった。名前の由来は、当時ラグーナの中心であったためといわれている。また島の所有者であるチェントラニチ家に由来する説もある。*Ibid.*, p. 61.
*71 存在したとされる教会をあげる。S. Lorenzo、S. S. Felice e Fortunato、S. Marco、S. Giovanni（関連する情報がない）、S. S. Apostoli Filippo e Giacomo、S. Angelo、S. Pietro di Casacalba。サンティ・フェリーチェ・エ・フォルトゥナート（S.S. Felice e Fortunato）教会と修道院は889〜899年ごろ、アルティーノにあるベネディクト会のサント・ステファノ修道院により建設された。ハンガリー人の侵入から逃れるため、アンミアーナに避難した。この修道院には多くの総督が埋葬され、収益が多かったという。1442年、修道院は廃止され、ヴェネツィアの修道院（S.S. Filippo e Giacomo または S. Apollonia）に移転した。サンティ・アポストリ・フィリッポ・エ・ジャコモ（S. S. Apostoli Filippo e Giacomo）教会および修道院は、ヴェネツィアの同修道女であるルチア・ティエポロ（Lucia Tiepolo）によって建設された。彼女は、後にムラーノのサンティ・アンジェリ修道院の修道院長になる。そしてサンティ・アポストリ修道女たちも、トルチェッロのサンタントニオに移った。*Ibid.*, pp. 59-60.
*72 G・マッズッコの研究では1185年以前と指摘されており（G. Mazzucco (a cura di), *op.cit.*, p. 70)、P・ジャンニナの研究では、7世紀にファリエル家がベネディクト会のために建設したものである、と指摘されている。G. Piamonte, *op.cit.*, p. 59.
*73 *Ibid.*, pp. 59-60.
*74 G. Mazzucco (a cura di), *op.cit.*, p. 70.
*75 G. Piamonte, *op.cit.*, p. 62.
*76 A. Colamussi, *op.cit.*, p. 116.
*77 Giorgio e Maurizio Crovato, *Isole abbandonate della laguna veneziana: com'erano e come sono*, Venezia: S. Marco Press, 2008, p. 212.
*78 G. Piamonte, *op.cit.*, p. 95.
*79 A. Colamussi, *op.cit.*, p. 46.
*80 G. Piamonte, *op.cit.*, p. 96.
*81 *Ibid.*
*82 *Ibid.*
*83 *Ibid.*, p. 97.
*84 A. Colamussi, *op.cit.*, p. 46.
*85 G. Piamonte, *op.cit.*, p. 97.
*86 A. Colamussi, *op.cit.*, p. 46.
*87 Giorgio e Maurizio Crovato, *op.cit.*, p. 135.
*88 G. Piamonte, *op.cit.*, p. 98.
*89 *Ibid.*, p. 95.
*90 現在の名はサン・ラッザロ・デリ・アルメーニである。
*91 Archeo Venezia, *Il Lazzaretto Vecchio*, Quarto d'Altino: Arti Frafiche Venete, 2013.
*92 1485年以前の対策としては、1348年にサーヴィ（savi）という肩書をもつ3人の貴族が大評議会で選出され、ペストの対策を講じたとある。また伝染病が流行するごとにサーヴィが選出され、対応してきたという。G. Piamonte, *op.cit.*, pp. 98-99.
*93 Archeo Venezia, *Il Lazzaretto Vecchio*, op.cit.
*94 Gerolamo Fazzini (a cura di), *Venezia: Isola del Lazzaretto Nuovo*, Venezia: Tipo grafia Luigi Salvagno,

*95 G. Piamonte, *op.cit*., p. 112.
*96 1046年、オルソ・バドエル（Orso Badoer）はマッツォルボのジョヴァンニ・トロノ（Givanni Trono）に広大な沼地を譲った。そこには巡礼者のための修道院が建設され、その後修道院はチステルチェンシ（Cistercensi）女子修道院にその後なった。1440年、修道女の激減により、この修道院はトルチェッロのサンタ・マルゲリータ修道院に統合された。そして1456年、ペストが流行している間、サン・ラッザロからハンセン病患者を一時的に受け入れた。再度廃墟となった後、パオロ2世は、ヴェネツィアのフラーリ修道院に属した修道士の共同体をサン・ジャコモ・イン・パルードにつくった。16世紀に教会が建設され、18世紀には彫刻も施されたが、1810年に修道院は廃止され、教会は壊された。その後、軍事施設になり、小さな兵舎として利月された。軍が撤退した後、建物は崩壊し、現在も崩壊は進んでいる。*Ibid*., pp. 29-30.
*97 G. Fazzini (a cura di), *op.cit*., p. 26.
*98 *Ibid*.
*99 E. Canal, *op.cit*.
*100 またはヴィーニャ・ムラーダ（Vigna Murada）。
*101 G. Fazzini (a cura di), *op.cit*., p. 12.
*102 *Ibid*.
*103 テゾン（tezon）はヴェネト方言で屋根（tettoia）を意味した。テゾンのほかに tezzon, teson, tezeta, tezzeta, teseta, tesa のようにもいわれる。*Ibid*., p. 13.
*104 *Ibid*, p. 37.
*105 *Ibid*., p. 39.
*106 *Ibid*., p. 67.
*107 ナポレオン支配下とオーストリア支配下では、軍事的目的に利用された。テゾン・グランドのポルティコは壁で塞がれ、火薬庫に転換された。敷地を取り囲む壁は強固に要塞化された。島はサンテラズモ橋の先端と、リド港の入口を制御していたマッシミリアーノ塔の台場を結んだ。
*108 ヌオヴィッシモとは新しい（ヌオーヴォ nuovo）の最上級で「最新」を意味する。
*109 Archeo Venezia, Poveglia, *Il lazzaretto Nuovissimo*, Quarto d'Altino: Arti Frafiche Venete, 2014.
*110 G. Piamonte, *op.cit*., p. 118.
*111 *Ibid*.
*112 Archeo Venezia, Poveglia, *Il lazzaretto Nuovissimo*, op.cit.
*113 G. Piamonte, *op.cit*., p. 118.
*114 Archeo Venezia, Poveglia, *Il lazzaretto Nuovissimo*, op.cit.
*115 G. Piamonte, *op.cit*., p. 118.
*116 *Ibid*.
*117 サン・ヴィターレ（San Vitale）教会にはティツィアーノの絵画などたくさんの芸術作品がある。1806年に閉鎖され壊されたが、作品はマラモッコの教区教会に移された。G. Piamonte, *op.cit*., p. 119.
*118 G. Caniato et al. (a cura di), *La Laguna di Venezia*, op.cit., p. 150.
*119 G. Piamonte, *op.cit*., p. 118.
*120 *Ibid*.
*121 Archeo Venezia, Poveglia, *Il lazzaretto Nuovissimo*, op.cit. 1800年、検疫検査を受ける対象の商品については、税関で検疫検査証明書を提出する必要があった。アドリア海からラグーナに入ってくる商船は商品の種類に応じて、寄港する島が決まっており、ポヴェリアもそのひとつだった。乗組員と商品は、商船から降ろされ、ラッザレット・ヴェッキオまたはラッザレット・ヌオーヴォまで別の船で移動させられ、検疫を受けた。商船は、ポヴェリアまたはオルファーノ運河に運ばれ、検疫を受けた。Nille-Elena Vanzan Marchini, *Le leggi di sanità della Repubblica di Venezia*, vol. 4, Treviso: Canova, 2003, pp. 220-225.
*122 G. Piamonte, *op.cit*., p. 119.
*123 Archeo Venezia, Poveglia, *Il lazzaretto Nuovissimo*, op.cit.
*124 *Ibid*.
*125 1810年、サン・ミケーレのカマルドリ会の修道士はローマに移り、修道院に保管してあった膨大な書

籍や手稿本は図書館や文書館に移された。G. Piamonte, *op.cit.*, p. 19.

*126　陣内秀信『ヴェネツィア――都市のコンテクストを読む』鹿島出版会、1986年、p. 243。

*127　ルカ・コルフェライ著、中山悦子訳『図説ヴェネツィア――「水の都」歴史散歩』河出書房新社、1996年、p. 119。

*128　アッシジのフランチェスコ (Francesco d'Assisi) は福音書の教えでエジプトやパレスチナに行き、その帰路で1220年、弟子と一緒にトルチェッロに寄り、トルチェッロから船で出身国に戻ったとされている。この時、トルチェッロは裕福で人口の多い町だったため、静寂を求めて弟子と一緒にドゥエ・ヴィーニェ (Due Vigne) 島に行った。それが現在のサン・フランチェスコ・デル・デゼルトだといわれている。この島には礼拝堂がすでに建っており、その場所に鐘楼を建設した。フランチェスコがアッシジに戻る際、島に数名の弟子を招待した。そして1228年、島の所有者であるヤコポ・ミキエル (Jacopo Michiel) は、聖フランチェスコの小教会を建てた。これは聖フランチェスコを奉献した世界初の教会であった。1233年3月4日、J・ミキエルは、ヴェネツィアのフラーリ修道院のフランチェスコ会修道士たちに島を寄贈した。この時、修道院が建てられた。そして1420～1453年、ラグーナの気候が悪化したため、修道士たちは島を離れた。おそらく伝染病が流行したと考えられる。島が「無人 (deserto)」になったため、「サン・フランチェスコ・デル・デゼルト (S. Francesco del Deserto)」の名前が付いた。1453年、ピオ2世 (Pio II) は勅令でフランチェスコ会修道士に島を譲った。教会は修復され、修道院にはルネサンス様式の回廊がつくられた。1594年、クレメンテ8世はフランチェスコ会の修道士をサン・フランチェスコ・デル・デゼルトに送り、修道院は1806年まで続いた。G. Piamonte, *op.cit.*, pp. 66-67.

*129　サント・スピリトに関して最も古い史料は1140年に遡る。サンタゴスティーノ (S. Agostino) の規律のもとでカノニチ・レゴラリ (Canonici Regolari) の活動拠点となる。1380年に修道士が島から追い出される。1409～1424年、キオッジア戦争で分散したブロンドロ (Blondolo) のシトー会のサンティ・トリニタ修道士を受け入れた。1430年、ラッザレット・ヴェッキオにいた隠修士を受け入れる。その後、パドヴァの教区に移住する。そして、フランチェスコ会の修道士を受け入れ、1806年まで島に残った。この年、ヴェネツィアのサン・ジョッベ (S. Giobbe) 修道院に移る。現在は廃墟である。*Ibid.*, pp. 116-117.

*130　1810年に修道院は廃止され、小さな兵舎として利用された。*Ibid.*, pp. 29-30.

*131　V. Favero, R. Parolini, M. Scattolin (a cura di), *op.cit.*, p. 66.

*132　第二次世界大戦後、数世帯の住居に使用され、1975年には廃墟となった。G. Piamonte, *op.cit.*, p. 65.

*133　L・コルフェライ、前掲書、p. 119。

*134　このチェルトーザという名前は、1422年に受け入れたチェルトゥジオ修道会 (Certosino) に由来する。フランスのチェルトゥジオ修道会の創設者の名前であるサン・ブルーノ (S. Bruno) 島と呼ばれたが、一般的にはチェルトーザ島と呼ばれるようになったという。G. Piamonte, *op.cit.*, pp. 72-73.

*135　その昔、島は「ビニオラ (Biniola)」または「7つのブドウ畑 (sette vigne)」と呼ばれていた。7世紀、トルチェッロのふたりの行政官は、ヴィニョーレにサン・ジョヴァンニ・バッティスタ (S. Giovanni Battista) とサン・ジュスティーナ (S. Giustina) の鐘楼のある小さな教会を建設した。アルティーノの住民が贅沢な別荘 (villa) を建設したといわれており、サンテラズモのように、別荘が建ち、週末を穏やかな環境のなかで過ごした。*Ibid.*, pp. 70-71.

*136　1146年、P・ガッティレッソが島に教会と聖地に向かう巡礼者用の施設を建設した。施設はグラードの総大司教に管轄された。1160年ごろ、サン・クレメンテの施設は修道院に転用され、サンタゴスティーノ (S. Agostino) のカノニチ・レゴラリ (Canonici Regolari) に管轄された。1432年にカノニチ会は、修道院長だけになり、ヴェネツィアのカリタ修道院に統合された。この時、聖アントニオの遺体も移された。聖アントニオは、アレクサンドリアで聖マルコの弟子となり、1288年からサン・クレメンテで崇拝されていた。遺体はヴェネツィアに移されたが、島は廃墟にはならなかった。カリタの修道者が、精神的な隠居場所として、また休息の場所としてサン・クレメンテの教会や修道院を修復していたためである。この期間、ロマネスク様式の教会はルネサンスのロンバルド様式を加えた。*Ibid.*, pp. 111-112.

*137　後にマントヴァの大使はサン・クレメンテで亡くなった。*Ibid.*, pp. 112-113.

*138　伝染病はおさまり、島の建物は崩れ住めない状況になった。1645年、カマルドリ会修道士のアンドレア・モチェニゴ (Andrea Mocenigo) が島を獲得した。教会を修復し、隠修士の住居に修道院を転用した。隠修士たちはナポレオン支配までサン・クレメンテにとどまった。その後、隠修士は火薬の仕事に就かされた。*Ibid.*, p. 113.

* 139　Ibid.
* 140　A. Colamussi, op.cit., p. 38.
* 141　G. Piamonte, op.cit., p. 114.
* 142　Ibid.
* 143　1921年にネオ・ロマネスク様式の教会が建設され、1923年に別棟が建設された。1927年、ヴェネツィア市は国の法人（後のINPS）に島を譲り、300人入院できる新たな病院建設を委ねた。そして1931年、コンクリート造でシンメトリーの病棟が建設され、440人入院することができた。1936年、ヴィットリオ・エマヌエレ3世王によって病院（ospedale pneumologico De Giovanni）が開業された。現代建築の構造で、大きな公園や映画館のある職場クラブ（dopolavoro）、給水塔など施設に必要なものすべてが備えられた。1942年に個人の建物が建てられるが、古い病院の機能もまだ備えていた。1979年、隔離病院はゆっくりと姿を消していく。1981年に島の所有者はヴェネツィア市となる。1992年にヴェネツィア市議会は、島を海洋科学技術の研究を展開している Associazione Venice International Center for Marine Sciences of Technologies に委ねた。A. Colamussi, op.cit., p. 34.
* 144　G. Piamonte, op.cit., p. 115.
* 145　10世紀終わりにサン・ジョルジョ修道院は「ラ・カヴァネッラ（La Cavanella）」というバレーナの区画を所有する。1264年、このバレーナに宿泊施設が建設された。カ・ディ・ディオに属し、聖地に向かう巡礼者用の施設として使われた。修道会は宿泊施設を修道院に転用し、教会を建設した。この時、ヴェネツィアの船乗りは聖母マリアの図像をコスタンティノープルからヴェネツィアに移した。この図像はサン・ルカの作品と考えられており、この教会に置かれた。この時から、島はカヴァネッラの名前をサンタ・マリア・デッレ・グラツィエに変え、その後短縮して「ラ・グラツィア」となった。Ibid., pp. 108-109.
* 146　Ibid., p. 110.
* 147　Ibid.
* 148　Francesco Ogliari, Achille Rastelli, Navi in città: Storia del trasporto urbano nella Laguna Veneta e nel circostante territorio, Milano: Cavallottieditori, 1988, p. 124.
* 149　Ibid. p. 142.
* 150　Ibid., p. 143.
* 151　Luciano Filippi, Vecchie immagini di Venezia, Vol.3, Venezia: Filippi, 1993, p. 187.
* 152　Ibid., p. 203.
* 153　Ibid, p. 195.
* 154　Ibid, p. 211.
* 155　Horatoi F. Brown, Life on The Lagoons, London: Ricingtons, 1900. 初版は1884年にロンドンで出版され、改訂版第2版は1894年に出版され、その後1900年、1904年、1909年に出版された。
* 156　Londale Ragg, B.D., Things seen in Venice, New York: E.P.Dutton and Campany, 1912.
* 157　Pompeo Molmenti, Venice, London: The Medici Society, 1926.
* 158　G. Piamonte, op.cit., p. 22.
* 159　A.S.Ve., Santa Maria degli Anzoli, b.32.
* 160　D.Calabi, L.Galeazzo(a cura di), op.cit., p.150.
* 161　Michela Scibilia, Nicolò Scibilia, Guida completa all'isola di Murano, Treviso: Vianello Libri, 2007, p. 17.
* 162　G. Piamonte, op.cit., p. 22.
* 163　1602年にMaggior Consiglioは縮小され、この時「libro d'ori muranese（ムラーノの登録簿）」に記載されたのは171家族である。そのうえ、公務と財政をポデスタと一緒に対応するために、ヴェネツィア貴族から毎年25人選ばれ、小評議会（consiglio minore）を構成した。G. Piamonte, op.cit., p. 22.
* 164　M. Scibilia, N. Scibilia, op.cit., p. 19.
* 165　Ibid., p. 17.
* 166　Aldino Bodesan, Giovanni Caniato, Francesco Vallerani, Michele Zanetti (a cura di), Il Piave, Sommacampagna: Cierre edizioni, p. 320.
* 167　G. Piamonte, op.cit., p. 26.
* 168　M. Scibilia, N. Scibilia, op.cit., p. 25.

*169　陣内秀信『ヴェネツィア――都市のコンテクストを読む』前掲、p. 25。
*170　同前書、p. 27。
*171　ガラス工場で外国人も働いていたという。M. Scibilia, N. Scibilia, *op.cit.*, p. 19.
*172　M. Scibilia, N. Scibilia, *op.cit.*, p. 18.
*173　G. Piamonte, *op.cit.*, p. 28
*174　アカデミーの代表として Accademia dei Vigilanti, Accademia dei Generosi, Acccademia degli Angustiati があげられており、作家のピエトロ・ベンボ（Pietro Bembo、1470-1574）、ジョヴァンニ・デッラ・カーザ（Giovanni della Casa、1503-1556）、編集者（editore）のアルド・マウリツィオ（Aldo Manuzio、1450-1515）を輩出している。M. Scibilia, N. Scibilia, *op.cit.*, p. 18.
*175　オセッレはサント・ステファノ（S. Srefano）教会において、同聖人の日に与えられた。マリン・サヌート（Marin Sanudo、1466-1536）によると、「オセッロ（osello）」の語源は鳥を意味する「ウチェッロ（ucello）」であるという。*Ibid.*
*176　*Ibid.*, p. 19. ガラス博物館の公式の歴史によると、トルチェッロの司教は 1689年にはパラッツォ・ジュスティニアン（Palazzo Giustinian）に住み、1805年まで続いていたという。このパラッツォは 1840年にムラーノ市に購入され、1861年にガラスの博物館および文書館の最初の核がつくられた。そして現在ガラス博物館として利用されている。
*177　Comune censuario di Murano, Censo stabile, Mappe napoleoniche, mappa11. Particolare dell'isola di Murano, nn. 171, 269, 278, 349, 398, 410, 437, 455.
*178　表通りに面した住宅は、賃貸と所有者の住まいと両方のタイプがある。
*179　サンティ・コルネリオ・エ・チプリアノは、1507～1817年の間、Abbazia Benedettina di S. Cipriano で、総大司教の神学校（Seminario patriarcale）の拠点だった。サンタ・マリア・デリ・アンジェリ教会は 12世紀に創建され、ロンバルディア様式に再建された。正面の部分は 16世紀に女子修道院に使われ、後にラッザレットとして使われた。G. Piamonte, *op.cit.*, p. 26.
*180　1826年に、ガラス製造業者である Fratelli Marietti Milan に購入された。現在、サンタ・キアラ教会を店として構える Ex Chiesa Santa Chiara Murano の HP。
http://www.experiencemuranoglass.com/
*181　隣接するアウグスティノ女子修道院は、現在集合住宅として使用されている。建物の正面には、十字架が刻まれており、かつての修道院の痕跡を確認できる。
*182　Comune di Venezia, *Venezia città industriale: gli insediamenti produttivi del 19 secolo*, Venezia: Marsilio Editori, 1980, p. 46.
*183　*Ibid.*
*184　F. Ogliari, A. Rastelli, *op.cit.*, p. 183.
*185　Comune di Venezia, *Venezia città industriale: gli insediamenti produttivi del 19 secolo*, op.cit., p. 47.
*186　G. Caniato et al. (a cura di), *La Laguna di Venezia*, op.cit., p. 424.
*187　L. Filippi, *Vecchie immagini di Venezia*, op.cit., 1993, p. 188.
*188　M. Scibilia, N. Scibilia, *op.cit.*, p. 19.
*189　*Ibid.*, p. 91.
*190　F.lli Barovier を創業し、第一次世界大戦後に社名を Vetreria Artisatica Barovier&C に改名した。バロヴィエル＆トーゾの HP。https://www.barovier.com/
*191　Comune di Venezia, *Venezia città industriale: gli insediamenti produttivi del 19 secolo*, op.cit., p. 54.
*192　ライモンド・フランケッティ（Raimondo Franchetti）が 19世紀にムラーノのガラス会社を所有し、一般的に使用するガラス食器を生産した。そして 1905年にライモンド・フランケッティが死去すると、ガラス会社はクリスタッレリエ・エ・ヴェトレリエ・リウニテ社（Società Cristallerie e Vetrerie Riunite）の一部になり、1919年にはクリスタッレリア・ムラーノになった。1923年には、生産量を増やすためムラーノに 4000㎡の建物を建設し、理化学用ガラスの製品のためにトレビリオ（Treviglio）に新たな施設を建設した。ふたつの施設を合わせて 1200人が働いていた。しかし 1940年代の終わりには プラスチック産業との競争により重大な危機に直面し、1960年に工場を閉鎖した。Zecchin Sandro, Zaniol Vettore, *La cristalleria Franchetti a Murano*, Padova: Il Prato, 2011.
*193　M. Scibilia, N. Scibilia, *op.cit.*, p. 19.

* 194　Comune di Venezia, *Venezia città industriale: gli insediamenti produttivi del 19 secolo*, op.cit., p. 50.
* 195　1929年に創業されたFERRO EUGENIO & COの工場では、芸術的ガラス製品やヴェネツィア風のランプを製造していた。E・フェッロの失脚後、1947年から社名はFERRO & LAZZARINI S.R.L.になった。2001年からE・フェッロの直系の子孫であるダリオ・フェッロ（Dario Ferro）に引き継がれた。http://www.ferrolazzarini.it/
* 196　Giorgio e Maurizio Crovato, *Isole abbandonate della laguna: com'erano e come sono*, Padova: Liviana, 1979.
* 197　Giorgio e Maurizio Crovato, *Isole abbandonate della laguna: com'erano e come sono*, Venezia: S. Marco Press, 2008.
* 198　ルドヴィカ・ガレアッツォ（Ludovica Galeazzo）、特別講演「ヴェネツィア——水と食文化」2015年度都市史学会大会、2015年12月13日開催。

4　リドの開発史

* 199　Giorgio e Patrizia Pecorai, *Lido di Venezia, oggi e nella storia*, Venezia: edizioni Atiesse, 2007, p. 362.
* 200　E. Canal, *op.cit.*
* 201　Giorgio e Patrizia Pecorai, *op.cit.*, 2007, p. 12.
* 202　G. Piamonte, *op.cit.*, p. 82.
* 203　Giorgio e Patrizia Pecorai, *op.cit.*, 2007, p. 10.
* 204　Roswitha Asche, Gianfranco Bettega, Ugo Pistoia, *Un fiume di legno: fluitazione del legname dal Trentino a Venezia*, Scarmagno: Priuli & Verlucca, 2010, p. 71.
* 205　Giorgio e Patrizia Pecorai, *op.cit.*, 2007, p. 10.
* 206　R. Asche, G. Bettega, U. Pistoia, *op.cit.*, p. 71.
なお、サン・ニコロについては樋渡ほか編『ヴェネツィアのテリトーリオ』pp. 292-293を引用している。
* 207　Giorgio e Patrizia Pecorai, *op.cit.*, 2007, p. 46.
* 208　アルヴィーゼ・ゾルジ、前掲書、p. 28。
* 209　Giorgio e Patrizia Pecorai, *op.cit.*, 2007, p. 46.
* 210　1346年の手写本に挿し込まれた地図で、18世紀にT・テマンツァによって描き写されたもの。12世紀の状態を示すとされている。
* 211　Pianta prospettica della città delle lagune disegnata da Benedetto bordone per il suo 《Isolario》, venezia, 1528.
* 212　Domenico Gallo, Nicolò Dal Cortivo, Striscia di litorale da San Nicolò al porto e a San Pietro in Volta, 1559. A.S.Ve., *S.E.A.*, Lidi, rotolo 83, dis. 5.
* 213　1770年までベネディクト修道会によって使われた。1770年、共和国の命により修道院は廃止され、12人の修道士はほかの修道院に加わるよう義務付けられた。サン・ニコロのベネディクト修道士はサン・ジョルジョ・マッジョーレの修道院に移った。その後、サン・ニコロ修道院の建物は1926年まで兵舎（caserma）として使用され、1926年に福祉や教育（assistenziali ed educative）の施設として、フランチェスコ修道会の司教（Padri Francescani）によって再開された。G. Piamonte, *op.cit.*, 1975, p. 84. 1770年前後、共和国は財政難が続いていたことから、このような措置がとられていたという。1767～1773年、ヴェネツィア共和国の領土全体にある修道院を集中し、規制し、廃止するために上院（Senato）は審議を続けていた。Umberto Franzoi, Dina Di Stefano, *Le chiese di Venezia*, Venezia: Fantonigrafica, 1976, p. XXV.
* 214　陣内秀信『ヴェネツィア——水上の迷宮都市』前掲、p. 100。
* 215　Giorgio e Patrizia Pecorai, *op.cit.*, 2007, p. 76.
* 216　1516年からヴェネツィア本島のカンナレージョ地区にユダヤ人居住区が定められる。ユダヤ人の居住区に関してはドナテッラ・カラビ（Donatella Calabi）によって研究がなされている。Ennio Concina, Ugo Camerino, Donatella Calabi, *La città degli ebrei, il Getto di Venezia: architettura e urbanistica*, Venezia: Albrizzi editore, 1991 ほか多数。
* 217　Giorgio e Patrizia Pecorai, *op.cit.*, 2007, p. 76.

*218　*Mappa del Catasto napoleonico, Comune Censuario di Malamocco.*
*219　Giorgio e Patrizia Pecorai, *op.cit.*, 2007, p. 240.
*220　A.S.Ve., *Disegno di Giulio Zuliani, 1794, maggio 1*, *S.E.A.*, b.77, dis.1.
*221　陣内秀信『迷宮都市ヴェネツィアを歩く』角川書店、2004年、p. 217。
*222　A.S.Ve., *S.E.A.*, Relazioni, b. 59, dis. 8.
*223　*Mappa del Catasto napoleonico, Comune Censuario di Malamocco.*
*224　*Ibid.*, nn. 633-635, 645, 652, 653, 663, 725 などがあげられる。
*225　A.S.Ve., *S.E.A.*, Relazioni, b. 59, dis. 8.
*226　A.S.Ve., *S.E.A.*, b. 77, dis. 1.
*227　*Mappa del Catasto napoleonico, Comune Censuario di Malamocco*, nn. 612-615.
*228　Giorgio e Patrizia Pecorai, *op.cit.*, 2007, p. 234.
*229　当時、雨水を利用した井戸はラグーナの広がるグラードですでに行われていた。その方法でリドにも井戸を建設可能か検証するため、1796年の夏、共和国のラグーナおよびリド監督官（Provveditore alle lagune e ai Lidi）はフェッレッティ（Ferretti）とダンドロ（Dandolo）というふたりの技術者を島に呼び、サン・ニコロの貯水槽（pozzo）に連れて行った。その場所では、わずか70cm掘っただけで飲料用の良質な水が得られたのである。そのため、水を得ることはヴェネツィア本島内よりもずっと簡単だった。*Ibid.*
*230　Giorgio Pecorai (a cura di), *Lido di oggi, Lido di allora*, Venezia: Edizioni Atiesse, 1987, p. 22.
*231　Giorgio e Patrizia Pecorai, *op.cit.*, 2007, p. 234.
*232　*Ibid.*, p. 48.
*233　市議会録、*Sunto storico alfabetico e cronologico delle deliberazioni emesse dal consiglio municipale di Venezia dal 1808 a tutto il 1866 premessivi alcuni ragguagli documentati sulla caduta della Repubblica e sulle discipline civili e amministrative attuate dal 1798 a tutto il 1807, Venezia 1871*, p. 429, 29 agosto 1853.
*234　Nelli-Elena Vanzan Marchini, *Venezia: I piaceri dell'acqua*, Venezia: Arsenale, 1997, p. 77.
*235　Bagni, nuovi progetti di Stabilimenti, Archivio Strico Comunale di Venezia（ヴェネツィア市文書館、以下 A.S.C.V. と略す）, 1855-59, IX/3/6, 16 giugno 1855.
*236　N. Vanzan Marchini, *Venezia: I piaceri dell'acqua*, op.cit., p. 77.
*237　Guido Zucconi (a cura di), *La grande Venezia: una metropoli incompiuta tra Otto e Novecento*, Venezia: Marsilio Editori, 2002, p. 175.
*238　N. Vanzan Marchini, *Venezia: I piaceri dell'acqua*, op.cit., p. 77.
*239　A.S.C.V., 1870-74, IX/1/39, prot.51821.
*240　PIERS 研究会『英国 Piers 調査報告書 2013』、PIERS 研究会、2013年。
*241　Giorgio e Patrizia Pecorai, *op.cit.*, pp. 156-157. この施設の敷地は、ドイツの都市のブラウンシュワイクの公爵（duca di Brunswick）の所有である。G. Zucconi (a cura di), *op.cit.*, p. 175.
*242　新聞（Gazetta）、1857年6月27日。
*243　海水浴場を自由に開放するだけでなく、水泳のレッスンも行われていた。レッスンは2クラスに分けられており、クラスによって値段も違う。料金は1回、12回、期間中全体をカバーする設定である。リーヴァ・デリ・スキアヴォーニからサンタ・マリア・エリザベッタまでの手漕ぎ舟による運賃料金は、漕ぎ手4人の乗客16人乗りで、片道ひとり当たり25セントであった。Gazetta、1857年6月27日。
*244　7:00〜22:30時まで輸送サービスを行い、リーヴァ・デリ・スキアヴォーニに建つホテル・ダニエリの前から毎時、サンタ・マリア・エリザベッタから毎30分の出発であった。この蒸気船は軍事用の Alnoch 号がリドの海水浴客用として譲渡されたものである。A.S.C.V., 1855-59, IX/10/8.
*245　A.S.C.V., 1855-59, IX/10/7.
*246　G. Zucconi (a cura di), *op.cit.*, p. 175.
*247　もともとはサン・ニコロ修道院がもっていた広大な土地であったが、1770年、サン・ニコロ修道院は廃止され、修道院の土地や資産は共和国に没収された。1858年には、その広大な土地をアルメニア人のメキタル会（Reverendi Padri Armeni Mechitaristi）が所有しており、1904年まで続いた。Giorgio e Patrizia Pecorai, *op.cit.*, 2007, p. 62.
*248　史料には、congregazione mechitarista Armena と記載している。A.S.C.V., 1855-59, IX/10/6.
*249　N. Vanzan Marchini, *Venezia: I piaceri dell'acqua*, op.cit., p. 78.

*250　*Ibid.*, pp. 78-79.
*251　*Ibid.*, p. 81.
*252　A.S.C.V., 1865-69, IV/9/5.
*253　A.S.C.V., 1865-69, XI/8/11.
*254　*Ibid.*
*255　1868年、乗客80人乗りのスクリュータイプのサン・マルコ号が造船された。これはスウェーデン人テオドロ・ハッセルクィスト（Teodoro Hasselquist）がヴェネツィアに戻り、ニヴィッレ社と協力して造船した蒸気船である。F. Ogliari, A. Rastelli, *op.cit.*, p. 124.
*256　N. Vanzan Marchini, *Venezia: I piaceri dell'acqua*, op.cit., p. 82.
*257　Giorgio Pecorai, *Appunti per una storia del Lido 1797-1912*, Venezia: Tipografia Commerciale Venezia, 1983.
*258　N. Vanzan Marchini, *Venezia: I piaceri dell'acqua*, op.cit., p. 90.
*259　Achille Talenti, *Come si crea una città: Il Lido di Venezia*, Padova, 1922., p. 13.
*260　1921年にオスピツィオ・マリーノはファヴォリータに移転し、その後オスペダーレ・アル・マーレ（Ospedale al mare）になった。G. Zucconi (a cura di), *op.cit.*, p. 185. オスピツィオ・マリーノには結核などの患者が収容されており、ホテル・エクセルシオールにとっては厄介な存在であった。そのため、ホテルから遠く離れた地域が選ばれた。Michele Casarin, Giancarlo Scarpari, *Piazzale Roma, Il Lido di Venezia*, Padova: Il Poligrafo, 2005, p.54.
*261　G. Zucconi (a cura di), *op.cit.*, p. 178.
*262　リドのサンタ・マリア・エリザベッタから浜辺に導くヴェネツィア市所有の道路（strada di proprietà del Comune di Venezia conducente da S. M. Elisabetta del Lido alla Spiaggia del mare）に関する公共事業の史料、A.S.C.V., 1870-74, IX/1/39.
*263　*Mappa del Catasto napoleonico, Comune Censuario di Malamocco*, nn. 663, 668.
*264　A.S.C.V., 1870-74, IX/1/39, prod 51821.
*265　A・ジェノヴェージは少なくとも1869〜1895年の間、カンピ（Campi）と共同でダニエリの所有者である。1869年からリーヴァ・デリ・スキアヴォーニに立地するホテル（Biau Rivage et Pension）の所有者でもあり、1895年にはカンピと共同の所有となっている。Elena Pradella, *Pianeta Venezia sette secoli per l'ospitalità*, Venezia: Grafiche Veneziane, 1997, pp. 96-100.
*266　G. Zucconi (a cura di), *op.cit.*, p. 180.
*267　*Ibid.*
*268　Giorgio e Patrizia Pecorai, *op.cit.*, 2007, p. 152.
*269　G. Zucconi (a cura di), *op.cit.*, p. 178.
*270　*Ibid.*, pp. 177-178.
*271　Giorgio e Patrizia Pecorai, *op.cit.*, 2007, p. 148.
*272　G. Zucconi (a cura di), *op.cit.*, pp. 180-183.
*273　Giorgio e Patrizia Pecorai, *op.cit.*, 2007, p. 62.
*274　G. Zucconi (a cura di), *op.cit.*, p. 178.
*275　A. Talenti, *op.cit.*, p. 17.
*276　*Ibid.*, p. 44.
*277　G. Zucconi (a cura di), *op.cit.*, p. 183.
*278　A. Talenti, *op.cit.*, pp. 70-72.
*279　1904年、軍政府（Amministrazione minlitare）はリドに関する管轄権をヴェネツィア市へ譲渡した。F. Ogliari, A. Rastelli, *op.cit.*, p. 256.
*280　1922年には同代表取締役（Amministratore Delegato）。A. Talenti, *op.cit.*, p. 70.
*281　*Ibid.*
*282　1877（ヴェネツィア）〜1947年（ローマ）。企業家、金融家、政治家。ヴェネツィアの電気公社の創立者で、マルゲーラ港のプロジェクトを進めた人物。後にムッソリーニ政府の財務大臣を務めた。1934〜1943年、産業総連盟長（Presidente di Confindustria）。
*283　1900年、グループ会社（The Venice Hotels Limited）には、ホテル・ダニエリやグランド・ホテルのほかに Beau Rivage et Pension（後の Londra Palace）、Città di Roma（後の Regina）、Vittoria のホテルが加盟し

ていた。E. Pradella, *op.cit*., pp. 96-101.
* 284　Giorgio e Patrizia Pecorai, *op.cit*., 2007, p. 274.
* 285　ヴェネツィア市技術長はホテル・エクセルシオールの正面に、大衆向けの海水浴場（Bagno popolare）プロジェクトを提案した。また、1908年には30,000㎡の公園を整備した。G. Zucconi (a cura di), *op.cit*., p. 177.
* 286　*Ibid*., p. 183.
* 287　市はホテル建設を認める一方で、ラグーナ側の地区をすべて無償で譲渡するよう、N・スパーダに義務付けた。*Ibid*.
* 288　A. Talenti, *op.cit*., pp. 82-84.
* 289　G. Zucconi (a cura di), *op.cit*., p. 177.
* 290　Villa Calzavara（1903年建設）、Villa Stockhausen（1903年建設、ジョヴァンニ・サルディの設計、コンポジット式、後に C.I.G.A. によって所有さされ Villa Regina に名称を変える）、Villa Monplaisir（1905-6年建設、リバティ様式）、Villa Chiara（1906-10年建設、ジョヴァンニ・サルディの設計、ネオルネサンス様式）などがあげられる。Giorgio e Patrizia Pecorai, *op.cit*., pp. 112-113.
* 291　Giorgio Bellavitis, Giandomenico Romanelli, *Le città nella storia d'Italia: Venezia*, Bari: Laterza, p. 222.
* 292　G. Zucconi (a cura di), *op.cit*., pp. 183-185.
* 293　フランソワーズ・ショエ著、彦坂裕訳『近代都市――19世紀のプランニング』井上書院、1983年、pp. 67-78。
* 294　G. Zucconi (a cura di), *op.cit*., p. 183.
* 295　*Ibid*., p. 185.
* 296　*Ibid*.
* 297　審査委員を次にあげる。Ing. Giovanni Bordiga, presidente del R. Istituto di Belle Arti di Venezia: arch. Manfredo Manfredi: Ugo Ometti: ing. Fulgenzio Setti, ing. Capo del Comune di Venezia: prof. Augusto Sezanne, pittore: avv. Ettore sorger: comm. Nicolò Spada. Giorgio e Patrizia Pecorai, *op.cit*., 2007, p. 185.
* 298　*Ibid*., pp. 170-171.
* 299　*Ibid*., p. 180.
* 300　G. Zucconi (a cura di), *op.cit*., p. 185.
* 301　*Ibid*.
* 302　ファヴォリータは、リド水浴会社のメンバーが設立したリド建築土地利用株式会社（S.A.L.U.T.E.）の所有だったが、後に大ホテルイタリア会社の所有になった。pp. 183-185.
* 303　ヴェネツィア市文書館の建設許可の史料から1911年に46の許可が下り、1925年には115、1930年代には62の申請に減少したという。1905年に台帳に登録された住民は2,000人で、1914年には17,000人に達していた。*Ibid*., p. 185.
* 304　島で多かった蚊の発生を抑えるべく、当時キューバやエジプトなど国内外で行われていた事例を研究した。医師のメンバーで構成された委員会を立ち上げ、1914年に沈殿物を含む淀んだ水の石油化（petrolizzazione）を実施し、蚊を島全土から減らしたという。A. Talenti, *op.cit*., pp. 135-136.
* 305　M. Casarin, G. Scarpari, *op.cit*., p. 55.
* 306　*Ibid*., p. 56.
* 307　*Ibid*., pp. 54-56.
* 308　*Ibid*., pp. 56-57.
* 309　*Ibid*., p. 57.
* 310　パオロ・ニコローゾ著、桑木野幸司訳『建築家ムッソリーニ――独裁者が夢見たファシズムの都市』白水社、2010年、pp. 245-246。
* 311　ヴェネツィアのファシズム建築として、ヴェネツィア本島の北西端に建設された鉄道駅があげられる。

5　ラグーナ周辺の開発

*312　マルゲーラ (Marghera) は、ヴェネツィア方言で「マル・ゲ・ジェーラ (mar ghe gera)」という、「かつて海が存在した (mare che c'era)」ことを意味する言葉から来ている。
*313　G. Zucconi (a cura di), *op.cit*., p. 20.
*314　V. Favero, R. Parolini, M. Scattolin (a cura di), *op.cit*., p. 66.
*315　G. Zucconi (a cura di), *op.cit*., p. 43.
*316　E. Luzzatto, L. Marangoni, M. Oreffice, *Progetto di massima per una nuova stazione marittima per la città di Venezia*, Venezia, 1905. 1887年の地図を使用し、作成したもの。
*317　Antonio Salvadori, *Venezia protesa verso il mare: Il porto, le zone industriali e i nuovi quartieri secondo i concetti dell'autore*, Venezia, 1917.
*318　アルセナーレは1880年に (80〜90)m×(120〜125)m の敷地を完成させ、大型の船舶が入港できるようドックを広げ、19世紀末には整備が完成していた。Ambra Dina (a cura di), *La rinascita dell'Arsenale: La la fabbrica che si trasforma Venezia*, Venezia: Marsilio Editori, 2004, p. 85.
*319　G. Zucconi (a cura di), *op.cit*., p. 21.
*320　この地区は緑地と住宅をセットで考えるチッタ・ジャルディーノ計画である。工業地帯に隣接するため、緑地を増やし、快適な環境を設計したと考えられる。現在この地区は特別地区として扱われ、チッタ・ジャルディーノ調整計画 (V.P.R.G. per Marghera città Giardino) が施行されている。Comune di Venezia.
*321　Vito Favero et al., *op.cit*., p. 72.
*322　G. Zucconi (a cura di), *op.cit*., p. 21.
*323　F. Ogliari, A. Rastelli, *op.cit*., p. 326.
*324　Franca Cosmai, Stefano Sorteni, *L'ingegneria civile a Venezia: Istituzioni, uomini, professioni da Napoleone al fascismo*, Venezia: Marsilio Editori, 2001, p. 114.
*325　*Ibid*.
*326　Leonardo Benevolo (a cura di), *Venezia: Il nuovo piano urbanistico*, Bari: Laterza, 1996.

6　ヴァッレ・ダ・ペスカ

*327　A. Fabris, *op.cit*.
*328　1514、1537、1566、1582、1660、1711、1740年に行われた国税調査の史料を用いてヴァッレ・フィゲーリ以前からこの辺りの土地の所有者を明らかにしている。1502年にリアルトの火事により書類が消失したため、16世紀はじめまでは遡ることができる。A. Fabris, *op.cit*., p. 39.
*329　Claudio Grandis, Giampaolo Rallo, Pier Giorgio Tiozzo Gobetto, *Le valli: storie e immagini tra Chioggia e Saccisica*, Venezia: Peruzzo, 2009.
*330　海事行政官はトリブーノ・ディ・マリッティミ (Tribuno di Marittimi) のことである。アルヴィーゼ・ゾルジ、前掲書。
*331　Paolo Rosa Salva, Sergio Sartori, *Laguna e pesca: storia, tradizioni e prospettive*, Venezia: Arsenale, 1979, p. 11.
*332　イタリア語ではペスケリア (pescheria) という。
*333　A. Fabris, *op.cit*., p. 13.
*334　*Ibid*.
*335　*Ibid*., p. 27.
*336　E. Canal, *op.cit*.
*337　「テッツェ (Tezze)」の名前は「動物小屋 (スタッラ、stalla)」に由来する。A. Fabris, *op.cit*., p. 25.
*338　「コルニオ (Cornio)」の名前は落葉高木の「水木 (コルニオロ、corniolo)」から来ている。*Ibid*.
*339　*Ibid*., p. 26.
*340　*Ibid*., p. 27.

*341　*Ibid.*, p. 28.

*342　1472年、ヴェネツィア共和国は半分をリミニのマラテスタ（Maratesta）家に与えた。その後、所有はマラテスタ家からヴェネツィアのダンドロ家に移った。18世紀までヴェネツィアの貴族が所有し、1797年の共和国崩壊後、土地の所有権は中産階級に渡った。*Ibid.*, p. 139.

*343　1556年と現在の表記の異なる名称もある。たとえば1556年の地図には「Lazaretonovo」と表記されているのに対し、現在は「Lazzaretto Nuovo」と表記される。ムラーノの場合、1556年には「Muran」と記載されるが、現在では「Murano」と記載される。

*344　P. Rosa Salva, S. Sartori, *op.cit.*, pp. 11-12.

*345　地図によっては「Rossina」あるいは「Roxina」と記載されているものもある。

*346　P. Rosa Salva, S. Sartori, *op.cit.*, p. 12.

*347　*Ibid.*, p. 11.

*348　A. Fabris, *op.cit.*, p. 78.

*349　*Ibid.*, p. 48.

*350　*Ibid.*, pp. 48-49.

*351　*Ibid.*, p. 49.

*352　*Ibid.*, p. 140.

*353　ヴェネツィア共和国はヴァッレ・ダ・ペスカの借地人に土手や水路つくる任務を課した。また柵や護岸の補修は住人が行わなければならなかった。費用は後に政府から返金された。

*354　モロジーナは Morsine と表記されている。A. Fabris, *op.cit.*, p. 88.

*355　*Ibid.*, pp. 52-53.

*356　*Ibid.*, p. 53. 杭を打つ場合は、最低15cm（0.5 piede、1piedi ≒ 30cm）の間隔をあけなければならなかった。また18世紀はじめごろは7月からクリスマスまで柵の囲い込みが認められた。ヴァッレ・フィゲーリでは、この時の賃貸契約料が漁業に 90 ducati、狩猟に 60 ducati であった。*Ibid.*, p. 55.

*357　*Ibid.*, p. 14.

*358　*Ibid.*, p. 88.

*359　フィゲーリ（Figheri）の名前は「イチジクの木（フィカイア、ficaia）」に由来する。*Ibid.*, p. 25.

*360　*Ibid.*, pp. 52-54.

*361　*Ibid.*, p. 139.

*362　*Ibid.*, p. 64.

*363　*Ibid.*

*364　*Ibid.*, p. 65.

*365　*Ibid.*

*366　ヴァッレ・ダ・ペスカの構造については C. Grandis, G. Rallo, P. G. Tiozzo Gobetto, *op.cit.*, pp. 68-84を参照。

*367　G・ラッロ氏からのヒアリングによる。

*368　ヴァッレ・モロジーナとヴァッレ・ゲッポ・ストルトを案内してくれたジルベルト・ベルトンチェッロ（Gilberto Bertoncello）氏からのヒアリングによる。

*369　タイ、スズキ、ボラは成長に3年必要。*Ibid.*

*370　*Ibid.*

*371　「カッチャ（caccia）」はイタリア語で「狩り」という意味である。

*372　漁業は大変な重労働と考えられ、一方で狩りは優雅で特権階級のものであった。共和国の総督も狩りを楽しんでいた。A. Fabris, *op.cit.*, p. 98.
　　　狩りのシーズンである9月末から2月にかけて、その当時の所有者である貴族や中産階級などが狩りをしにヴァッレ・ダ・ペスカを訪れた。G・ベルトンチェッロ氏からのヒアリングによる。
　　　19世紀はじめごろ、狩りのシーズンである11月15日から3月15日まで漁業は制限されていた。魚を驚かさないよう、舟を漕ぐ櫂で水面をたたくことが禁止されていた。網や小石の方に向かうことも禁止された。魚を捕る時間は夕日から夜明けの2時間前まで許可された。狩りの認められている期間中は水面やバレーナに道具を置きっ放しにしてはいけなかった。このような漁業と狩猟のバランスを保つような取り決めがあった。A. Fabris, *op.cit.*, p. 103.

*373　Ecomuseo Millecampi. 現在、カゾーネ・デッレ・サッケはパドヴァ県の所有でカゾーネの歴史を展示す

る場所として利用されている。敷地の一部をスポーツ・クラブが借りており、カヤックを使ってヴァッレ・ミッレカンピの周遊を楽しむ場所として利用している。ここでは、一般の人にもカヤックの貸し出しが行われている。来場者数は5年間で8,000人にのぼり、とくに5～6月に集中する。それは、ヴェネツィアで行われる国籍問わず参加できる舟のイベント、「ヴォガロンガ」に参加する人たちがついでに寄るからである。スポーツ・クラブの責任者フリゾ・アドリアン（Friso Adrian）氏からのヒアリングによる。

*374　カゾーネ・ザッパには、1877～1921年に行われた狩りのうち、上位12位までの記録が刻まれた石盤が飾られている。その時の所有者は薬屋のコンテ・エ・アッリゴーニ（Conte E. Arrigoni）である。ヴァッレ・ザッパにはサッカーのイタリア代表で活躍したロベルト・バッジョ（Roberto Baggio）もここで狩りをしに訪れたことがあるという。現在も狩猟用に使われている。漁業に従事する人はかつて20人いたが、現在は3~5人だという。ヴァッレ・ザッパを含む南北のラグーナにある複数のヴァッレ・ダ・ペスカの管理人であるリヴィエリ・ヴァルテル（Livieri Valter）氏からのヒアリングによる。

*375　ヴァッレ・ドラゴ・イエーゾロ（Valle Dorago Jesolo）、ヴァッレ・ドガ（Valle Dogà）、ヴァッレ・サッカニャーナ（Valle Saccagnana）は1540年のC・サッバディーノの記録にも記載されている。ヴァッレ・ドガ（Valle Dogà）は1540年には「ドガード（dogado）」と記載されており、ヴェネツィア共和国のヴァッレだったことを意味する。P. Rosa Salva, S. Sartori, *op.cit.*, p. 12.

*376　現在、ヴァッレ・ドガはイタリアのスーパーマーケットの会社に、ヴァッレ・グラッサボ（Valle Grassabo）はワイシャツで有名なモンティ社（Tessitura Monti Spa）に、そしてヴァッレ・ドラゴ・イエーゾロはトレヴィーゾのアパレルショップで人気の高いステファネル（Stefanel）が所有している。L・ヴァルテル氏からのヒアリングによる。

参考資料

ヴェネツィアに関する資料

ヴェネツィア全般

BALISTRERI TRINCANATO Corrado, BALISTRERI Emiliano, ZANVERDIANI Dario (a cura di), *Venezia minore*, Sommacampagna: Cierre edizioni, 2008.

BALISTRERI TRINCANATO Corrado, ZANVERDIANI Dario, *Venezia nel tempo: Atlante storico dello sviluppo urbano 726-1797*, Roma: Aracne, 2013.

BOERIO Giuseppe, *Dizionario del Dialetto Veneziano*, Firenze: Giunti, 1998.

BRUSATIN Manlio, *Venezia nel Settecento: stato, architettura, territorio*, Torino: G. Einaudi, 1980.

CALABI Donatella, MORACHIELLO Paolo, *Rialto: le fabbriche e il ponte, 1514-1591*, Torino: Giulio Einaudi, 1987.

CALABI Donatella (a cura di), *Venezia, laguna e città*, Venezia: Filippi, 1992.

CALABI Donatella, ZUCCONI Guido, *Venezia, guida all'architettura*, Venezia: Arsenale, 1993.

CALABI Donatella, *Fabbriche, piazze, mercati*, Roma: Officina, 1997.

CONCINA Ennio, CAMERINO Ugo, CALABI Donatella, *La città degli ebrei: il ghetto di Venezia: architettura e urbanistica*, Venezia: Albrizzi, 1991.

CONCINA Ennio, *Fondaci: architettura, arte e mercatura tra Levante, Venezia e Alemagna*, Venezia: Marsilio Editori, 1997.

COSTANTINI Massimo, *L'acqua di Venezia: l'approvvigionamento idrico della Serenissima*, Venezia: Arsenale, 1984.

FRANZOI Umberto, DI STEFANO Dina, *Le Chiese di Venezia*, Venezia: Alfieri, 1976.

GIANIGHIAN Giorgio, PAVANINI Paola (a cura di), *Dietro i palazzi: tre secoli di architettura minore a Venezia: 1492-1803*, Venezia: Arsenale, 1984.

GIANIGHIAN Giorgio, PAVANINI Paola, *Venezia come*, Venezia: Venezia Gambier & Keller, 2010.

Insula, *Quaderni: Documenti sulla manutenzione urbana di Venezia*, n.1-20, Venezia: Insula Quaderni, 1999-2004.

MANCUSO Franco, *Venezia e una città: come e stata costruita e come vive*, Venezia: Corte del Fontego, 2009.

MARETTO Paolo, *L'edilizia gotica veneziana*, Roma: Istituto poligrafico dello Stato, 1960.

MARETTO Paolo, *La casa veneziana nella storia della città: dalle origini all'Ottocento*, Venezia: Marsilio Editori, 1986.

MIOZZI Eugenio, *Venezia nei secoli*, vol. 1-4, Venezia: Casa editrice Libeccio, 1957-1969.

MURATORI Saverio, *Studi per una operante storia urbana di Venezia*, Roma: Istituto poligrafico dello Stato, 1960.

PEROCCO Guido, SALVADORI Antonio, *Civiltà di Venezia*, vol. 1-3, Venezia: Stamperia di Venezia, 1973-1976.

ROMANELLI Giandomenico, BELLAVITIS Giorgio, *Le città nella storia d'Italia: Venezia*, Bari: Laterza, 1985.

TRINCANATO Egle Renata, *Venezia Minore*, Milano: Edizioni del Milione, 1948.

TRINCANATO Egle Renata, *Venise au fil du temps: atlas historique d'urbanisme et d'architecture*, Paris: Joël Cuénot, 1971.

VANZAN MARCHINI Nelli-Elena (a cura di), *Le leggi di sanita della Repubblica di Venezia*, vol. 1-4, Vicenza: N. Pozza, 1995-2003.

ZAGGIA Stefano (a cura di), *Fare la città: Salvaguardia e manutenzione urbana a Venezia in età moderna*, Milano: Mondadori, 2006.

ZORZI Alvise, *Venezia scomparsa*, Milano: Electa, 1972.

ZORZI Alvise, *I palazzi veneziani*, Udine: magnus, 1989.

ルカ・コルフェライ著、中山悦子訳『図説　ヴェネツィア――「水の都」歴史散歩』河出書房新社、1996年

アルヴィーゼ・ゾルジ著、金原由紀子ほか訳『ヴェネツィア歴史図鑑』東洋書林、2005年

クリスチャン・ベック著、仙北谷茅戸訳『ヴェネツィア史』白水社、2000年

ウィリアム・ハーディ・マクニール著、清水廣一郎訳『ヴェネツィア――東西ヨーロッパのかなめ、1081-1797』岩波書店、2004年

齋藤寛海『中世後期イタリアの商業と都市』知泉書館、2002年

齋藤寛海「ヴェネツィアの市場」山田雅彦編『伝統ヨーロッパとその周辺の市場の歴史――市場と流通の社会史Ⅰ』清文堂、2010年

陣内秀信『イタリア都市再生の論理』鹿島出版会、1978年
陣内秀信「ヴェネツィア庶民の生活空間—16世紀を中心として」『社会史研究3』日本エディタースクール出版部、
    1983年、pp. 129-193.
陣内秀信『ヴェネツィア——都市のコンテクストを読む』鹿島出版会、1986年
陣内秀信『都市を読む＊イタリア』法政大学出版局、1988年
陣内秀信「水都ヴェネツィアの空間構造——ハードとソフトの両面から」歴史学会編『史潮』弘文堂、1991年、
    pp. 44-59.
陣内秀信『ヴェネツィア——水上の迷宮都市』講談社、1992年
陣内秀信『イタリア——都市と建築を読む』講談社、2001年
陣内秀信『迷宮都市ヴェネツィアを歩く』角川書店、2004年
陣内秀信『イタリア海洋都市の精神』興亡の世界史、第8巻、講談社、2008年
陣内秀信、樋渡彩「祝祭性豊かな歴史都市空間」横浜国立大学大学院・建築都市スクール"Y-GSA"編
    『チッタ・ウニカ——文化を仕掛ける都市ヴェネツィアに学ぶ』鹿島出版会、2014年、pp. 43-66.
陣内秀信、高村雅彦編『水都学Ⅰ』法政大学出版局、2013年
永井三明『ヴェネツィアの歴史——共和国の残照』刀水書房、2004年
樋渡彩、法政大学陣内秀信研究室編『ヴェネツィアのテリトーリオ——水の都を支える流域の文化』鹿島出版会、
    2016年

都市図・航空写真
CASSINI Giocondo, *Piante e vedute prospettiche di Venezia: 1479-1855*, Venezia: Stamperia di Venezia, 1971.
GUERRA Francesco, SCARSO Marisa (a cura di), *Atlante di Venezia 1911-1982*, Venezia: Marsilio Editori, 1999.
NADALI G. Paolo, VIANELLO R., *Calli, campielli e canali: guida di Venezia e delle sue isole*, Venezia: Helvetia, 1989.
PAVANELLO Italo (a cura di), *I catasti storici di Venez ia: 1808-1913*, Roma: Officina, 1981.
ROMANELLI Giandomenico, SUSANNA Biadene (a cura di), *Venezia: piante e vedute: catalogo del fondo cartografico a
    stampa*, Venezia: Stamperia di Venezia, 1982.
ROMANELLI Giandomenico, *Planimetria della città di Venezia: edita nel 1846 da Bernardo e Gaetano Combatti*,
    Treviso: Vianello libri, 1987.
SALZANO Edoardo (a cura di), *Atlante di Venezia: La forma della città in scala 1à1000 nel fotopiano e nella carta
    numerica*, Venezia: Marsilio Editori, 1989.
Catasto napoleonico: mappa della città di Venezia, Venezia: Marsilio Editori, 1988.

ヤコポ・デ・バルバリの鳥瞰図
BALISTRERI TRINCANATO Corrado, ZANVERDIANI Dario, *Jacopo de Barbari, il racconto di una citta: elaborazione
    computerizzata con 890 disegni intercalati nel testo*, Mestre: Stamperia Cetid, 2000.
BALISTRERI TRINCANATO Corrado, ZANVERDIANI Dario, *Venezia città mirabile: guida alla veduta prospettica di Jacopo
    de'Barbari*, Sommacampagna: Cierre edizioni, 2009.
ROMANELLI Giandomenico et al. (a cura di), *A volo d'uccello: Jacopo de' Barbari e le rappresentazioni di citta
    nell'Europa del Rinascimento*, Venezia: Arsenale, 1999.
佐々木千佳、芳賀京子編『都市を描く——東西文化にみる地図と景観図』東北大学出版会、2010年
三橋慶侑「15世紀ヴェネツィアの都市空間に関する研究——ヤコポ・デ・バルバリの鳥瞰図の分析から」
    法政大学卒業論文、2011年

カナル・グランデ沿いの立面図・写真
*Il Canal Grande di Venezia descritto da Antonio Quadri e rappresentato in 60 tavole rilevate ed incise da Dioniso
    Moretti*, Pordenone: Grafiche Editoriali Artistiche Pordenonesi Spa, 1981.
TALAMINI Tito, *Il Canal Grande: il rilievo*, Sala Bolognese: Arnaldo Forni, 1990.

FRANZOI Umberto, SMITH Mark, *The Grand Canal*, Venezia: Arsenale, 1993.

19世紀末から20世紀初頭の絵画・写真

ACERBONI Alessandro, ZENTILINI Petra Iris, *Calli e canali in Venezia*, Venezia: Lineadacqua, 2013.
CLARK Ashley, *Immagini di Venezia e della laguna nelle fotografie degli archivi Alinari e della Fondazione Querini Stampalia: Venezia, Palazzo Querini Stampalia, aprile-maggio 1979*, Firenze: Alinari, 1979.
FILIPPI Luciano, *Vecchie Immagini di Venezia*, vol. 1-3, Venezia: Filippi, 1991-1993.
IRE, *Tomaso Filippi fotografo Venezia fra Ottocento e Novecento*, Venezia: Filippi, 2000.
MOLMENTI P. et al. (prefazione di), *Calli e canali di Venezia e delle isole della laguna*, Venezia: Filippi, 1976.
MORETTI Lino (a cura di), *Vecchie immagini di Venezia*, Venezia: Filippi, 1966.
RESINI Daniele, *Venezia Novecento: Reale fotografia Giacomelli*, Milano: Skira, 1998.
RESINI Daniele, ZERBI Myriam (a cura di), *Venezia tra Ottocento e Novecento nelle fotografie di Tomaso Filippi*, Roma: Palombi, Munus, 2013.
Touring Club Italiano, *Venezia e la sua laguna*, Milano: Touring Club Italiano, 1947.
ZANNIER Italo, *Venezia, archivio Naya*, Venezia: O. Bohm, 1981.
ZANNIER Italo (a cura di), *Venezia al chiaro di luna: dalla collezione di Giuseppe Vanzella*, Spilimbergo: Centro di ricerca e archiviazione della fotografia, 1995.
ZERBI Myriam, VIANELLO Sabina (a cura di), *Luce su Venezia: viaggio nella fotografia dell'Ottocento*, Roma: Palombi, Munus, 2014.

19世紀末から20世紀初頭

BASSI E. et al., *Palazzo Ferro Fini: La storia, l'architettura, il restauro*, Venezia: Albrizzi, 1989.
BROWN Horatoi F., *Life on The Lagoons*, London: Ricingtons, 1900.
DA CAMINO F., *Venezia e I suoi bagni*, Venezia, 1858.
MOLMENTI Pompeo, *Venice*, London: The Medici Society, 1926.
RAGG, B.D. Londale, *Things seen in Venice*, New York: E.P.Dutton and Campany, 1912.
Bagni galleggianti in Venezia privilegiati da S. M. l'Imperatore e Re Francesco I premiati dal R. Istituto Italiano, estratto da Supplemento del Nuovo Dizionario tecnologico, Venezia, 1845.
Guida ai bagni di Venezia con relative tariff, indicazioni di alberghi, alologgi ecc., Venezia, 1858.
Emporium: rivista mensile illustrata d'arte, letteratura, scienze e varietà, Bergamo: Istituto italiano di arti grafiche, 1895-1964.
Comune di Venezia, *Sunto storico alfabetico e cronologico delle deliberazioni emesse dal consiglio municipale di Venezia dal 1808 a tutto il 1866 premessivi alcuni ragguagli documentati sulla caduta della Repubblica e sulle discipline civili e amministrative attuate dal 1798 a tutto il 1807*, Venezia: comune di Venezia, 1871. (市議会録)
MIOZZI Eugenio, *Progetto di massima per il piano di risanamento di Venezia insulare: relazione*, Venezia: Comune di Venezia, Direzione generale dei servizi tecnici, 1939.
AMENDOLAGINE Francesco (a cura di), *Molino Stucky: ricerche storiche e ipotesi di restauro*, Venezia: Il cardo, 1995.
Barizza Sergio, *Il Comune di Venezia 1806-1946: l'istituzione, il territorio, guida-inventario dell'Archivio municipale*, Venezia: comune di Venezia, 1987.
BELLINA Luisa, GOTTARDI Michele, *Osterie, Il Venezia*, Padova: Il poligrafo, 2006.
BENEVOLO Leonardo, *Venezia: il nuovo piano urbanistico*, Roma: Laterza, 1996.
BERNARDELLO Adolfo, *Veneti sotto l'Austria: ceti popolari e tensioni sociali: 1840-1866*, Sommacampagna: Cierre edizioni, 1997.
CALABI Donatella (a cura di), *Dopo la Serenissima: società, amministrazione e cultura nell'Ottocento veneto*, Venezia: veneto di scienze, lettere ed arti, 2001.
Comune di Venezia, *Venezia città industriale: gli insediamenti produttivi del 19. Secolo*, Venezia: Marsilio Editori, 1980.
COSMAI Franca, SORTENI Stefano (a cura di), *L'ingegneria civile a Venezia: istituzioni, uomini, professioni da*

Napoleone al fascismo, Venezia: Marsilio Editori, 2001.
COSULICH Alberto, *Sulle rotte dei capitani dell'800*, Venezia: I Sette, 1984.
COSULICH Alberto, *Venezia nell'800 vita-economia-costume*, San Vito di Cadore: edizioni dolomiti, 1988.
COSULICH Alberto, *Viaggi e Turismo a Venezia dal 1500 al 1900*, Venezia: I sette, 1990.
COZZI Gaetano, BENZONI Gino (a cura di), *Venezia e l'Austria*, Venezia: Marsilio Editori, 1999.
DISTEFANO Giovanni, PALADINI Giannantonio, *Storia di Venezia 1797-1997*, vol. 1-3. La Dominante dominata, Venezia: Supernova, 1996-1997.
FACCHINELLI Laura, *Il ponte ferroviario in laguna*, Venezia: Ed.itrice multigraf, 1987.
FARINATI Valeria (a cura di), *Eugenio Miozzi: 1889-1979: inventario analitico dell'archivio*, Venezia: Istituto Universitario di Architettura di Venezia, 1997.
ISNENGHI M., WOOLF S. J., *Storia di Venezia l'Ottocento e il Novecento*, Roma: Istituto della Enciclopedia italiana, 2002.
MANCUSO Franco, *Venezia e una città: come e stata costruita e come vive*, Venezia: Corte del Fontego, 2009.
PALOSCIA Franco (a cura di), *Venezia dei grandi viaggiatori*, Roma: Edizioni Abete, 1989.
PLANT Margaret, *Venice, fragile city: 1797-1997*, New Haven: Yale University press, 2002.
ROMANELLI Giandomenico, *Venezia Ottocento: materiali per una storia architettonica e urbanistica della città nel secolo 19.*, Roma: Officina, 1977.
ROMANELLI Giandomenico (a cura di), *Venezia Ottocento: l'architettura, l'urbanistica*, Venezia: Albrizzi, 1988.
ROMANELLI Giandomenico, PUPPI Linonello (a cura di), *Le Venezie possibili: Da Palladio a Le Corbusier*, Milano: Electa, 1985.
ROMANELLI Giandomenico, PAVANELLO Giuseppe, *Palazzo Grassi: storia, architettura, decorazioni dell'ultimo palazzo veneziano*, Venezia: Albrizzi, 1986.
ROMANO Sergio, *Giuseppe Volpi: industria e finanza tra Giolitti e Mussolini*, Venezia: Marsilio Editori, 1997.
SCIMEMI Maddalena, *Architettura del Novecento a Venezia: il palazzo Rio Nuovo*, Venezia: Marsilio Editori, 2009.
VANZAN MARCHINI Nelli-Elena, *Venezia I piaceri dell'acqua*, Venezia: Arsenale, 1997.
VANZAN MARCHINI Nelli-Elena, *Venezia civiltà anfibia*, Sommacampagna: Cierre edizioni, 2009.
VANZAN MARCHINI Nelli-Elena, *Le Terme di Venezia: Ambiente e salute nelle acque (secoli XIV-XXI)*, Sommacampagna: Cierre edizioni, 2015.
ZUCCHETTA Gianpietro (a cura di), *Storia del gas nella citta dei dogi*, Venezia: Marsilio Editori, 1996.
ZUCCONI Guido (a cura di), *La grande Venezia: una metropoli incompiuta tra Otto e Novecento*, Venezia: Marsilio Editori, 2002.
アラン・コルバン著、福井和美訳『浜辺の誕生――海と人間の系譜学』藤原書店、1992年
ゲーテ著、相良守峯訳『イタリア紀行』岩波文庫、1942年
バイロン著、阿部知二訳『バイロン詩集』小沢書店、1996年
石井元章『ヴェネツィアと日本――美術をめぐる交流』ブリュッケ、1999年
河村英和「19世紀初頭から20世紀初頭におけるヴェネツィアのホテル建築の変遷について――ヴェネト・ビザンチン様式の歴史的パラッツオ転用からグランドホテル様式建設まで」『日本建築学会計画系論文集』vol. 73、No. 629、日本建築学会、2008年、pp. 1637-1642.
平川祐弘『藝術にあらわれたヴェネチア』内田老鶴圃、1962年

運河

BARBIANI Elia (a cura di), *Cantiere Venezia: piani, progetti, realizzazioni, imprese*, Venezia: Marsilio Editori, 2002.
CANIATO Giovanni (a cura di), *Venezia la città dei rii*, Sommacampagna: Cierre edizioni, 1999.
ZUCCHETTA Gianpietro, *I rii di Venezia: la storia degli ultimi tre secoli*, Venezia: Helvetia, 1985.
ZUCCHETTA Gianpietro, *Venezia e i suoi canali*, Venezia: Marsilio Editori, 1998.
ZUCCHETTA Gianpietro, *Un'altra Venezia: immagini e storia degli antichi canali scomparsi*, Venezia: UNESCO, 1995.
石渡雄士「水辺都市ヴェネツィアが失った運河に関する研究――運河から路地へ、近代の論理とその空間」法政大学大学院修士学位論文、2004年

船、舟運

BRUTTOMESSO Rinio, *Cities on water and transpor*, Venezia: città d'acqua, 1995.
Comune di Venezia, *Azienda comunale per la navigazione interna*, Venezia, 1905.
CROVATO G., CROVATO M., DIVARI L., *Barche della laguna veneta*, Venezia: arsenale, 1980.
LANE Frederic C., *Le navi di Venezia: fra I secoli XIII e XVI*, Torino: Giulio Einaudi, 1983.
MANDICH Matteo, *Tipologie dei natanti veneziani*, Venezia: Comune di Venezia, 2001.
MARANGONI Giovanni, *Gondola e gondolieri: de qua e de la de l'acqua*, Venezia: Filippie, 1970.
MOSCHINI A., *Importanza economica della navigazione interna fra Milano e Venezia*, Milano: Tipgrafia e litografia degli engegneri, 1903.
NANI M. M., *La navigazione interna nell'altra Italia*, Venezia: Istituti veneto di arti grafiche, 1907.
OGLIARI Francesco, RASTELLI Achille, *Navi in città: storia del trasporto urbano nella Laguna veneta e nel circostante territorio*, vol. 1-2, Milano: Cavallotti, 1988-1989.
PENZO Gilberto, *Vaporetti: un secolo di trasporto pubblico nella laguna di Venezia*, Sottomarina: Il Leggio, 2004.
PERGOLIS Riccardo, PIZZARELLO Ugo, *Le barche di venezia*, Treviso: Grafiche Zoppelli, 1981.
ZANELLI Guglielmo, *Traghetti veneziani: La gondola al servizio della città*, Venezia: Il cardo, 1997.
アレッサンドロ・マルツォ・マーニョ著、和栗珠里訳『ゴンドラの文化史――運河をとおして見るヴェネツィア』白水社、2010年

港湾

BAIOCCO Ruben, ERNESTI Giulio, PAVIA Rosario et al., *Venezia: guida al porto*, Venezia: Marsilio Editori, 2001.
BULEGATO Fiorella, RESINI Daniele (a cura di), *Venezia e il suo porto immagini, documenti e progetti per i settan'anni dell'ente portuale*, Venezia: Marsilio Editori, 1999.
COSTANTINI Massimo, *Porto navi e traffici a Venezia: 1700-2000*, Venezia: Marsilio Editori, 2004.
GIURIATI Giovanni, QUADERNO Mensile, *Il Porto di Venezia*, Venezia: Premiate officine grafiche c, ferrari, 1924.
GRASSI A., *Il Porto*, Venezia: Provveditorato al porto di Venezia, 1928.
Istituto Universitario di Architettura di Venezia, *Concorso di progettazione per una nuova sede IUAV nell'area dei Magazzini Frigoriferi a San Basilio*, Venezia: Istitutoz Universitario di Architettura di Venezia, 1997.
RESINI Daniele, BULEGATO Fiorella (a cura di), *Venezia e il suo porto: immagini, documenti e progetti per i settant'anni dell'ente portuale*, Venezia: Marsilio Editori, 1999.

ラグーナに関する資料

ラグーナ全般

AMOROSINO Sandro, *Il governo delle acque: la salvaguardia di Venezia: una storia amministrativa italiana*, Roma: Donzelli, 2002.
BEVILACQUA Piero, *Venezia e le acque: una metafora planetaria*, Roma: Donzelli, 1995.
CACCIARI Paolo, *La salvaguardia di Venezia: dieci anni di battaglie*, Venezia: Grafiche Veneziane, 1995.
CALABI Donatella, GALEAZZO Ludovica (a cura di), *Acqua e cibo a Venezia: storie della laguna e della città*, Venezia: Marsilio Editori, 2015.
CANAL Ernesto, *Archeologia della laguna di Venezia*, Sommacampagna: Cierre edizioni, 2013.
CANIATO Giovanni, TURRI Eugenio, ZANETTI Michele (a cura di), *La Laguna di Venezia*, Sommacampagna: Cierre edizioni, 1995.
CHIEREGHIN Salvino, *Venezia e la sua laguna*, Torino: Societa editrice internazionale, 1957.
CROVATO Giorgio e Maurizio, *Isole abbandonate della Laguna: com'erano e come sono*, Padova: Liviana, 1978.

CROVATO Giorgio e Maurizio, *Isole abbandonate della laguna veneziana*, Venezia: San Marco Press, 2008.
DA MOSTO Andrea, *L'Archivio di Stato di Venezia - indice generale, storico, descrittivo ed analitico, Biblioteca d'arte, Roma 1937*, Roma: Biblioteca d'arte, 1937.
DORIGO Wladimiro, *Una laguna di chiacchiere*, Venezia: Tipo-litografia Emiliana, 1972.
FAVERO V., PAROLINI R. et al. (a cura di), *Morfologia storica della laguna di Venezia*, Venezia: Arsenale, 1988.
FORIN Marino (coordinatore), *Magistrato alle Acque Lineamenti di storia del governo delle acque venete*, Roma: Tipografia del Genio Civile, 2001.
FUGA Guido, VIANELLO Lele, *Navigar in laguna fra isole fiabe e ricordi*, Venezia: Mare di Carta, 2001.
GIORDANI SOIKA Antonio (a cura di), *La laguna: Ambiente, fauna e flora*, vol. 1, Venezia: Corbo e Fiore, 1992.
GIRARDI Marco, TURRI Lucia (a cura di), *La laguna di Venezia*, Sommacampagna: Cierre edizioni, 2012.
GUERZONI Stefano, TAGLIAPIETRA Davide (a cura di), *Atlante della laguna: Venezia tra terra e mare*, Venezia: Marsilio Editori, 2006.
Magistrato alle Acque, *Antichi scrittori d'idraulica veneta*, Venezia: C. Ferrari, 1919-1952.
Magistrato alle Acque di Venezia, *Stato dell'ecosistema lagunare veneziano: strumenti del Magistrato alle Acque di Venezia*, Venezia: Marsilio Editori, 2010.
NASCI Cristina, *Laguna tra fiumi e mare*, Venezia: Filippi, 1982.
PEROCCO Guido, SALVADORI Antonio, *Civiltà di Venezia: L'età moderna*, vol.3, Venezia: La stamperia di Venezia, 1976.
SCROCCARO Mauro, *I forti di Venezia: I luoghi del sistema difensivo veneziano*, Fidenza: Mattioli 1885, 2015.
STEFINLONGO Giovanni Battista, *Pali e palificazioni della Laguna di Venezia*, Sottomarina: Il Leggio Libreria Editrice, 1994.
TAFURI Manfredo, *Venezia e il Rinascimento*, Tolino: Giulio Einaudi, 1985.
VANZAN MARCHINI Nelli-Elena, *Venezia da laguna a città*, Venezia: Arsenale, 1985.
VENTRICE Pasquale, RUSCONI Antonio, *Magistrato alle acque: lineamenti di storia del governo delle acque venete*, Roma: Tipografia del Genio Civile, 2001.
Mostra storica della laguna veneta: Venezia, Palazzo Grassi, 11 luglio-27 settembre 1970, Venezia: Stamperia di Venezia, 1970.（ラグーナの歴史に関する展示のカタログ）
マンフレード・タフーリ著、須賀敦子訳「コルナーロとパラディオとカナルグランデ」『a+u』1981年、pp. 3-26.
ピエロ・ベヴィラックワ著、北村暁夫訳『ヴェネツィアと水——環境と人間の歴史』岩波書店、2008年

アックア・アルタ

AA.VV., *Murazzi: Le muraglie della paura*, Venezia: Consorzio Venezia Nuova, 1999.
BATTISTIN Davide, CANESTRELLI Paolo, *1872-2004 La serie storia delle maree a Venezia*, Venezia: Citta di Venezia, Istituzione centro previsioni e segnalazioni maree, 2006.
Consiglio nazionale delle ricerche (a cura di), *Concorso di idee su opere di difesa dall'acqua alta nella Laguna di Venezia: Venezia, Isola di San Giorgio Maggiore, 1970*, Venezia: Fondazione Giorgio Cini, 1970.
FLETCHER Caroline, DA MOSTO Jane, *La scienza per Venezia: recupero e salvaguardia della città e della laguna*, Torino: Allemandi, 2004.
GRILLO Susanna, *Venezia, le difese a mare: profilo architettonico delle opere di difesa idraulica nei litorali di Venezia*, Venezia: Arsenale, 1989.
Insula, *Venezia manutenzione urbana: insula: 10 anni di lavori per la città*, Ponzano Veneto: Vianello Libri, 2007.
MENCINI Gianandrea, *Acqua alta*, Venezia: Lineadacqua, 2009.
ZUCCHETTA Gianpietro, *I rii di Venezia: la storia degli ultimi tre secoli*, Venezia: Helvetia, 1985.
ZUCCHETTA Gianpietro, *Storia dell'acqua alta a Venezia dal Medioevo all'Ottocento*, Venezia: Marsilio Editori, 2000.
陣内秀信「水とともに生きるヴェネツィア」『都市問題研究』都市問題研究会、1989年8月、pp. 52-68.
陣内秀信、樋渡彩「水の都ヴェネツィアの危機」『21世紀の環境とエネルギーを考える』時事通信社、2009年

ラグーナの島々

Archeo Venezia, *Il Lazzaretto Vecchio*, Quarto d'Altino: Arti Frafiche Venete, 2013.
Archeo Venezia, *Poveglia, Il lazzaretto Nuovissimo*, Quarto d'Altino: Arti Frafiche Venete, 2014.
BERENGO GARDIN Gianni, *Le isole della Laguna di Venezia: guida alla città di Venezia*, Venezia: L'altra riva, 1988.
BUSATO Davide, *Metamorfosi di un litorale: origine e sviluppo dell'isola di Sant'Erasmo nella laguna di Venezia*, Venezia: Marsilio Editori, 2006.
COLAMUSSI Arturo, *Isole della Laguna di Venezia: Guida Aerofotografica*, Ferrara: Editore Endeavour, 2007.
FAZZINI Gerolamo (a cura di), *Venezia: Isola del Lazzaretto Nuovo*, Venezia: Tipografia Luigi Salvagno, 2004.
MAZZUCCO Gabriele (a cura di), *Monasteri benedettini nella laguna veneziana: catalogo di mostra*, Venezia: Arsenale, 1983.
PIAMONTE Giannina, *Litorali ed isole: guida alla laguna veneta*, Venezia: Filippi, 1975.
VANZAN MARCHINI Nelli-Elena (a cura di), *Venezia e i lazzaretti mediterranei*, Mariano del Friuli: Edizioni della laguna, 2004.

リド、マラモッコ

BARIZZA Sergio (a cura di), *Il Casino municipale di Venezia: una storia degli anni '30*, Venezia: Arsenale, 1988.
BEVILACQUA Eugenia, *Trasformazioni di una piccola area lagunare: Malamocco*, Roma: Società geografica italiana, 1970.
CASARIN Michele, SCARPARI Giancarlo, *Piazzale Roma, Il Lido di Venezia*, Padova: Il poligrafo, 2005.
CIANI Maria Grazia, BIGGI Maria Ida, *La spiaggia, Il Teatro La Fenice*, Padova: Il poligrafo, 2006.
DE BIASI Mario, *Malamocco: una terra da riscoprire*, Venezia: Comune-Ufficio affari istituzionali, Ateneo veneto, 1984.
PECORAI Giorgio, PECORAI Patrizia (a cura di), *Lido di Venezia, oggi e allora*, Venezia: Atiesse, 2007.
TALENTI Achille, *Come si crea una città: il Lido di Venezia: la storia, la cronaca, la statistica*, Padova: A. Draghi, 1922.
TASSINI Giuseppe, *Lido: cenni storici per Giuseppe Tassini*, Venezia: Tip. Soc. di M. S. fra Comp. ed Imp. Tip, 1889.
TRIANI Giorgio, *Lido e Lidi: Società, moda, architettura e cultura balneare tra passato e futuro*, Venezia: Marsilio Editori, 1989.

マルゲーラ

BARIZZA Sergio (a cura di), *Marghera: il quartiere*, Trieste: Alcione, 2000.
CERASI Laura, CASARIN Michele, *Marghera: la memoria divisa; Sant'Elena*, Padova: Il poligrafo, 2007.
FABBRI Fabrizio, *Porto Marghera e la Laguna di Venezia: vita, morte, miracoli*, Milano: Jaca book, 2003.
マルゲーラについては、これらのほかにヴェネツィア関係の書籍、論文に掲載されている

ヴァッレ・ダ・ペスカ

FABRIS Antonio, *Valle Figheri: Storia di una valle salsa da pesca della laguna veneta*, Venezia: Filippi, 1991.
RALLO Giampaolo, *"Piscariae Aquae" Studi e Ricerche del Museo del Territorio della Laguna di Venezia - Ecomuseo Onlus, vol.I-V*, Campagna Lupia: Museo del Territorio della Laguna di Venezia - Ecomuseo Onlus, 2011-2015.
RALLO Giampaolo et al., *Le valli: storie e immagini tra Chioggia e Saccisica*, Venezia: Peruzzo, 2009.
ROSA SALVA Paolo, SARTORI Sergio, *Laguna e pesca: storia, tradizioni e prospettive*, Venezia: Arsenale, 1979.

収録図版に関して

次の図はイタリア共和国文化財・文化活動・観光省の許可にもとづき、
国立ヴェネツィア文書館から提供された。複製不可。
口絵：　　図 5, 6, 7
第2章：　図 61
第3章：　図 15, 16, 17, 23, 32, 33, 34, 48, 50, 52, 56, 107, 109, 112, 113, 114, 115, 212, 213, 214,
　　　　　215, 216, 224

次の図はイタリア共和国文化財・文化活動・観光省の許可にもとづき、
国立マルチャーナ図書館から提供された。複製不可。
第2章：　図 120, 121, 122, 123, 124, 125

次の図はヴェネツィア市の許可にもとづき、コッレール博物館図書館から提供された。複製不可。
口絵：　　図 8
第2章：　図 1
第3章：　図 39, 57, 194, 195, 196, 197, 217, 218, 219, 220

次の図はヴェネツィア市の許可にもとづき、ヴェネツィア市文書館から提供された。複製不可。
口絵：　　図 2, 4
第2章：　図 114, 115, 153, 154, 155, 163, 164, 166, 167, 168, 176, 181, 183, 184, 185, 186, 189,
　　　　　192, 193, 200, 203, 204, 205, 206
第3章：　図 121, 122, 123, 124, 125, 126, 127, 131, 133, 134, 135, 136, 137, 138, 139, 140, 148

次の図はヴェネツィア市の許可にもとづき、ジャコメッリ写真館から提供された。複製不可。
第2章：　図 85, 90, 91, 92, 94, 100, 102, 104, 105, 111, 160, 161, 162, 172, 178, 179, 180, 190, 195,
　　　　　197, 199, 201, 202, 221, 222, 223, 224
第3章：　図 152, 157, 171, 172, 173, 181, 182, 183, 184, 185, 186, 198, 199, 200

特記なきかぎり、撮影・図版作成は著者

Le seguenti immagini (con fotoriproduzioni eseguite dalla Sezione di fotoriproduzione dell'Archivio di Stato in Venezia) sono state usate su concessione del Ministero per i Beni e le Attività Culturali e del Turismo - Archivio di Stato di Venezia (A.S.Ve) (autorizzazione alla pubblicazione n. 50/2016). Divieto di riproduzione.
Prima sezione a colori : figg. 5, 6, 7.
Capitolo 2: fig. 61.
Capitolo 3: figg. 15, 16, 17, 23, 32, 33, 34, 48, 50, 52, 56, 107, 109, 112, 113, 114, 115, 212, 213, 214, 215, 216, 224.

Le seguenti immagini sono state usate su concessione del Ministero per i Beni e le Attività Culturali e del Turismo - Biblioteca Nazionale Marciana (Prot. N. 2141, Aut. n. 112/16). Divieto di riproduzione.
Capitolo 2: figg. 120, 121, 122, 123, 124, 125.

Le seguenti immagini sono state usate su concessione del Comune di Venezia - Biblioteca del Museo Correr, Venezia (B.M.C.Ve). Divieto di riproduzione.
Prima sezione a colori : fig. 8.
Capitolo 2: fig. 1.
Capitolo 3: figg. 39, 57, 194, 195, 196, 197, 217, 218, 219, 220.

Le seguenti immagini sono state usate su concessione del Comune di Venezia - Archivio Storico Comunale di Venezia (A.S.C.V.). Divieto di riproduzione.
Prima sezione a colori : figg. 2, 4.
Capitolo 2: figg. 114, 115, 153, 154, 155, 163, 164, 166, 167, 168, 176, 181, 183, 184, 185, 186, 189, 192, 193, 200, 203, 204, 205, 206.
Capitolo 3: figg. 121, 122, 123, 124, 125, 126, 127, 131, 133, 134, 135, 136, 137, 138, 139, 140, 148.

Le seguenti immagini sono state usate su concessione del Comune di Venezia - Archivio Fotografico Giacomelli. Divieto di riproduzione.
Capitolo 2: figg. 85, 90, 91, 92, 94, 100, 102, 104, 105, 111, 160, 161, 162, 172, 178, 179, 180, 190, 195, 197, 199, 201, 202, 221, 222, 223, 224.
Capitolo 3: figg. 152, 157, 171, 172, 173, 181, 182, 183, 184, 185, 186, 198, 199, 200.

Le immagini la cui fonte non è citata sono dell'autrice.

おわりに

　本書は 2015 年 11 月 30 日に、法政大学に提出した博士論文「水都ヴェネツィアと周辺地域の空間形成史に関する研究」(2016 年 3 月学位取得)をもとに、大幅に構成し直したものである。論文では本編をなす全 4 章に序章と結章を加えた構成をとっていたが、本書はそのうちの第 1 章から第 3 章までを主たる内容として取り上げ、加筆・修正を行い、組み立てている。なお、博士論文の第 4 章「河川流域から見るテッラフェルマの空間構造」にあたる部分は、『ヴェネツィアのテリトーリオ──水の都を支える流域の文化』(樋渡彩、法政大学陣内秀信研究室編、鹿島出版会、2016 年)としてすでに刊行されており、その内容を本書に加えたものが博士論文全体にあたる。

　華麗な水上都市ヴェネツィアは、訪ねる人々を今も魅了し続ける。「チッタ・ウニカ(唯一の都市)」と呼ばれる所以となった独特の都市構造の基盤が、共和国時代につくられたことはよく知られる。そして、世界史の上で重要な役割を演じてきた都市には、膨大な研究の蓄積があるが、そのほとんどは栄光の共和国時代に集中している。だがじつは、この水都の近代化の歴史もまたたいへん興味深く、かつ、現在われわれが享受できる水都としての魅力のかなりの部分がこの過程で生まれたことは案外知られていない。

　本書は、こうした事実に着想を得て、これまであまり光の当たることのなかった共和国崩壊以後の時代に焦点をおき、水都ヴェネツィアの変容とさらなる発展の過程を新たな視点から読み解くことを目的としている。同時に、この都市の形成・発展を中世以来支え続け、近代にも大きな動きを見せた、今日のヴェネツィア理解に欠かすことのできない周辺地域(テリトーリオ)としてのラグーナについて論じる。

　思えば、私のヴェネツィアとの出会いは大学 2 年生の春休みにさかのぼる。友人とヨーロッパ旅行をした際に訪ねた都市のひとつであった。ほかのどの都市とも違う迷宮空間に、歩いているうち、すぐに方向性を失ってしまう。

その悔しさから、この都市をぜひとも理解したいという強い思いを抱き、帰国後にはすぐヴェネツィアについて本を読み漁ることとなった。このときに読んだ本のひとつに陣内秀信教授の『ヴェネツィア——都市のコンテクストを読む』(鹿島出版会、1986年) があった。

　その後、陣内研究室の門を叩き、法政大学大学院の修士課程に進学した。そして、究極の水都を内側から調べたいという思いからヴェネツィアへ留学することとなったのである。念願のヴェネツィア滞在を果たした私はまず、迷宮を身体で理解すべく、ヴェネツィア本島内をくまなく巡り、記録して歩いた。

　近代化をテーマにする、と決意したのは、留学２年目の５月のことである。修士論文では「舟運都市ヴェネツィアの近代化に関する研究——19世紀から20世紀初頭を中心に」と題し、舟運の視点からヴェネツィアの都市構造、都市機能、人の流れなどの変化を描くことを試みた。この成果をもとに考察の精度を高め、博士論文の重要な部分としてまとめたものが、本書の第２章である。

　修士論文で扱えきれなかった部分を博士課程在籍中に補足調査し、史料整理を一からやり直し、再度収集を行った。こうした徹底的な研究ができたのは、博士後期課程に進学後、2011〜2012（平成23〜24）年度、日本学術振興会の特別研究員奨励費「水の都市ヴェネツィアの近代化に関する研究」(研究代表者：樋渡彩) においてヴェネツィアにたびたび滞在できたからである。ここではヴェネツィア市文書館に保管されている建築確認申請をかたっぱしから集め、修士課程から始めた史料収集をさらに年月をかけて行った。振り返れば、最初は門前払いの状態で史料を閲覧することすらままならなかったが、当時ヴェネツィア大学に在学中の湯上良氏の助けを借りて、閲覧することができるようになり、そこからは驚くほどスムーズに事が運んだ。一度、門戸が開かれると、思いもよらぬ早さで史料が勝手に集まってくる。これがイタリアである。史料館の協力を得て、整理されていない史料をそのまま見せてもらえる好機を得、これにより、思いがけない図面資料にも出会えたことで研究の幅が広がった。

　また、I・バッラリン氏の操縦する小型ボートで、公共交通ではたどり着けない島々やヴァッレ・ダ・ペスカなど、ラグーナの奥深くまで調査した経験は、

ラグーナ研究の重要性を再認識する機会となった。

　本書ができあがるまでには、じつに多くの方々にお世話になった。修士課程在学時から厳しいご指導と、ヴェネツィア留学の機会を与えてくださった陣内秀信教授にまず厚く御礼を申し上げる。水の視点から都市を読むというテーマに出会え、つねに新しいことを切り開く姿勢、研究の面白さを教わった。また、修士論文および博士論文の副査を引き受けてくださった渡邉眞理教授、高村雅彦教授に心から御礼を申し上げたい。そして数々のご教示をいただいた野口昌夫教授、伊藤毅教授、渡辺真弓教授、石井元章教授にも感謝申し上げる。

　ヴェネツィアでは本当に多くの方々にお世話になった。ヴェネツィア建築大学のレオナルド・フィレージ（Leonardo Filesi）教授、コッラード・バリストレリ・トリンカナート（Corrado Balistreri Trincanato）教授、ドナテッラ・カラビ（Donatella Calabi）教授、マリノ・フォリン（Marino Folin）教授、グイド・ズッコーニ（Guido Zucconi）教授、ジョルジョ・ジャニギアン（Giorgio Gianighian）教授、元ヴェネツィア水都国際センター所長のリニオ・ブルットメッソ（Rinio Bruttomesso）氏など多くの方々からご教示いただいた。また、たび重なる助言をくださった湯上良氏、マッテオ・ダリオ・パオルッチ（Matteo Dario Paolucci）氏、持丸史恵氏、ラグーナ調査に協力いただいたイヴァン・バッラリン（Ivan Ballarin）氏、谷村宜子氏に御礼を申し上げる。

　そして、ヴェネツィアでの日々をともに過ごした宮入香織さん、城崎有沙さんにもこの場を借りて感謝申し上げたい。彼女たちのおかげで苦しいヴェネツィア生活をなんとか乗り越えることができた。切磋琢磨したあの日々はかけがえのない時間である。

　さらに、前著『ヴェネツィアのテリトーリオ』に引き続き本書の編集を担当してくださった鹿島出版会の川尻大介氏に心から御礼申し上げたい。川尻氏の叱咤激励、適切な助言なしにはこの本は生まれなかった。また、校正を担当された松井真平氏、横田紀子氏、原稿や膨大な図版をレイアウトしてくださった野本綾子氏にも深く感謝したい。

　　　　　　　　　　　　　　　　　　　　2017年2月　　樋渡 彩

略歴

樋渡 彩（ひわたし・あや）

1982年広島県生まれ。2006年イタリア政府奨学金留学生としてヴェネツィア建築大学に留学。2009年法政大学大学院修士課程修了。2011-2013年日本学術振興会特別研究員を経て、2016年法政大学大学院博士後期課程修了。博士（工学）。
専門はイタリア都市史。著書に『ヴェネツィアのテリトーリオ──水の都を支える流域の文化』（共編、鹿島出版会、2016年）。おもな論文に「ヴェネツィアの水辺に立地したホテルと水上テラスの建設に関する研究」（2015年）、「水都ヴェネツィア研究史」『水都学Ⅰ』（法政大学出版局、2013年）所収、「近代ヴェネツィアにおける都市発展と舟運が果たした役割」（2012年）ほか。
現在、東京芸術大学教育研究助手、法政大学エコ地域デザイン研究センター兼任研究員。